U0198512

二级注册建造师继续教育选修课教材

建 筑 工 程

本教材编审委员会　组织编写

危道军　主编

中国建筑工业出版社

图书在版编目（CIP）数据

建筑工程/本教材编审委员会组织编写. —北京：中国建筑工业出版社，2012.12

（二级注册建造师继续教育选修课教材）

ISBN 978-7-112-15039-7

Ⅰ.①建… Ⅱ.①本… Ⅲ.①建筑工程 Ⅳ.①TU

中国版本图书馆 CIP 数据核字（2013）第 006371 号

本书为二级注册建造师继续教育选修课教材建筑工程专业用书，主要内容有：建筑业发展规划与政策、施工技术与质量创优管理、行业规范性文件与地方政策法规、工程项目管理、国际工程项目管理、建筑工程项目管理案例分析等。本书可供相关工程技术人员参考。

责任编辑：朱首明　李　明
责任设计：赵明霞
责任校对：陈晶晶　王雪竹

二级注册建造师继续教育选修课教材
建　筑　工　程
本教材编审委员会　组织编写
危道军　主编
＊
中国建筑工业出版社出版、发行（北京西郊百万庄）
各地新华书店、建筑书店经销
北京红光制版公司制版
北京云浩印刷有限责任公司印刷
＊
开本：787×1092 毫米　1/16　印张：18¾　字数：466 千字
2013 年 2 月第一版　2013 年 11 月第四次印刷
定价：48.00 元
ISBN 978-7-112-15039-7
（23108）

本教材编审委员会

主　任：曹向东

副主任：金　虹　　危道军　　张　弘　　王爱勋

委　员：王爱勋　　危道军　　何亚伯　　陈保平

　　　　金　虹　　张　弘　　张仲先　　聂鹤松

　　　　曹向东

前　言

　　2010 年 11 月，住房和城乡建设部出台了《注册建造师继续教育管理暂行办法》，2011 年 2 月，住房和城乡建设部建筑市场监管司在重庆召开贯彻落实《注册建造师继续教育管理暂行办法》和建造师继续教育工作会议，进一步明确了建造师继续教育组织管理工作的分工、总体部署和具体要求。继续教育包括 60 学时的必修课和 60 学时的选修课。本书为《二级注册建造师继续教育选修课教材》，可供建筑工程专业二级注册建造师参加继续教育的学习教材，也可供项目经理和建筑工程施工现场专业人员继续教育用书，以及其他工程技术与管理人员参考使用。

　　全书共分 6 章内容，包括：建筑业发展规划与政策，施工技术与质量创优管理，行业规范性文件与地方政策法规，工程项目管理，国际工程项目管理，建筑工程项目管理案例分析。

　　本书编写过程中遵循了以下原则：符合《注册建造师继续教育管理暂行办法》中对选修课内容的定位要求，尽量避免与必修课内容重复。因为二级注册建造师建筑工程专业必修课内容大都与一级合并编写使用，选修课内容在总体框架上与一级没有太大区别，但内容的选取以及难度上有较大不同；特别注意与建造师考试用书相衔接。建造师考试用书中已有的内容一般就不再涉及，建造师考试用书中没有的内容，在做好相互衔接的基础上，进行一定范围和程度的补充及扩展；内容上兼顾了房屋建筑工程和建筑装饰装修工程专业，并能反映其在项目管理和专业管理上的性质与特色。在满足继续教育培训课程要求的同时，还将成为项目管理人员的业余在职学习资料；紧密结合我国工程建设实践的现实状况和发展趋势的要求，开阔建造师的国际化视野，突出建筑工程项目管理应用案例分析，为建造师拓展更广阔的职业生涯空间打好坚实的基础；本教材在篇幅上能够满足 60 学时的教学计划的要求，同时，还考虑有一定的可选择的阅读空间。

　　全书由危道军任主编、尤完任副主编。具体编写分工为：第一章由尤完编写，第二章由尤完、危道军编写，第三章由危道军、张弘、胡永骁编写，第四章由危道军、聂鹤松、李云编写，第五章由尤完、李慧、董慧凝编写，第六章由尤完、危道军、吴东慧、敬方、滕雪、程红艳编写。

　　本书编写过程中得到了中国建筑业协会、湖北省建设教育协会、湖北省建筑工程管理局、武汉建工集团、湖北城市建设职业技术学院以及恩施土家族苗族自治州建委等的大力支持，在此表示衷心感谢！

　　本书在编写过程中，参考了许多专家、学者的观点和文献，在此，特表示衷心的谢意！并对为本书付出辛勤劳动的中国建筑工业出版社的编辑同志表示衷心感谢！

　　由于我们水平有限，加之时间仓促，错误之处在所难免，我们恳切希望广大读者批评指正。

目　　录

第一章 建筑业发展规划与政策

第一节 建筑业产业政策

一、建筑业在国民经济和社会发展中的作用

随着国民经济的快速增长和社会的不断进步，我国建筑领域的相关法律法规、产业政策得到不断完善，建筑业作为国民经济支柱产业的作用日益增强，为国民经济和社会发展做出了巨大贡献。

1. 建筑业的支柱产业地位日益显著

建筑业增加值在 GDP 总量排序中，长期稳步居于国民经济各产业部门的前列。根据《中国统计年鉴－2010》，建筑业占 GDP 的比重为 6.58%，居制造业、农业、采矿业、批发零售业之后，位列第五。

2. 工程建设成就举世瞩目

长江三峡水利枢纽、京沪高速铁路、青藏铁路、苏通跨江大桥、北京奥运场馆、上海世博会场馆等一大批高大精尖工程的顺利建成，充分说明了我国建筑业的技术、管理和工程建造能力达到世界领先水平。

3. 建筑业为社会提供了大量的就业机会

2011 年，建筑业的从业人员已达到 4100 多万人，约占全社会从业人员的 5%，至少直接影响到全国 1 亿多人口的生存和生活质量。

4. 建筑业是应对各类金融危机和突发事件、抢险救灾的重要力量

汶川、玉树地震灾害发生后，建筑业率先进入灾区抢险救灾，为保障人民生活，为灾后重建，建立了卓越功勋。

二、建筑产业政策需要进一步完善的方面

随着我国社会主义市场经济的逐步建立，建筑业产业政策对建筑业的持续快速发展起到了积极的推动和引导作用。但同时也应清醒地认识到，我国建筑业产业政策尚有许多地方有待进一步完善。

1. 工程建设法规制度有待进一步完善

现有法律法规不能完全适应国民经济和社会发展的新形势，对工程建设各方主体行为缺乏有效的制约机制，建筑市场不规范行为依然存在；工程保险与担保制度的推行缺乏强有力的法律依据；信用体系建设缺乏长期的系统规划。

2. 工程质量与安全生产形势依然严峻

法律法规和技术标准的制定滞后于工程质量与安全生产管理工作的需要，监督机制不够健全，重大事故预防控制体系有待健全。

3. 产业规模与结构不够合理

建筑业产业集中度需要进一步优化，建筑企业资质管理政策有待进一步完善，融资渠

道也需要进一步拓展。

4. 科技进步与节能减排工作有待加强

科技进步投入不足，科技政策执行力度不够；科技成果向现实生产力转化能力薄弱；建筑节能减排管理体制及标准体系需要进一步完善，建筑节能经济激励政策的实现形式有待完善和创新。

5. 建筑工业化水平需要进一步提升

建筑业仍在使用大量传统技术，科技进步贡献率较低；建筑标准化工作滞后，部件标准化和通用化程度低；施工机械化程度不高；节能减排等先进技术尚未广泛应用。

6. 工程建设实施组织方式尚需深化改革

因法律法规不完善、相关制度不配套、市场接受程度不高等，致使工程总承包、工程项目管理服务等工程建设实施组织方式未能得到广泛推行。BOT（建造—运营—转让）、PPP（公私合伙）等模式的实施也缺乏完善的法律法规。

7. 企业经营与市场拓展能力比较薄弱

大型建筑企业的经营模式和经营方式比较单一，管理水平不高，国际化程度较低，企业利润率较低；企业经营范围比较窄，主要在房屋建筑、土木工程等领域，不利于分散经营风险，企业综合利润也较低；建筑企业一般只承揽工程设计、采购、施工，利润较高的融资及前期策划缺乏竞争优势，工程咨询、勘察设计、项目管理等方面的国际市场开拓能力依然较弱。

8. 建筑业从业人员资格及培训制度有待进一步完善

个人执业资格管理的法律效力较低，执业范围受到限制。产业工人的培训动力不足，建筑工人的工作时间超长和工资拖欠问题依然存在。

三、促进我国建筑业持续健康发展的政策及措施

（一）创新和完善建筑市场体系

1. 完善法律法规体系

（1）尽快修订《建筑法》。修订《建筑法》，应着重考虑下列内容：

1）拓宽《建筑法》调整范围。

2）明确相关制度的法律地位。

3）加大对业主行为的规范力度。

（2）完善相关法规。在修订《建筑法》的基础上，修订和出台包括《建筑市场管理条例》在内的配套法规，具体解决市场主体违法行为界定不清、定性不准、监管手段缺乏、执法效力弱等问题。

（3）制定统一的建筑业产业发展规划。

2. 完善市场准入制度

我国决定建筑企业市场准入的唯一条件是建筑企业资质管理等级标准，资质管理成为建筑业最主要的法规政策壁垒，限制了新企业进入市场及中小企业承揽大型和复杂工程项目。因此，应充分发挥资质管理对企业择优汰劣的作用，实现产业结构优化调整。

（1）提高自然准入壁垒，降低退出壁垒。

（2）改革资质评级方式，逐步转变为资信评级。

（3）建立不同资质等级企业的市场分工制度。

3. 加强信用体系建设

政府建设主管部门在行政许可、市场准入、招标投标、资质管理、工程担保与保险等工作中，应积极利用企业的诚信行为信息，依法给予守信行为激励和支持，给予失信行为惩戒，逐步健全有效的诚信奖惩机制。

(1) 完善建筑市场信用法规。

(2) 完善建筑市场信用奖惩制度和信用评价制度。

(3) 推进信息平台建设。

(4) 充分发挥行业协会作用。

(二) 进一步完善工程质量和安全生产管理体系

1. 加强建筑市场监管

(1) 完善监管法律法规。法律法规是监管主体行为的准绳，要以《建筑法》、《安全生产法》、《合同法》等为基础，针对近年来建设工程中出现的新问题，进一步完善法律法规和规章制度建设。

(2) 完善联合监管机制。随着监督管理分工的进一步细化，工程质量和安全生产监管职能分布在政府各部门。应建立跨行业、跨部门的联合监管机制，以便总结经验，提高监管执法水平。

(3) 加强监管队伍建设。监管队伍是建筑市场监管体系的执行者，监管人员素质的高低关系到监管效果的优劣。因此，必须加强监管队伍建设。首先，应加强监管队伍的专业化建设，提高其业务素质。其次，应加强监管队伍的规范化建设，严格按照程序审核监督人员资格。最后，应加强对监管队伍的监督，规范监管人员的行为。

2. 建立和完善工程保险和担保制度

建立和完善工程保险和工程担保制度，强制推行工程保险和担保制度，有利于充分发挥市场制约作用，促使建筑市场形成优胜劣汰的良性竞争机制，为业主选择合格的承包商创造条件，同时也是利用市场机制加强工程质量、安全生产管理的有效途径。应在以往试点工作基础上，制定出台相关法规政策，引导工程保险和担保市场的健康发展。

(1) 完善法律法规。完善的法律法规、合同条件是我国全面推行工程保险和担保制度的重要保证。应通过修订《建筑法》，明确工程保险和担保制度在建筑市场中的重要作用，并在《建筑市场管理条例》等行政法规及部门规章、建设工程合同示范文本中予以进一步明确，保证建设工程保险制度和担保制度的推行。

(2) 强制推行工程保险和担保制度。从国际经验看，强制推行工程担保制度，有助于有效解决我国建筑市场信用、工程承发包合同纠纷、工程质量和安全生产、工程款拖欠等方面的问题。在强制推行工程担保制度的同时，也需要强制实行工程保险制度，不仅为担保公司开展业务提供保险，而且在我国目前建筑市场机制不够完善、交易行为不够规范、风险防范意识普遍不高的情况下，工程保险制度的推行，对于保障工程建设顺利实施、规范建筑市场和防范金融风险具有重要作用。

(3) 调整建设工程费用组成。为推行工程保险和担保制度，需要改革建设工程费用组成，明确规定工程保险和担保费用是工程造价的组成部分。这样，实力强、信誉好的建筑企业，能够争取到工程保险和担保公司较低的费率，报价可降低。通过工程保险和担保制度可实现市场对建筑企业能力和信誉的检验，有利于建筑企业的优胜劣汰。

（4）推行业主投保方式。国内外工程实践证明，业主主导建筑市场，是建筑业发展的动力。在我国，业主压低承包价格、与承包商签订不平等合同、要求垫资承包、拖欠工程款等现象仍较为普遍，承包商缺乏主动投保动力。因此，工程保险制度的推行必须要通过相关政策推动业主投保。

（5）发展工程保险中介机构。政府建设主管部门应联合相关部门，共同培育和发展专门的工程保险中介机构，包括工程保险代理人、工程保险经纪人、工程保险公估人和工程风险管理咨询公司。由中介机构为保险公司提供承保、理赔、风险管理等方面的技术支撑，甚至直接承揽保险公司的业务，以共同承担市场风险，获得共同发展。

（6）健全监管体系。工程保险和担保制度的推行需要完善的监管体系，这也是保护被保险人、被担保人的利益、维护社会经济稳定的必然选择。监管职能可由行业协会来承担，也可由工程质量和安全生产监管机构来承担。

（三）推动建筑业技术进步与管理创新

1. 加强规划和政策引导

（1）组织制定建筑业中长期技术研发与应用规划，确定研究方向和重点开发的技术领域，以此作为建筑业技术创新的指南。

（2）完善科研项目责任制，明确科研项目验收标准及奖罚办法，以有效地激发科研人员的积极性，并确保项目实施效果。

（3）科学评估科技资源优势，进行技术创新的战略分工，减少或避免低水平重复研究。

（4）完善知识产权保护和促进技术扩散的相关法规政策，促我国建筑业及其关联产业新知识的产生以及在国际建筑市场的传播与应用。

（5）加强与国家自然科学基金委员会及教育、科技、财政等部门的有效沟通，努力加大对土木建筑等相关学科研究的资助力度。

（6）制定更加有利的政策，鼓励建筑业产、学、研分工与合作，以及相关产业科技人才的自由流动。

（7）建立建筑业创新基金，推进重大科技项目以及新产品研制，对积极参与科技创新的企业加大资金支持力度。

2. 加速科技成果转化

积极推进建设领域重点新技术推广项目的实施，完善科技成果转化体系，加快新技术、新工艺、新材料、新设备、新工法的推广应用，加大对工程建设的专有技术、计算机软件等知识产权保护的力度。

3. 加强技术创新与管理创新指标的考核

政府在制定政策时应加强技术创新与管理创新指标的硬性考核，督促建筑企业积极进行科技创新活动。从评优评奖、企业资质管理、企业负责人等方面加大对科技进步的考核比重。

4. 为技术创新与管理创新活动引入多种融资渠道

拓宽市场融资渠道，鼓励创新成果的推广应用，如科技研发和推广基金、创新风险基金、创新援助基金等；采取增加贷款、贴息、税收优惠、价格补偿等措施，鼓励创新活动；积极将风险资本引入结构技术、施工工艺、材料形式变革等技术含量较高的领域。

5. 继续加强科技人才培养

要进一步完善有利于建筑业人才培养的配套制度，营造有利于建筑业人才成长的政策环境。高等学校、企业和科研院所应通过教育、培训、技能训练、国际人才交流等多种形式，培养青年科技人才的科学精神、团队精神、创造才能和创新意识，培养出开拓国际市场所需要的懂技术、会管理、善经营的复合型人才。

（四）推动企业组织结构和工程建设实施方式的深层次变革

建筑企业的健康发展是产业政策的核心目标。为企业提供良好的市场环境、使其在工程实施中有多种方式可以选择，能够保障企业完善自身经营管理和不断开拓市场；针对不同的企业制定适当的扶持政策，有利于产业结构的调整。

1. 深化改革工程建设实施组织方式

丰富的工程实施组织方式对我国建筑企业提高管理水平、提升整体竞争力具有积极作用。为此，应推进工程建设实施组织方式的改革，为建筑企业提供更加广阔的发展空间。

（1）完善法律法规。要明确工程总承包的法律地位并尽快出台相配套的政策措施、不同类型总承包方式的合同示范文本等，以便为建筑企业开展工程总承包业务打下基础。为适应工程总承包的要求，招投标制度要进行相应变革，包括将招标工作提前到施工图设计以前，由中标的总承包单位负责施工图设计，有利于最大限度地减少工程量、节约能源，从而降低工程造价。

（2）引导业主认同。首先，应在不同行业中选择一批工程项目，进行工程设计、施工一体化承包和工程项目管理服务试点，通过总结经验和积极推广，引导业主认同新型的工程建设实施组织方式。其次，在政府投资工程中积极推进工程实施组织方式的改革，在具备相应管理能力的基础上，率先选择工程设计、施工一体化承包方式。

2. 促进建筑企业扩展一体化服务功能

随着工程建设的日趋复杂化和技术的不断进步，国际工程承包不再仅仅局限于工程施工管理，而是覆盖到投资策划、项目设计、工程咨询、国际融资、设备采购、技术贸易、劳务出口、项目运营、人员培训、后期维护等项目的全寿命期中，工程项目日益成为国际投资和贸易的综合载体。国际工程承包正从传统劳动密集型建筑服务交易向带动本国或本公司技术与管理资源、建材或机电产品出口综合贸易转变。因此，应切实从国家政策层面扶持和推动有条件的大型建筑企业成为具有科研、设计、采购、施工一体化管理和工程总承包能力，能与跨国公司竞争的国际化企业集团。

3. 做强、做大核心建筑企业

要采取必要措施，通过进一步提高大型企业资质评审门槛，评选出 50 家左右特大企业集团，构成我国建筑业中的核心企业，使其成为中国建筑企业跻身国际市场的主导力量。此外，应制定相关政策，推动建筑企业联合兼并科研和设计企业，实行跨专业、跨地区重组，形成一批资金雄厚、人才密集，具有科研、设计、采购、施工管理和融资能力的大型工程承包企业，提高企业的整合经营能力，在经营方式上与国际快速接轨。

4. 大力支持企业联合重组

加快产权制度改革，吸引外国资本和民间资本进入建筑业，营造富有活力和相互促进的产权机制；制定政策措施，指导工程施工、设计单位积极寻求联合、重组的机遇和方式，加快企业联合、重组、改制的步伐，尽快形成一批专业特点突出、技术实力雄厚、国际竞争力强的大企业、大集团。

面对国际工程承包市场激烈的竞争环境，除了企业间的联合、重组外，有必要采取各种政策措施，鼓励对外承包工程企业以各种方式进行联营，使企业间资质互补、优势互补，增强在市场上的综合竞争能力。这对有效聚集资金、优化资源配置，解决企业普遍存在的资金不足问题具有重要作用。

5. 扶持中小建筑企业健康发展

中小建筑企业是建筑业发展的重要支撑。政府应积极支持中小建筑企业的发展，如在资质管理上要保护中小建筑企业的市场空间，在建筑市场招投标活动中要明确中小建筑企业参与投标的范围界限，大企业不得参与竞争；要解决专业化企业融资困难的问题。建设主管部门可编制重点扶持专业目录，向金融机构推荐效益好、偿债能力强的中小建筑企业。

6. 着力推进企业信息化建设

信息化是推动传统建筑业向现代建筑业转型的重要途径。要着力推进信息化建设，使信息化覆盖到工程项目管理的全过程和全要素，促进企业管理整体水平的提高。

（五）加大落实建筑节能减排力度

随着全面建设小康社会的逐步推进，建筑能耗迅速增长，建筑节能减排已成为建设资源节约型社会、环境友好型社会的重要工作内容。

1. 进一步完善节能减排管理体制

要进一步完善节能减排管理体制，逐步完善管理体系，明确各方职责，做到各职能部门和责任单位分工明确、协调有序，将节能减排目标和措施落到实处。

2. 实施多样化的经济激励政策

（1）设立建筑节能投资基金，对建筑节能项目进行资金支持，资金来源主要包括政府的直接财政投资和民间资金。节能投资基金可以对外直接投资，作为项目资本金，也可以向企业提供担保，为企业的节能投资融资进行担保。

（2）建立抵押贷款激励机制。借鉴国外经验，建立抵押贷款激励机制，激励对象从生产方转向购买方，刺激市场对节能产品的需求，从而促使节能产品交易的成功，加快实现建筑节能减排目标。

3. 加大能源科技投入

技术进步是提高能源资源利用效率的根本性措施。实现低耗能、低污染、高效率的增长方式，最关键的是通过引进和消化先进技术，发展高附加值、低能耗、低排放的建筑节能产品。国家应加大对建筑节能减排的科技投入，支持建筑节能减排项目的技术创新。

4. 完善并严格执行标准规范

进一步加强建筑"四节"（节能、节地、节水、节材）标准规范的制订工作，鼓励有条件的地区在工程建设国家标准、行业标准的基础上，组织制订更加严格的建筑"四节"实施细则。同时，标准涉及内容要逐步覆盖全国各个气候区的居住和公共建筑节能设计，从采暖地区既有居住建筑节能改造，全面扩展到所有既有居住建筑和公共建筑节能改造，从建筑外墙外保温工程施工，扩展到建筑节能工程质量验收、检测、评价、能耗统计、使用维护和运行管理，从传统能源的节约，扩展到太阳能、地热能、风能和生物质能等可再生能源的利用，以促进先进适用技术通过标准得以推广。

（六）积极开拓国际市场

1. 创造良好的竞争环境

为支持建筑企业积极参与国际竞争，建设主管部门应联合商务、外交等相关部门，充分利用政府间谈判以及经济技术合作，帮助企业开拓工程承包市场，保护我国建筑企业在工程所在国的合法权益。

2. 提高企业核心竞争力

建设主管部门应通过制定相关政策，鼓励和引导建筑企业全方位涉足石化、交通、电力、水资源、环保及工业制造等多种类型的工程项目，不断提高企业的一体化服务水平和承包工程的科技含量，为建筑企业综合竞争力的提升创造条件。

3. 推进工程建设标准的国际化

目前，对外工程承包业务正逐步进入到利用工程建设标准巩固和开拓国际市场的高层次竞争范畴。要加大对我国工程建设标准国际化的研究，确立工程建设标准国际化的战略路径，推动国内工程建设标准更多地转化为国际市场认可和通用的标准，从而提高我国建筑企业在国际工程承包市场的主导地位。

4. 增强建筑企业的风险识别和防范能力

国际市场的政治、经济、文化、法律、科技等因素都会对建筑企业经营活动产生影响。近些年来所披露的国际工程承包案例说明了建筑企业增强风险识别和防范能力的重要性。为此，要强化建筑企业的风险意识，建立国际工程项目全面风险管理体系，有效地化解国际工程承包市场风险对建筑企业的不良影响。

（七）大力开发建筑业人力资源

1. 继续完善执业资格人员管理

（1）拓宽执业资格人员的执业范围。将建造师的执业范围拓宽为工程项目全过程管理，包括项目前期策划及设计阶段、施工阶段的项目管理。

（2）加强和改进专业教育评估工作。理顺工程管理专业教育评估与注册执业资格制度之间的关系。

（3）加强注册管理，完善信用和保险制度。利用计算机及信息网络技术，建立注册建造师执业资格信息库及信用档案。对注册执业人员，实施个人职业责任保险制度。

2. 逐步改善人才结构

（1）规范从业人员就业市场。

（2）完善建筑业从业人员培训制度。

（3）加强企业内部培训。

3. 维护建筑业从业人员的基本权益

（1）改善从业人员的工作条件。

（2）建立工资支付长效机制。

（八）提升建筑工业化水平

实现建筑工业化是社会生产力发展的必然结果。我国市场经济的发展还不成熟、不完善，市场信息还不能完全正确地反映客观经济规律。因此，需要有正确的技术和经济政策进行引导，以实现局部利益与全局利益、经济效益与社会效益的结合，持续加速建筑业的整体技术进步，加快建筑工业化步伐。

具体内容包括：

（1）培育和引导建筑工业化市场需求。

（2）提高构配件和制品生产与供应的商品化、社会化水平。

（3）推动现场施工的机械化和合理化。

（4）发展综合效益好的各类建筑体系。

（5）促进建筑标准化的发展。

第二节 建筑业"十二五"发展规划简介

一、"十一五"期间建筑业发展的成就与存在的问题

"十一五"期间，是我国城市化、工业化高速推进时期，国家着力解决关系人民群众切身利益的突出问题，注重城乡、区域协调及社会事业发展，调整经济结构，积极应对各种危机和挑战，部署低碳经济发展战略，保持了经济社会全面、协调、可持续发展。"十一五"时期，在积极的财政政策的主基调下，我国固定资产投资规模不断扩大，增速持续保持在25%左右，维持历史高位，为建筑业的发展提供了较好的市场环境。

1. "十一五"期间建筑业发展的成就

"十一五"期间建筑业发展的成就主要包括以下几个方面：

（1）建设规模不断扩大，建设成就成果丰硕，在国民经济中的重要作用及贡献不断加强。

（2）建筑业发展变化显著。主要表现在：建造能力明显增强；企业融资能力实现历史突破；企业经营结构实现战略转变；产业组织结构进一步优化；国际国内市场开拓取得新进展；技术进步及节能减排部署展开。

（3）重要法规政策相继出台，法律体系不断完善。主要表现在三个方面：第一，建筑市场监管法规政策举措有：加强市场准入管理制度建设；健全完善个人执业资格制度；大力推进市场机制建设；加强建筑设计招投标管理；《建筑市场管理条例》制定工作启动。第二，建设工程质量安全监管法规政策举措：推动企业建立健全安全生产责任体系；创新监管机制，提高监管效能。第三，建筑节能可持续发展法规政策。

2. "十一五"期间建筑业发展中的主要问题

（1）发展模式。建筑业的发展很大程度上依赖于我国持续多年的积极财政政策，以及相应的高速增长的固定资产投资规模，发展模式表现为外延的、粗放的增长，低端劳动力和机械设备在投入要素中所占比重较大，企业人才、技术、资金等关键要素普遍缺乏；企业科技积累不足，科技研发投入较低，专有技术和专利技术拥有数量少，转化效率低；科学管理和技术进步对产业发展的贡献有限，整个行业利润水平偏低，可持续发展能力不足。

（2）生产方式。建筑业的生产方式与现代科学技术、生产组织方式创新提供的可能性仍然存在较大差距。施工中传统的手工作业方式仍然大量存在，机械化、工业化、信息化水平低，围绕最终建筑产品的不同生产环节，包括勘察、设计、施工、采购等组织融合度低，施工现场管理标准化程度低，建筑产品质量不均衡、不稳定，建筑产品功能品质提升潜力巨大，安全事故的威胁长期难以消除。

（3）产业素质。单纯的劳动密集型产业的性质没有根本改变，高端人才不足，一线操作人员职业化水平低，技术素质不高，企业的对外合作、要素组织能力、资本市场运作能力、投资建设一体化能力、设计施工一体化能力、重大工程技术管理能力、风险管控能力存在明显的不足。市场行为不规范现象，包括转包挂靠、违法分包等社会影响较大的问题还较多发生，管理水平与国际先进水平相比差距较大，高资质企业实际施工能力弱化，中、小、精、专企业发展不充分。企业的社会责任意识有待加强。

（4）可持续发展。近些年来，我国建筑企业发展主要表现为量的扩张，建造资源耗费量大，碳排放量突出，建筑寿命缩短，耐用性降低，后续维修周期缩短，投入增大，在持续发展能力上仍存在较大欠缺。

（5）发展环境。建筑市场不平等交易大量存在，虚假招投标、肢解发包、低价发包、拖欠工程款等问题依然突出，建筑市场法规制度不完善，现行法律法规对市场主体违法行为界定不清、定性不准、执法效力弱，缺乏有效的制约和处罚机制，不适应监管和执法的需要，不规范的市场环境扼杀企业发展壮大、增强竞争实力的动力，造成优不胜、劣难汰，制约行业的健康发展。

二、"十二五"时期建筑业发展环境

"十二五"时期是我国深入贯彻落实科学发展观、构建社会主义和谐社会的重要时期，也是全面实现建设小康社会奋斗目标承上启下的关键时期，国家将在结构优化调整，内涵式发展的战略方向上统筹经济与社会、城市与农村、国内与国外，实现持续稳定发展，这一时期仍然是建筑业发展的机遇期。

1. 国家发展战略、政策

"十二五"时期，国家发展战略、政策主要包括：

（1）全面深入贯彻落实科学发展观。

（2）建设和谐社会，保增长保民生。

（3）建设资源节约型社会，应对低碳经济挑战。

（4）深化投资建设体制及国有企业产权制度改革。

（5）完善市场机制。

2. 国内外建筑需求环境

（1）国内建筑市场规模结构展望。"十二五"时期，我国处于工业化、城镇化加速发展阶段，大规模的基本建设仍然是国民经济发展的主要特征之一。铁路、公路、水电、核电、城市轨道交通等基础设施建设进入高峰期；大量人口进入城市对城市基础设施建设、旧城改造、新城建设、住宅建设及相关配套设施建设也提出旺盛的需求；社会主义新农村建设将推动农村基础设施建设、住房建设、医疗卫生及教育文化设施建设；新一轮沿海开发开放战略的推进将加快这些地区基础设施建设的步伐；为应对金融危机，一批重大基础设施、民生工程、环境保护工程等项目集中开工。因此，"十二五"时期是我国建筑业发展的重要历史机遇期。

（2）国际建筑市场规模结构展望。展望未来，作为我国对外工程承包主要市场的东南亚、南亚、非洲等发展中国家正处在经济发展的高峰期，受金融危机影响程度有限，基础设施建设存在刚性需求；近年来，我国承包企业介入拉美市场工程承包、资源开发的领域扩大，联系加深，在中东和非洲基础设施建设领域已经具有良好基础和口碑；尤其是随着我国国力的增强，建筑业投资建设能力和水平的不断提高，对外投资规模逐年加大，对外投资客观上对于建设工程承包具有拉动和带动作用，加之国家对"走出去"战略的政策支持力度加大，企业将获得更多的业务便利和政策支持，我国企业在国际建筑市场规模中所占比重应当稳中有升，工程承包中大型工程、技术、资本密集型工程所占比重会不断增加，对外工程承包前景依然看好。

3. 新时期面临的挑战

（1）产品需求结构变化。"十二五"时期，工程建设需求结构的特点是，建设规模大、品质要求高、技术难度大的产品需求增加。高速铁路、高等级公路、城市轻轨、成品型住宅以及技术要求特殊的建设需求的出现，对于建筑业的技术、管理、风险控制、适应能力都提出了很高的要求。

（2）高端市场国际竞争加剧。工程建设高端市场是指国内国外技术、资金、管理要求高的发承包市场。这类市场是全球建筑承包商瞩目的承包领域，相对于中低端市场，具有风险大收益可能性大的特点，未来的竞争态势必然推动我国企业与具有丰厚技术、管理、商务经验积淀的美、法、英、日、韩承包商同台竞争，加之我国本国企业进入的数量不断增多，高端市场的国际竞争会更加激烈。

（3）对技术进步快速发展的反映要求迫切。当前，工业制造技术、信息化技术、新材料技术、智能技术、生态技术、新能源和节能技术日新月异，全社会要求建筑业对其做出反映，在工程建造过程中采用和整合采用这些新技术，实现传统产业的优化升级，这对建筑业对市场的反应能力、研发能力，技术运用能力都提出了更高的要求。

（4）社会各类业主对于建造水平和服务品质的要求不断提高。随着经济发展和社会进步，社会各类业主对建筑产品的安全、质量、适用性、功能、节能环保、所提供的建造服务等的要求会越来越高，迫切需要采取多种有效的技术和管理措施，着力提高建筑功能质量，符合社会日益提高的各类需求。

（5）节能减排外部约束加大。"十二五"时期，我国将全面进入降低碳排放战略的实施期，实施日益严格的节能减排政策，对于所有产业的节能减排约束会持续加大，以实现可持续发展。工程建设是节能减排的重点领域，建筑产品的节能减排性质、所使用的建筑材料所受的限制增多，建筑业企业在贯彻落实节能减排战略中的责任会不断加大。

（6）产业素质提高迫切需要政策引导。"十二五"时期，转变建筑业增长方式，提高建筑业的产业素质是十分迫切的任务。要完成这一任务，单靠企业或某一行业部门具有难度，需要财政、税收、国有资产管理、各工程建设管理职能部门通力配合，深入研究建筑业发展当中所面临的深层次问题，全面、慎重提出促进行业发展的政策措施，制定切实有效的法规政策。

三、"十二五"时期建筑业发展的指导思想、主要目标和任务

（一）指导思想

以邓小平理论、"三个代表"重要思想为指导，深入贯彻落实科学发展观，通过市场机制作用和产业政策的引导，通过企业、协会、政府的共同努力，实现建筑业整体素质的稳步提高和健康可持续发展。

（二）"十二五"时期建筑业发展目标

1. 定性目标

满足我国经济腾飞、社会进步、人民生活改善对建筑产品的巨大、丰富需求，向全社会提供质量优良、功能先进、安全耐用、节能减排效能不断改善的建筑产品，将我国建设工程的设计建造能力提高到一个新水平。

调整优化产业结构，建立适合建筑业特点的大中小型企业、综合与专业企业、市场覆盖地域范围不同企业的有机结合、协作互补、协调发展的组织格局。

破除传统发展模式形成的行业、地域分割，按照市场配置资源的内在要求，优化开发与建设、设计与施工、制造与建造、国际与国内不同领域和环节的组合，提高建筑业的资本、技术含量和管理水平。

努力改变建筑业一线操作工人技术水平低、组织松散、操作质量不稳定的状况，建设一支达到一定技术水平，稳定而富有弹性、精干高效的产业工人队伍。

加强建筑业节能减排工作，推广绿色施工。

增强建筑业的国际竞争力，持续扩大建筑业在国际建筑市场中的份额，为我国经济、社会发展做出贡献。

2. 定量指标

（1）建筑业企业总产值年平均增幅达到 14%～18%，建筑业增加值年平均增幅达到 7%～10%，对外工程承包营业额年平均增幅达到 15%～20%。

（2）有资质企业的百元产值能耗下降 10%。

（3）C60 以上的混凝土用量达到总用量的 10%，HRB400 以上的钢筋用量达到总用量的 30%。

（4）特级企业年科技活动研发经费占营业收入的 0.5% 以上，总体支出规模逐年增加；特级企业在施工程项目 60% 实现网络实时监控；特级、一级企业建立内部局域网及管理信息平台。

（5）有资质企业施工现场建筑工人持证上岗率达到 90% 以上。

（6）重大安全事故总起数下降 1%～3%，死亡人数下降 1%～2%。

（三）"十二五"时期建筑业发展重大任务

1. 以市场为导向优化产业组织和服务模式

"十二五"时期，针对市场的需要和当前建筑业组织结构的问题，着重从如下方面优化产业组织和服务模式：

（1）支持大型建筑业企业提高综合服务能力。要提高产业集中度，推动有条件的大型企业成为具有科研、设计、采购、施工管理和融资等能力的企业集团，增强其对建设工程项目的综合服务能力和国际市场开拓能力。

推动设计施工生产组织管理方式的改革。要提高建筑业企业的施工图设计能力。要通过改变设计与施工脱节的状况，实现设计与施工环节的互相渗透，提高工程建设整体效益和质量水平。

（2）促进中小型专业化企业和劳务分包企业的健康发展。通过简化工商、资质管理，降低税负，提供融资便利，给予中小型企业市场空间等措施，促进中小型专业化企业和劳务分包企业从隐性地下向公开规范发展，将其纳入统一的行业发展规划指导及市场监管范畴。加强对从业人员培训考核，促进其管理水平和技术水平的提高，促进建筑业产业结构的合理化。

（3）注重效率，加强管理，优化企业组织。在企业内部，应当弱化行政关系，减少管理环节，克服管理层过于庞大侵吞利润的弊端；明晰简化纽带类型，严格按照产权、承包、协作、竞争、行政管理等不同类型确定目标考核，提高管理水平和风险控制能力。

（4）发挥政府投资工程建设组织模式的导向作用。通过法规和政策导向，使政府投资工程在采用先进的发承包模式，运用风险控制手段等方面发挥示范作用，促进新型建设组织方式和市场手段的采用。

2. 发展现代工业化建筑生产方式

（1）形成新型建筑工业化政策体系。根据当前和新时期建筑材料、建造工艺、建筑技术的发展，研究制定新型建筑工业化政策体系。加快制订有关建筑工业化的标准。通过制造和建造相结合，提高工业化制造和装配水平，促进建筑产品生产效率、质量和品质的提高，节约建造成本。

（2）全面提高行业的信息化水平。在企业管理方面，加大信息化技术在市场营销、设计建造、项目管理等方面的应用水平。在建筑技术方面，进一步促进传统技术与信息化技术的整合，通过提高建筑技术的信息化含量，提高建筑技术水平。在行业管理方面，加大信息化技术在建设工程招投标、行政审批备案、企业信息及诚信体系建设等方面的应用水平，丰富管理手段，提高管理效率，实现管理创新。

（3）探索以可持续发展为目标的建筑生产方式。将减少建设工程建造和使用过程中的碳排放作为重要目标，降低碳排放量大的建材产品的使用，逐步增加高强度、高性能建材的使用比例，研究建筑垃圾的处理和再利用，控制建筑过程中的噪声、水污染等，降低建筑物建造和使用过程中对于环境的不良影响。

3. 全面提高人员素质、产业素质和产品品质

（1）全面提高各类从业人员素质。企业经营管理人员应当更新经营理念，提高经营能力，提高管理水平和战略规划能力，增强市场行为自律自觉性，增加社会责任感。要充实具有现代金融、投资、风险管理知识和技能的人才，改善建筑业企业的经营管理人才结构。

要增强行业内的专业技术人员对国家、社会和企业独立承担相应技术责任的意识，使其自觉执行国家法律法规、强制性标准，成为行业内敬业自律的中坚力量。要通过给予专业技术人员相应的技术权力、地位和待遇，充分发挥专业技术人员的作用。

对于一线操作工人，要逐步地提高行业进入门槛，克服非职业化导致的操作技术素质不高的问题。通过建立国家、企业、个人投入相结合的建筑劳务工人基本技能培训考核制度，建筑劳务工人职业经历、技术水平记录证明制度，与个人职业经历能力匹配的劳动保障及流动认可制度等，形成个人技术能力的刚性和职业经历的弹性相结合的建筑业劳务工人职业发展模式。

（2）全面提高企业素质。企业应当从单一的经济效益的追求转向兼顾社会责任的全面发展。建筑业企业的经营目标、经营理念、经营方式应当逐步提升，在诚信经营、严格自律、安全生产、善待员工、节能减排等方面，尽职尽责，取得市场和社会的认可，形成建筑业的品牌企业。

（3）提高建设工程质量安全水平，大力提高建筑产品品质。建筑业企业应当严格贯彻执行有关质量安全、环境保护、节能减排的法律法规和强制性标准，完善企业自身制度、

标准，建立起企业质量安全保障体系，为社会提供品质不断提高、用户更加满意、无质量安全隐患的建筑产品。

4. 促进建筑业技术进步和节能减排

（1）进行建筑业技术研发的合理分工，推广应用先进技术。建筑业的技术进步需要科研储备。国家应当投入资金，组织力量进行工程建设相关的基础性研究。大型建筑业企业应当作为应用研究的主体，依托自身力量或者与科研单位、大专院校、生产厂家合作，进行应用研究。通过制定产业政策和技术标准，推动先进技术的推广应用。

（2）引导和促进企业形成技术进步机制。通过政府的市场准入、招投标管理以及发挥市场的作用，引导和促进建筑业企业形成技术进步机制，加大企业技术进步投入，进行技术总结、储备、积累、推广、交流，形成一批独立的或依附于建筑业企业的建筑技术研发企业。对于在技术进步中做出突出贡献的单位和个人，应当给予表彰奖励。

（3）大力推进建筑业技术改造。通过开发利用先进适用技术，提高建筑业技术水平和经济效益。大力推广新技术、新材料、新工艺，适时淘汰落后技术工艺及材料。

（4）制定建筑业低碳经济应对战略，全面贯彻落实建筑节能政策。通过调查统计现有排放数据，制订切实可行的排放目标。在材料使用、建筑产品建造和使用过程等环节，制订并整合低碳措施，增强推进力度，降低碳排放。同时，应当将低碳经济时代的到来视为机遇，在国家全面进入低碳经济的发展环境中寻找利润增长点和发展机会。

（5）强制提高建筑产品使用寿命。通过工程建设标准的提高和建设工程数量、质量的严格控制，强力提高建筑产品的品质，严格控制建筑产品的粗制滥造，延长建筑产品寿命，有效节约资源。

5. 完善现代建筑市场体系

更多地发挥市场机制在建造施工领域的资源配置作用，形成以市场机制为基础，行政管理为补充的建筑业运行机制。

（1）逐步形成政府和市场相结合的准入清出制度。在调整完善现行市场准入制度的基础上，逐步发挥市场机制在市场准入清出中的作用，形成全面有效反映企业能力的准入清出制度。

（2）采用风险转移手段，形成市场制约关系。改变单纯依靠政府监管维持建筑市场秩序的做法，发挥法律、经济手段的作用，加强建筑市场主体自律机制、风险管理机制和纠纷解决机制的建设，形成建筑市场主体之间的市场制约关系。

（3）转变政府职能，优化市场环境等。政府应当进一步转变职能，发挥行业组织作用，制定行业发展战略规划，引导企业发展。政府相关部门应当积极营造公平竞争的市场、法制环境和促使行业健康发展的政策环境，加大面向全社会的工程建设公共服务力度，建立起建筑市场违法行为投诉、质量安全投诉、建筑违法使用投诉等沟通处理渠道和程序，为各类市场主体、广大人民群众提供畅通、便捷、高效的相关公共服务。

6. 大力拓展国际市场，加快"走出去"步伐

"十二五"时期，应当发挥我国建筑业改革开放30年来形成的竞争优势，走出国门，拓展市场，提高在国际市场上份额。

（1）选择重点行业，突出重点市场，加大市场开拓力度。目前，我国建筑业在超高层建筑、高速铁路、公路、桥梁、水电站、火电站、核电站、化工等方面都积累了丰富的建

设经验，在这些领域的市场开拓具有条件和可能性。

（2）形成资金、市场、设备、设计、建造综合优势。开拓国际市场，资金是重要条件。通过证券市场融通资金，取得国家政策支持，取得银行贷款支持，推动我国建筑业走出去的步伐。同时，加强企业间的合作，提高系统对外的合力，通过工程承包带动建材、设备出口，进行设计、施工、采购一体化的工程总承包，是建筑业走出去的重要内容。

（3）采用灵活多样交易手段，提供优质高效建造服务。用建造能力换取外汇，用建造能力换取资源，用建造能力换取市场，用建造能力换取人才技术，是建筑业企业在实践中探索和发展的交易模式，也是国家支持建筑业企业发展对外工程承包的重要内容，通过采取多种灵活交易手段，充分发挥我国建筑业的建造能力优势，进行国际贸易的优势互补，以取得稳定持久的盈利。

（4）探索成功国际化的道路。根据企业发展的实际和可能，逐步形成我国建筑业的国际经营团队。国际型企业在充分发挥自己的管理、技术优势的前提下，应当与外国本土化劳务及商务环境很好结合，借鉴学习本土经营管理经验，在人力资源管理、薪酬管理、市场拓展等方面探索成功国际化的道路。

7. 提高行业协会服务水平

（1）开展调查研究，为政府决策提供参考。行业协会要深入调查研究，广泛听取企业意见，反映企业的诉求。要跟踪分析建筑业发展中具有全局性、前瞻性的新情况、新问题，提供有价值的调研报告。要积极与政府有关部门沟通协调，参与涉及行业利益的决策、立法的论证咨询，就强化节能减排、调整产业结构、促进产业升级换代等重大问题向政府部门提出意见和建议。

（2）加强行业自律。行业自律是政府监管的重要补充。要通过制订行业自律公约和开展信用评价等手段，大力倡导诚实守信的道德规范和行为准则。要建立健全行业信用信息档案，做好诚信行为记录和信息发布等工作，把建筑行业诚信建设推向一个新的水平。

（四）"十二五"时期促进建筑业发展的有关政策

1. 规范建筑市场秩序

（1）制定出台《建筑市场管理条例》，为公平交易提供良好法制环境。加强建设工程业主投资建设行为监管，引导业主的理性投资，遏制压缩工期、压低造价、拖欠工程款等源头上影响建筑施工行业发展的违法违规行为；严格监管承包单位的转包、挂靠行为；加强政府投资工程业主行为监管，使其成为工程建设业主行为的表率及楷模。

（2）完善建筑业企业市场准入法规及标准，逐步发挥市场机制在市场准入中的作用。修订完善企业市场准入标准、条件，新标准应当更加强调企业的管理能力、技术水平、产品品质及其现场管理等。引导企业适应我国社会主义市场经济不断成熟的环境，在市场竞争中实现优胜劣汰，产生市场、社会公认的品牌企业。

（3）以资质管理、战略规划、指导意见、信息发布等手段引导建筑施工行业、企业、项目组织的优化。围绕优质建筑产品的建造目标，促进建筑施工行业与房地产开发、勘察设计、材料采购、构配件制造的结合发展，形成新型设计施工一体化的工程公司、开发建设一体化的建筑产品建造营销商、为总承包企业提供专业和劳务分包服务的专业、分包企业共同发展的局面；优化建造过程中勘察、设计、施工、采购环节的组织融合；通过改善政策环境，促进国际市场开拓，破除地方封锁，促进全国统一建筑市场形成。

　　2. 加强质量安全监管

　　将质量安全的现场监管与建筑市场准入清出监管结合起来，施工现场的质量安全状况作为资质动态管理的重要考核内容。

　　通过对发包人、承包人的双向约束，强化造价管理和招投标管理，使得建造成本能够保证质量、安全的投入需要，防止恶性竞争对于质量、安全的不利影响。

　　克服"重创制、轻监管"的倾向，加强政府日常、随机的质量安全监管工作，加大执法力度。

　　加强一线操作人员的技能培训和职业化进程，进一步提高建筑产品的技术含量和品质。争取"十二五"末期使70%建筑工人建立记录其技术等级、职业经历、薪酬待遇的职业档案，并在全国或一定区域范围流转有效。

　　3. 促进行业技术进步

　　(1) 加大研究投入。争取国家给予建筑施工行业基础技术研发经费支持，该项目应当作为中央和地方财政的常规支出项目，经费总额应当逐年增加。

　　(2) 鼓励技术创新。运用市场准入、招投标条件、表彰等多种手段，鼓励企业积极采用工业制造装配、信息化、节能减排等技术。

　　(3) 加快折旧。制定适合建筑业特点的加快折旧设备名录及折旧年限，推动建筑业的设备更新。

　　(4) 税收减免。在建筑业企业中贯彻落实国家关于鼓励企业技术进步的各项税收政策，包括鼓励企业用于开发新产品、新技术、新工艺所发生的各项费用应当逐年增加，对于年科研开发经费超过10%的企业，用据实列支的科研开发经费的50%、直至全部抵扣应税所得税；对于企业获得国家和省部级技术进步奖项的研发投入经费数额，经审计，在相关税种征税额度中予以免除。

　　4. 鼓励企业节能减排，建造绿色建筑

　　(1) 做好基础工作。加强和完善节能减排的设计标准、施工验收规范、计算机辅助应用软件、检测评价方法和手段等工作。

　　(2) 用标识制度引领节能减排、建造绿色建筑。建立绿色建筑标识制度。标识内涵应当贯彻建造使用全寿命周期的评价观点。鼓励企业全面贯彻节能减排的强制性技术标准，积极采用相关技术和材料、设备，有效实现能源、资源的节约和环境保护。

　　(3) 严格监督执法。实现建设工程全过程——包括项目立项、施工图审查、竣工验收备案、使用维护、拆除及建筑垃圾处理等环节的严格监督执法，落实有关节能减排的法规和强制性标准要求。

　　5. 发挥工程建设标准对产品品质和技术进步的保障作用

　　加强工程建设标准的制定、修订管理工作，以反映日新月异的技术进步状况，完善产品标准、工程标准和质量监督管理体制。鼓励有条件的地区在工程建设国家标准、行业标准的基础上，组织制订更加严格的工程建设标准。

　　6. 协调相关政府部门出台政策，优化行业发展环境

　　取得国家对于建筑业农民工培训工作的支持，减轻中小型建筑业企业的税负负担，制

定保护公平交易的基本规则，严格政府对项目的资金到位审查，优化行业发展环境。

第三节　《建设工程项目经理执业导则》介绍

一、《建设工程项目经理执业导则》出台的意义

自 2002 年起，建筑行业实施注册建造师执业资格制度。建造师与项目经理在市场定位上既相互区别，在职业关系上又相互联系。

建造师与项目经理的定位区别表现在：

（1）建造师是国家对专业技术人员的一种执业资格管理。它是专业技术人员从事某种专业技术工作学识、技术和能力的必备条件。

（2）项目经理是工程项目管理活动一个特定的管理者。是企业在工程项目管理中设置的一次性重要的组织领导岗位。项目经理岗位是保证工程项目建设质量、安全、工期的重要岗位。项目经理是根据企业法定代表人授权范围、时间和内容，对施工项目自开工准备至竣工验收，实施全过程、全面管理。

建造师与项目经理的职业联系表现在：人事部、建设部关于《建造师执业资格制度暂行规定》中指出："建造师注册后，有权以建造师名义担任工程项目施工的项目经理"。建设部在《关于项目经理资质管理制度和建造师执业资格制度的过渡办法》中再次明确："在全面实行建造师执业资格制度以后，仍要坚持推行项目经理岗位责任制"。建设部在《建设工程总承包项目管理规范》和《建设工程项目管理规范》中都非常明确地规定了在工程建设中要坚持和实行项目经理责任制。

建造师执业资格注册制度和项目经理岗位职业管理的关系是：

（1）建造师执业资格制度的实施，是改革项目经理资质的行政审批制度，不是取消项目经理。

（2）建造师执业资格制度有利于提升项目经理岗位职业标准和整体素质要求、完善项目经理知识体系、加快项目管理人才培养与国际接轨的一项重要举措，并不是取代项目经理。

（3）取得建造师执业资格是担任项目经理的必要条件，但不是充分条件，由于经验、业绩和综合能力等因素，即使是通过考试的专业技术人员，也并不一定都有能力胜任项目经理岗位，但对这些人员要在工程实践中重点加以培养和锻炼。

（4）坚持担任大中型工程项目的项目经理从具有建造师或相应工程类专业执业注册资格的人员中挑选。

2010 年 11 月，住房城乡建设部颁布了《注册建造师继续教育管理暂行办法》，进而全面启动注册建造师继续教育工作。为了有利于促进"应试型建造师"向"实战型项目经理"的转变，为了满足建筑工程专业注册建造师的继续教育培训的需要，在住房城乡建设部标准定额研究所的主持下，组织国内高等院校、大型企业和相关协会的专家、学者编写了《建设工程项目经理执业导则》（RISN－TG－2011），以下简称《导则》。

二、《建设工程项目经理执业导则》出台的背景

1. 建筑市场格局的改变

随着建筑业的发展，建筑市场格局发生了实质性的改变。市场竞争模式日益完善，市

场主体行为日趋规范，市场监管也逐渐成熟。尤其继奥运工程，世博工程之后，建设工程项目管理工作日新月异，市场运行结构百花齐放，涌现了一大批新型的项目管理运行模式。2008 年 7 月 1 日住房与城乡建设部发布了《建设工程工程量清单计价规范》，提出招标控制价和工程成本价之间的自由竞价模式，在保证安全文明施工费、规费和税金作为不可竞争费用的前提下形成自主报价。同时进一步规范了合同管理和风险管理行为，强调了双赢合同和一定范围风险的管理概念。

《建设工程工程量清单计价规范》又在施工图设计完成之后的清单招标模式做了很大程度的理念延伸，积极引导了方案设计和初步设计招标的模式。为了更好地适应市场需求，提升项目经理素质，加强项目管理实效，住房与城乡建设部组织编写了《导则》（RISN－TG－2011）。

2. 工程项目管理工作的复杂化和多元化

建筑业市场格局的深层次改变，导致了项目管理工作的复杂化和多元化。

（1）随着项目建设体量和规模的不断增大，尤其是高层建筑，复合结构的比例也越来越大，导致了项目承建模式发生了原则性改变。多营体、联营体、合作、合营、合资承建的形式层出不穷，随之而来的就是项目管理工作的多层次和多方位，责任主体的划分也是形色各异，增多了管理的关联点，出现了新的项目管理理念，使得项目管理工作复杂而多元。

（2）政府政策趋向和社会大众对基本建设工作的期望值日益突显。在常规的项目管理工作中，派生和追加了许多社会价值取向。在科学发展观，以人为本和低碳环保的社会发展理念的指引下，对建设工程项目实施和管理提出了高的要求，建筑市场主体不得不更加重视技术进步、职业健康、安全、环境保护、节能、绿色施工、文明施工等一系列深层次问题，从而导致了项目管理工作的复杂和多元。

（3）建筑业企业自身意识的改变也使得项目管理工作更加复杂和多元，在竞争日趋激烈的市场环境中，建筑业企业要想独善其身、可持续发展，就必须改进经营理念，创新发展意识。于是，众多建筑业企业在常规市场经营的基础上，更加重视企业文化建设，品牌塑造、社会地位的体现、公众关注度和认可度的提高、社会责任的积极承担等综合形象，体现了广义的企业经营理念，这就要求项目管理工作有相应的侧重和体现。

3. 建筑业人才机制的健全和完善

随着市场的进步和政策的完善，建筑业人才机制也发生了翻天覆地的变化。行政许可法出台之后，取消了项目经理的行政审批制，2002 年提出注册建造师的执业人才构想，提出过渡期后大中型项目经理必须具备建造师资格，打破了原有项目管理的用人格局，注重了综合素质的提高和公平公正的业务考核。多年来，虽然存在诸如"能考不能干"、"挂帅不出征"、"资格挂靠"、"证书买卖"等不正常现象，但人才发展趋向在日益完善且趋于成熟，为了更好地处理执业资格与岗位资格之间的关系，更好地满足项目管理需要，促进项目管理人才队伍的健康发展，住房与城乡建设部组织出台了该管理导则。

4. 现有相关法规、标准略有滞后

建筑业发展速度迅猛，新技术、新经营、新管理层出不穷，尤其项目管理工作出现了根本性理念改变，原有法规、标准，诸如《招标投标法》、《合同法》、《建设工程项目管理规范》、《建设工程总承包管理规范》等出现了滞后和不足，尤其是对项目经理的责权利、企业地位、资源管理、综合协调和社会责任等要求多显缺失，不能满足现有市场和社会对项目管理工作的企望。要求项目管理工作既要满足各方主体需求，又要满足社会大众的企望，同时还得积极主动地承担环保、节能、安全、技术进步、人文塑造等社会责任，这就要求项目经理执业应有新的起点和高度。《导则》的出台在很大程度上弥补了原有标准和规范的不足。

5. 行业发展对项目管理人才的需求

建筑业实现可持续发展，其核心在于人才队伍和管理模式的可持续。国际市场的渗透，国内市场的成熟促使项目管理工作的健康发展，要求其具有前瞻性和导向性。未来市场需要综合能力强的项目管理人才，既要懂技术、善管理，还得要有行业大局意识、社会责任意识，在服务于企业的同时更好地服务社会，既要抓项目建设又得抓文化建设，在保证项目目标完成的前提下，改进技术，创新管理，有效促进行业进步。《导则》的出台也正是顺应了行业发展对人才建设的需求。

三、《建设工程项目经理执业导则》出台的作用

1.《导则》是对《建设工程项目管理规范》的延伸和细化

《建设工程项目经理执业导则》是在《建设工程项目管理规范》的基础上的延伸和细化。

（1）以项目经理为中心，以项目经理全过程项目管理为主线，将《建设工程项目管理规范》中的合同管理、进度管理、质量管理、职业健康与安全管理、环境管理、成本管理、资源管理、信息管理、风险管理、沟通管理、收尾管理等十一个方面的内容进行了有针对性的细化和补充。如在环境管理中，增加了绿色施工的内容，体现了《导则》的时代性和管理工作的全面性。此外，根据项目经理的岗位要求，细化了项目经理部管理和项目经理责任制，强调了采购管理、现场综合管理和技术管理，明确了项目经理执业能力的考核评价要求。

（2）在《建设工程项目管理规范》宏观的框架体系下，更多的体现了施工企业项目经理的执业特征。《建设工程项目管理规范》从行业的高度覆盖了建设工程有关各方的项目管理工作，更多地强调项目管理内容。《建设工程项目经理执业导则》则从重点体现施工企业的角度出发，主要就项目经理的具体执业进行了细化，增强了使用的针对性和方向性。

（3）《导则》在《建设工程项目管理规范》基础上，根据行业和社会发展，对一些管理理念和原则进行了广义的延伸和放大，使得国家方针政策、社会趋向、经济发展在项目管理工作中得到更好的体现。如绿色施工、四节一环保、循环经济、以人为本等体现行业可持续发展的理念得到很好地展示，充分提升了项目管理的社会层次。

2.《导则》是建筑业管理人才培养机制的具体化

《中国建筑业十二五发展规划纲要》对建筑业人才机制的改革和完善提出了明确的要求，强调项目管理人才，尤其是项目经理应在懂技术善管理的基础上更应注意经验积累和职业道德修养。建筑业实行建造师注册资格制度以后，取消了项目经理的行政认可，在一定程度上造成了现场项目经理的缺失，虽然各项工作均在逐步完善过程中，但建筑市场项目管理人才的硬性规定，不得不要求改变人才管理机制。《导则》在项目经理岗位管理和建造师执业资格之间做了很好的衔接，既规范了项目经理执业行为和应具备的能力素质，又拓宽了执业资格范畴，充分体现了建筑业市场实际和管理需求，很好地促进了建造师制度的进一步完善。

3.《导则》的实施将促进项目管理工作的规范化和制度化

《导则》在《建设工程项目管理规范》的基础上围绕项目经理的管理主线就一些具体工作进行了规范，对项目经理的职业道德和自律要求以企业制度的方式提出明确具体的规定，对项目经理聘任和解聘以及执业管理细化了要求，使得项目经理执业和企业对项目经理的管理更有针对性和可操作性。《导则》强化了项目经理部的管理，对项目经理部制度建设、项目文化建设以及人员要求和日常运行都提出了明确的管理内容和具体的制度要求。

4.《导则》的实施将提升建筑业管理人才队伍的层次和素质

《导则》在对项目经理全面工作规范要求的同时，促成了项目管理人才素质的全面提升，改变了项目经理单纯性施工管理的常规概念，强调项目经理应促进企业和项目文化建设，技术创新、成果塑造，产权固化等关键性工作要上层次。同时又要求项目经理把握国家政策、行业发展，深刻理解基本建设与国民经济发展的和谐共济，提倡绿色施工、注重环境治理、崇尚社会公德、承担社会责任。在注重专业技术管理的同时，也注重经营管理素质的培养。以项目经理为核心带动整个项目管理人才、建筑业从业人才队伍的层次和素质的提升。

5.《导则》的实施为建筑业未来跨越式发展奠定管理基础

建筑业未来发展，一方面需要有核心技术支撑，另一方面需要有高素质的人才队伍。核心技术需要企业积累，尤其是新工艺，新方法的挖掘和塑造，对企业的未来发展至关重要。高素质人才，尤其是管理人才在未来的市场竞争中更显主导地位。《导则》重视企业技术创新和人才培养，把技术创新和人才培养纳入项目经理的管理职责和评价准则之中，有效地推动了建筑行业的发展和进步，为未来跨越式发展奠定坚实的基础。

四、《建设工程项目经理执业导则》的主要特点

1. 优化了结构体系

在《建设工程项目管理规范》的基础上，从项目管理这一管理核心出发，在规范进度、质量、成本、职业健康与安全、合同、资源、风险、信息与沟通及收尾管理等常规管理环节的基础上，突出了项目经理管理、项目经理部管理和项目经理责任制，强化了绿色施工与环境管理、采购管理、现场综合管理和技术管理等内容，增加了执业能力考核评价工作。《导则》从企业委派项目经理到项目经理工作开展一直到解聘评价，形成一个严密的系统，对项目经理的从业行为进行了全面的规范。

2. 体现了建筑行业固有的特征

《导则》进一步明确了项目经理的职业道德及自律要求、项目经理的聘任与解聘以及日常执业管理，规范了项目经理部的设置、人员配备和运行管理。围绕项目管理目标责任书，细化了项目经理的责权利，充分反映了基本建设项目和建筑行业固有的特征和要求。此外，站在行业发展的高度，对绿色施工、技术创新、设计优化、方案优化以及环境管理提出了严格的要求，顺应了行业发展的趋势和未来。

3. 提高了专业适用性和可操作性

《导则》在《建设工程项目管理规范》的基础上对项目经理的要求进行了细化和完善，使得条文更直接、更具体。针对现有运行存在的问题、争议，做出了明确的甄别和鉴定，有些条文甚至直接可以纳入企业管理规定之中，提高了规范条文的适用性和可操作性。

同时，《导则》分别站在企业管理项目经理、项目经理执业自律、项目经理管理项目三个层面对项目经理岗位和项目管理工作自身提出了明确要求。尤其在相关条文之后又作了必要的解释，一方面便于深入理解条文本意，更好地把握标准的精髓；另一方面有助于使用者对相关问题进行扩展和延伸，达到准确把握，灵活使用的目的。

4. 完善了管理环节

《导则》充实了绿色施工、现场管理和技术管理以及执业评价等内容，使得企业对项目经理的要求、项目经理自身的管理工作以及社会对项目经理的企望得到了系统和完善，形成了一个严密的管理链条，避免了管理职能的缺失和弱化，充分体现了建筑行业对项目管理工作的高层次要求。《导则》用很大篇幅规范了对项目经理的管理和项目经理自律工作，从项目经理技术管理、资源管理、目标管理、现场管理全过程出发严密了管理内容和要求。并且针对项目经理自身，强化了执业能力考核评价要求，有始有终、系统全面，做到体系严密、不留死角。

5. 增强了法律效力

《导则》系统地参照了《建设工程项目管理规范》、《建设项目工程总承包管理规范》、《施工现场工程质量保证体系》、《职业健康安全管理体系规范》、《工程建设施工企业质量管理规范》、《建筑工程施工质量验收统一标准》以及《建筑工程绿色施工评价标准》，并对相关条文作了细化和完善，在体现其法律效力的同时，增强了行业适用性。全文共计312个条款，其中引用和扩展强制性规范条文、国家条例和国务院令达146条，充分体现了《建设工程项目经理执业导则》的法律效力，提高了其推广应用的层次和地位，为进一步上升到国家标准奠定了基础。

五、《建设工程项目经理执业导则》内容的主要创新点

1. 项目文化建设

和谐是人类文明和进步的集中表现，建筑业生产方式转变就要体现生产关系的高度和谐，要充分体现不同实施主体之间的地位平等，体现公平公正的合同合作关系，体现双赢互惠的多重利益关系。改变合同管理观念，提高合同水平，逐渐较少甚至杜绝合同纠纷，融洽合作关系，塑造建筑业的和谐文化。

同时，从社会文明进步的高度，充分体现节能环保、绿色施工。加强节约意识，既要体现自有资源的节约，也要体现社会公共资源的节约，更要体现人类自然资源的节约。加强技术创新，注重工艺改进，实现文明规划、文明设计、文明施工和文明生产。积极倡导建筑业低碳经济、文明经济，提升行业运营层次，真正在国民经济中起到举足轻重的作用。

《导则》创新地将项目文化建设纳入到规范的体系范畴。强调项目经理应重视项目文化建设，加强文化沟通，统一团队目标，重视自身和项目员工的行为文化建设，不断塑造项目物质文化，完善项目制度文化，固化项目精神和道德文化，提升了项目经理的执业层次，充分体现了科学发展，为行业发展的可持续指明了方向。

2. 项目执业健康和安全管理

《导则》改变了《建设工程项目管理规范》对项目执业健康和安全管理的框架模式。

始终坚持以人为本的经营理念，以科学发展观为指导，坚持可持续发展原则。更新发展观念，改变过去片面的"为发展而发展"的传统习惯，充分体现发展的科学性和可持续性。把握市场实质，理顺企业运行机制，有效利用资源。科学规划，稳步实施，找准企业弱点，逐步完善。始终把企业发展与生产力进步、生产关系优化和经济政策调整以及国内、国际市场变化紧密结合起来，避免发展的单一性和盲目性，注重积累，善抓机遇，促进企业健康发展。以项目经理作为执业健康与安全管理的第一责任人为主线，以健康和安全风险识别、管理方案制定、现场实施管理，一直到事故处理和消防保卫，内容丰富、力度到位、要求全面，既体现了以人为本的国家政策，又展示了科学管理的原则和方法，明了而具体，依据性强。

3. 绿色施工

全球性低碳经济的战略思想对建筑业提出了高的要求，无论从设计、施工到使用，还是从建材、工艺到管理均强调低的碳排放，强调环保、节能。这就要求建筑业企业从建设项目全过程的各个环节改造自己，加强低碳经济认识，改变落后的生产经营方式，提高技术改造和实施水平，实现低碳建筑业的质的飞跃。

《导则》根据社会需求和国家低碳经济政策的要求，强调项目经理应组织进行绿色施工策划，制定绿色施工目标，编制绿色施工方案，明确绿色施工的责任人和部门。要求项目经理督促现场采取有效措施实现环保节能。条文明确指出建筑业10项新技术的绿色施工内容，要求项目经理定期对绿色施工效果进行评价，确保绿色施工落到实处。充分体现了建筑业企业的社会责任，体现了项目经理在项目运作过程的环境可持续原则。

4. 环境保护

《导则》在《建设工程项目管理规范》的基础上对环境管理工作作了扩充和延伸。在文明施工和现场管理的基础上，有针对性地加强了环境保护工作。首先从项目经理进行环境管理策划、制定环境管理目标开始，细化和完善了环境管理实施规划、组织机构建立、污染应对等关键性内容，提高了环境保护在项目管理环节中的地位。将环境保护纳入项目经理的执业义务，规范了建设工程项目的环境管理。

5. 技术创新

《导则》将技术管理作为规范的框架内容，突出了技术创新的重要地位，体现了管理规范的创新。《导则》要求项目经理应建立和完善项目技术管理体系，建立明确的奖惩制度，充分发挥劳务人员、技术人员和管理人员的创造作用，不断提高从业者的思想道德素质和科学文化素质，不断提高劳动技能和创造才能，充分发挥建设者的劳动积极性和创造性。并将技术创新、新材料、新设备、新工艺、新技术的推广应用作为项目经理的管理职能之一，纳入项目管理绩效考核之中。把建筑业生产力进步同掌握、运用和发展先进的科学技术紧密地结合起来，大力推动科技进步和创新，不断利用新科技，改造和提高项目运营层次，努力实现建筑业生产方式跨越式发展。强调项目经理应重视设计优化和方案优化工作，并将其作为项目管理人员的考核内容，有效地促进了建筑施工技术在项目实施层面的进步和发展，推动了建筑业的可持续发展。

6. 执业能力评价

《导则》增加了项目经理执业能力评价内容，既从企业管理层的层面对项目经理的执业能力进行系统的评价，又从项目参与相关方的角度对项目经理进行全方位评价。设置了考核指标体系，并以工作表的方式细化了评价内容，做到一目了然，便于操作，体现了《导则》的创新。通过双重评价，一方面促使项目经理对照标准加强日常管理工作，确保项目管理目标顺利实现；另一方面督促项目经理总结经验，汲取教训，更好地提高管理水平和项目运作层次。

第二章　施工技术与质量创优管理

第一节　建筑业 10 项新技术及其应用

一、建筑业 10 项新技术的历史发展沿革

1. 建筑业 10 项新技术的第一个官方文件

为推进建筑业技术进步，提高行业整体素质，建设部于 1994 年 8 月发出了《关于建筑业 1994、1995 年和"九五"期间推广应用 10 项新技术的通知》，并提出用"新技术示范工程"推进 10 项新技术的要求，此文件成为我国建筑行业新技术推广应用的首个官方最系统的文件，对于加大新技术推广力度发挥了重要作用。

2. 建筑业 10 项新技术的修订

（1）技术文件更新

自 1994 年发布推广以来，通过各地示范工程的带动，对促进建筑业技术进步发挥了积极作用，但随着建筑技术的迅速发展，10 项新技术的部分内容已渐渐跟不上技术发展的步伐，为此，建设部于 1998、2005 年和 2010 年对其进行了三次修订，使其所包含的内容更加丰富，范围更加广泛，新技术得到了及时更新。

（2）示范管理办法出台

为加强新技术的有效推广和应用，规范示范工程的申报和评审，建设部于 2002 年制定出台了《建设部建筑业新技术应用示范工程管理办法》。示范工程载体的导入，使得建筑业 10 项新技术有了落脚点，管理部门、社会机构、企业自身可以对新技术示范工程进行检查评估，项目之间可以相互对照学习，切实有效地推进了建筑业 10 项新技术的推广应用

3. 推广应用效果显著

建筑业 10 项新技术在推广应用的 15 年间，共完成了六批全国建筑业新技术应用示范工程 300 多项，以及一大批省部级建筑业新技术应用示范工程，成为引领企业推进技术进步的动力，并带动了行业的技术进步，产生了巨大的经济效益和社会效益。

4. 建筑业 10 项新技术的内容变革

（1）1994 版建筑业 10 项新技术

1994 版建筑业 10 项新技术内容如下：

1）商品混凝土和散装水泥应用技术；

2）粗直径钢筋连接技术；

3）新型模板与脚手架应用技术；

4）高强混凝土技术；

5）高效钢筋和预应力混凝土技术；

6）建筑节能技术；

7）硬聚氯乙烯塑料管应用技术；

8）粉煤灰综合利用技术；

9）建筑防水工程新技术；

10）现代管理技术与计算机应用。

（2）1998 版建筑业 10 项新技术

1998 年，建设部适时对 10 项新技术内容进行了必要的调整和补充，并印发了《关于建筑业进一步推广应用 10 项新技术的通知》。1998 版包含 10 大项 42 小项或分类。1998 版 10 项新技术内容如下：

1）深基坑支护技术；

2）高强高性能混凝土技术；

3）高效钢筋和预应力混凝土技术；

4）粗直径钢筋连接技术；

5）新型模板和脚手架应用技术；

6）建筑节能和新型墙体应用技术；

7）新型建筑防水和塑料管应用技术；

8）钢结构技术；

9）大型构件和设备整体安装技术；

10）企业计算机应用和管理技术。

（3）2005 版建筑业 10 项新技术

2005 版在技术结构、技术内容、表述格式上进行了统一，形成了完整的系统性文件，有 10 个大项，44 个子项，93 个小项。

2005 版 10 项新技术内容如下：

1）地基基础和地下空间工程技术；

2）高性能混凝土技术；

3）高效钢筋与预应力技术；

4）新型模板及脚手架应用技术；

5）钢结构技术；

6）安装工程应用技术；

7）建筑节能和环保应用技术；

8）建筑防水新技术；

9）施工过程监测和控制技术；

10）建筑企业管理信息化技术。

二、2010 版建筑业 10 项新技术的指导思想及基本思路

（一）指导思想

1. 符合国家低碳经济发展要求，着重强调"四节一保"新技术。着重加入绿色建筑、绿色施工技术内容。

2. 根据建筑企业设计施工一体化发展方向，注重设计和施工的结合，突出深化设计技术内容。

3. 注重新技术、新工艺、新材料、新设备先进性的同时，保证其安全、可靠，着重选用节能环保技术，能代表现阶段我国建筑业技术发展的新成就及发展方向。

4. 注重地区差异，气候差异，既体现新技术的广泛适用性，又能因地制宜。

5. 以建筑工程为主体，兼顾土木工程领域。

（二）基本思路

采取的基本思路是：

1. 保持稳定性

保持格局不变，仍然设 10 个大项目，表达格式不变。具体技术表述方式仍然采用"主要技术内容、技术指标、适用范围、已应用的典型工程"。

2. 突出创新

在注重新技术、新工艺、新材料、新设备先进性的同时，保证其安全、可靠、节能环保，选用技术应代表现阶段我国建筑业技术发展的新成就和发展方向。

3. 保证权威性

编写人员为本领域的权威专业人士。对于所提出的新技术一般要经过专家论证，或经过鉴定、验收、评估、查新等程序。

4. 保持口径协调性

与住房和城乡建设部及地方政府主管部门颁布的新技术政策与口径相符合。

5. 体现产业发展方向

根据建筑企业设计施工一体化发展方向，注重设计和施工的结合，突出深化设计技术内容。

6. 表达国家政策导向

着重加入绿色建筑与绿色施工创新技术内容。利用再生资源、可循环、产品。如利用水、光、风资源技术、利用建筑垃圾废弃物等技术。

7. 覆盖范围适度扩展

以房屋建筑工程为主，突出通用技术，兼顾铁路、交通、水利等其他土木工程；突出绿色施工、抗震加固等施工技术，同时考虑与材料、设计必要的衔接；突出智能监测等新兴领域的技术，也包含传统技术领域的最新发展成果。

8. 实际应用

所采用技术一般均经过成果鉴定，至少有三个以上工程实施；但对于符合国家导向的新技术要求至少在一项工程中实际应用，对新技术的安全可靠性、经济适用性、推广前景有良好的评价。

9. 技术内容要具体

各项技术命名尽可能准确，外延和内涵尽可能清晰，以便选择应用和评价考核。

10. 突出重点

既要尽可能将各地区、各行业创造的新技术列入，又不能不加区别，全部纳入；既要顾及相对落后地区的情况，又不能没有"新"的特性。

三、2010 版建筑业 10 项新技术整体框架

（一）2010 版建筑业 10 项新技术整体框架

2010 版建筑业 10 项新技术包括 10 项 108 子项技术。实现了以房屋建筑工程为主体、兼顾土木工程施工的预期目标；突出施工技术，注重新材料与新工艺的结合，重视基于总

承包管理的设计与施工的协调技术；引进了一些行业关注的热点技术和前沿技术，如绿色环保、安全、抗震、加固和信息化应用等技术内容；四是重视单项技术的确切定义和描述，以便新技术的推广应用和评价。同时在新技术的取舍时，尽量兼顾中西部的总体情况，使新技术整体水平居于"全国平均先进上下"；以便全国各地不同区域和层面均可各取所需。

具体技术框架如下：

1   地基基础和地下空间工程技术

1.1   灌注桩后注浆技术

1.2   长螺旋钻孔压灌桩技术

1.3   水泥粉煤灰碎石桩（CFG 桩）复合地基技术

1.4   真空预压法加固软土地基技术

1.5   土工合成材料应用技术

1.6   复合土钉墙支护技术

1.7   型钢水泥土复合搅拌桩支护结构技术

1.8   工具式组合内支撑技术

1.9   逆作法施工技术

※ ※ ※ ※ ※

1.10   爆破挤淤法技术

1.11   高边坡防护技术

1.12   非开挖埋管施工技术

1.13   大断面矩形地下通道掘进施工技术

1.14   复杂盾构法施工技术

1.15   智能化气压沉箱施工技术

1.16   双聚能预裂与光面爆破综合技术

2   混凝土技术

2.1   高耐久性混凝土

2.2   高强高性能混凝土

2.3   自密实混凝土技术

2.4   轻骨料混凝土

2.5   纤维混凝土

2.6   混凝土裂缝控制技术

2.7   超高泵送混凝土技术

2.8   预制混凝土装配整体式结构施工技术

3   钢筋及预应力技术

3.1   高强钢筋应用技术

3.2   钢筋焊接网应用技术

3.3   大直径钢筋直螺纹连接技术

3.4   无粘结预应力技术

3.5   有粘结预应力技术

3.6　索结构预应力施工技术

3.7　建筑用成型钢筋制品加工与配送

3.8　钢筋机械锚固技术

4　模板及脚手架技术

4.1　清水混凝土模板技术

4.2　钢（铝）框胶合板模板技术

4.3　塑料模板技术

4.4　组拼式大模板技术

4.5　早拆模板施工技术

4.6　液压爬升模板技术

4.7　大吨位长行程油缸整体顶升模板技术

4.8　贮仓筒壁滑模托带仓顶空间钢结构整体安装施工技术

4.9　插接式钢管脚手架及支撑架技术

4.10　盘销式钢管脚手架及支撑架技术

4.11　附着升降脚手架技术

4.12　电动桥式脚手架技术

※　※　※　※　※

4.13　预制箱梁模板技术

4.14　挂篮悬臂施工技术

4.15　隧道模板台车技术

4.16　移动模架造桥技术

5　钢结构技术

5.1　深化设计技术

5.2　厚钢板焊接技术

5.3　大型钢结构滑移安装施工技术

5.4　钢结构与大型设备计算机控制整体顶升与提升安装施工技术

5.5　钢与混凝土组合结构技术

5.6　住宅钢结构技术

5.7　高强度钢材应用技术

5.8　大型复杂膜结构施工技术

5.9　模块式钢结构框架组装、吊装技术

6　机电安装工程技术

6.1　管线综合布置技术

6.2　金属矩形风管薄钢板法兰连接技术

6.3　变风量空调技术

6.4　非金属复合板风管施工技术

6.5　大管道闭式循环冲洗技术

6.6　薄壁金属管道新型连接方式

6.7　管道工厂化预制技术

6.8   超高层高压垂吊式电缆敷设技术

6.9   预分支电缆施工技术

6.10   电缆穿刺线夹施工技术

※   ※   ※   ※

6.11   大型储罐施工技术

7   绿色施工技术

7.1   基坑施工封闭降水技术

7.2   施工过程水回收利用技术

7.3   预拌砂浆技术

7.4   外墙自保温体系施工技术

7.5   粘贴式外墙外保温隔热系统施工技术

7.6   现浇混凝土外墙外保温施工技术

7.7   硬泡聚氨酯外墙喷涂保温施工技术

7.8   工业废渣及（空心）砌块应用技术

7.9   铝合金窗断桥技术

7.10   太阳能与建筑一体化应用技术

7.11   供热计量技术

7.12   建筑外遮阳技术

7.13   植生混凝土

7.14   透水混凝土

8   防水技术

8.1   防水卷材机械固定施工技术

8.2   地下工程预铺反粘防水技术

8.3   预备注浆系统施工技术

8.4   遇水膨胀止水胶施工技术

8.5   丙烯酸盐灌浆液防渗施工技术

8.6   聚乙烯丙纶防水卷材与非固化型防水粘结料复合防水施工技术

8.7   聚氨酯防水涂料施工技术

9   抗震加固与监测技术

9.1   消能减震技术

9.2   建筑隔震技术

9.3   混凝土结构粘贴碳纤维、粘钢和外包钢加固技术

9.4   钢绞线网片聚合物砂浆加固技术

9.5   结构无损拆除技术

9.6   无粘结预应力混凝土结构拆除技术

9.7   深基坑施工监测技术

9.8   结构安全性监测（控）技术

9.9   开挖爆破监测技术

9.10   隧道变形远程自动监测系统

9.11 一机多天线 GPS 变形监测技术

10 信息化应用技术

10.1 虚拟仿真施工技术

10.2 高精度自动测量控制技术

10.3 施工现场远程监控管理及工程远程验收技术

10.4 工程量自动计算技术

10.5 工程项目管理信息化实施集成应用及基础信息规范分类编码技术

10.6 建设工程资源计划管理技术

10.7 项目多方协同管理信息化技术

10.8 塔式起重机安全监控管理系统应用技术

（注：第 1、4、6 项"※"下的子项技术，主要适用于房屋建筑外的其他土木领域。）

（二）2010 版建筑业 10 项新技术与以前版内容比较

1. 2010 版与 2005 版比较

（1）新技术的十个大项的内容及其组合方式做了较大的调整。与 2005 版技术比较，新版新增 68 项新技术，占 2010 版 63%；保留 2005 版技术 40 项，约占 2010 版的 37%。其中地基基础和地下空间工程技术、混凝土技术、钢筋及预应力技术、钢结构技术四领域保留 2005 版技术 26 项，占 2010 版相应四项的 63.4%。其他六领域保留了 14 项，占 2010 版相应六项的 20.9%。

（2）拓宽了覆盖面，包括新技术的 10 个大项及其覆盖的 108 项技术，除用于房屋建筑领域的 96 项技术外，还适度增加了水电、铁路、交通等领域的新技术 12 项；实现了以房屋建筑工程为主、兼顾土木工程施工的预期目标。

（3）突出了施工技术，注重新材料与新工艺的结合，重视基于总承包管理的设计与施工的协调技术，适度引进了一些行业关注的热点技术和前沿技术，如绿色环保、安全、抗震、加固和信息化应用等技术内容。

（4）重视单项技术的确切定义和描述，以便新技术的推广应用和评价。

（5）统一取消了描述性词汇，直接表述具体技术内容。虽然没有冠以"新"字，实际上难度和"新"的程度超过以往，需要一定努力，才能达到科技推广示范的要求。

（6）新增新技术反映了新技术发展导向、热点技术、国民经济发展阶段要求、保证施工安全、提高工程质量的技术。

如反映现阶段发展水平和热点的技术有预制混凝土装配整体式结构、管道工厂化预制技术、大型复杂膜结构施工技术、消能减震技术。

如绿色、低碳、节能减排技术有基坑施工封闭降水技术、施工过程水回收利用技术、建筑外遮阳技术、太阳能与建筑一体化应用技术。

如体现安全管理的新技术有塔式起重机安全监控管理系统应用技术。

如前沿技术有一机多天线 GPS 变形监测技术、施工现场远程监控管理及工程远程验收技术。

如经济发展一定阶段需要的结构无损拆除技术、混凝土结构粘贴碳纤维、粘钢和外包钢加固技术。

有的是水利工程与铁路工程领域最新技术成就如双聚能预裂与光面爆破综合技术、隧道变形远程自动监测系统。

（7）2010 版与 2005 版 10 项新技术对比表见表 2-1。

综上所述，2010 版建筑业 10 项新技术覆盖范围大，更加先进与适用，反映了建筑业新技术成就。

2. 2010 版建筑业 10 项新技术与以前各版验收评价对比

用不同版的 10 项新技术，对同批工程进行试验收，可以得出如下结论：

（1）10 项新技术内容有很大扩展，从初期的 10 项具体新技术逐步转变为 10 项或叫做十大技术领域的新技术。

2010 版与 2005 版 10 项新技术对比表
表 2-1

序号	2005 版	项	技术名称比较	2010 版	项	保留 2005 版具体技术
一	地基基础和地下空间工程技术	18		地基基础和地下空间工程技术	16	12
二	高性能混凝土技术	6	名称简化	混凝土技术	8	4
三	高效钢筋与预应力技术	8	名称简化	钢筋及预应力技术	8	6
四	新型模板及脚手架应用技术	7	名称简化	模板及脚手架技术	16	3
五	钢结构技术	10		钢结构技术	9	4
六	安装工程应用技术	23		机电安装工程技术	11	3
七	建筑节能和环保应用技术	6		绿色施工技术	14	3
八	建筑防水新技术	7	名称简化	防水技术	7	1
九	施工过程监测和控制技术	5		抗震、加固与监测技术	11	2
十	建筑企业管理信息化技术	3		信息化应用技术	8	2
合计		93			108	40

（2）按 1994 版、1998 版新技术验收同批项目，其实施内容均基本实现全覆盖，说明 10 项新技术水平已有很大提升，1994 版和 1998 版的所谓新技术，现在已经成为相对成熟的技术。

（3）10 项新技术逐年实现升级换代。

（4）2005 版新技术工程扩充较多，但个别项存在术语边界界定不清晰的情况，因而用 2005 版验收的示范工程，其应用新技术量呈跳跃式增长，其余各版应用新技术项基本持平。

（5）技术含量高的高、大、难、新项目，新技术应用有望与一般示范工程新技术应用项拉开档次，新技术应用项数基本可如实反映新技术的应用水平。

（6）根据国家政策导向，2010 版引入有关节能、绿色及其他的新技术，内容较新，实施相对难度较大，需要付出较大的努力才能实现。

（7）各项覆盖情况基本一致。

综上所述，2010 版建筑业 10 项新技术与 2005 版比较，保持相对稳定，但涵盖面有所扩大，技术内容相对较新，实施难度有所增加。

四、推广 2010 版建筑业 10 项新技术的措施

（一）推广建筑业 10 项新技术的整体思路

1. 建筑业 10 项新技术代表我国建筑施工技术的先进水平，相对于我国建筑业总体平均水平为"新"。其内容非常全面，即横向覆盖建筑施工企业房屋建筑施工的全领域，纵向覆盖建筑施工企业房屋建筑施工的全过程，又扩展到整个土木工程领域。

2. 建筑 10 项新技术推进实际是成熟成果的一种应用，并非创新，然而要全面推进需花费很大力气。

3. 企业层面应分工负责，针对不同专业领域，培育各类技术专家，促使 10 项新技术尽可能全面得到应用。

（二）推进建筑业 10 项新技术的具体措施

1. 创造良好机制，加强引导，大力推进。

2. 加大培训力度，首先在"知"上下工夫，以"知"促"行"。

（1）"知"就是培训学习；10 项新技术内容非常丰富，涵盖专业领域极其宽泛，涉及专业技术非常复杂，需要总体把握，持续深入学习。

（2）"行"就是行动，就是贯彻落实；行新技术之策应是企业追求进步的原动力；领导重视，责任落实，行动有序，才能行之有果；示范引领，以点带面，才能化"难"为"易"。

（3）"知"是前提，"行"是手段，达效是目的；知要知技术，知标准，知控制要点；行就必须强化管理；严格遵循"P—D—C—A"之规而行。

（4）在推广应用和培训工作上，协会、学会应当"大有作为"。

3. 新技术示范工程是推广应用 10 项新技术的良好载体

（1）新技术示范工程是良好载体

10 项新技术与"新技术应用示范工程"依存关系紧密，前者是后者的载体，后者是前者的抓手。所以，建筑业 10 项新技术推进，必须通过推进新技术应用示范工程，进而带动 10 项新技术的全面推广应用。

（2）开展新技术应用示范工程是一种工程活动

开展新技术应用示范工程活动，意在用科技和管理进步的方法和手段，促进建筑行业工程能力和管理水平的提高。所以，示范工程实施过程，必须强调经济技术指标的先进性和合理性。示范的目的在于带动技术进步，提高工程实施水平。

（3）"重"在实施过程

实施过程决定实施效果，所以要抓好建造过程，如：抓实施方案制定、实施主体责任确定、实施组织、技术交底、实施工序工艺验收和实施总结等各个环节的工作非常重要，务必高度重视，才能实现事半功倍的效果。

（4）新技术示范工程要重视工程效果评估

推进"新技术应用示范工程"是手段，目的是提升工程总体实施效果，即能够缩短工期，降低劳动强度，改善工作环境，提升质量水平，降低成本。

第二节 建筑装饰装修最新施工技术

一、装饰装修工程的节水、节能、节材新工艺、新材料、新技术

（一）节水

建筑装饰工程施工中，主要用水为装饰湿作业用水、清洁用水、消防用水和生活用水等，而在建筑装饰工程完工后，建筑使用过程中还有设备用水等，因此，建筑装饰工程必须在施工和建筑使用过程中节约用水。

建筑装饰施工节水主要表现在以下几个方面：

（1）要严格执行国家有关节水节能的规定，树立节水观念，切实搞好水资源的综合利用。

（2）在建筑及装饰设计中，严格遵循简洁、实用原则，杜绝华而不实的设计，避免因设计不合理造成的水资源浪费。同时采用新型卫生设施，如节水龙头、节水马桶、节水浴缸等；节水的重点是厨房、卫生间设备的选配与安装，最好安装节水龙头和流量控制阀门，选用节水马桶和节水洗浴器具。

（3）施工过程中，积极采用和推行节水节能的新技术、新工艺，坚决淘汰高耗水、高耗能、高耗材的落后技术和落后工艺；努力提高建筑装饰现场施工的科技含量，做好施工现场资源控制和管理工作，采取切实可行的措施，降低水资源及其他能源的消耗，提高水资源的利用效率。

（4）正确的用材，合理配置建筑装饰材料及部品，选用低水耗、低能耗的建筑材料及部品。

（5）积极研制和开发技术先进、性能可靠、经济适用的节水产品。如在建筑给排水设计节水措施，采用新型节水设备，采用节水型卫生器具和配水器具，推广中水回用技术，开发建筑雨水利用技术等。

（二）节能

1. 建筑装饰工程节能的三个环节

通过科学管理和应用的先进技术，切实降低建筑物在使用过程中的能源消耗；严格执行建筑节能减排的法律制度和技术规范，按照建筑节能强制性标准进行节能设计、注意施工管理和材料、产品选购等三个环节：

（1）进行装修的节能设计。建筑装饰装修工程的节能要从设计开始，在装饰装修设计时，根据房屋本身的节能效果和业主的使用要求，进行节能装饰装修工程的设计。包括房屋的围护结构设计，节能、节电、节水、节材和产品的设计。

（2）推广使用节能材料和产品。在建筑装饰装修工程中推广使用节能的新技术、新工艺、新材料和新设备，限制使用或者禁止使用能源消耗高的技术、工艺、材料和设备；在建筑装饰装修时，设计和安装节电、节水型器具。

（3）施工管理环节。一方面建筑装饰装修施工单位要保护已有节能建筑的节能结构和设施，在装修中不破坏，另一方面，对进入施工现场的墙体材料、保温材料、门窗和照明设备进行查验，严格按照规范要求进行施工，保证节能施工的节能效果。另外，在施工中还要注意在装修工程中节约材料，减少浪费。

2. 建筑装饰装修节能施工重点

（1）墙体、屋面、地面、门窗等节能工程方面。墙体、屋面和地面围护节能工程使用的保温隔热材料的导热系数、密度、抗压强度、燃烧性能应符合设计要求。严寒和寒冷地区外墙热桥部位。建筑外窗的气密性、保温性能、中空玻璃露点、玻璃遮阳系数和可见光透射比应符合节能设计要求。应按设计要求采取节能保温等隔断热桥措施。

（2）采暖节能工程施工重点：

1）采暖系统的制式，应符合设计要求；

2）散热设备、阀门、过滤器、温度计及仪表应按设计要求安装齐全，不能随意增减和更换；

3）室内温度调控装置、热计量装置、水力平衡装置以及热力入口装置的安装位置和方向应符合设计要求，并便于观察、操作和调试。

（3）配电与照明施工重点：

应坚持以下三个原则：

1）满足建筑物的功能；

2）考虑实际经济效益，不能因为节能而过高地消耗投资，增加运行费用，而是应该让增加的部分投资，能在几年或较短的时间内用节能减少下来的运行费用进行回收；

3）节省无谓消耗的能量。同时在选用节能的新设备上，应具体了解其原理、性能、效果。

（三）节材

1. 减少大宗材料的消耗量

（1）减少装修铝材使用量。

（2）减少装修钢材使用量。钢材是住宅装修最常用的材料之一，钢材生产也是耗能排碳的大户。

（3）减少装修实木使用量。适当减少装修实木使用量，不但保护森林，增加二氧化碳吸收量，而且可以减少木材加工、运输过程中的能源消耗。

（4）减少建筑石材和陶瓷使用量。家庭装修时使用石材和陶瓷能使住宅更美观。但浪费也就此产生，大量消耗了自然资源。

2. 做好材料资源的合理利用

（1）禁用国家和地方建设主管部门禁止和限制使用的建筑材料及制品。

（2）合理利用场址范围内的已有建、构筑物。

（3）选用工厂化生产的建筑构配件。

（4）在保证安全和不污染环境的情况下，使用可重复利用建筑材料、可再循环建筑材料和以废弃物为原料生产的建筑材料。

（5）选用经济适用的装饰装修材料，避免过度装修造成的材料浪费。

（6）使用基于当地资源条件和发展水平的新材料及新产品。

3. 对建筑装饰设计进行优化

（1）建筑装饰造型要素简约，无大量装饰性构件。

（2）在保证安全的前提下，控制主要结构材料的用量。

（3）避免采用特别不规则的建筑方案。

（4）在保证安全的前提下，优化结构方案。

（5）减轻建筑自重。

（6）灵活分隔可变换功能的室内空间。

（7）装修与土建设计一体化。

4. 强化施工过程控制

（1）施工现场使用的建筑材料的 60％以上（重量），尽量是运距 500km 以内的厂家生产的。

（2）采用工厂化生产、现场安装的施工方法。

（3）土建与装修一体化施工，避免破坏和过度拆除已有的建筑构件和设施。

（4）施工组织设计中制订节材方案，并在实际施工中落实相应的措施。

（5）对旧建筑拆除、场地清理和建筑装饰施工时产生的固体废弃物，进行分类处理和回收利用。

（四）建筑装饰节能、减耗的主要技术措施

1. 资源消耗减量化技术

资源消耗减量化技术是在使用既有能源的条件下，通过技术改进，提高资源的利用效率，使能源的消耗量大幅度降低的技术。在建筑装饰行业内部研发资源减量技术，对行业的可持续发展具有重要的现实意义。当前资源减量化技术，主要体现在三种技术发展方向：即节水技术的发展；节能技术的发展，主要是通过提高用能设备的效率，改善控制系统，发展节能产品，其中主要的是节电技术；节材技术的发展。

2. 资源转化技术

资源转化技术是改变现有资源的使用状况，以更廉价、可再生的资源，取代现在使用资源，优化资源结构的技术。替代资源的多样性、经济性，决定了资源转化技术是行业实现可持续发展的重要技术措施之一。当前，资源转化技术主要体现在以下两个方面：一是资源替代技术；二是资源综合利用技术。

3. 资源再生技术

在建筑装饰材料体系中，木材是唯一可以在自然状态下再生的资源，但存在着储蓄量与市场需求量的矛盾，特别是优质硬木树种，生长期长，但市场需求特别强劲，供求矛盾就非常突出。在建筑装饰工程中大量应用的金属材料、化学材料、玻璃、陶瓷等，是工业条件下可以再利用的资源，因此，也属于再生资源。要把可再生资源用于社会再生产，需要有相应的技术手段作为基础：资源回收技术和资源再生技术。

二、天然及人造块材精加工及挂装技术

1. 背栓式干挂石材技术

石材挂装有干挂、背栓、背粘三种技术。

背栓式干挂石材幕墙是在石材背面钻成燕尾孔与凸形胀栓结合然后与龙骨连接，并由金属支架组成的横竖龙骨，通过埋件连接固定在外墙上。

背栓式干挂石材施工工艺，它具有以下优点：

（1）背栓式干挂石材，由于每块石材均有四个背栓式挂件，每个挂件都均匀承受石材重量且石材挂件与龙骨挂件间接触面积大，相应的强度和稳定性好。因此它可适用于高层和超高层外墙饰面。

（2）背栓式干挂石材，因各个挂件均承载石材重量，破裂后石材不易脱落且易于更换。

（3）背栓式干挂石材表面清洁，不易受污染，而且用水泥砂浆粘结石材表面因受水泥浆侵蚀易变色形成色差。

2. 石材整体研磨晶面处理技术

晶面处理是目前最理想的石面保养方式，它是一种化学过程。其原理是利用晶面处理剂加上重型处理机对石面的摩擦，在化学和物理双重作用之下，使石材地面表层形成坚硬致密的晶体结晶层，令石面不易受损，也不易沾染污渍，从而确保石材的本质特性。换句话说，结晶层让污染源与石材隔离开来，所污染、损害的仅仅是石材上面的结晶层而已。晶面处理的原则是：干净，平整，干燥。

3. 石材翻新技术

磨抛可以使表面失光、表层粉化剥落、表面溶蚀的石材光亮面恢复原有的天然外观。一些新的磨具、磨料和化学助剂的结合可以使翻新后的石面达到 90 高斯以上的镜面光泽度。

翻新处理后，由于石材的微孔隙已经被打开，增大了比表面积，使其对灰尘和污液的吸附能力加大，若不及时作防护处理很容易再次被污染。

根据石材的磨损程度，可以分为轻度翻新，浅度翻新，深度翻新三种方式，如果进行轻度翻新，任何优质的低速地刷机都可以完成，但浅度翻新和深度翻新就必须要用专业的加重机。

三、幕墙施工技术

按照建筑物的各项功能要求，完善各类幕墙工程的使用功能、装饰功能、安全功能，提高设计与施工水平，加大单元式幕墙的应用，推广新型幕墙，如双层呼吸式幕墙，光电幕墙，淘汰落后的技术和产品，提高各类幕墙工程的质量水平，是幕墙工程施工的发展方向。

（一）双层呼吸式幕墙

呼吸式幕墙，又称双层幕墙、双层通风幕墙、热通道幕墙等，它由内、外两道幕墙组成，内外幕墙之间形成一个相对封闭的空间，空气可以从下部进风口进入，又从上部排风口离开这一空间，这一空间经常处于空气流动状态，热量在这一空间流动。

1. 呼吸式幕墙的原理与分类

呼吸式幕墙由内外两层玻璃幕墙组成，与传统幕墙相比，它的最大特点是由内外两层幕墙之间形成一个通风换气层，由于此换气层中空气的流通或循环的作用，使内层幕墙的温度接近室内温度，减小温差因而它比传统的幕墙采暖时节约能源 42%～52%；制冷时节约能源 38%～60%。另外由于双层幕墙的使用，整个幕墙的隔声效果得到了很大的提高。呼吸式幕墙根据通风层的结构的不同可分为"封闭式内循环体系"和"敞开式外循环体系"两种。

2. 封闭式内循环体系呼吸式幕墙

封闭式内循环体系呼吸式幕墙，一般在冬季较为寒冷的地区使用，其外层原则上是完全封闭的，一般由断热型材与中空玻璃组成外层玻璃幕墙，其内层一般为单层玻璃组成的玻璃幕墙或可开启窗，以便对外层幕墙进行清洗。两层幕墙之间的通风换气层一般为 100～200mm。通风换气层与吊顶部位设置的暖通系统抽风管相连，形成自下而上的强制性空气循环，室内空气通过内层玻璃下部的通风口进入换气层，使内侧幕墙玻璃温度达到或接近室内温度，从而形成优越的温度条件，达到节能效果。

3. 敞开式外循环体系呼吸式幕墙

敞开式外循环体系呼吸式幕墙与"封闭式呼吸式幕墙"相反，其外层是单层玻璃与非断热型材组成的玻璃幕墙，内层是由中空玻璃与断热型材组成的幕墙。内外两层幕墙形成的通风换气层的两端装有进风和排风装置，通道内也可设置百页等遮阳装置。冬季时，关闭通风层两端的进、排风口，换气层中的空气在阳光的照射下温度升高，形成一个温室，有效地提高了内层玻璃的温度，减少建筑物的采暖费用。夏季时，打开换气层的进、排风口，在阳光的照射下换气层空气温度升高自然上浮，形成自下而上的空气流，由于烟囱效应带走通道内的热量，降低内层玻璃表面的温度，减少制冷费用。另外，通过对进、排风口的控制以及对内层幕墙结构的设计，达到由通风层向室内输送新鲜空气的目的，从而优化建筑通风质量。

4. 呼吸式幕墙的优点

呼吸式幕墙与传统的单层幕墙相比有如下突出的优点：

（1）原理先进。呼吸式幕墙采用"烟囱效应"与"温室效应"的原理，是从幕墙的功能上解决节能问题；单层幕墙则只是从材料的选用上，通过材料本身的特性来达到一定的节能效果。呼吸式幕墙由于换气层的作用，比单层幕墙节能约50％。

（2）更加环保。呼吸式幕墙由于其功能解决节能，外层玻璃选用无色透明玻璃或低反射玻璃，可最大限度地减少玻璃反射带来的不良影响（"光污染"）；单层玻璃幕墙为保证室内外装饰效果与节能的考虑，玻璃一般选用有一定反射功能的镀膜玻璃。

（3）使用方便。换气层的出现，使呼吸式幕墙夏季节省制冷费用，冬季可节省取暖费用。同时遮阳百叶置于换气层，能有效地防止日晒又不影响立面效果。

（4）舒适度高。呼吸式幕墙的隔音性能可达到55dB，让室内生活与工作的人们有一个清静的环境；另一方面，无论天气好坏，无需开窗换气层都可直接将自然空气传至室内，为室内提供新鲜空气，从而提高室内的舒适度，并有效地降低高层建筑单纯依赖暖通设备机械通风带来的弊病。

5. 呼吸式幕墙的发展——智能幕墙

智能幕墙是呼吸式幕墙的延伸，是将呼吸式幕墙与电子计算机系统结合在一起发展起来的，是智能化建筑的基础上将建筑配套技术（暖、热、光、电）的适度控制，在幕墙材料、太阳能的有效利用方面进行力改进，通过计算机网络进行有效的调节室内空气、温度和光线，从而节省了建筑物使用过程的能源，降低了生产和建筑物使用过程的费用。它包括以下几个部分：呼吸式幕墙、通风系统、遮阳系统、空调系统、环境监测系统、智能化控制系统等。

智能幕墙的关键在智能控制系统，这种智能化控制系统是一套较为复杂的系统工程，是从功能要求到控制模式、从信息采集到执行指令传动机构的全过程控制系统。它涉及到气候、温度、湿度、空气新鲜度、照度的测量，采暖、通风空调遮阳等机构运行状态信息采集及控制，电力系统的配置及控制，楼宇计算机控制等多方面因素。

（二）光电幕墙

光电幕墙，即用特殊的树脂将太阳电池粘贴在玻璃上，镶嵌于两片玻璃之间，通过电池可将光能转化成电能，这就是太阳能光电幕墙。它是用光电池、光电板技术，把太阳光转化为电能，它关键的技术是太阳能光电池技术。太阳能光电池是利用太阳光的光子能量，使得被照射的电解液或者半导体材料的电子移动，从而产生电压，这称为光电效应。

太阳能光电幕墙集合了光伏发电技术和幕墙技术，是一种高科技产品，集发电、隔音、隔热、安全、装饰功能于一身的新型建材，特别是太阳能电池发电不会排放二氧化碳或产生对温室效应有害的气体，也无噪声，是一种净能源，与环境有很好的相容性。但因价格比较昂贵，光电幕墙现多用于标志性建筑的屋顶和外墙。充分体现了建筑的智能化与人性化特点．代表着国际上建筑光伏一体化技术的最新发展方向。

光电幕墙的特点是：

1）节约能源。由于光电幕墙作为建筑外围护体系，并直接吸收太阳能，避免了墙面温度和屋顶温度过高，可以有效降低墙面及屋面温升，减轻空调负荷，降低空调能耗。

2）保护环境。光电幕墙通过太阳能进行发电，它不需燃料、不产生废气、无余热、无废渣、无噪声污染。

3）新型实用。舒缓白天用电高峰期电力需求，解决电力紧张地区及无电少电地区供电情况。可原地发电、原地使用，减少电流运输过程的费用和能耗；同时避免了放置光电阵板额外占用宝贵的建筑空间，与建筑结构合一省去了单独为光电设备提供的支撑结构，也减少了昂贵的外装饰材料，降低了建筑物的整体造价。

4）特殊效果。光电幕墙本身具有很强的装饰效果。玻璃中间采用各种光伏组件，色彩多样，使建筑具有丰富的艺术表现力。同时光电模板背面还可以衬以设计师喜欢的颜色，以适应不同的建筑风格。

四、木制品工厂化生产及施工装配化技术

1. 施工特点

（1）大幅度提高建筑装饰加工质量水平，生产高精度产品，满足人们日益增长的装饰要求。

（2）大幅度提高建筑装饰施工效率，缩短施工工期。

（3）大幅度减少建筑装饰施工现场的环境污染，提高对噪声、废气、废液的控制和回收，以及边角料回收利用，符合绿色施工的原则。

（4）大幅度减少建筑装饰施工成本，降低工程造价。

2. 施工的两个转变

（1）项目管理重心转变

项目技术管理由现在重点管理操作工人转向重点管理施工深化设计、成套供应商和工厂生产配套生产转变。在工厂化施工方式中，管理具有四个方面的主要特征：一是施工深化设计成为项目技术管理中的核心问题，它的成功与否决定着施工方法、加工方法、安装方法的简易程度，决定着施工成本的高低；二是生产管理的精细化，分工明确，职责到人；三是物料供应的标准化，物料按每件产品、每道工序所需，进行定时、定点、定额的供应和控制；四是现场管理的规范化，现场功能区域划分明确，物料置放统一规范。

（2）现场技术人员基本技能转变

传统施工方式要求技术人员熟悉现有施工方法和施工工艺，以监督为主。工厂化施工

方式要求技术人员不仅熟悉以前的预制装配式方法，更要针对现场不同的具体情况，以现场精确测量、收集数据、根据数据进行施工深化设计为主，熟悉和了解相关（水、暖、电、通风、消防等）专业的知识，将复杂的现场情况转化为可加工的工厂标准。通过技术人员对复杂的构配件先分散后集成、机电洞口预留、安装偏差调节等设计，将构配件加工尺寸相对统一，便于工厂批量加工和现场安装。

3. 施工措施

（1）木制品节点设计时考虑安装需要

安装节点设计是木饰面集成化施工的重要环节，它直接影响装饰饰面效果。设计时要考虑土建误差，施工前应设计好安装顺序，更要考虑工厂加工后的成品构件安装的便捷性，同时也要关注相邻饰面的衔接，保证装饰的整体效果美观。

（2）保证观感质量的技术措施

作为精装饰的木饰面工厂化施工，除了要提高劳动生产率，同时也要提高饰面观感效果，其可通过固定件遮盖和拼缝遮盖的方法来实现。

（3）开发安装配件，实现现场快捷化安装

配件必须具有耐久性，安装方便，并能作不可见固定。

（4）通过深化设计，使异型构件工厂化生产成为可能

在装饰工程施工过程中，经常会遇到一些大型的、异形的装饰部位。通过对异形装饰构件通过深化设计，使之变成能工厂化生产的构件，把散和小的装饰配件，通过精确的深化设计，使之在工厂集成化生产。

五、金属、玻璃及化学建材应用技术

（一）建筑装饰用金属制品

1. 建筑装饰金属材料

金属材料是指一种或两种以上的金属元素或金属元素与非金属元素组成的合金材料的总称。金属材料通常分为黑色金属和有色金属两大类。黑色金属的基本成分为铁及其合金，如钢和铁；有色金属是除铁以外的其他金属及其合金的总称，如铝、铜、铅、锌、锡等及其合金。

金属材料具有较高的强度，能承受较大的变形，能制成各种形状的制品和型材，具有独特的光泽和颜色，庄重华贵，经久耐用，广泛应用于古今中外的建筑装饰工程中。

金属材料具有独特的光泽和颜色，作为建筑装饰材料，金属庄重华贵，经久耐用，丰富多彩，均优于其他各类建筑装饰材料。

2. 建筑装饰用金属制品

（1）不锈钢制品

建筑装饰用金属制品以不锈钢居多，有白色和彩色不锈钢板。

彩色不锈钢板是在不锈钢板上用化学镀膜的方法进行着色处理，使其表面具有各种绚丽色彩的不锈钢装饰板。彩色不锈钢板的颜色有蓝、灰、紫、红、青、绿、金黄、橙、茶色等多种。

不锈钢板可用作高级建筑物的厅堂墙板、天花板、电梯厢板、车厢板、自动门、招牌和建筑装潢等。采用彩色不锈钢板装饰墙面，不仅坚固耐用、美观新颖，而且具有强烈的时代感。这是由于不锈钢板不仅是一种新颖的、具有很高观赏价值的装饰手法，而且由于

镜面反射作用，可取得与周围环境中的色彩、景物交相辉映的效果。同时，在灯光的配合下，还可形成晶莹明亮的高光部分，形成空间环境中的兴趣中心，对空间环境的效果起到强化、点缀和烘托的作用。不锈钢龙骨光洁、明亮，具有较强的抗风压能力和安全性，主要用于高层建筑的玻璃幕墙中。

（2）铝合金制品

铝合金有其特有的结构和独特的建筑装饰效果，在建筑装饰方面主要用来制作铝合金装饰板、铝合金门窗、铝合金框架幕墙、铝合金屋架、铝合金吊顶、铝合金隔断、铝合金柜台、铝合金栏杆扶手以及其他室内装饰等。主要铝合金制品有：铝合金花纹板，铝合金波纹板，铝合金压型板，铝合金穿孔板，铝塑板，铝合金门窗，铝合金型材等。

（3）铜及铜合金制品

铜材是一种高档的装饰材料，在现代建筑装饰中，铜制产品主要用于高标准场所的装修，如宾馆、饭店、高档写字楼和银行等场所。如显耀的厅门配以铜质的把手、门锁；变幻莫测的螺旋式楼梯扶手栏杆选用铜质管材，踏步上附有铜质防滑条；浴缸龙头、坐便器开关、沐浴器配件、灯具、家具等，采用制作精致、色泽光亮的铜合金等，无疑会在原有豪华、华贵的氛围中增添了装饰的艺术性，烘托出华丽、高雅的氛围，使其装饰效果得以淋漓尽致的发挥。

铜合金经挤压或压制可形成不同横断面形状的型材，有空心型材和实心型材，可用来制造管材、板材、线材、固定件及各种机器零件等。另外，用铜合金制成的各种铜合金板材（如压型板），可用于建筑物的外墙装饰，使建筑物金碧辉煌、光亮耐久。

（二）建筑装饰用玻璃制品

近年来用于建筑装饰的玻璃产品不断涌现，其品种及功能日益增多，既有传统装饰玻璃产品镜子和磨砂玻璃，也有大量使用的新产品如镀膜玻璃、彩色釉面钢化玻璃、彩色夹层玻璃、功能俱全的中空及空心玻璃砖、彩印建筑装饰玻璃、镭射玻璃、喷砂磨花玻璃等深加工产品，满足了飞速现代化建筑装饰的需求。

但是，由于设计师的手法变化无穷，对玻璃表面加工技术提出了新的要求，玻璃制品向装饰化、功能化、系列化等方向发展，玻璃表面加工技术也多种多样，主要有：玻璃表面清洁处理技术、玻璃表面机械处理技术、玻璃表面化学处理技术、玻璃表面增强处理技术、玻璃表面镀膜处理技术、玻璃表面贴膜和膜处理技术、玻璃表面施釉处理技术、玻璃表面装饰技术等。

建筑装饰工程中，玻璃制品被广泛用于建筑的外墙、屋顶、内墙面、地面、楼梯踏步，栏杆等，在满足装饰功能的前提下，又满足了安全功能。

主要玻璃制品有：

镀膜玻璃（又称之热反射玻璃），有良好的装饰效果，还有具有热反射、遮阳、低辐射等多种功能。

立体浮雕玻璃，以平板玻璃作基材，进行机刻、喷砂、立体浮雕等工艺生产的富有立体感的喷花浮雕及彩绘等多品种装饰玻璃。

超白玻璃，超白玻璃是一种超透明低铁玻璃，也称低铁玻璃、高透明玻璃。它是一种高品质、多功能的新型高档玻璃品种，透光率可达91.5%以上，具有晶莹剔透、高档典雅的特性，有玻璃家族"水晶王子"之称。超白玻璃同时具备优质浮法玻璃所具有的一切可加工性能，具有优越的物理、机械及光学性能，可像其他优质浮法玻璃一样进行各种深加工。无与伦比的优越质量和产品性能使超白玻璃拥有广阔的应用空间和光明的市场前景。超白玻璃的自爆率低，颜色一致性好，可见光透过率高，通透性好，紫外线透过率低。

建筑装饰用玻璃加工和使用过程中常出现的问题有：

（1）吊顶用玻璃面积较大时，和顶部不能可靠连接，玻璃加工时没有考虑连接部位和连接件的固定，而结构胶的连接又影响玻璃的装饰效果。

（2）栏杆玻璃高度超过 5m 处玻璃栏杆未用夹胶玻璃，夹胶玻璃栏杆的玻璃厚度小于（6+6）mm。

（三）化学建材应用技术

化学建材主要包括塑料门窗、塑料管道、新型防水材料、建筑涂料以及建筑密封材料、隔热保温材料、建筑胶粘剂、混凝土外加剂等。化学建材产品具有较好的防腐蚀性能、自重轻、生产应用能耗低、施工便捷等特点。化学建材能够提高建筑性能和质量，改善居住条件，节约资源，节约能源，保护环境。

建筑装饰工程中使用的化学建材主要有：用于装饰的人造板（多层板、密度板、细木工板、塑料板等），建筑涂料（溶剂型涂料、水性涂料等），胶粘剂（水性胶粘剂、水性处理剂、溶剂型胶粘剂等）；用于安装工程的塑料管道、塑料门窗、新型防水材料及建筑密封材料；用于装饰的墙纸、地毯塑料地板等。

施工和使用人员的行为和各种有害物质的限量：涂装时应保证室内通风良好，涂装方式尽量采用刷涂，涂装时施工人员应穿戴好必要的防护用品，涂装完成后继续保持室内空气流通，入住前保证涂装后的房间空置一段时间。室内装修中所采用的水性涂料、水性胶粘剂、水性处理剂，应有同批次产品的 VOCs 和游离甲醛含量检测报告；溶剂型涂料、溶剂型胶粘剂，应有同批次产品的 VOCs、苯、TDI 含量的检测报告室。

室内采用人造板面积大于 $500m^2$ 时，应对不同产品、不同批次材料分别进行游离甲醛含量或释放量复验。

进一步加强化学建材的推广应用。重点促进塑料门窗、塑料管道、新型防水材料和建筑涂料的普及应用。进一步提高化学建材的应用水平，开辟化学建材应用的新领域。

在化学建材推广应用领域中，对危害人身健康和安全、能耗高、不符合环保要求、技术落后的建材产品限制使用或予以淘汰。

六、新型胶粘剂及连接技术

（一）高强度、抗裂、抗老化胶粘剂的粘结施工技术

1. 常用的建筑装饰用胶粘剂

（1）环氧树脂胶粘剂：可对金属与大多数非金属材料之间进行粘结。主要用于干挂石材的粘结，强度高，抗老化性能好。

（2）有机硅胶粘剂：是一种密封胶粘剂，具有耐寒、耐热、耐老化、防水、防潮、伸缩疲劳强度高、永久变形小、无毒等特点。主要用于建筑装饰防水，管道的连接，建筑门、窗及装配式房屋预制件的连接。

（3）合成胶粘剂：主要用于木材加工、建筑、装饰工程的施工。品种包括热熔胶粘剂、有机硅密封胶粘剂、聚氨酯胶粘剂等。

（4）木材加工用胶粘剂：用于中密度纤维板、石膏板、胶合板和刨花板等。

2. 装饰工程中使用高强度、抗裂、抗老化胶粘剂注意事项

（1）依据不同的施工材料和部位选择胶粘剂，如干挂石材施工时用环氧树脂胶粘剂，而石材修复时则用强度相对低的云石胶。

（2）延长胶接件的使用寿命和减轻胶接件重量，按规范要求做好胶粘剂的相容性试验。

（3）密封性能好，腐蚀性能好，且有较好的耐候性。

（4）依据材料的种类选择胶粘剂。如石材胶粘剂和瓷砖胶粘剂的性能不尽相同，石材粘贴时不能用瓷砖胶粘剂，反之亦然，更不能混合使用。

（5）胶粘剂使用过程中，尽量减轻劳动强度，降低成本，提高生产效率。

（二）新型铆栓配件、金属连接等应用技术

化学锚栓是继膨胀锚栓之后出现的一种新型锚栓，是通过特制的化学粘接剂，将螺杆胶结固定于混凝土基材钻孔中，以实现对固定件锚固的复合件。

（1）化学锚栓的特性

耐酸碱、耐低温、耐老化；耐热性能良好，常温下无蠕变；耐水渍，在潮湿环境中长期负荷稳定；抗焊性、阻燃性能良好，抗震性能良好；膨胀安装可适用于对间距和边距较小的情况，安装方便、有较高的承载力。

（2）化学锚栓的应用优点

化学锚栓的应用优点有：锚固力强，形同预埋；膨胀应力，边距间距小；安装快捷，凝固迅速，节省施工时间；玻璃管包装利于目测管剂质量；玻璃管粉碎后充当细骨料，粘结充分。

（3）应用注意事项

应依据不同材料性能、不同使用部位制定施工工艺，预防施工通病，随机抽取锚栓进行现场拉拔试验，检验期实际承载力。

（4）应用范围

建筑装饰工程施工中，化学锚栓主要用于室外幕墙基层钢架的后置埋件施工，室内轻质材料上石材的干挂基层结构的施工。

七、小型施工机具技术

建筑装饰小型施工机具的种类主要有：切割机具，钻（拧）机具，磨光机具，钉固与锚固机具，装饰工程其他专用机具。

1. 装饰工程小型施工机具技术的创新原则

（1）技术先进性。机械设备技术性能优越、生产率高。

（2）使用可靠性。机械设备在使用过程中能稳定地保持其应有的技术性能，安全可靠的运行。

（3）便于维修。机械设备要便于检查、维护和修理。

（4）运行安全性。机械设备在使用过程中具有对施工安全的保障性能。

（5）经济实惠性。机械设备在满足技术要求和生产要求的基础上，达到费用最低。

（6）适应性。机械设备能适应不同工作条件，并具一机多用的性能。

（7）其他方面。成套性、节能性、环保性、灵活性等。

2. 装饰工程小型施工机具技术的创新措施

（1）推动适合建筑装饰工程特点的测量、加工、组装、修缮机具与设备的研发和应

用，提高企业的机具装备率。

（2）调整企业管理与施工的机具装备结构。

（3）普及小型电动工具的使用，重点是施工现场的防尘、消声的新型切割、打磨工机具和安装机具的推广应用。

（4）劳动工具的小发明、小改造、小革新；研发和推广一批适合装饰工程施工要求的小型探测仪器、检验设备、小型吊装工具等，在完善工法、提高施工规范化的基础上，研究制定与工厂化施工相配套的施工机具装备标准、工艺和操作规程。

（5）对施工作业人员进行小型施工机具操作的专业技术培训。

3. 装饰工程小型施工机具技术的创新目标

（1）贯彻机械化、半机械化和改良机具相结合的方针，重点配备中、小型机械和手持动力工具。

（2）充分发挥现场所有机械设备的能力，根据具体变化的需要，合理调整装备结构。

（3）优先配备工程施工必须的、保证质量与进度的、代替劳动强度大的、作业条件差的配套的机械设备。

（4）按工程体系、专业施工和工程实物量等多层次结构进行配备，并注意不同的要求，配备不同类型、不同标准的机械设备，以保证质量、安全为原则，努力降低施工成本。

（5）使装饰工程的作业方式产生重大变革，提高工程的施工效率与施工精度，增强施工的安全性，减轻工人的劳动强度，提高劳动生产率。

（6）企业现场施工的机械化程度达到 80% 以上。

4. 装饰工程小型施工机具技术创新举例

（1）可调节伸缩活动式吊顶打孔架的创新。如室内吊顶施工时，对施工机具进行改进，运用平行四边形的原理，采用可调节伸缩活动式吊顶打孔架。让操作工不用上下梯，解决了垂直高度和功效的问题，并且孔径深浅一致，同时又免去了上下梯存在的安全隐患。

（2）活动脚手架创新。采取活动四脚架和自行走高空操作平台，方便、快捷、安全。用于大型空间的吊顶和墙面施工。运用活动四脚架，减少了脚手架反复搭设的麻烦，不必要的重复劳动，解决了拆卸过程中成品经常受到损坏的问题，加快了施工进度。活动脚手架的应用，加快了施工速度，在一些梯子无法作业的小空间，非常方便。

八、建筑物翻新技术

（一）原有建筑物的清洗、养护补强、外保温等施工技术

1. 建筑翻新的原因

建筑翻新的原因有：太阳长期的照射的影响；风雨的侵蚀；使用原因对建筑物的损坏；节能的需要。

2. 建筑物外立面清洗原则

符合相关清洁作业的行业标准；应当保持原有建筑色彩和造型；符合安全生产操作流程。

3. 建筑物的养护补强

依据建筑物损坏部位的材料种类不同和损坏程度，选用合适的修补方法。

（二）石材翻新、木制品等整修翻新施工技术

1. 石材的翻新与清洗

依据石材的病症进行翻新与清洗。一般石材的病症基本上可分为两大类：

（1）石材微孔被异物占据，而石材本身微结构还未受到明显破坏，如锈黄斑、有机色斑、盐斑与白华、水迹和水斑、油斑和油污斑等。对于这类病症，专业清洗是首选方法。

（2）石材微结构已经受到一定程度的破坏，如表面失光、粉化、起壳剥落、孔洞、裂纹等，一般采用修补和研磨的方法翻新。

2. 木制品等整修翻新

（1）对完全损坏的部位进行现场测绘后再行拆除，依据测绘图制作新的构配件现场施工，做到仿旧如旧。不同树种和不同规格的木构件应分类进行防腐、防虫处理。

（2）木制作部分的露出部位应先清扫，后刮铲，然后再清扫。所有木表面，都要进行油漆。

（三）古建筑、近代文物建筑等修复技术

1. 古建筑、近代文物建筑的修复原则

古建筑的修复，应做到能小修的不大修，能局部拆除的不全部拆除，尽量保留原构件，以保留古建筑的历史价值。对于古建筑中带有雕刻的瓦兽件、木雕、砖雕、石雕等艺术构件，要慎重处理，尽量做到不换或少换。对塑像、壁画、彩画等附属艺术品，更不能随意修补。

修复中采用的新材料、新工艺必须保证不损害文物的历史价值，包括文物的造型、材质、色泽、强度等，同时还要有可逆性。古建筑构件维修时所用的新材料还应遵守只能加强不能代替的原则。

2. 木结构古建筑的修复

木结构建筑物整体歪闪，打牮拨正后，再作抽梁换柱、落架重修等加固处理。构件局部残损应剔补、墩接。大构件糟朽中空的，可用不饱和聚酯树脂等高分子材料灌注加固，糟朽严重的按原制更换。

3. 砖石结构古建筑的修复

砖石结构古建筑，整体歪闪，应先做定点、定期观测，经加固后稳定的，就不再做地基处理。裂缝可采用加箍和灌浆的方法加固，砌体残缺可剔补，如无法剔补可局部或全部拆除并按原样重砌。石雕、石刻等石质文物表面风化应用有机硅类的高分子材料封护。

第三节　建筑工程信息化技术

按照《2011—2015年建筑业信息化发展纲要》要求，建筑业信息化发展的指导思想是深入贯彻落实科学发展观，坚持自主创新、重点跨越、支撑发展、引领未来的方针，高度重视信息化对建筑业发展的推动作用，通过统筹规划、政策导向，进一步加强建筑企业信息化建设，不断提高信息技术应用水平，促进建筑业技术进步和管理水平提升。"十二五"期间，建筑业信息化发展的主要目标是基本实现建筑企业信息系统的普及应用，加快建筑信息模型（BIM）、基于网络的协同工作等新技术在工程中的应用，推动信息化标准建设，促进具有自主知识产权软件的产业化，形成一批信息技术应用达到国际水平的建筑企业。

一、建筑企业信息编码技术

信息编码是将事物或概念赋予有一定规律性、易于人和计算机识别与处理的符号。编码的过程是信息分类和标识的过程，科学的分类是根据编码对象的特征或属性，将信息按一定规则进行区分和归类，并排序生成唯一标识，以便管理和使用信息。

企业的基本信息应科学编码、全局唯一，便于信息管理、共享和交换，可在所有并行分布式系统中进行流通。信息系统统一编码是企业实施信息化的基础，也是关系到信息化整体效果和成败的关键因素。

建筑企业信息编码技术的主要内容包括：

（1）基础信息规范分类技术指标

按照层群码分类或面群码分类法进行编码的分类和对象的标识，基础信息可以分为以下类别：项目基本信息、投标信息、合同信息、质量信息、成本信息、分包信息、进度信息、健康安全及环境信息、劳动力及人力资源信息、材料信息、机械设备信息、技术信息、资金信息、风险信息、法定程序文件信息、资料管理信息。

（2）基础信息编码技术指标

数据元的描述：包括数据元编号规则、数据元名称、数据元定义、数据元类型、数据格式、计量单位等。

数据元的值域：数据元在系统运作中呈现为值，并在信息交换等功能中得到共享。数据元通常有一个允许值的集合，这个允许值的集合被称之为值域。代码集是数据元值域代码的集合，代码集包括代码标识、代码、名称。码是代码表中对应代码名称的具体代码取值，名称指代某属性允许值的描述。值域代码集是可扩展的，值域代码集中，代码应按照一定的规则进行编码。

数据元集合：以数据元集合的形式形成基础信息的编码。

二、文档一体化与知识管理技术

知识管理就是要实现知识的创造和共享，进而促进知识生产和流动，使知识在使用中实现价值。文档一体化则是从保证文件档案中所蕴涵的信息完整流转而进行的一项管理活动，从本质上说是知识管理的有机组成部分。

企业应当建立良好的文档一体化管理和知识管理体系，帮助企业员工实现一体化的文档组织、编辑、存储和分享，让所有人都能快速而方便地共享自己的经验、技能，访问和学习同伴的信息、知识，从而全面提升员工的技能素质和企业的协作能力，增强企业整体的竞争力。

1. 文档一体化

文档一体化是从文书管理和档案管理的全局出发，实现从文件生成、办理到档案归档管理的全过程管理，保证文件内容的完整性、元数据数据结构的一致性，从文书到档案的数据畅通、完整性。包括：文档实体生成一体化，文档管理一体化，文档信息利用一体化，文档规范一体化。

文档一体化的意义在于保证档案信息收集完整、系统、准确；从文件生产到归档全程控制；数据信息重复利用，提高工作效率。

在实际工作中，文书工作和档案管理工作可由一人或多人承担，对于规模与文件流量较小的单位多由一人同时负责文书与档案工作，稍大的机关或企业则会将文书与档案分部门或分人来管理，为了提高工作效率，"文档一体化"管理已成为信息化所推行的一种管理模式。

2. 知识管理

知识管理（Knowledge Management，KM）就是为企业实现显性知识和隐性知识共享提供新的途径，知识管理是利用集体的智慧提高企业的应变和创新能力。知识管理包括几个方面工作：建立知识库；促进员工的知识交流；建立尊重知识的内部环境；把知识作为资产来管理。

3. 文档一体化与知识管理的关系

文档一体化管理是组织实现知识管理的重要手段和途径，是为知识管理服务的，是知识管理的基础，对组织能否实现知识管理至关重要。

文档一体化管理体现了知识管理理念和方法的时代特色。

三、工程项目管理信息化或集成应用技术的主要内容

工程项目管理信息化实施或集成应用技术是指用信息化手段实现对项目的业务处理与管理，或进一步用系统集成的方法将项目管理的各业务处理与管理信息系统模块进行应用流程梳理整合或数据交换整合，形成覆盖项目管理主要业务的集成管理信息系统，实现项目管理过程的信息化处理和业务模块间的有效信息沟通。主要内容包括：

（1）合同管理：工程承包合同的计量与支付、劳务合同的结算与支付。合同作为业主、总承包、施工承包商、材料设备供应商等干系人之间的"纽带"及相互法律关系的"基础"在项目管理及企业管理中占有重要意义。合同执行管理是围绕合同资金管理、合同在执行过程中的基本信息、合同进度、合同变更、索赔、争议等进行的管理。同时，根据合同的状态，资金的计划制定情况、资金的到位情况等信息由系统可以自动产生预警信息，并可快速定位到相关合同。

（2）进度信息管理：根据一个工程的工程量、工作分解结构和技术质量标准制定出进度计划（横道图或网络图），并找出关键工作和关键线路。用每天或每周的进度报表（主要是已完工程量和已完成工作天数）与计划的进度进行对比，从而找出施工或误工的原因，通过计划的调整或施工组织管理的调整对项目进展情况做出控制。

（3）成本信息管理：根据一个项目的工作分解结构，从最小的一个分项工程算起，计算工程量和工程造价，然后累加起来组成上一级工程的量和价，如果是发包与承包的关系可以各自做费用计算，同时根据资源需求量并结合掌握的市场情况，计算原料、机械台班、人工劳动力的用量和费用，再加上不同级别分部分项工程的管理费用计算出项目的计划成本。得出的结果再与实际发生的工程费用做比较，就可以第一时间地掌握工程的财务状况。结合企业的特点和实际形成的成本控制体系，根据项目管理方式的特点以及工程专业要求灵活编制预算成本，处理成本发生和成本变更实现多级控制，应做到成本数据和责任可以追根溯源，围绕与成本有关的各个环节，进行成本的预算、计划、控制、核算、结算及统计分析，实现成本、合同、信息、工程资料等业务细节处理，系统自动汇集出成本盘点报表，资金支付表单及目前工作所需的各种成本管理统计报表，提高成本统计质量，降低劳动强度。

（4）物资设备信息管理：首先根据建设进度计划，制定物资采购计划表，要考虑有限的库存，安排好大型物资设备的流水采购，需要知道每一个建设流程的施工工艺，知道这个

工艺的持续时间，从而保证物资采购的不间断进行。还要考虑市场的供应情况，一些特殊情况的发生等。这其中要涉及计划、资源、财务等诸多职能部门和几乎所有的建设阶段。

（5）质量信息管理：工程质量主要依靠实际质量和计划中质量要求标准以及合同里的有关规定来保证。其中就包含着业主、承包方和监理方之间的信息流转。

（6）项目施工组织设计、技术方案、工法及图档管理。

（7）项目管理的动态数据实时传输、实时监控和分析预警管理。

四、基于电子商务的物流管理技术

物流管理作为施工企业管理的重要组成部分，是企业有效降低成本，创造利润的"第三利润源泉"，引起施工企业的广泛重视。电子商务作为最具潜力和竞争力的商务模式，被积极地应用到各种商务或管理活动，越来越多的施工企业都希望通过结合电子商务技术，建立物流信息系统，实现施工过程中物流管理相关的物资招标、采购、运输、管理等工作的信息化，以提高企业运作效率。

1. 系统结构

施工企业电子商务物流系统的构造可以划分为五个主要的子系统，它们是：计划管理子系统、采购管理子系统、仓储管理子系统、运输配送管理子系统和财务管理子系统。

各子系统的功能如下：

（1）计划管理子系统。实施施工项目物流的统一规划和统筹管理，在整个物流系统中承担指导全局的作用。计划管理包括采购计划、库存计划、配送计划管理等。计划管理往往和其他的功能模块有较紧密的联系。

（2）采购管理子系统。采购管理是对施工企业经济效益有重大影响的关键环节。采购子系统主要有在线物资采购和网上招投标等业务功能模块。在线采购是根据需求确定物资种类和根据最佳的出货量定合理的订货量；网上招投标提供招投标信息发布查询、招标审批、招投标执行、技术交流会、评标结果、中标通知等相关环节。

（3）仓储管理子系统。仓储管理主要是为物流管理人员提供商品库存信息，为采购、配送等决策提供依据。

（4）配送管理子系统。根据物资请求生成运输任务、装卸货物计划、配送路线规划、车辆管理及调度、货物配送跟踪管理、货物签收信息录入、数据统计等。

（5）财务管理子系统。完成企业物流相关的各种费用项目设置和处理。主要是对物流过程中应收、应付款项目，成本项目进行财务结算处理。

2. 适用范围

目前大多数施工企业的物流管理还未或刚刚实现信息化管理，还没有应用网络化的物流管理信息系统，因此应当及早建立电子商务物流信息系统。

五、建筑信息模型（BIM）技术

建筑信息模型（Building Information Modeling）是以建筑工程项目的各项相关信息数据作为模型的基础，进行建筑模型的建立。它具有可视化、协调性、模拟性、优化性和可出图性五大特点。

1. BIM 的特点

（1）可视化。可视化即"所见所得"的形式，对于建筑行业来说，BIM 提供了可视化的思路，让人们将以往的线条式的构件形成一种三维的立体实物图形展示在人们的面前；现在建筑业也有设计方面出效果图的事情，但是这种效果图是分包给专业的效果图制作团队进行识读设计制作出的线条式信息制作出来的，并不是通过构件的信息自动生成的，缺少了同构件之间的互动性和反馈性，然而 BIM 提到的可视化是一种能够同构件之间形成互动性和反馈性的可视，在 BIM 建筑信息模型中，由于整个过程都是可视化的，所以，可视化的结果不仅可以用来效果图的展示及报表的生成，更重要的是，项目设计、建造、运营过程中的沟通、讨论、决策都在可视化的状态下进行。

（2）协调性。在设计时，往往由于各专业设计师之间的沟通不到位，而出现各种专业之间的碰撞问题，例如暖通等专业中的管道在进行布置时，由于施工图纸是各自绘制在各自的施工图纸上的，真正施工过程中，可能在布置管线时正好在此处有结构设计的梁等构件在此妨碍着管线的布置，这种就是施工中常遇到的碰撞问题。BIM 建筑信息模型可在建筑物建造前期对各专业的碰撞问题进行协调，生成协调数据，提供出来。当然 BIM 的协调作用也并不是只能解决各专业间的碰撞问题，它还可以解决例如：电梯井布置与其他设计布置及净空要求之协调，防火分区与其他设计布置之协调，地下排水布置与其他设计布置之协调等。

（3）模拟性。模拟性并不是只能模拟设计出的建筑物模型，还可以模拟不能够在真实世界中进行操作的事物。在设计阶段，BIM 可以对设计上需要进行模拟的一些东西进行模拟实验，例如：节能模拟、紧急疏散模拟、日照模拟、热能传导模拟等；在招投标和施工阶段可以进行 4D 模拟（三维模型加项目的发展时间），也就是根据施工的组织设计模拟实际施工，从而来确定合理的施工方案来指导施工。同时还可以进行 5D 模拟（基于3D 模型的造价控制），从而来实现成本控制；后期运营阶段可以模拟日常紧急情况的处理方式的模拟，例如地震人员逃生模拟及消防人员疏散模拟等。

（4）优化性。事实上整个设计、施工、运营的过程就是一个不断优化的过程，复杂程度高到一定程度，参与人员本身的能力无法掌握所有的信息，必须借助一定的科学技术和设备的帮助。BIM 及与其配套的各种优化工具提供了对复杂项目进行优化的可能。基于BIM 的优化可以做以下工作：

1）项目方案优化。把项目设计和投资回报分析结合起来，设计变化对投资回报的影响可以实时计算出来；这样业主对设计方案的选择就不会主要停留在对形状的评价上，而更多的可以使得业主知道哪种项目设计方案更有利于自身的需求。

2）特殊项目的设计优化。例如裙楼、幕墙、屋顶、大空间到处可以看到异型设计，这些内容看起来占整个建筑的比例不大，但是占投资和工作量的比例和前者相比却往往要大得多，而且通常也是施工难度比较大和施工问题比较多的地方。

（5）可出图性：BIM 并不是为了出大家日常多见的建筑设计院所出的建筑设计图纸以及一些构件加工的图纸，而是通过对建筑物进行了可视化展示、协调、模拟、优化以后，可以帮助业主出如下图纸：综合管线图、综合结构留洞图、碰撞检查侦错报告和建议改进方案。

2. 应用效益

由于查询建筑资讯模型能提供各类适切的信息，协助决策者做出准确的判断，同时相比于传统绘图方式，在设计初期能大量地减少设计团队成员所产生的各类错误，以至于后续承建商所犯的错误。计算机系统能用碰撞检测的功能，用图形表达的方式提醒查询的人员关于各类的构件在空间中彼此碰撞或干涉情形的详细信息。由于计算机和软件具有更强大的建筑信息处理能力，相比目前的设计和施工建造的流程，这样的方法在一些已知的应用中，已经给工程项目带来正面的影响和帮助。

对工程的各个参与方来说，减少错误对降低成本都有很重要的影响。而因此减少建造所需要的时间，同时也有助于降低工程的成本。应用欧特克建筑资讯模型的成功案例有德国慕尼黑的宝马世界（BMW Welt）、梅赛德斯—奔驰博物馆（Mercedes-Benz Museum），以及位于斯图加特的保时捷博物馆等。

六、虚拟仿真施工技术

仿真技术是一种可控制、无破坏性、耗费小、并允许多次重复的试验手段。它以其高效、优质、低廉体现强大的生命力和潜在的能力。

1. 主要技术体系

（1）三维建模技术

运用三维建模和建筑信息模型（BIM）技术，建立用于进行虚拟施工和施工过程控制、成本控制的施工模型。该模型能将工艺参数与影响施工的属性联系起来，以反应施工模型与设计模型之间的交互作用，施工模型要具有可重用性，因此必须建立施工产品主模型描述框架，随着产品开发和施工过程的推进，模型描述日益详细。通过 BIM 技术，保持模型的一致性及模型信息的可继承性，实现虚拟施工过程各阶段和各方面的有效集成。

（2）仿真技术

计算机仿真是应用计算机对复杂的现实系统经过抽象和简化形成系统模型，然后在分析的基础上运行此模型，从而得到系统一系列的统计性能。仿真的基本步骤为：研究系统——收集数据——建立系统模型——确定仿真算法——建立仿真模型——运行仿真模型——输出结果，包括数值仿真、可视化仿真和虚拟现实 VR 仿真。

（3）优化技术

优化技术将现实的物理模型经过仿真过程转化为数学模型以后，通过设定优化目标和运算方法，在制定的约束条件下，使目标函数达到最优，从而为决策者提供科学的、定量的依据。它使用的方法包括：线性规划、非线性规划、动态规划、运筹学、决策论和对策论等等。

（4）虚拟现实技术

虚拟建造是在虚拟环境下实现的，虚拟现实技术是虚拟建造系统的核心技术。虚拟现实技术是一门融合了人工智能、计算机图形学、人机接口技术、多媒体工业建筑技术、网络技术、电子技术、机械技术等高新技术的综合信息技术。目的是利用计算机硬件、软件以及各种传感器创造出一个融合视觉、听觉、触觉甚至嗅觉，让人身临其境的虚拟环境。操作者沉浸其中并与之交互作用，通过多种媒体对感官的刺激，获得对所需解决问题的清晰和直观的认识。

2. 在建筑施工中的应用和现实意义

使用虚拟仿真技术对施工过程进行模拟，在施工前了解各种构件在实际结构中的相对位置及相互关系，实验多种施工方法，计算相应工况应力，对方案进行优化，对以下几方面将产生重大意义：建筑工程施工方案的选择和优化；施工技术革新和新技术引入；施工管理；安全、生产培训；大型工程设计；建筑市场管理；其他方面。

七、施工现场远程监控管理技术

利用远程数字视频监控系统和基于射频技术的非接触式技术或 3G 通信技术对工程现场施工情况及人员进出场情况进行实时监控，通过信息化手段实现对工程的监控和管理。该技术的应用不但要能实现现场的监控，还要具有通过监控发现问题能通过信息化手段整改反馈并检查记录的功能。

1. 主要功能

（1）远程视频图像监控。监控用户可以通过网络察看每个监控摄像机采集的施工现场实时动态图像，远程调节监控摄像头的光圈、焦距和景深，控制云台的旋转。

（2）多画面显示。远程监控端能够多画面循环显示，也能进行单画面和多画面显示方式切换，对画面可以放大和缩小。

（3）远程视频图像存储。监控用户可以将远程视频图像存储在本地计算机硬盘上，能够对记录下的影像资料进行检索、回放、定位、快放和慢放等操作。

（4）用户权限控制。为了系统的安全性和保密性，系统可以对用户的级别进行严格的控制，赋予不同级别用户不同的权限，所有用户只能在授权范围内进行监控操作。

（5）现场作业人员管理。利用基于射频技术的人员身份识别系统实现现场作业人员的进出场管理和现场作业人员的统计分析。

2. 应用场景

（1）地基基础阶段的监控。深基坑支护、基槽开挖和人工挖孔桩施工等已被列入专项治理内容。因此，这个阶段的施工已被作为监控的重点。

（2）地面、楼面施工阶段的监控。转入地面、楼面施工阶段，建筑物四周敞开，作业面宽，施工人员多，各个分项工程往往交叉作业，要求各项安全防范和质量要求都要考虑周到。为此，系统应设置多项监控重点，如针对以下内容的重点监控：验槽、混凝土的输送、浇捣、养护、模板安装（"两超一大"模板支撑变形）、钢筋安装及绑扎、混凝土浇捣、施工人员安全帽和安全带佩戴、建筑物的安全网设置，以及楼梯口、电梯口、井口防护、预留洞口、坑井口防护、阳台、楼板、屋面等临边防护和作业面临边防护等。监控的时间、内容、标准及监控方式均可按照工作人员的需要设定。

（3）高层作业的监控。针对高层作业的特点，可以设置多项监控重点，如建筑物的安全网设置、施工人员作业面临边防护、施工人员安全帽佩戴、外脚手架及落地竹脚手架的架设、缆风绳固定及使用、吊篮安装及使用、吊盘进料口和楼层卸料平台防护、塔吊和卷扬机安装及操作等。

（4）为了加强建筑工地的文明施工管理，监控系统目前还可以针对性地设置工地文明施工的重点监控，主要有：工地围挡、建筑材料堆放、工地临时用房、防火、防盗、施工标牌设置等内容进行监控，目的均在于加强安全管理工作。

八、工程远程验收技术

工程项目远程验收是应用远程验收和远程监控系统，通过视频信息随时了解和掌握工程进展，远程协调、指挥工作能够实现将施工现场的图像、语音通过网络传输到任何能上网的地点，实现与现场完全同步、实时的图像效果，通过视频语音通信客户端软件，对工程项目进行远程验收和监控，并能实现将现场图像实时显示并存储下来。

远程工程验收系统是一个集视频采集、网路传输、视频控制、报表处理、图档处理和文件资料处理的综合系统。

远程验收系统的视频采集与一般现场监控的区别在于：不仅摄像机是移动的，而且对图像质量的要求非常高。

主要功能包括：

（1）远程监控和视频采集

是系统的网络传输和硬件部分，将建筑工程现场的局部细节以及施工面的视频图像实时记录在视频媒体介质上，通过网络将实时采集的视频图像传输到远程质量验收管理系统中。具有视频采集、传输管理、应用存储、远程访问管理、质量验收应用等具体功能。

（2）图档管理

工程相关图纸进行管理（主要是电子图纸），完成电子图纸的导入和管理，并进行图纸管理和整个验收系统的集成，实现在远程验收时随时可以调出相应的图纸作为验收参考和备案依据的功能。

（3）验收报表

主要用来处理相应的验收报表，实现报表的维护、填写等功能，并实现本分系统和整个远程验收系统的集成和其他分系统的交互。验收报表子系统严格按照《建设工程监理规范》、《建筑工程施工质量验收统一标准》、《钢结构工程施工质量验收规范》、《建设工程文件归档整理规范》等各项规范规定，包括国家和地方相应的法律法规和标准规定的标准性报表，并可根据企业和工程特点自定义项目报表。

（4）多媒体交互

在工程质量验收时，验收中心人员与现场人员远程实时交互通信，形成联动协作的音视频同步系统和文字等的交流，提高质量验收的效率与验收部位的准确性。

（5）知识中心

具有收集工程验收相应规程规范、企业标准等内容的功能，为验收过程中的相关人员提供知识支持。

九、资金集中管理技术

企业集团的资金集中管理是将整个集团的资金集中到集团总部，由总部统一调度、管理和运用。通过资金的集中管理，企业集团可以实现整个集团内的资金资源整合与宏观调配，实现资金留存和运用的合理化，提高资金使用效率，降低金融风险。

1. 资金集中管理的模式

（1）统收统支模式。该模式是指企业的一切现金收付活动都集中在企业的财务部门，各分支机构或子公司不单独设立账号，现金收支的批准权高度集中在经营者。

（2）拨付备用金模式。拨付备用金模式是集团总部按照一定的期限统拨给所属分支机构或子公司一定数额的现金，以备其使用。各分支机构发生现金支出，持有关凭证到母公司财务部报销以补足备用金。

（3）结算中心模式。结算中心通常设立于集团总部的财务部内，负责办理内部各分支机构现金收付和往来结算业务，是一个独立运行的职能机构。各子公司在集团结算中心开立内部账户，并使内部账户与外部账户相衔接，这样总部就可以实时了解分公司资金情况，加强对分公司资金使用方向的监控，保证资金安全通畅。

（4）内部银行模式。设立内部银行是把一种模拟的银企关系引入到集团内部的资金管理中，各子公司与集团是一种贷款管理关系，是企业内部的一个资金管理机构。它将"企业管理"、"会计核算"、"金融信贷"三者融为一体，一般是将企业自有资金和商业银行的信贷资金统筹运作，在内部银行统一调剂、融通运用，通过吸纳企业下属单位闲散资金，调剂余缺，减少资金占用，活化与加速资金周转速度，提高资金使用效率和效益。

（5）财务公司模式。财务公司模式通过在企业集团内部进行转账结算，加速了资金周转。通过为集团成员公司提供担保、信息服务、资信调查、投资咨询等来提供全方位的金融服务，为企业闲置资金寻找投资机会，提高剩余资金的投资收益，使资金运用效率最大化。同时也为企业集团开辟融资渠道，充当企业集团的融资中心，为企业集团成员提供一系列的金融服务。

2. 信息化技术架构

资金集中管理的应用需要有一套覆盖整个企业集团的资金集中管理软件。该软件应满足中心和各成员单位的使用需求。系统中资金管理功能主要包括：账户管理、资金池、资金计划、资金收付、内部结算、对账、存贷款管理、授信管理、票据管理、报表管理、资金运营与监控分析等。

（1）账户管理。多种类型账户开立、变更、撤销的流程管理，包括：集团内部存款账户、银行总分账户、其他银行账户等。

（2）资金池。根据实际资金管理需要提供灵活的资金池设置、资金池额度管理与控制功能；以资金池维度实时查询、分析和监控资金动态。

（3）资金计划。资金计划是资金统筹调度、规范支付的基础，资金计划的项目设置、上报时间、控制支付方式等都是通过灵活配置实现的；系统提供年、月、日资金计划逐级上报、逐级汇总、逐级批复的规范流程管理。

（4）资金收付。统一管理集团所有的对外收款交易、对外付款交易，通过银企直联接口与商业银行实时交互资金收付信息，通过与账务核算系统接口集成资金收付交易的会计记录。

（5）内部结算。集团总部与成员企业之间、成员企业与成员企业之间往往存在大量的资金划转业务，即集团内部资金结算业务；建议内部资金结算采取系统内部封闭结算的方式，不动用实际资金，结算周期短，大大加快内部资金的流转。

（6）对账。内部存款账户的电子对账单在每日系统日结时自动生成，每日可以通过资金管理系统与财务核算系统的接口发送电子对账单，以实现内部存款账户的自动精确对账；系统通过银企接口接收银行发送的电子对账单进行自动精确对账，同时系统可根据对账的结果自动出具银行余额调节表。

（7）存贷款管理。支持活期存款、协定存款、定期存款、通知存款等不同产品类型的内部存款管理，支持自营贷款、委托贷款等多种内部贷款管理；对外部银行贷款提供利息处理（自动结息计息）、信用/担保、交易台账管理；系统中通过设置灵活的工作流流程实现集团存贷款交易的统一管理。

（8）授信管理。通过资金管理系统对集团公司授信额度进行统一管理；系统中规范授信管理流程，建议由总部统一签订、企业申请、总部分割的方式进行规范管理。

（9）票据管理。集中管理集团应收票据和应付票据，可以完整、真实地反映集团总部和各下属公司的资产状况；总部可以代下属企业保管票据；集团统一利用票据进行内部融资；下属企业之间进行票据调剂，提高企业的支付能力和票据的使用效率，降低集团整体资金成本。

（10）报表管理。支持各种复合条件的查询，上级单位可查询下属企业的账户和各种交易情况，支持 Excel 导出、打印、电子印章等功能。

（11）资金运行与监控分析。充分利用资金集中管理系统中大集中的信息资源，提供实时、动态的监控平台，防范资金风险；通过各种口径自定义展现，为集团决策提供信息服务。

第四节　建筑业新技术应用示范工程的组织与实施

一、建筑业新技术应用示范工程的相关背景

我国建筑业是一个以手工操作为主的劳动密集型的传统产业，机械化、信息化程度不高，科技含量和水平的提高一直比较缓慢。建筑业是能源资源消耗的大户，而且工地现场的噪声、废弃物、废水、粉尘等的防治或处理水平也较低。建筑业企业的自主创新能力较弱，缺乏采用新工艺、新技术、新材料的积极性、主动性。为了解决这些问题，建设部从 1994 年开始大力推行"建筑业 10 项新技术"。为了将 10 项新技术的推广应用紧密地与工程实践相结合，建设部提出建立"新技术应用示范工程"。

二、建筑业新技术应用示范工程的申报和验收

（一）管理体系

建筑业新技术应用示范工程工作由下至上分为 3 个层次：公司级、省部级和国家级。公司级由公司内部组织管理；省部级由各省建设厅（建管局）或国资委直属的中央企业组织管理；国家级由住房城乡建设部工程质量安全监管司负责示范工程的立项审批、实施与监督，以及应用成果评审工作，具体管理工作委托中国建筑业协会承办。

（二）申报条件

各省部级示范工程的申报条件以各省部级主管单位的文件为准。全国建筑业新技术应用示范工程的申报条件，以住房城乡建设部当年发出的《关于开展第 * 批"全国建筑业新技术应用示范工程"申报工作的通知》为准。

按照《建设部建筑业新技术应用示范工程管理办法》（建质〔2002〕173 号）的规定，参照《关于开展第六批"全国建筑业新技术应用示范工程"申报工作的通知》（建办质函〔2007〕157 号）的要求，申报全国建筑业新技术应用示范工程应满足以下基本条件：

（1）新开工、建设规模大、技术复杂、质量标准要求高、投资到位、社会影响大的房屋建筑工程、市政基础设施工程、土木工程和工业建设项目，已经批准列为省（部）级建筑业新技术应用示范工程，且申报书中计划推广的全部新技术内容可在三年内完成的项目。

（2）采用 6 项以上"建筑业 10 项新技术"的工程。此外还应根据工程特点，组织技术攻关和创新，积极开发新技术；运用、探索先进的管理技术、信息技术、节能环保技术，并对企业发展和项目实施有较大推动作用。

（3）同等条件下，在建筑节能、节水、节材、节地和环境保护方面起到示范作用的工

程项目将优先入选。

（4）根据工程规模和特点，没有条件大量推广"建筑业 10 项新技术"的项目，如果某一项新技术应用水平突出，经济效益或社会效益特别显著，具有广泛的推广价值且有所创新，可申报单项新技术示范工程。

（三）申报和验收流程

1. 申报

申报单位填写《示范工程申报书》，连同已批准列为省（部）级建筑业新技术应用示范工程的文件，一式两份，经当地建设行政主管部门或有关部门建设司审核，并经示范工程委托管理单位中国建筑业协会组织专家评审后，报住房城乡建设部工程质量安全监管司，由住房城乡建设部发文公布全国建筑业新技术应用示范工程名单。

2. 过程检查

有关地区或部门制订实施计划，每半年总结检查一次。委托管理单位不定期地对示范工程进行检查。

3. 评审申请

示范工程执行单位全部完成了《示范工程申报书》中提出的新技术内容，且应用新技术的分项工程质量达到现行质量验收标准的，示范工程执行单位应准备好应用成果评审资料，并填写《示范工程应用成果评审申请书》一式四份，按隶属关系向省、自治区、直辖市建设行政主管部门或国务院有关部门建设司提出申请。经其初审符合标准的，向示范工程委托管理单位中国建筑业协会申请应用成果评审。

示范工程执行单位应提交以下应用成果评审资料：

（1）《示范工程申报书》及批准文件；

（2）工程施工组织设计（有关新技术应用部分）；

（3）应用新技术综合报告（扼要叙述应用新技术内容，综合分析推广应用新技术的成效，体会与建议）；

（4）单项新技术应用工作总结（每项新技术所在分项工程状况，关键技术的施工方法及创新点，保证质量的措施，直接经济效益和社会效益）；

（5）工程质量证明（工程监理或建设单位对整个工程或地基与基础和主体结构两个分部工程质量验收证明）；

（6）效益证明（应由有关单位出具的社会效益证明及经济效益与可计算的社会效益汇总表）；

（7）企业技术文件（通过示范工程总结出的技术规程、工法等）；

（8）新技术施工录像及其他有关文件和资料。

4. 评审

示范工程的应用成果评审由示范工程委托管理单位中国建筑业协会组织评审专家组进行，每项示范工程评审专家组由专家 5～7 人组成。示范工程应用成果评审工作分两个阶段进行，一是资料审查，二是现场查验。评审专家必须认真审查示范工程执行单位报送的评审资料和查验施工现场，实事求是地提出评审意见。

示范工程应用成果评审的主要内容：

（1）提供评审的资料是否齐全；

（2）是否完成了申报书中提出的推广应用新技术内容；

（3）施工企业应用新技术中有无创新内容；

（4）应用新技术后对工程质量、安全、工期、效益的影响；

（5）示范工程是否对本企业、本地区乃至全国具有示范作用。

示范工程通过评审，其中应用的新技术水平达到国内领先水平，且在推广应用中有所创新时，该工程可综合评价为示范工程国内领先水平；其中新技术应用水平达到国内先进水平时，该工程可综合评价为示范工程国内先进水平。

（四）奖励与惩罚

通过评审的全国建筑业新技术应用示范工程，住房和城乡建设部工程质量安全监管司将按照程序予以公告。同时，根据2008年修订颁布的《中国建设工程鲁班奖（国家优质工程）评选办法》，自2011年起，申报鲁班奖的工程原则上应已列入省（部）级的建筑业新技术应用示范工程。

对已公布的全国建筑业新技术应用示范工程，发现其工程质量存在问题或隐患，取消其全国建筑业新技术应用示范工程称号，并予以公告。

三、建筑业新技术应用示范工程的组织与实施

（一）确立示范工程工作领导实施机构及成员分工

创建示范工程时间长、难度大，涉及的部门和人员多。公司总部要建立领导班子，项目部要有相应的实施小组。下面以新广州站项目为例，说明新技术应用示范工程工作领导和实施机构，见图2-1所示。

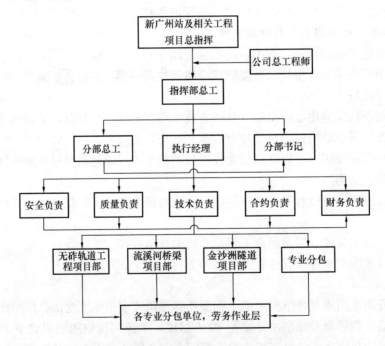

图2-1　新广州站项目推广工作领导和实施机构图

从中标（甚至在投标阶段）及项目部组建开始，就要把新技术推广应用纳入工作范畴，制定新技术推广工作计划，明确分工，落实到人。

（二）确定计划推广项目和数量

应针对新技术示范工程的特点，制定详细的计划推广项目、数量和应用的工程部位。并按计划实施（表 2-2）。

示范工程计划推广项目计划表　　　　　　　表 2-2

拟推广新技术项目名称、应用部位及应用数量			
10 项新技术	子　项	应用部位	应用数量
1. 地基基础和地下空间工程技术	1.1　灌注桩后注浆技术		
	1.2　长螺旋钻孔压灌桩技术		
	1.3　水泥粉煤灰碎石桩（CFG 桩）复合地基技术		
	1.4　真空预压法加固软土地基技术		
	1.5　土工合成材料应用技术		
	1.6　复合土钉墙支护技术		
	1.7　型钢水泥土复合搅拌桩支护结构技术		
	1.8　工具式组合内支撑技术		
	1.9　逆作法施工技术		
	1.10　爆破挤淤法技术		
	1.11　高边坡防护技术		
	1.12　非开挖埋管施工技术		
	1.13　大断面矩形地下通道掘进施工技术		
	1.14　复杂盾构法施工技术		
	1.15　智能化气压沉箱施工技术		
	1.16　双聚能预裂与光面爆破综合技术		
2. 混凝土技术	2.1　高耐久性混凝土		
	2.2　高强高性能混凝土		
	2.3　自密实混凝土技术		
	2.4　轻骨料混凝土		
	2.5　纤维混凝土		
	2.6　混凝土裂缝控制技术		
	2.7　超高泵送混凝土技术		
	2.8　预制混凝土装配整体式结构施工技术		
3. 钢筋及预应力技术	3.1　高强钢筋应用技术		
	3.2　钢筋焊接网应用技术		
	3.3　大直径钢筋直螺纹连接技术		
	3.4　无粘结预应力技术		
	3.5　有粘结预应力技术		
	3.6　索结构预应力施工技术		
	3.7　建筑用成型钢筋制品加工与配送		
	3.8　钢筋机械锚固技术		

续表

拟推广新技术项目名称、应用部位及应用数量			
10 项新技术	子项	应用部位	应用数量
4. 模板及脚手架技术	4.1 清水混凝土模板技术		
	4.2 钢（铝）框胶合板模板技术		
	4.3 塑料模板技术		
	4.4 组拼式大模板技术		
	4.5 早拆模板施工技术		
	4.6 液压爬升模板技术		
	4.7 大吨位长行程油缸整体顶升模板技术		
	4.8 贮仓筒壁滑模托带仓顶空间钢结构整体安装施工技术		
	4.9 插接式钢管脚手架及支撑架技术		
	4.10 盘销式钢管脚手架及支撑架技术		
	4.11 附着升降脚手架技术		
	4.12 电动桥式脚手架技术		
	4.13 预制箱梁模板技术		
	4.14 挂篮悬臂施工技术		
	4.15 隧道模板台车技术		
	4.16 移动模板造桥技术		
5. 钢结构技术	5.1 深化设计技术		
	5.2 厚钢板焊接技术		
	5.3 大型钢结构滑移安装施工技术		
	5.4 钢结构与大型设备计算机控制整体顶升与提升安装施工技术		
	5.5 钢与混凝土组合结构技术		
	5.6 住宅钢结构技术		
	5.7 高强度钢材应用技术		
	5.8 大型复杂膜结构施工技术		
	5.9 模块式钢结构框架组装、吊装技术		
6. 机电安装工程技术	6.1 管线综合布置技术		
	6.2 金属矩形风管薄钢板法兰连接技术		
	6.3 变风量空调技术		
	6.4 非金属复合板风管施工技术		
	6.5 大管道闭式循环冲洗技术		
	6.6 薄壁金属管道新型连接方式		
	6.7 管道工厂化预制技术		

拟推广新技术项目名称、应用部位及应用数量			
10 项新技术	子　　项	应用部位	应用数量
6. 机电安装工程技术	6.8　超高层高压垂吊式电缆敷设技术		
	6.9　预分支电缆施工技术		
	6.10　电缆穿刺线夹施工技术		
	6.11　大型储罐施工技术		
7. 绿色施工技术	7.1　基坑施工封闭降水技术		
	7.2　施工过程水回收利用技术		
	7.3　预拌砂浆技术		
	7.4　外墙自保温体系施工技术		
	7.5　粘贴式外墙外保温隔热系统施工技术		
	7.6　现浇混凝土外墙外保温施工技术		
	7.7　硬泡聚氨酯外墙喷涂保温施工技术		
	7.8　工业废渣及（空心）砌块应用技术		
	7.9　铝合金窗断桥技术		
	7.10　太阳能与建筑一体化应用技术		
	7.11　供热计量技术		
	7.12　建筑外遮阳技术		
	7.13　植生混凝土		
	7.14　透水混凝土		
8. 防水技术	8.1　防水卷材机械固定施工技术		
	8.2　地下工程预铺反粘防水技术		
	8.3　预备注浆系统施工技术		
	8.4　遇水膨胀止水胶施工技术		
	8.5　丙烯酸盐灌浆液防渗施工技术		
	8.6　聚乙烯丙纶防水卷材与非固化型防水粘结料复合防水施工技术		
	8.7　聚氨酯防水涂料施工技术		
9. 抗震、加固与监测技术	9.1　消能减震技术		
	9.2　建筑隔震技术		
	9.3　混凝土结构粘贴碳纤维、粘钢和外包钢加固技术		
	9.4　钢绞线网片聚合物砂浆加固技术		
	9.5　结构无损拆除技术		
	9.6　无粘结预应力混凝土结构拆除技术		
	9.7　深基坑施工监测技术		

续表

拟推广新技术项目名称、应用部位及应用数量			
10 项新技术	子 项	应用部位	应用数量
9. 抗震、加固与监测技术	9.8 结构安全性监测（控）技术		
	9.9 开挖爆破监测技术		
	9.10 隧道变形远程自动监测系统		
	9.11 一机多天线 GPS 变形监测技术		
10. 信息化应用技术	10.1 虚拟仿真施工技术		
	10.2 高精度自动测量控制技术		
	10.3 施工现场远程监控管理及工程远程验收技术		
	10.4 工程量自动计算技术		
	10.5 工程项目管理信息化实施集成应用及基础信息规范分类编码技术		
	10.6 建设工程资源计划管理技术		
	10.7 项目多方协同管理信息化技术		
	10.8 塔式起重机安全监控管理系统应用技术		
其他新技术应用			
新技术名称		应用部位	应用数量
1.…		…	…
2.…		…	…
3.…		…	…
…		…	…

（三）预计产生的效益

对推广新技术产生的效益进行估算，并在实施过程中进行调整和对比（表 2-3）。

预计产生的效益　　　　　　　　　　　　　表 2-3

序号	计划推广项目的名称	预计产生的效益	说 明
1	…	…	…
2	…	…	…
…	…	…	…
合 计		…	…

（四）制定新技术示范工程的工作措施

（1）根据成立的新技术示范工程工作领导班子和实施小组，建立相应的分工管理制度，要做到明确分工、责任到人。针对要具体采用的新技术、新工艺、新材料和新设备，进行资金投入、人员配备和具体实施。

（2）组建业务水平高、管理能力强的实施小组，把新技术推广应用情况作为考评实施小组业绩的主要内容。

（3）加强与建设单位、设计单位、监理单位及各专业施工单位的密切合作，得到他们的理解和支持。

（4）要落实新技术应用项目计划。企业在申报时，就要结合工程项目的具体情况，制订出新技术应用的实施计划和目标，结合本企业的资金投入、技术水平、人员等综合因素统筹安排，以保证新技术在示范工程的顺利实施。

（5）确定示范工程的工程重点和工程难点，做好创新技术的方案论证工作，针对拟采用的技术编制有针对性、可操作性的施工方案。

（6）成立专业技术性较强的技术攻关小组，将技术攻关与全面质量管理相结合，技术推广与管理体系要求相结合，加强信息反馈和检查指导，及时认真地解决推广过程中出现的问题。

（7）做好职工技术培训，根据工程设计要求和具体特点，对技术性较强的项目制定工艺标准，然后按照所制定的工艺标准进行职工培训，并严格执行技术交底，样板先行、三检制相结合，确保实施效果和工作质量。

（8）要抓好过程控制和措施落实。公司总部要对示范工程的实施给予重点关注和切实有效的支持，起到总控制、总协调、总调度的作用。项目部则要抓好每个工作环节的落实，解决每项新技术应用中的问题，组织攻关小组解决难点问题。

（9）要及时做好技术积累和总结，要对实施过程进行跟踪记录，用文字、录像、图片等加以记载，同时及时总结出有关新技术应用的方法，有的可以提炼为企业的工法、标准、规程，以便在今后的工程上推广应用。有的可以及时申报专利、QC 活动成果、国家级工法等，使示范工程新技术应用成果起到辐射的作用。

（10）建立技术保证、监督、检查、信息反馈系统，调动计量、质量、安全、施工技术等各部门有关人员工作积极性，严格要求，将动态信息迅速传递到项目决策层，以便针对问题及时调整方案，确保新技术、新工艺、新材料的顺利应用。

（11）加强劳务作业层施工队伍的施工管理，增强科技意识，加大落实力度。计划落实、措施到位，最终集中在劳务作业层的实际施工操作中，为了更好地发挥示范工程决策的优势，使推广工作顺利进行，项目管理人员必须深入现场，指导工人操作，随时听取改进意见，及时解决实施中的具体问题。

（12）定期组织内部检查新技术推广完成情况，以及质量、工期、安全、效益和管理等目标完成情况。

（五）总结

建筑业新技术应用工作需要根据具体实施情况，对每项新技术所在分项工程状况，关键技术的施工方法及创新点，保证质量的措施，直接经济效益和社会效益进行总结。

总结的内容包括两个方面：一是对"建筑业 10 项新技术"中每项新技术应用的总结，二是对企业在工程中应用的创新技术（"建筑业 10 项新技术"之外的创新技术）进行总结。

第五节 绿色施工示范工程的组织与实施

一、绿色施工概述

（一）绿色施工的概念与原则

1. 绿色施工

绿色施工是指工程建设中，在保证质量、安全等基本要求的前提下，通过科学管理和技术进步，最大限度地节约资源与减少对环境负面影响的施工活动，实现节能、节地、节水、节材和环境保护。

2. 绿色施工的原则

（1）因地制宜。贯彻执行国家、行业和地方相关的技术经济政策，符合国家的法律、法规及相关的标准规范，实现经济效益、社会效益和环境效益的统一。作为施工企业来说，应当运用 ISO 14000 和 ISO 18000 管理体系，将绿色施工有关内容分解到管理体系目标中去，使绿色施工规范化、标准化。

（2）进行总体方案优化。在规划（包括施工规划）、设计（包括施工阶段的深化设计）阶段，应充分考虑绿色施工的总体要求，为绿色施工提供基础条件。实施绿色施工，应对施工策划、机械与设备选择、材料采购、现场施工、工程验收等各阶段进行控制，加强对整个施工过程的管理和监督。

（二）绿色施工的总体框架

绿色施工总体框架（图 2-2）由施工管理、环境保护、节材与材料资源利用、节水与水资源利用、节能与能源利用、节地与施工用地保护六个方面组成。这六个方面涵盖了绿色施工的基本指标，同时包含了施工策划、材料采购、现场施工、工程验收等各阶段的指标的子集。

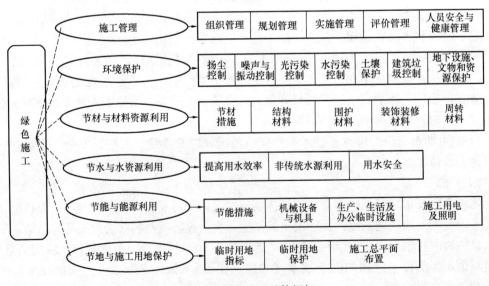

图 2-2 绿色施工总体框架

二、绿色施工要点

根据绿色施工的总体框架，住房和城乡建设部在《绿色施工导则》里简明扼要地给出了绿色施工的基本要点。

1. 环境保护技术

主要包括扬尘控制，噪声与振动控制，光污染控制，水污染控制，土壤保护，建筑垃圾控制，地下设施、文物和资源保护。

2. 节材与材料资源利用技术

主要包括节材措施、结构材料、围护材料、装饰装修材料、周转材料。

3. 节水与水资源利用的技术

主要包括提高用水效率、非传统水源利用、用水安全。

4. 节能与能源利用的技术

主要包括节能措施、机械设备与机具、生产、生活及办公临时设施、施工用电及照明。

5. 节地与施工用地保护的技术

主要包括临时用地指标、临时用地保护、施工总平面布置。

三、开发绿色施工的新技术、新设备、新材料与新工艺

住房和城乡建设部在《建筑业10项新技术（2010）》中专门增列了"绿色施工技术"一章，其中包括基坑施工封闭降水技术、施工过程水回收利用技术、预拌砂浆技术、外墙自保温体系施工技术、粘贴式外墙外保温隔热系统施工技术、现浇混凝土外墙外保温施工技术、工业废渣及（空心）砌块应用技术、铝合金窗断桥技术、太阳能与建筑一体化应用技术、供热计量技术、建筑外遮阳技术、植生混凝土、透水混凝土等先进的绿色施工技术。

四、绿色施工示范工程的创建与管理

依据住房和城乡建设部《绿色施工导则》，中国建筑业协会在行业内组织开展了全国建筑业绿色施工示范工程（以下简称绿色施工示范工程）创建活动。

（一）绿色施工示范工程创建

绿色施工示范工程是指在工程项目施工周期内严格进行过程管理，最大限度地节约资源（节材、节水、节能、节地）、保护环境和减少污染的工程。

开展绿色施工示范工程活动应遵循分类指导、行业推进、企业申报、先行试点、总结提高、逐步推广和严格过程监管与评价验收标准的原则。验收评审工作依据住房和城乡建设部《绿色施工导则》和《全国建筑业绿色施工示范工程验收评价主要指标》进行。

（二）绿色施工示范工程管理

绿色施工管理主要包括组织管理、规划管理、实施管理、评价管理、人员安全与健康管理等五个方面，它是绿色施工示范工程创建活动的重要环节。在绿色施工示范工程的创建中，有关参建方应当确定节能、节水、节材、节地的指标和目标，选择合适、合理、科学的统计方法，做好绿色施工示范工程的基本数据的评估工作。

1. 组织管理

（1）建立绿色施工管理体系，并制定相应的管理制度与目标。

（2）项目经理为绿色施工第一责任人，负责绿色施工的组织实施及目标实现，并指定

绿色施工管理人员和监督人员。

2. 规划管理

（1）编制绿色施工方案。该方案应在施工组织设计中独立成章，并按有关规定进行审批。

（2）绿色施工方案应包括以下内容：

1）环境保护措施，制定环境管理计划及应急救援预案，采取有效措施，降低环境负荷，保护地下设施和文物等资源。

2）节材措施，在保证工程安全与质量的前提下，制定节材措施。如进行施工方案的节材优化、建筑垃圾减量化、尽量利用可循环材料等。

3）节水措施，根据工程所在地的水资源状况，制定节水措施。

4）节能措施，进行施工节能策划，确定目标，制定节能措施。

5）节地与施工用地保护措施，制定临时用地指标、施工总平面布置规划及临时用地节地措施等。

3. 实施管理

（1）绿色施工应对整个施工过程实施动态管理，加强对施工策划、施工准备、材料采购、现场施工、工程验收等各阶段的管理和监督。

（2）应结合工程项目的特点，有针对性地对绿色施工作相应的宣传，通过宣传营造绿色施工的氛围。

（3）定期对职工进行绿色施工知识培训，增强职工绿色施工意识。

4. 评价管理

（1）对照本导则的指标体系，结合工程特点，对绿色施工的效果及采用的新技术、新设备、新材料与新工艺，进行自评估。

（2）成立专家评估小组，对绿色施工方案、实施过程至项目竣工，进行综合评估。

5. 人员安全与健康管理

（1）制订施工防尘、防毒、防辐射等职业危害的措施，保障施工人员的长期职业健康。

（2）合理布置施工场地，保护生活及办公区不受施工活动的有害影响。施工现场建立卫生急救、保健防疫制度，在安全事故和疾病疫情出现时提供及时救助。

（3）提供卫生、健康的工作与生活环境，加强对施工人员的住宿、膳食、饮用水等生活与环境卫生等管理，明显改善施工人员的生活条件。

（三）绿色施工示范工程的申报条件及程序

1. 绿色施工示范工程的申报条件

（1）申报工程应是建设、设计、施工、监理等相关单位共同参与的房屋建筑、市政设施、交通运输及水利水电等土木工程建设项目。

（2）申报工程应是开工手续齐全，已列入当年开工计划且施工组织实施方案符合住房和城乡建设部《绿色施工导则》等相关文件的工程。

（3）申报工程应是具有绿色施工实施规划方案并在开工前经专家审定通过的工程。工程应自始至终做好水、电、煤、油、各种材料等各项资源、能源消耗数据的原始记录。

（4）申报工程原则上应是省（部）级建筑业新技术应用示范工程。

（5）申报工程应在工程建设周期内完成申报文件及其实施规划方案中的全部内容。

2. 绿色施工示范工程的申报程序

（1）各地区各有关行业协会、有关部门、国资委管理的建筑业企业按申报条件择优选择本地区、本系统有代表性的工程，推荐为绿色施工示范工程。

（2）申报单位填写《全国建筑业绿色施工示范工程申报表》，连同"绿色施工实施规划方案"，一式两份，按隶属关系由各地区各行业协会及国资委管理的企业汇总报中国建筑业协会。

（3）中国建筑业协会组织专家评议，对列为绿色施工示范工程的目标项目，发文公布并组织监督实施。

（四）绿色施工示范工程确认的组织与监管

绿色施工示范工程确认的组织与监管规定如下：

（1）中国建筑业协会负责绿色施工示范工程的目标确定和实施过程的组织与监管，以及应用成果的验收评审推广等工作，并组织专家对绿色施工示范工程进行不定期检查，绿色施工示范工程实施的相关单位要密切配合。

（2）绿色施工示范工程的推荐部门（单位），要加强对绿色施工示范工程实施工作的组织指导和行业自律管理，制定监管计划，至少每半年对绿色施工实施规划方案的内容检查总结一次。

（3）承建绿色施工示范工程的项目部要采取切实有效措施，认真落实绿色施工示范工程的实施规划，强化过程管理，使其真正成为工程质量优、科技含量高、符合绿色施工验收标准、经济和社会效益好的样板工程。

（4）已被批准列为绿色施工示范工程的项目，有下列情形之一的，经与有关方面协商后，可以取消或更改：

1）发生《生产安全事故报告和调查处理条例》（国务院令第 493 号）规定的较大事故以上等级的质量、安全事故；

2）不符合国家产业政策，使用国家主管部门或行业明令禁止使用或者属淘汰的材料、技术、工艺和设备；

3）转包或者违法分包；

4）违反建筑法律法规，被有关执法部门处罚。

（五）绿色施工示范工程的验收评审

绿色施工示范工程的验收评审相关规定如下：

（1）绿色施工示范工程承建单位完成了《全国建筑业绿色施工示范工程申报表》中提出的全部内容后，应准备好评审资料，并填写《全国建筑业绿色施工示范工程评审申请表》一式两份，按申报时的隶属关系向中国建筑业协会提出评审验收申请。

（2）提出评审验收申请的绿色施工示范工程承建单位应向中国建筑业协会提交以下评审资料：

1）《全国建筑业绿色施工示范工程申报表》及立项与开竣工文件；

2）相关的施工组织设计和绿色施工规划方案；

3）绿色施工综合总结报告（扼要叙述绿色施工组织和管理及采取的技术、材料、设备等措施，综合分析施工过程中的关键技术、方法、创新点和"四节一环保"的成效以及体会与建议）；

4）工程质量情况（工程设计、监理、建设单位出具地基与基础和主体结构两个分部工程质量验收的证明）；

5）综合效益情况（有条件的可以由有关单位出具绿色施工产生的直接经济效益和社会效益）；

6）工程项目的概况、绿色施工实施过程采用的新技术、新工艺、新材料、新设备及"四节一环保"创新点等相关内容的录像光盘（一般为 10min）或 PPT 幻灯片；

7）相关绿色施工过程的验证材料，包括通过绿色施工总结出的技术规范、工艺、工法等。

上述文字性的书面资料一式五份并刻光盘一份，录像光盘两份。

（六）绿色施工示范工程的评审

绿色施工示范工程评审有关规定：

（1）绿色施工示范工程验收评审的主要内容：

1）提供的评审资料是否完整齐全；

2）是否完成了申报实施规划方案中提出的绿色施工的全部内容；

3）绿色施工中各有关主要指标是否达标；

4）绿色施工采用新技术、新工艺、新材料、新设备的创新点以及对工程质量、工期、效益的影响。

（2）验收评审专家要对相关方面和与施工现场相邻的单位和个人进行座谈和随机查访。并根据评审内容，对绿色施工示范工程实施情况做出综合评价。

（3）绿色施工示范工程项目的评审工作分两个阶段，一是实施过程现场查验，二是依据申报资料评审。评审专家必须认真核查绿色施工示范工程承建单位报送的申报资料，并按专家实地查验施工现场的情况，实事求是地提出评审意见。

（4）评审验收实行专家组记名投票，通过验收的工程必须有三分之二及其以上的专家评委同意。评审意见形成后，由评审专家组组长会同全体成员共同签字生效。

（5）绿色施工示范工程项目评审按绿色施工水平高低分为优良、合格和不合格三个等级。

（6）通过评审验收合格的绿色施工示范工程，报住房和城乡建设部征求意见后，向社会公示，并颁发证书和标牌。

（七）关于绿色施工示范工程激励机制

凡通过绿色施工示范工程验收的工程，申报中国建设工程鲁班奖（国家优质工程）或全国建筑业 AAA 级信用企业或安全文明工地等评优评价活动，在满足评选条件的基础上予以优先入选。

五、全国建筑业绿色施工示范工程验收评价主要指标

依据住房和城乡建设部《绿色施工导则》和《全国建筑业绿色施工示范工程管理办法（试行）》，中国建筑业协会制定了全国建筑业绿色施工示范工程验收评价主要指标。绿色施工评价时按地基与基础工程、结构工程、装饰装修与机电安装工程等三个阶段进行。不同地区、不同类型的工程编制绿色施工规划方案时应进行环境因素分析，根据以下评价指标确定相应评价要素。

（一）环境保护

（1）现场施工标牌应包括环境保护内容。现场施工标牌是指工程概况牌、施工现场管理人员组织机构牌、入场须知牌、安全警示牌、安全生产牌、文明施工牌、消防保卫制度牌、施工现场总平面图、消防平面布置图等。

（2）生活垃圾按环卫部门的要求分类，垃圾桶按可回收利用与不可回收两类设置，定位摆放，定期清运；建筑垃圾应分类别集中堆放，定期处理，合理利用，利用率应达到30％以上。

（3）施工现场的污水排放除符合国家卫生和环保部门的规定外，现场道路和材料堆放场周边设排水沟；工程污水和试验室养护用水经处理后排入市政污水管道。

（4）光污染除符合国家环保部门的规定外，应符合下列要求：

1）夜间电焊作业时，采取挡光措施，钢结构焊接设置遮光棚；

2）工地设置大型照明灯具时，有防止强光线外泄的措施。

（5）噪声控制应符合下列规定：

1）产生噪声的机械设备，尽量远离施工现场办公区、生活区和周边住宅区；

2）混凝土输送泵、电锯房等设有吸声降噪屏或采取其他有效的降噪措施；

3）现场围挡应连续设置，不得有缺口、残破、断裂，墙体材料可采用彩色金属板式围墙等可重复使用的材料，高度应符合现行《建筑施工安全检查标准》（JGJ 59）的规定。

（6）现场宜设噪声监测点，实施动态监测。噪声控制符合《建筑施工场界噪声限值》（GB 12523—90）（表2-4）。

建筑施工场界噪声限值　　　　　　　　　　　　　　　　　表 2-4

施工阶段	主要噪声源	噪声限制（dB）	
		昼间	夜间
土石方	推土机、挖掘机、装载机等	75	55
打桩	各种打桩机等	85	禁止施工
结构	混凝土输送泵、振捣棒、电锯等	70	55
装修	吊车、升降机等	60	55

（7）基坑施工时，应采取有效措施，减少水资源浪费并防止地下水源污染。

（8）现场直接裸露土体表面和集中堆放的土方应采用临时绿化、喷浆和隔尘布遮盖等抑尘措施；现场拆除作业、爆破作业、钻孔作业和干旱条件土石方施工，宜采用高空喷雾降尘设备或洒水减少扬尘。

（二）节材与材料资源利用

（1）材料选择本着就地取材的原则并有实施记录；机械保养、限额领料、废弃物再生利用等制度健全，做到有据可查，有责可究。

（2）选用绿色、环保材料的同时还应建立合格供应商档案库，所选材料应符合《民用建筑工程室内环境污染控制规范》（GB 50325）和《室内装饰装修材料有害物质限量》（GB 18580～18588）的要求；混凝土外加剂应符合《混凝土外加剂》（GB 8076）、《混凝土外加剂应用技术规范》（GB 50119）的要求，且每立方米混凝土由外加剂带入的碱含量≤1kg。

（3）临建设施尽可能采用可拆迁、可回收材料。

（4）材料节约应满足下列要求：

1）优先采用管件合一的脚手架和支撑体系；

2）采用工具式模板和新型模板材料，如铝合金、塑料、玻璃钢和其他可再生材质的大模板和钢框镶边模板；

3）因地制宜，采用利于降低材料消耗的四新技术，如"几字梁"、模板早拆体系、高效钢材、高强商品混凝土、自防水混凝土、自密实混凝土、竹材、木材和工业废渣废液利用等。

（5）资源再生利用：制定并实施施工场地废弃物管理计划；分类处理现场垃圾，分离可回收利用的施工废弃物，将其直接应用于工程。（施工废弃物回收利用率计算：回收利用率＝施工废弃物实际回收利用量（t）/施工废弃物总量（t）×100%）

（三）节水与水资源利用

（1）签订标段分包或劳务合同时，将节水指标纳入合同条款。施工前应对工程项目的参建各方的节水指标，以合同的形式进行明确，便于节水的控制和水资源的充分利用，并有计量考核记录。

（2）根据工程特点，制定用水定额。施工现场办公区、生活区的生活用水采用节水器具。施工现场对生活用水与工程用水分别计量。

（3）施工中采用先进的节水施工工艺，如：混凝土养护、管道通水打压、各项防渗漏闭水及喷淋试验等。

（4）施工现场优先采用商品混凝土和预拌砂浆。必须现场搅拌时，要设置水计量检测和循环水利用装置。混凝土养护采取薄膜包裹覆盖，喷涂养护液等技术手段，杜绝无措施浇水养护。

（5）水资源的利用：合理使用基坑降水。冲洗现场机具、设备、车辆用水，应设立循环用水装置。现场办公区、生活区节水器具配置率达到100%。

（6）工程节水一要有标准（定额），二要有计量和记录，三要有管理考核。

（四）节能与能源利用

（1）对施工现场的生产、生活、办公和主要耗能施工设备设有节能的控制指标。施工现场能耗大户主要是塔吊、施工电梯、电焊机及其他施工机具和现场照明，为便于计量，应对生产过程使用的施工设备、照明和生活办公区分别设定用电控制指标。施工用电必须装设电表，生活区和施工区应分别计量；应及时收集用电资料，建立用电节电统计台账。针对不同的工程类型，如住宅建筑、公共建筑、工业厂房建筑、仓储建筑、设备安装工程等进行分析、对比，提高节电率。

（2）临时用电设施，照明设计满足基本照度的规定，不得超过（＋5%）和（－10%）。一般办公室的照明功率密度值为 $11W/m^2$；办公、生活和施工现场，采用节能照明灯具的数量大于80%。

（3）选择配置施工机械设备应考虑能源利用效率，有定期监控重点耗能设备能源利用情况的记录。

（4）材料运输与施工，建筑材料的选用应缩短运输距离，减少运输过程中的能源消耗。工程施工使用的材料宜就地取材，距施工现场500km以内生产的建筑材料用量原则上应占工程施工使用建筑材料总重量的 70% 以上。

（五）节地与土地资源保护

（1）施工场地布置合理，实施动态管理。一般建筑工程应有地基与基础工程、结构工程和装饰装修与机电安装三个阶段的施工平面布置图。

（2）施工单位应充分了解施工现场及毗邻区域内人文景观保护要求、工程地质情况及基础设施管线分布情况，制订相应保护措施，并报请相关方核准。

（3）平面布置合理，组织科学，占地面积小且满足使用功能。

（4）场内交通道路双车道宽度不大于 6m，单车道不大于 3.5m，转弯半径不大于 15m，尽量形成环形通道。

（5）场内交通道路布置应满足各种车辆机具设备进出场和消防安全疏散要求，方便场内运输。

（6）施工总平面布置应充分利用和保护原有建筑物、构筑物、道路和管线等，职工宿舍应满足使用要求。

第六节　工法的开发与推广

工法是企业标准的重要组成部分，是企业开发应用新技术的一项重要工作内容，是企业技术水平、施工能力和科学管理水平的重要标志。建设部《关于进一步加强建筑业技术创新工作的意见》（建质〔2006〕174 号）中，要求建筑施工企业"建立以专利、专有技术和工法等为主要内容的建筑业技术进步指标和评价体系，积极开展企业技术进步水平评价活动"。

一、工程建设工法概述

1. 工法的定义

工法是以工程为对象，工艺为核心，运用系统工程原理，把先进技术和科学管理结合起来，经过一定的工程实践形成的综合配套的施工方法。

2. 工法的特点

（1）先进性。关键技术处于领先水平；

（2）科学性。包括技术的科学性和管理的科学性；

（3）适用性。在类似的工程条件和环境下利于推广，有较广泛的应用前景；

（4）可操作性。类似模块，可直接应用或组合套用，便于现场操作；

（5）效益性。与传统施工方法相比能直接产生显著的经济、环保和社会综合效益。

3. 工法的作用

（1）工法代表企业开发应用四新技术的活动成果。

（2）工法作为企业施工生产与施工管理的规范性文件，是企业标准的重要组成部分。

（3）工法显示企业技术水平和施工能力。企业开发的工法的等级、数量及其被推广应用的程度显示企业的核心竞争力，是衡量企业资质等级、技术水平、管理水平、施工能力、人员素质的重要标志。

（4）工法可作为员工的培训教材和考核材料，是企业内外开展施工技术质量管理交流的重要内容。也可作为对项目经理部、对有关部门和员工进行评先、评优、评职称的重要依据之一。

4. 工法的时效性

根据当前建筑业技术发展的情况，规定国家级工法有效期6年。但到有效期后，若该工法仍具有相应的先进性且符合申报条件，原申报单位可重新申报，并享有优先审定权。

5. 工法的类别和等级

（1）工法按工程专业分为三个类别

工法分为房屋建筑工程、土木工程、工业安装工程三个类别。

（2）工法按审定权限分为三个等级

企业根据承建工程的特点、科研开发规划和市场需求开发编写的工法，经企业组织审定，为企业级工法。

省（部）级工法由企业自愿申报，由省、自治区、直辖市建设主管部门或国务院主管部门（行业协会）负责审定和公布。

国家级工法由企业自愿申报，由住房和城乡建设部负责审定和公布。

二、工程建设工法开发

（一）工法开发的过程阶段

为做好工法的开发和应用工作，企业应建立一套科学的工法开发和管理制度。工法开发是一个系统的全过程，一般说来，其过程可分为：调查—选题—组织—实施—编写—评审—应用—改进等阶段。

1. 工法开发的调查阶段

通过调查了解工程内容、特点、难点，结合相关要求确定开发工法的目标、基本条件、要素等。

2. 工法开发的选题阶段

工法的选题十分重要，既决定工法的方向和内容，又明确工法的适用范围，便于推广。

工法选题首先要符合国家建设的方针、政策，符合节能减排、绿色施工的要求。可根据行业发展趋势、企业的发展战略、企业的科研规划、企业的技术创新等。在选题之前最好还要进行相关的检索，掌握本技术在国内外的发展状况和发展水平等。

工法的选题范围，可考虑以下因素：

（1）针对工程的技术难点进行攻关，形成新的先进的施工工艺；

（2）在推广应用住房和城乡建设部建筑业10项新技术或其他新技术的过程中，采用的独特工艺、专项技术或集成配套技术；

（3）专项施工技术达到先进水平，在时间上先于同行，具有推广价值；

（4）施工中对既有工法有所发展、提升或改进创新。

3. 工法开发的组织阶段

根据选题所涵盖的范围和涉及的内容，调配各类资源（内、外），确定组织机构、团队人员，制定管理制度、加强管理，确保工法开发过程的顺利实施。

4. 工法开发的实施阶段

工法开发的实施阶段要做到：

（1）围绕关键技术的工艺流程和操作要点，紧扣安全、质量、经济、环保等关键指标；

（2）实施过程中要注重检查操作的严密性和管理的科学性；

（3）收集、分析、整理和应用各类信息、数据，及时调控和改进；

（4）保证工程资料（文字、图表、音像等）的准确、齐全、及时、有效。

5．工法开发的编写阶段

（1）充分掌握编写工法所需要的各种资料，制定工法编写大纲；

（2）仔细研究、提炼核心工艺原理，掌握关键技术的要点，熟悉工法中运用的施工诀窍、专利；

（3）掌握工法工艺流程及相互关系，遵循科学管理，明确流程要求；

（4）参编人员合理分工，如有必要，可组织相关学习、交流。

关于工法编写内容的具体要求将在后面详细说明。

6．工法开发的评审阶段

工法编写完成后，企业可按照相关的制度组织评审。评审通过后，即成为企业级工法，并行文颁布。

企业级工法如符合省、部级工法的申报条件，企业可自愿申报省、部级工法；如再符合国家级工法的申报条件和评审规定，可再进而由地区或行业推荐申报国家级工法。

7．工法开发的应用阶段

企业对经评审通过的工法要大力宣传、推广、应用：

（1）颁布文件，纳入企业标准的管理，作为企业的技术资源进行综合利用；

（2）作为模块在投标、施工组织设计中运用，在类似工程施工时要优先应用；

（3）作为企业内外开展施工技术交流的重要内容；

（4）作为企业内奖励和评先、评优、评职称的条件之一；

（5）作为员工的培训教材和考核材料。

8．工法开发的改进阶段

在工法应用中注重对工法适时跟踪、及时改进、努力创新，以保持工法的先进性、适用性和有效性。

（二）工法内容编写要点

1．工法的选题和命名

工法的选题应基于调查和施工现场所具备的开发条件而定。选题不宜太大，题目命名要准确，工法名称应当与内容贴切，紧扣关键内容和核心工艺，能直观反映出工法特色，必要时冠以限制词。

2．工法编写的内容章节

工法内容共有十一章，分别是：前言、工法特点、适用范围、工艺原理、施工工艺流程及操作要点、材料与设备、质量控制、安全措施、环保措施、效益分析和应用实例等。

工法编写的具体内容章节详见《工程建设工法管理办法》（建质〔2005〕145号）和《国家级工法编写与申报指南》（建协〔2007〕5号）。

3．工法各章节内容的编写要点

（1）前言

说明工法概况、选题原因和形成过程；其形成过程，要求说明研究开发单位、关键技术鉴定结果、工法应用及有关获奖情况。

(2) 工法特点

说明工法在使用功能或施工方法上的特点，与传统的施工方法相比较，在工期、质量、安全、造价、环保节能等技术经济效能方面的先进性和特色；与同类工法相比较，有何创新。

(3) 适用范围

说明适宜采用该工法的工程对象或工程部位，以及是否要求某些相应的特定技术经济条件。

(4) 工艺原理

工艺原理是描述本工法关键技术应用的基本原理以及支持其核心工艺的理论基础。

(5) 施工工艺流程及操作要点

关键技术的工艺流程和操作要点是工法的核心内容，是否建立了标准化的施工工艺流程和制订了严密的操作措施是评审该工法的重要标准。

1) 说明工艺顺序和关键工艺流程

如有多个工艺流程，则要确定其关键工艺流程。按照工艺变化来说明关键工艺流程，并讲清工序间的衔接和相互之间的关系以及关键所在；要绘制工艺流程图，用文字加以说明，做到图文并茂，重点要讲清关键工艺流程以及工序之间的相互关联。

如因构件、材料或机具使用的差异而引起工艺流程变化，也应说明。

2) 说明施工工艺流程中各工序的主要操作要点

如有多项施工技术和操作要点，则要依据关键工艺流程确定其关键施工技术和主要操作要点。对主要操作要点的实施内容、施工方法，要分别加以描述，并附以必要的图表。

3) 说明相应的劳动组织安排及必要的施工管理措施，诸如岗位职责、人员配备、技工水平、工时消耗等。

在编写操作要点时，要注明在操作中可能会出现的问题和解决办法，以及要注意的事项。

(6) 材料与设备

这里的材料是指经过施工而组成工程实物的主要工程材料。对于材料：

1) 说明所使用的主要材料名称、规格、特性、外观要求等主要技术指标；绿色施工要求进行材料比选和综合利用，应予以说明。

2) 对新型材料还应提供其关键性能的检验、检测方法和指标值。

3) 此外还应强调该材料在操作要点和过程结果中起到的作用，以证明该材料在工法开发和应用中是必不可少的。

材料的检测、化验以及材料本身所具有的性能不能单独形成工法。

这里的设备是指主要的施工机具、仪器、仪表等。对于设备：

1) 说明所使用的主要施工机具、仪器、仪表等的名称、型号、性能、能耗及数量；绿色施工要求进行设备比选，应予以说明。

2) 如果是在工法开发中研制的设备或是第一次使用的新型设备，也应予以说明。

机械设备的操作手册、操作程序、检测、调试不能作为工法内容。

(7) 质量控制

1）说明工法必须遵照执行的国家、地方（行业）标准、规范名称和检验方法，并指出工法在现行标准、规范中未规定的质量要求，如有其他特定的标准和质量要求，也要说明。

2）列出针对关键部位、关键工序的质量指标和检验方法，以及为达到工程质量目标所采取的技术措施和管理方法。

3）如质量控制还没有相应的国家工程建设质量标准的，则工法采用的质量标准应经省、自治区、直辖市建设行政主管部门或国务院建设行政主管部门组织的专项审定。

（8）安全措施

1）说明工法实施过程中，根据国家、地方（行业）有关安全的法规，所采取的安全措施和规避风险的安全预警注意事项。

2）随着新技术、新工艺的使用，工程施工中的风险隐患也在增加。因此，在工法编制中对风险源的甄别和对特殊风险的控制措施应有所说明和规定。

（9）环保节能措施

1）说明工法实施过程中，遵照执行的国家和地方（行业）有关环保法规中所要求的环保指标。

2）必要的环保监测、环保措施和按节能设计施工的情况。

3）为实现绿色施工在施工过程中采取的"四节一环保"（节能、节地、节材、节水、环保）措施。

（10）效益分析

1）综合分析应用本工法在工程质量、安全、工期、造价以及文明施工等方面所产生的经济效益、环保节能效益和社会效益（可与采用类似施工方法施工的主要经济技术指标进行分析对比）。

2）经济效益分析中应对工法应用部位的主要经济、技术指标作定量分析，有结论性数据和成本、基价的降低率。

3）综合效益还可进行横向、纵向的类比。

（11）应用实例

1）说明应用本工法的工程项目名称、地点、结构形式、开竣工日期、实物工作量、应用效果等。

2）证明本工法的先进性和适用性。

3）一项成熟的工法，一般应有三个工程实例。有些先进工法，因特殊情况未能适时推广或暂无后继工程实例的，可作说明，但一定要说明其成熟可靠和潜在的推广前景。

（三）工法文本要求

1．工法文本格式

工法文本格式采用国家工程建设标准的格式，参照《工程建设工法管理办法》（建质〔2005〕145号）、《国家级工法编写与申报指南》（建协〔2007〕5号）进行编排。

（1）工法题目层次要求

工法名称（居中）

完成单位名称（居中）

主要完成人（居中）

示例：

导洞施工防护隔离桩墙施工工法

×××××××有限公司

××× ×××

（2）工法内容的叙述层次

1）按照"章、节、条、款、项"五个层次依次排列，采用阿拉伯数字表示；

2）"章"是工法的主要单元。"章"的编号后是"章"的题目，"章"的题目是工法所含 11 部分的题目；

3）"条"是工法的基本单元。

编号示例请详见《国家级工法编写与申报指南》（建协［2007］5 号）文件。

2. 工法文本中表格、插图的规定

（1）表格、插图应有名称，表格、插图的内容要与文字描述相互呼应。

表格、插图的编号以在条号后加表格、插图的顺序号来表示，例如"图 5.1.1-1"、"图 5.1.1-2"等。

（2）插图要符合制图标准。

3. 工法文本中的公式表达的规定

工法文本中的公式编号与表格、插图的编号方法一致，以条为基础，公式要居中，如：

$$A＝Q/B×100\% \tag{8.5.1-1}$$

式中　A——安全事故频率；

　　　B——报告期平均职工人数；

　　　Q——报告期发生安全事故人数。

4. 工法文本中的计量单位

（1）采用法定计量单位，统一用法定符号表示，如 m、m^2、m^3、kg、d、h 等。

（2）专业术语要采用行业通用术语，如使用专用术语应加注解。

5. 工法文本字数及装订

（1）编写工法对字数一般不作限制，要求层次分明，内容完整，文字简洁，数据可靠，图表清晰，引用的术语、符号、计量单位应准确、规范，其深度应能满足指导施工的需要。

（2）工法的文本统一使用 A4 纸打印、装订，文面整洁，无错字、漏字。

（3）可附录反映工法施工工艺操作过程的光盘或照片（不少于十张）。

（四）工法编写中应注意的问题

近几年来，随着申报工法数量的剧增，在编写中出现了一些不足甚至错误，有些还较为普遍，影响工法的申报、评审。这些不足和问题应引起注意：

1. 文本格式不完全符合要求

工法编写内容简单零乱，可操作性差，不便于指导施工。文本质量欠佳。

2. 将工法与技术总结相混淆

工法不是技术总结，技术总结更不能替代工法。一项工程施工管理上的技术总结，或是某个设备的更新改造，都不能代替工法。技术总结是针对工程的具体技术方案、技术措施，或是对某种特殊材料应用、工艺改进、质量整改等问题进行分析归纳，是企业或个人在施工结束后对某项施工技术的经验总结，仅作为企业或个人自身施工技术管理经验的积累和交流，技术总结是资料，只在施工技术应用上具有一定的参考性和借鉴性。它不要求技术的先进性，不能成为施工过程模块，更不具有法规性。

当然，具有先进性的施工技术的总结，是开发工法的前提和基础。

3. 选题不当

不符合当前国家政策发展方向。比如，当前国家建设政策要求建筑物全生命周期的绿色施工、节能减排、以人为本、持续发展，如不符合这一方向的不要写。

不了解企业目前掌握的施工技术在行业中的先进程度，工法选题不具有创新性、时效性。

选题时未注意国家级、省部级已颁布的工法目录和内容，编写的工法与既有工法内容相似，而且对原工法又没有发展和创新。

4. 命题不准确

题不达意，工法名称与内容不贴切，不能直观反映出工法特色；题目太大，涉及范围广，但内容不足，头大身小。

5. 前言冗长

工法的前言写成一般文章的开场白，词语冗长，更不能将工程概况写入前言。

6. "工法特点"模糊或混杂

工法自身具备的特点未与传统施工方法或既有工法在工期、质量、安全、造价、环保节能等方面相比；

不能将工法中涉及的材料、半成品、机具设备的特性理解为工法的特点，规划设计、环境生态的特点也不是工法的特点；

更不能将工法的写作特点作为工法特点。

7. 工艺原理笼统

工艺原理论述不全面，或不够深入，未说清本工法关键技术的先进性是如何依托于核心工艺。

8. 工艺流程与操作要点不对应

施工工艺流程图中提到的施工步骤在操作要点中没有解释，或操作要点中说明的问题在工艺流程图中没有反映。

9. 特殊要求的质量指标审定依据不明确

有些工法由于采用的是四新技术，可能在国家现行的标准、规范中未规定相关的质量指标或检测方法，但在这类工法中却未说明质量控制标准及其审定依据。

10. 安全措施口号化

对工法中的安全措施、特别是对因采用四新技术或其他创新技术而可能引发的潜在风险源甄别不清，缺乏对特殊风险的控制措施。

11. 忽视绿色施工

在环保节能内容中仅注意环保的一般要求和按照节能设计施工，而对工法中的绿色施工措施（"四节一环保"、减排降耗、资源综合利用等）未予以说明。

12. 效益分析的片面、单一、夸大

经济效益分析中未对工法应用部位的主要经济、技术指标作定量分析，缺少有结论性的数据和成本、基价的降低率；未与其他类似施工的主要经济技术指标进行横向、纵向的分析对比；把工法产生的综合效益夸大为整个工程的综合效益。

13. 缺乏工程应用实例

应用实例不够，但又未说明其成熟可靠性和潜在的推广前景。

三、国家级工法的申报和评审

（一）国家级工法申报

《工程建设工法管理办法》（建质〔2005〕145 号）规定，国家级工法每两年评审一次。国家级工法由企业自愿申报，由住房城乡建设部负责审定和公布，具体评审工作委托中国建筑业协会承担。

1. 必须由地区或行业推荐

国家级工法申报必须由省（部）级工法审定单位，即省、自治区、直辖市住房城乡建设主管部门，国务院主管部门（或全国性行业协会、中央管理的有关企业）组织推荐申报。各省（部）级工法审定单位推荐申报工法时，应进行评估审核，择优推荐，形成本地区（部门）申报推荐函。同一地区或部门推荐申报的工法，其内容不应相同。

2. 申报国家级工法应提交以下资料：

（1）国家级工法申报表；

（2）工法内容材料；

（3）省（部）级工法批准文件复印件；

（4）省（部）级工法评审委员会的评审意见复印件（包括工法关键技术水平，工法应用所产生的经济、社会效益和推广前景等）；

（5）关键技术鉴定（评估）证书复印件，关键技术应经省级住房城乡建设部门或行业主管部门组织的技术专家委员会审查；

（6）工程应用证明（正本的公章为原件，由建设单位加盖公章或施工承包合同书为据）；

（7）经济效益证明（正本的公章为原件，财务部门提供）；

（8）具有查新业务资质的信息咨询机构提供的科技查新报告复印件；

（9）关键技术专利证书和科技成果获奖证明复印件；

（10）DVD 录像，应反映工法实际施工的工艺流程、操作要点及关键技术原理。提供DVD 录像确有困难的，可用纸质照片代替，反映实际施工中工法操作要点的照片应不少于十张；

（11）可附加工法对外进行技术转让的证明材料。

3. 申报"升级版工法"

"升级版工法"指该工法已批准为国家级工法，有效期超过六年，但其关键技术有所创新和发展，工法仍有新的应用工程实例，工法内容具有先进性和较高推广应用价值的工法。申报"升级版"国家级工法时，原工法主要完成单位享有优先审定权。

4. 国家级工法申报材料必须齐全且打印装订成册

5. 完成单位和完成人

申报国家级工法每项工法主要完成单位不得超过 2 家，完成单位之间不得存在上下级或控股关系，完成人不超过 5 人。对工法的主要完成单位和主要完成人存在争议的，不予受理。

（二）国家级工法的评审

根据《工程建设工法管理办法》（建质〔2005〕145 号）的规定，组织国家级工法的评审。

国家级工法除应满足申报条件外，还要综合考虑以下 5 条原则：

1. 工法符合国家建设方针、政策，符合科学发展观可持续发展的要求，满足四节一环保、减排降耗、资源综合利用的要求；

2. 其关键技术达到国内领先水平或国际先进水平，工法的整体技术立足于国内；

3. 组织管理科学、具有显著的经济效益、环保节能效益和社会效益；

4. 使用价值高、推广应用前景广阔；

5. 编写内容齐全完整，文本格式符合要求。可操作性强，便于指导施工。

第七节　鲁班奖工程的组织与实施

中国建设工程鲁班奖（国家优质工程）是我国建设领域工程质量的最高奖。鲁班奖的创立是一个昭示，它向全社会昭示了建筑业把工程质量视为生命的决心和行动；鲁班奖的创立建立了一种机制，就是促进提高工程质量的激励机制；鲁班奖的创立树立了一个品牌，带动广大企业不断提高自身素质、提高市场竞争力；鲁班奖的创立体现了一种行业精神，就是精益求精、追求卓越的精神。鲁班奖已经逐步成为包含质量、技术、安全、节能环保、用户满意、项目管理等要素的综合奖项。

一、鲁班奖工程基本要求与创优标准

（一）鲁班奖工程的基本要求

1. 工程必须安全、适用、美观

（1）各项技术指标均符合或严于国家标准、规范、规程和"工程建设标准强制性条文"的要求。

（2）工程设计先进合理，功能齐全，满足使用要求。

（3）地基基础与主体结构在全寿命周期内安全稳定可靠，满足设计要求。

（4）设备安装规范，安全可靠，管线布置合理美观，系统运行平稳。

（5）装饰工程细腻，观感质量上乘，工艺考究。

（6）工程资料内容齐全、真实有效、具有可追溯性，且编目规范。

2. 积极推进科技进步与创新

（1）获得省（部）级及以上科技进步奖。

（2）推广应用建筑业十项新技术六项以上，且成效显著；积极采用新技术、新工艺、新材料、新设备并在关键技术和工艺上有所创新。

（3）通过评审的省（部）级及以上科技示范工程，其成果达到国内先进水平，或获得省（部）级及以上工法或发明专利、实用新型专利。

3. 施工过程坚持"四节一环保"

（1）在节地、节能、节材、节水和环境保护等方面符合绿色施工规定的要求指标。

（2）获得地市级及以上文明施工奖励或全国绿色施工示范工程荣誉称号。凡通过绿色施工示范工程验收的工程，在满足评选条件的基础上予以优先入选。

（3）工程专项指标（节能、环保、卫生、消防）验收合格，在环保方面符合国家有关规定。

4．工程管理科学规范

（1）质量保障体系健全，岗位职责明确、过程控制措施落实到位。

（2）运用现代化管理方法和信息技术，实行目标管理。

（3）符合建设程序，规章制度健全；资源配量合理，管理手段先进。

5．综合效益显著

（1）项目建成后产能、功能均达到或优于设计要求。

（2）主要技术经济指标处于国内同行业同类型工程领先水平。

（3）使用单位满意，经济与社会效益显著。

6．鲁班奖评选还应注意的问题

（1）参加鲁班奖评选的工程应具有一定的规模，符合《中国建设工程鲁班奖（国家优质工程）评选办法》规定的规模。

（2）工程设计先进合理，功能完善，节能环保，获得省部级优秀设计奖。

（3）施工过程注重前期创优策划，获得工程所在地区或行业最高质量奖。

（4）在项目实施过程中，积极采用"四新"技术，获得省部级及以上科技进步奖、工法或建筑业新技术应用科技示范工程等荣誉；注重"四节一环保，获得全国绿色施工示范工程或地市级文明工地；项目管理科学规范；用户非常满意的工程，也是社会上确认的精品工程；工程必须通过了设计、规划、人防、消防、环保、供电、电信、燃气、供水、绿化、档案等的单位全面验收，工程使用1年以上，并完成了相关备案手续。

（二）创鲁班奖工程的创优标准

鲁班奖工程创建过程中，应着重强调"预控"。也就是在开工阶段，就必须进行策划。鲁班奖工程是精心策划、严格过程控制再加上科学管理而创造出来的。

创建鲁班奖工程要求"三高"与"三严"。"三高"是高的质量目标，高的质量意识，高的质量标准。"三严"是严格的质量管理，严格的质量控制，严格的质量检验。

1．高的质量目标

企业品牌主要依靠质量支撑，打造质量品牌才能在市场的竞争中获胜，鲁班奖是国内建筑工程的质量最高奖，质量水平属国内领先，不仅体现了企业质量管理水平，也是企业技术与综合管理能力的一种展示。

2．高的质量意识

如果一个项目一旦确定了创鲁班奖的目标，公司上下应高度重视，强化质量意识，制定切实可行的管理措施，确保质量目标的实现。

3．高的质量标准

鲁班奖工程的质量要求是应达到国内领先水平，它不仅能满足国家标准规范的基本质量要求，还要高于国家标准规范的要求。因此创鲁班奖工程必须制订高于国家标准的企业控制标准，北京市的长城杯标准就高出国家标准规范的水平，如混凝土梁柱截面尺寸的最大偏差额，国家规范要求是+8～-5mm，而长城杯是+3～-3mm，因此在北京要获得鲁班奖申报的入围名额，它就要达到和高出长城杯的标准。近几年，很多创鲁班奖的工程，在制定目标的同时就制定了企业标准并进行控制。现在申报鲁班奖工程对质量的描述不再是以往"内实外光，表面平整，横平竖直"等定性的描述，而是以量化指标来表明施工质量的水平。

4. 严格的质量管理

严格的质量管理是保证高质量目标实现的重要手段，主要体现在组织管理，建立完善的组织机构、配备相应的管理人员、制定管理制度，明确职责；技术管理，完善相应的技术方案，做到先行，样板引路；施工过程管理，严格控制原材料进场检验关，强化施工过程管理，确保施工工序质量。

5. 严格的质量控制

质量控制的关键是过程控制，要创一个精品工程就必须进行全过程的质量控制，严格质量控制可以预防质量问题发生，可以保证质量不断提高。

6. 严格的质量检验

质量检查验收包括对进场的原材料、成品、半成品的检验；对各分部、分项工程的检查验收；还包括对整个工程的质量验收。严格检查验收可使工程质量处于良好的控制状态。

二、组织保证及核心质量管理层活动

（一）创鲁班奖工程的组织保证

创鲁班奖工程必须有强烈的精品意识，必须成立由项目经理挂帅的创奖工作小组，针对工程的特点与难点，尤其是工程中挖掘的科技亮点，成立技术攻关小组，在创奖工作小组的领导下，群策群力，集思广义，解决工程中的疑难问题；定期召开质量分析会，掌握质量波动情况，利用现代科技手段，及时采取措施对策，这样才能在一系列的创奖工作中，形成强有力的组织保证。

鲁班奖工程是一项综合优质工程，不仅仅只是承包商的事情，而是牵扯到项目建设的各方，需要各方协作起来，加强项目的综合管理，这是整个项目创优成功的关键。

1. 业主方

业主方是整个项目建设的中心，也是最能全面协调项目参与各方的主体。业主对创优的热情和支持程度非常关键，业主对项目创优的支持主要包括：

（1）按合同要求，及时支付工程款，避免拖欠。原则上存在工程款拖欠的项目不能参加鲁班奖的评审。

（2）业主的管理目标在创优方面应和承包商的目标协调起来，最大限度地支持承包商的工作。

（3）保证业主所供原材料和设备满足承包方提出的创优指标，并纳入承包商的质量管理体系中。

（4）保证业主指定分包商和总承包商的协调工作，争取把指定分包商的质量控制工作纳入总承包商的统一质量控制体系中，由总承包商负责整个项目施工全过程的质量控制工作。

（5）业主在其他方面给予的必要协助，比如在交付使用后的功能反馈等方面。

2. 承包方

总承包方是工程施工质量控制的主体，是创优工作的总负责。承包方的全面互动对于项目的创优具有巨大的作用。承包方对于项目创优的主要组织工作包括：

（1）企业的重视

创优工作需要企业和项目联动，企业主要领导要对项目创优给予大力支持，在人才、资金和资源方面提供保障，这是创优工作的根本前提。

（2）项目部的努力

项目部一定要统一思想，尽心尽力高标准完成项目建设。项目部在技术、组织和管理上要加强措施，要意识到创优的深度和广度，克服一般项目仅仅合格就行的思想，按策划大纲严格要求完成项目各项工序。

（3）作业层的责任

班组作业层是施工的主要操作者，他们的责任心是项目质量的基石。必须统一思想，明确目标，克服传统思维定势和一些常规作法，精益求精完成项目工序。

（4）资料内业方面的工作

要加强资料内业的工作，保证项目原始资料的完整性、准确性及可追溯性。

3．设计方

（1）及时良好的技术交底，保证设计意图能准确地传递给承包方，避免出现大的变更和返工。

（2）协助参加各项工程的竣工和验收，尤其是隐蔽工程等，保证项目的施工与设计一致性。

（3）为项目施工提供完善和详细的设计保障和支持。

4．监理方

（1）保证监理资料的完整性；

（2）客观地评价施工承包商的工作；

（3）协调整个项目的质量控制工作，为施工承包方的创优工作给予支持。

5．质监方

总体上说，质监方在创优上与承包方的目标应是一致的。其主要工作是在创优上帮助和协助承包方完成相关工作。

6．分包方

不管是业主指定分包商还是承包商的分包商，在创优上都应和总承包商保持一致，充分理解创优工作中的严格要求，向高标准看齐。

（二）核心质量管理层活动

1．创鲁班奖工程的组织保证

组织保证是整个项目创优的基础，创鲁班奖工程的公司或项目部必须有强烈的精品意识，成立公司层、项目部管理层和作业层三级质量保证体系，公司层由公司总经理或主管质量的副总经理挂帅的领导机构，在管理、技术、质量和安全等方面给予项目部指导和监督；项目部管理层，成立以项目经理为主的组织机构，负责项目部创优工作的组织；作业层，成立以专业班组为主，若干创优作业组，负责具体施工任务的落实。建立这样一个立体层次，才能在工程实施过程中，形成强有力的组织保证。

开工之前，组织相关技术人员认真进行图纸会审，针对工程的特点与难点，编制相应的专项施工方案，在创优工作小组的领导下，群策群力，集思广义，解决工程中的疑难问题。

2. 核心质量管理层活动

在组织机构建立之后，如何发挥机构的作用，确保创优目标的实现。得力的组织措施，有效的质量管理，将是创优成败关键。因此，必须建立一个有效的项目质量管理体系。除按常规确立的从企业到项目的质量管理体系外，我们更强调核心的质量管理层。

（1）核心质量管理层应由项目经理、项目总工程师、土建技术负责人、安装技术总负责人和各专业工程师组成，全面负责各自分部、分项工程的组织实施，协调各专业之间技术问题，保证整体布局、各种结构、装饰和管线，器具，设备，标高方位的合理性，美观性。

（2）土建管理体系，土建是工程施工的基础和根本，土建施工管理体系是统领其他专业，必须与土建质量体系紧密结合起来，安装是否影响建筑结构及围护结构的安全性，是否影响建筑的使用功能，是否影响建筑整体的美观效果，要综合协调。

（3）安装专业质量管理体系，必须密切配合装饰工程质量管理体系，这是工程能否达到"各部位均能反映出其精致，细腻特点，整体达到精品工程的关键环节"，这方面能配合得好，工程就会给人美的享受，配合得不好，尽管各自都自我感觉良好，但整体效果就不好，就显示不出其精致、细腻，不会给人以美的享受，受检时就大打折扣。

（4）项目总工程师的协调、调度和总体策划在项目创优工作中十分重要，他要负责组织好各专业质量管理体系，对整体工程进行创鲁班奖的策划，怎样保证工程质量的安全性，保证工程的功能实现设计与业主目标，保证工艺的精湛，保证整体观感效果，有鲜明的时代感，艺术性和超前性，达到鲁班奖的要求。

（5）项目质保体系的有效工作，离不了业主，设计、监理人员的理解和支持，没有他们的支持，想顺利创鲁班奖也不是一件很容易的事，项目创鲁班奖有总体的策划，也有局部的策划，也有细部的策划，涉及材料，工艺，结构形式的变更，选择，订货，都得要取得他们的支持。因此，必须调动他们的积极性，使他们共同参与，把他们纳入质量体系，使各方面都目标一致，为创鲁班奖共同努力。分包方也是十分重要的环节，不管是业主指定，还是自行分包，也应纳入质量体系

三、创鲁班奖工程的施工策划

创鲁班奖策划工作必须由项目经理亲自主持，项目总工全面组织，质保体系全部参与。施工策划确定项目施工的目标、措施和主要技术管理程序，同时制定施工分项分部工程的质量控制标准，为施工质量提供控制依据。

施工策划包括工艺、标准、做法、施工技术、施工方法、管线布置、装饰色彩、管线走向、材料选择、装饰细部以及现场施工的各种要素等。通过统一的施工策划，保证各个分项工程内在质量和外部表现上的一致性和统一性。

在第一次策划会议之前，项目总工应有策划大纲，以便各层技术管理人员的在策划会议上有的放矢，讨论些什么问题，确立些什么目标（大小目标，如各分部分项达到什么水平），以便分别去编写策划书中的哪些部份，最后汇总，审核，批准，形成文件。

（一）鲁班奖工程策划书

创鲁班奖工程策划书应包含以下内容：

1. 工程概况，工程特、重、难点

工程概况一般将有关建筑、结构及安装的主要内容表述清楚，要求简单明了。但对工程的特、难、重点要求突出表述，这也是申报鲁班奖时应总结的，包括：基础，结构，安装，装饰等部分，把这三方面充分寻找出来，充分描述。其特、重点能引起大家注意，难点不同于一般，为采用什么样的新技术作好铺垫。

2. 目标、标准的确定

工程质量目标、控制标准的确定，不仅限于国家验收规范的要求，除了有定性的要求，还应有定量的要求，各项质量目标尽量用数据说话。

3. "十项新技术"推广应用与绿色施工

近年来的鲁班奖，新技术推广应用的比例越来越高，特别是最近颁发的鲁班奖评审办法中特别提出鲁班奖项目应推广应用建设部"十项新技术"不能少于6项或有创新技术一项。施工新技术的推广和应用以及科技创新是创优的重要一环，必须对科技应用体系进行统一的规划和实施。

对作为大量消耗资源、影响环境的建筑业工程项目，应全面实施绿色施工，承担起可持续发展的社会责任，这也是近年来创奖所大力倡导的，绿色施工不再只是传统施工过程所要求的质量优良、安全保障、施工文明、企业形象等，也不再是被动的去适应传统施工技术的要求，而是要从生产的全过程出发，依据"四节一环保"的理念，去统筹规划施工全过程，改革传统施工工艺，改进传统管理思路，在保证质量和安全的前提下，努力实现施工过程中降耗、增效和环保效益的最大化。

4. 质量特色、工程亮点确立

根据自身工程特点，重点，难点，有意识因势利导，制造一些令人耳目一新的亮点。使人们看了后为之感动，震动，心动。这些亮点争取做到：人无我有、人有我优、人优我精、人精我特。在科学性，趣味性，人性化，舒适性上下工夫，有些虽然是很小的改动和努力，但也能打动评委的心。这种策划，事前可以进行，不排除过程中也可随机发挥。

工程的风格，质量特色是要根据投资和设计而定。投资大设计豪华，它应是什么特色，应突出什么；设计简单，投资小，质量特色的是什么也应有确定的目标。

5. 综合布局，二次设计

确立哪些部位应进行二次设计，综合布局。土建、装饰、安装各工种之间的布局，各工种内部的布局，土建与安装之间，安装与装饰之间的布局应怎样配合，这个布局应用统一的二次设计要求，确立什么时候，哪些工种之间应进行此项工作，怎样进行，哪些工种参加，绘出什么样的布局图。达到什么要求，产生什么视觉效果等等。

（1）对于空间狭小的部位或穿梁过板等土建结构复杂之处，经过了策划，可事先在结构施工时进行预控，从而避免在结构完后，各种管线为避梁板，而多处更改变向，形成管线施工极大困难从而增加成本，甚至破坏结构，造成工程永久缺陷形成，形成隐患。

（2）工程观感的形成，装饰工程与安装之间的紧密配合，精心布局，将至关重要，策划得好，工程将给人以艺术享受，如果不经过布局策划，安装，装饰各自按自己的想法施工，尽管各自感觉良好，但组合在一起便不好，以至无法整改，留下很多遗憾，给人观感效果不好，评选鲁班奖时，也起不到打动，感动，震动评委的作用。

（3）对于安装工程本身来说，综合布局，可使用联合支吊架，特别在地下室，走道上方，机房等各工种之间统一布置综合使用，不仅可使安装风格浑然一体，走向有序，层次清楚分明，还可节约空间，使各类管线整齐有序，美观。更重要的，还可避免支架的重复设置，节约材料，减少质量成本，避免重复投入，对于安装工程来说，经过综合布局，二次设计的工程，与不经过综合布局的工程，差别是极大的，他会使人一看便知。

（4）安装工程工种之间的综合布局，至少在地下室，机房，管线廊，走道上方，电井，管井，形成综合布置图，用不同颜色线条，绘出各种管线，标明标高方位，确认其实施的可行性，管井，电井要有管线，器具布置图，各楼一致，形成统一风格，统一的完善工艺。

6. 工程资料管理

为确实保证创优工程的整体性、有效性和一致性，必须做好统一资料收集管理工作。统一工程资料收集管理是确保工程得奖的一项重要工作。在施工过程中，对工程资料的收集和整理应注重以下几个方面要求：工程资料的全面性；工程资料的可追溯性；工程资料的真实性、准确性；工程资料的签认和审批。资料中还应包括过程影像资料的收集。

（1）工程照片资料，包括基础结构工程照片；安装、装修工程照片；项目 CI 照片（施工现场主题景观；现代化的办公空间；井然有序的施工生产区；干净舒适的职工生活区；各种宣传标语、七牌两图、主体文化墙；丰富多彩的职工文化生活设施；文明工地建设的新颖独到之处；现场寻向路标；大门形象；现场临建标准色等）。

（2）工程录像资料，包括结构工程短片素材；装修安装工程短片素材。

以上所列需收集影像资料的施工过程为所需收集素材的关键部位和常规部位，但实际工作中并非仅此而已，"鲁班奖"工程的精髓主要在于创新，要坚持创新是魂，在平时施工中找出更多的亮点和光环，让我们将其收集与光影之间，为工程多留下一些精彩的瞬间。

（二）施工策划要点

首先，组织相关技术人员对施工图纸进行全面细致地会审，会审的目的是为了解决图纸中一些不明确、不交圈，各专业相互矛盾，相互交叉的问题，将这些问题解决在施工作业之前。其次，针对各专业工程的特点，制定相应施工方案，方案中要体现本专业的特点、难点、工程量、施工方法、施工工艺、新技术应用、节能环保、质量安全要求等内容。策划的目的是保证基础稳定、结构安全可靠；装饰装修美观实用，做法细腻；管道线路排列整齐、设备安装规范、功能齐全、使用方便等。下面从基础、结构、装饰装修、屋面工程、安装工程 5 部分 5 个方面讲述策划的具体内容。

1. 基础工程策划

如何做到基础稳定，无论采用天然地基、复合地基或桩基，其承载力必须满足设计要求。首先认真研究地质勘查报告和仔细审阅图纸，制定切实可行的施工方法和工艺流程，确保地基的强度、压实系数和承载力达到设计要求。如果采用桩基，桩身的完整性一次检测，Ⅰ类桩的比例不少于 90%，无Ⅲ桩。

2. 结构工程策划

结构主要划分为钢筋混凝土结构、钢结构和砌体结构三大类。其中钢筋混凝土工程主要控制是钢筋强度、保护层、混凝土强度、几何尺寸的准确性和外观质量；钢结构工程主要控制是钢材加工、焊接、高强螺栓紧固和涂装质量；砌体结构主要控制是砌体强度、砌筑砂浆、结构的垂直度等。根据控制对象的质量要求，进行有针对性的策划方案。下面以钢筋混凝土结构类型为例，讲述结构策划过程。

3. 装饰装修工程策划

建筑装饰装修工程必须进行二次设计，并出具完整的施工图设计文件。在结构施工阶段，即组织人员对装饰装修工程进行策划，做好深化设计。外立面、内墙面、顶棚、地面饰面材料安装或粘贴牢固，无空裂现象；排列合理，缝隙均匀；表面平整，阴阳角方正顺直，线条清晰；表面色泽均匀，无明显色差，光洁无污染，无变形；相同饰面材料或不同饰面材料的交接处界线清晰、横平竖直、嵌缝饱满、无交叉污染。门窗连接牢固，密封严密；表面平整、洁净、无划痕、无翘曲变形现象；五金配件齐全，安装位置正确，开关灵活，关闭严密。各种水电设备终端、线盒、插座、开关、卫生器具、地漏及检查口等布置协调、整齐美观、接缝严密。不同材料交接处缝隙处理得当，整体观感效果好。

4. 屋面工程策划

根据图纸要求的屋面做法，对照相应的图集，编制屋面施工专项方案。对一些细部做法应绘制大样图，并配有文字说明和具体的做法。屋面排水组织明晰、有序，无渗漏、倒坡和积水现象。各种突出屋面结构及基座处理是否整齐美观，变形缝处处理符合设计要求，上屋面口防雨设施安装到位，金属板材屋面接头、连接和固定等细部做法合理规范。

5. 安装工程策划

安装工程包括：建筑安装给排水及采暖工程、建筑电气工程、通风与空调工程、电梯工程和智能建筑工程。通常在结构施工阶段要做好各种管线、设备的空洞的预留，保证预留空洞大小合适，位置准确。在安装工程作业之前，由项目总工程师组织各专业工程师，请他们复核预留空洞是否满足各本专业的要求，在管道、设备空间布局上是否有交叉的现象，并提出相应的质量要求。各专业工程的质量要求：

建筑给排水及采暖工程：要求管道坡度设置正确，支、吊架安装牢固、规范；连接部位牢固、紧密、无渗、漏水，穿墙套管合理，伸缩补偿合格，油漆均匀，无污染；外保温紧密、完整、色标正确、清晰。设备设置规范，固定性好，能适应动态减振要求，补偿措施可靠；动力设备运行平稳可靠，消防箱器具位置正确，功能有效、安全可靠。卫生器具设置符合标准，接口严密，无渗漏；阀门安装位置正确，便于操作。

建筑电气工程：要求配电箱、柜位置正确，内部接线正确、牢固，排列整齐，色标、挂牌标注清晰，接地（PE）或接零（PEN）设置可靠；配管、导线敷设科学，跨接可靠，导线型号、规格、颜色正确，产品外保护良好；电气线槽、桥架、母线设置合理、规范，支架安装合理牢固；整体接口严密，跨接可靠，本体、支架的接地合理可靠；穿墙封堵严密，伸缩补偿正确；防雷、接地装置符合设计规定，防雷引出点，与金属设备连接点连接可靠、色标清晰；接地设置科学，与动力设备，电气柜及等电位均安全可靠。

通风与空调工程：要求设备安装端正、牢固、隔震有效、运行平稳。供、回水达标；风管设置科学，接口严密、支架合理；穿越防火墙的保护措施规范，柔性连接符合标准，防火阀设置规范。

电梯工程：要求曳引机等重要设备设置规范，部件安装完整，运转安全可靠；电气箱、柜、导管设置正确和内接线规范、可靠；电梯运行平稳，召唤有效，平层正确，无明显异声。

智能建筑工程：要求箱、柜、线槽、配管、布线的设置合理性、规范性与强电设备的间隔距离，裸露线的外保护，防静电接地装置完整、可靠；建筑智能涉及的各系统运行有效。

（三）工程细部策划

细部策划重在对工程的各个细部微小处体现策划到位、做工精细。要做到以下几点：

1. 抓好统筹策划，做好综合布局

要做到统筹兼顾，技术先进，样板引路，各分部分项工程之间，各工序之间相互协调，相一致。即在结构施工阶段应考虑到装饰装修、各专业工程，例如，在结构施工各种设备预留应尽可能做到准确，为设备安装创造条件。又如在装饰装修阶段应做好各专业之间的协调，使用信息技术，使用计算机预排列，做到"一条缝到底、一条缝到边、整层交圈、整幢交圈"，避免错缝、乱缝和小半砖现象；三同缝：墙砖、地砖、吊顶、经纬线对齐；六对齐：洗脸台板上口与墙砖对齐；台板立面挡板与墙砖对齐；镜子上下水平缝对齐，两侧对称，竖缝对齐；门上口和水平缝，立框和砖模数对齐；小便器、落地、上口、墙缝、两边和竖缝对齐；电器开关、插座，上口水平缝对齐。一中心：地漏在地板砖中心。墙的排砖图和安装的电器不能各行其道。

2. 确定重点，做好过程控制

根据工程施工的特点，确定每一阶段施工的重点，例如结构施工阶段，首先应控制钢筋、混凝土原材料的质量；其次是这些原材料的加工和成型质量。在原材料进场、加工定制、现场制作的每个环节，细化工序，强化施工过程控制，确保每一道工序的质量，从而保证整体工程质量。达到：一居中：吊灯、地漏，包括对地板砖、插座、吊顶、开关等居中；二对齐：上下对齐，左右对称对齐；三成线：横成排、竖成行、斜成线；九个一样：(1) 室外和室内一个样；(2) 地下和地上一个样；(3) 内在和外在一个样；(4) 暗处和明处一个样；(5) 细部和大面一个样；(6) 安装和土建一个样；(7) 国产和进口一个样；(8) 精装和高装一个样；(9) 实物和资料一个样。

四、实施过程注意事项

各分部分项工程策划完成后，在具体实施过程中，应严格按照工程策划内容进行施工和管理，不断地完善施工组织措施、施工方案，强化施工过程控制，善于将一些好的做法和经验，总结提炼成企业工作成果，专利技术，工法等。同时，科技进步也是推动企业提高工程质量、产生经济和社会效益的主要途径。因此，在实施过程中应该严格施工工艺，认真执行规范标准，通过科技进步不断提高工程质量，避免工程质量问题。在施工中，还要严防在各部位出现质量通病。

实施过程的具体内容可参看相关资料。

五、鲁班奖工程复查

鲁班奖工程复查是根据申报鲁班奖工程初审结果，按照区域申报工程的数量和工程类别组成若干个复查组，分别对符合申报条件的工程进行检查、验证和评价，并提出推荐意见。鲁班奖工程复查由中国建筑业协会组织进行。

（一）复查工作的主要内容

1. 复核申报工程是否符合《中国建设工程鲁班奖（国家优质工程）评选办法》规定的各项条件。

2. 查看工程的实体质量和相关资料。

3. 查看工程施工关键技术的难度及工程质量特色和不足之处。

4. 查看工程新技术应用、节能环保（绿色施工）和工程交付后使用或产能情况。

5. 按"鲁班奖工程综合评价表"的要求进行综合评价并量化打分。

6. 撰写复查报告。

复查报告应包括工程概况、工程的难点和重点、工程的实体质量和资料情况、工程质量特色、技术进步与管理创新、推行"四节一环保"的措施、交付后运行情况、工程的不足之处、综合评价及推荐意见。

（二）房屋建筑工程实体质量抽查的部位

房屋建筑工程实体质量抽查的主要部位有：房屋建筑工程的外立面、屋面、顶层、首层、主要公共部位、结构转换层、超高层建筑的避难层、地下室、水电设备及管线、各种机房及不少于两个标准层。住宅工程复查时，还应至少听取5～10家住户的意见。

（三）房屋建筑工程实体抽查部位的质量要求

1. 地基基础工程

地基基础安全、可靠、耐久；沉降变形满足设计及相关规范的要求，无不均匀沉降或不合理变形引起的主体结构裂缝或倾斜；沉降及位移等观测数据正确有效；无因建（构）筑物周围回填土沉陷造成散水被破坏等情况；变形缝、防震缝的设置合理，且无开裂变形等情况。

2. 主体结构工程

主体结构应安全、可靠、耐久，内坚外美；无影响结构安全和使用功能的裂缝、变形以及外观缺陷；建筑物的垂直度偏差应符合设计及相关规范的要求；墙体、地面及顶板无结构裂缝和渗水情况；钢结构铆（焊）接、焊缝、表面涂层、防火涂料的质量，压型钢板、钢平台、钢梯、钢栏杆等安装质量均应符合设计及相关规范的要求。

3. 屋面工程

屋面排水组织应明晰、有序，屋面构造做法、防水设防应符合规范和设计要求，无渗漏、倒坡、积水和起鼓现象；各种突出屋面结构及基座排列整齐美观，变形缝处理符合设计要求；上屋面检查口防雨设施安装到位，金属板材屋面接头、连接和固定等细部做法合理规范。

4. 装饰装修工程

外立面、内墙面、顶棚、地面饰面材料安装或粘贴牢固，无空裂现象；排列合理，缝隙均匀；表面平整无变形，阴阳角方正顺直，线条清晰；表面色泽均匀，无明显色差，光洁无污染；相同饰面材料或不同饰面材料的交接处界线清晰、横平竖直、嵌缝饱满、无交叉污染。

门窗连接牢固，密封严密；表面平整、洁净、无划痕、无翘曲变形现象；五金配件齐全，安装位置正确，开关灵活，关闭严密。

各种水电设备终端、线盒、插座、开关、卫生器具、地漏及检查口等布置协调、整齐美观、接缝严密。不同材料交接处缝隙处理得当，整体观感效果好。

5. 建筑给水、排水及采暖工程

给水、排水、采暖管道坡度设置正确，支、吊架安装牢固、规范；连接部位牢固、紧密、无渗漏，穿墙套管合理，伸缩补偿合格，油漆均匀，无污染；外保温紧密、完整、色标正确、清晰。

设备设置规范，固定性好，能适应动态减振要求，补偿措施可靠；动力设备运行平稳可靠，消防箱器具位置正确、功能有效、安全可靠，消防喷头排列整齐。

卫生器具设置符合标准，接口严密，无渗漏；阀门安装位置正确，便于操作。

6. 建筑电气工程

配电箱、柜内电缆接线正确、规范，排布整齐，标识清晰、正确，接地（PE）或接零（PEN）设置可靠，防护严密；配管、导线敷设科学，跨接可靠，导线型号、规格、色线正确，产品外保护良好；电气线槽、桥架、母线设置合理、规范，支架安装合理牢固；整体接口严密，跨接可靠，本体、支架的接地合理可靠；穿墙封堵严密，伸缩补偿正确；防雷、接地装置符合设计规定，防雷引出点、测试点符合设计要求，保护接地、工作接地与金属设备连接点连接可靠，色标正确清晰；接地设置科学，与动力设备、电气柜及等电位均安全可靠。

7. 通风与空调工程

设备安装端正、牢固、隔震有效、运行平稳。供、回水达标；风管设置科学，接口严密，支架合理；穿越防火墙的保护措施规范，柔性连接符合标准，防火阀设置规范。

8. 电梯工程

曳引机等重要设备设置规范，部件安装完整，运转安全可靠；电气箱、柜、导管设置正确，内接线规范、可靠；电梯运行平稳，召唤有效，平层正确，无明显异声。

9. 智能建筑工程

箱、柜、线槽、配管、布线设置合理、规范，弱电与强电设备间距符合规范要求，裸露线需设外保护，防静电接地装置完整、可靠；建筑智能涉及的各系统运行有效。

10. 建筑节能工程

屋面和外墙保温隔热层的敷设、材料、厚度、粘结剂、细部构造及施工、缝隙、填充、热桥部分的构造质量符合相关规范要求。建筑物的体形系数值符合规范要求，有热工性能权衡判断。给水、电气、通风、智能工程的节能材料、器具的使用与功效符合设计节能标准。

（四）工程资料检查的内容

1. 工程资料总体要求

（1）工程资料要真实反映工程质量的实际情况，字迹清晰，相关人员及单位的签字盖章齐全；

（2）工程资料应使用原件，当使用复印件时，应加盖复印件提供单位的公章，注明原件存放处和复印日期，并有经手人签字；

（3）工程资料要按国家标准、地方标准归档立卷，建立三级目录；

（4）工程资料内容完整齐全、真实有效、具有可追溯性。

2. 申报项目的相关文件（原件）

（1）工程立项审批文件；

（2）国有土地使用证；

（3）建设用地、建设工程规划许可证；

（4）工程招投标文件、工程承包及专业分包的合同；

（5）施工许可证（行业有特殊要求时，按行业规定）；

（6）竣工验收资料（包括规划、公安消防、环保等部门出具的认可文件或准许使用证及工程竣工验收备案资料等）；

（7）各地区或行业结构优质工程的证明文件或创鲁班奖工程中间检查记录和评价结论；

（8）省（部）级优质工程的文件、证书；

（9）省（部）级优秀设计证书或对工程设计水平评价证明等资料；

（10）省（部）级及以上科技进步奖、工法、新技术应用（科技）示范工程、发明专利、实用新型专利以及地市级及以上文明施工的文件或证书。

3. 施工资料抽查的共性内容（本部分是施工资料的共性要求，不同行业资料方面的个性要求，详见各专业部分）

（1）总包和分包企业资质证书、相关专业人员的岗位证书、特种作业人员资质证书等资料。

（2）单位工程施工组织设计、各专项施工方案、技术交底、施工日志等施工技术资料。

（3）工程竣工备案资料、单位工程竣工验收报告及针对本工程的相关检测报告。

（4）涉及结构安全及工程耐久性的分部工程有关资料，包括：图纸会审，重大设计变更，洽商记录；工程定位测量、放线记录、沉降位移观测记录等；地基基础与主体结构验收记录；地（桩）基承载力试验报告和桩身完整性检测报告；钢筋接头及钢结构焊缝的试验检测报告；同条件养护混凝土强度试验报告、非破损检测记录、结构混凝土标养试块强度试验报告；监理不合格项处置记录及单位工程监理报告。

（5）涉及工程使用功能的分部工程有关资料，包括：施工物资、设备的产品质量合格证、型式检验报告、性能检测报告、生产许可证、商检证明、中国强制认证（CCC）证书、计量设备检定证书等；有抗渗防水要求的构件抗渗检测报告、厕浴间等有防水要求的地面蓄水记录、屋面蓄水检验记录、淋水试验记录或大雨观察记录等；节能保温测试等记录。

环境检测或验收等记录。

（6）涉及运行功能的分部工程有关资料，包括：各类工程给排水、采暖工程试验运行记录；各类工程电气工程全负荷试验记录；各类工程通风空调系统试运行记录；电梯工程系统试运行及电梯运行记录。

（7）施工过程控制资料，包括：各种物资进场的复试报告及质量证明文件；施工现场质量管理检查记录；隐蔽工程检查记录；检验批、分项、分部工程质量验收记录。

（8）竣工图。

（五）房屋建筑工程资料的抽查

房屋建筑工程资料的抽查除按照上述（四）中的要求进行检查外，还应重点查看下列内容：

1. 地基验收记录，地质勘察报告，桩基单桩承载力和桩身完整性检测记录，桩基的应变报告，建筑物沉降观测报告。Ⅰ类桩不少于85%，无Ⅲ类桩。

2. 混凝土和砌筑砂浆的强度检测报告，混凝土强度统计评定及结构实体钢筋保护层厚度验收记录，钢筋接头强度检测报告。

3. 地下室结构防水效果检查记录。

4. 屋面基层、细部做法，防水层和保温层、保护层与隔离层等施工记录。

5. 用于承重结构的后置埋件、化学植筋、膨胀螺栓等承载力拉拔试验报告，建筑物外墙饰面砖粘结强度（拉拔）检验报告。

6. 建筑节能分部验收记录，各种保温物资进场的复试报告及质量证明文件。

7. 外墙节能构造现场实体检验报告，严寒、寒冷和夏热冬冷地区的外窗气密性现场实体检验报告，建筑设备工程系统节能性能检测报告等。外墙保温板材与基层采用粘结或连接时，要查看保温板材与基层的现场粘结强度试验报告及墙体保温砂浆的强度试验报告。

8. 钢结构工程分部验收记录，图审机构资质和专项施工技术方案，防火涂料的检测报告，超声波或射线探伤检验报告；建筑安全等级为一级、跨度40m及以上的公共建筑钢网架结构及设计有要求的，应有焊（螺栓）球节点承载力试验报告等。

9. 幕墙工程分部验收记录，幕墙的抗风压性能、空气渗透性能、雨水渗漏性能及平面变形性能检测报告。图审机构资质和专项施工技术方案，硅酮结构胶的相容性和剥离粘结性检验报告。幕墙注胶和幕墙淋水等施工记录。

10. 智能分部验收记录，智能建筑各设备系统的自检记录以及进行不中断试运行记录。

11. 建筑给排水及采暖工程分部验收记录，设备合格证等；对于国家规定的特定设备及材料，如消防、卫生、压力容器等要检查有资质的检验单位提供的检测报告。

各类水泵、风机、冷却塔等设备单机试运转记录及采暖系统、消防系统试运转调试记录。

非承压管道、设备等以及暗装、埋地、有绝热层排水管道的灌水试验记录。

承压管道、设备的强度试验记录，自动喷水灭火系统、气体灭火系统管道的严密性试验记录。

12. 电气工程分部验收记录，检查主要设备、系统的防雷接地、保护接地、工作接地、防静电接地等电阻测试记录。

电气设备的空载试运行及建筑照明通电试运行记录。各种系统调试记录等。

13. 通风空调工程分部验收记录，专项施工技术方案，各种物资、制冷机组、空调机组、空气净化设备等进场的质量证明文件，阀门、压力表、减震器等质量合格证明及检测报告。

净化空调系统测试记录，防排烟系统联合试运行记录、风管漏光测试记录、制冷系统气密性试验记录等。

14. 电梯工程分部验收记录，专项施工技术方案。主要设备出厂合格证，开箱检查记录，施工中的各项安装记录，并核查电梯验收合格证及验收报告。

（六）复查结果的处理

1. 对质量综合评价的结果

由复查组全体专家按"鲁班奖工程综合评价表"内容进行评分，综合评价分"上好"、

"好"、"较好"三种。

"上好"——工程质量符合国家相关标准、规范、规程的技术要求，达到国内领先水平，实体质量无论宏观或微观都较完美，有个别细小问题，可立即得到纠正；工程资料内容齐全、真实有效、可追溯；使用单位对工程质量非常满意；综合评分为 90 分以上。

"好"——工程质量符合国家相关标准、规范、规程的技术要求，达到国内领先水平，实体质量经复查发现非主要部位有少量不足之处，但可以通过整改得到纠正；工程资料内容齐全、真实有效、可追溯；使用单位对工程质量满意；综合评分为 85 分以上至 90 分及以下。

"较好"——工程质量达到国内先进水平，实体质量经复查发现存在一些不足或质量问题，通过整改不影响工程观感或使用功能；工程资料内容齐全、真实有效、可追溯；使用单位比较满意；综合评分为 85 分及以下。

2. 复查工程存在下列问题时，复查组不予推荐。

(1) 存在影响结构安全和耐久性的质量问题；

(2) 存在违反国家工程建设标准强制性条文的问题；

(3) 存在渗漏现象（包括地下室、屋面、卫生间及墙体等处）；

(4) 工程资料弄虚作假或存在较多问题；

(5) 工业项目污染物（包括废气、废液、废渣）主要排放指标达不到设计要求；

(6) 不符合《中国建设工程鲁班奖（国家优质工程）评选办法》规定申报条件的。

(七) 鲁班奖工程综合评价表（表 2-5）

鲁班奖工程综合评价表　　　　　　　　　表 2-5

工程名称：　　　　　　　　　　　　　实得总分：

专家签字：　　　　　　　　　　　　　填表日期：

	序号	主要评价内容		住宅和公共建筑评价分值	工业交通水利和市政园林评价分值	实得分值
安全、适用、美观 85 分 (80 分)	1	地基基础、主体结构牢固安全		28	28 (37)	
	2	安装工程功能完备、排布有序		20	27 (18)	
	3	装饰装修工程美观，细部精良		17	5	
	4	工程资料内容齐全、真实有效		20	20	
技术进步与创新 3 分	1	获科技奖或技术创新	省（部）级及以上科技进步奖或省（部）级及以上工法，发明专利、实用新型专利	3	3	
	2	推广应用新技术	一项国内领先或建筑业 10 项新技术中 6 项以上	(2)	(2)	
节能、环保 5 分 (7 分)	1	四节	四节措施与效果	2	2	
	2	环保	环保等专项验收合格	2	4	
	3	文明（绿色）施工	地市级及以上文明工地	1	1	

续表

	序号	主要评价内容		住宅和公共建筑评价分值	工业交通水利和市政园林评价分值	实得分值
工程管理 5分	1	质量安全保证体系	制度、体系健全	1	1	
	2	管理方法	工程项目管理方法先进、规范、科学，有优秀成果	2	2	
	3	工程规模	建筑面积 10 万 m² 以上	2	—	
		工程投资规模	投资规模 10 亿元以上	—	2	
综合效益 2分 (5分)	1	经济效益好	工程产能、功能均达到设计要求	1	1	
	2	工艺技术指标	居全国同行业同类型工程领先水平	—	2	
	3	社会效益好	赢得社会好评	1	1	

注：1. "安全、适用、美观"评价项目一栏，工业交通水利和市政园林工程的评价采用两组分值，括号内的分值是侧重桥梁、隧道、大坝等工程。

2. "技术进步与创新"一栏，按工程所显示的最高技术水平评分，不重复计分。

第三章 行业规范性文件与地方政策法规

建筑业是国民经济的支柱产业,也是与社会公众利益密切相关的行业。建筑业在为我国国民经济的发展和人民群众生活质量的提高做出巨大贡献的同时,也需要不断地发展和完善。建筑业的发展和完善离不开建筑业法律环境的建设和完善,这既是我国"依法治国"的要求,也是由建筑业行业特点所决定的。

当前,建筑业相关法律法规、规范标准的制定和完善仍然是政府及相关立法机构常态化的工作,我国每年均会新编或修订很多与建筑行业密切相关的法律、法规、标准、规范和规程。作为一名建造师,必须及时关注我国建设法律法规、规范标准等的变化,增强法律意识和法治观念,做到学法、懂法、守法和用法,这也是对建造师从事执业活动的基本要求。

本章对近年来颁布的建筑工程地方性法规和地方规章进行分类、梳理,并选取与房屋筑工程密切相关的《湖北省企业安全生产主体责任规定》、《湖北省建筑市场管理条例》、《湖北省人民政府办公厅关于进一步加强建设工程管理工作的若干意见》进行解读。

第一节 新近颁布的建筑工程地方性法规与规定

建设工程法律法规体系是指根据《中华人民共和国立法法》的规定,制定和公布施行的有关建设工程的各项法律、行政法规、部门规章和地方性法规、地方政府规章的总称,它是有机结合起来,形成的一个相互联系、相互补充、相互协调的完整统一的体系。我国的建设工程法律体系按其立法权限不同,可分为5个层级,即:法律、行政法规、部门规章、地方性法规和地方规章。

法制环境需要适应社会经济的发展。伴随着社会主义市场经济的深入发展,社会利关系日趋多元化,社会管理从主要依靠行政手段推进向依靠法治手段管理进行转变。近年来,我国社会经济持续稳定发展,城市化进程加速推进,基本建设投资、房地产开发投保持较大规模,建筑行业空前繁荣。

针对上述社会经济环境的发展及变化,全国各省(区)也不断对建筑工程法规体系进行完善和补充,新编和修订了一系列建筑工程相地方性法规与规定,促进了建筑相关行业的科学发展。

本节将从行业规范性文件、地方政策法规、行业部门规章等三个方面,对2007年以来新编或修订的建筑工程地方性法规与规定及部门规章进行疏理。

1. 行业规范性文件

国家自2007年来建筑工程行业规范性文件梳理见表3-1。

建筑工程行业规范性文件梳理

表3-1

序号	行业规范性文件
1	国家税务总局关于跨地区经营建筑企业所得税征收管理问题的通知(2010-12-2)

序号	行业规范性文件
2	关于公告企业领取资质证书的有关说明（2010-11-2）
3	关于填报《建设工程企业资质申请受理信息采集表》有关事项的通知（2010-11-2）
4	关于报送《建设工程企业基本信息表》的通知（2010-10-15）
5	关于印发修订《建设部园林绿化一级企业资质申报和审批工作规程》和《城市园林绿化企业资质标准》的通知（2008-12-4）
6	关于《盾构掘进隧道工程施工及验收规范》国家标准征求意见的函（2005）建发评函字第 028 号（2008-7-28）
7	关于开展工程建设强制性标准实施与监督情况调研工作的通知　建标标函 [2005] 73 号（2008-7-28）
8	关于请报送城镇污水、生活垃圾处理工程项目建设标准执行情况的通知　建办标函 [2006] 149 号（2008-7-28）
9	关于征求国家标准《城市规划基本术语标准》局部修订征求意见稿意见的函　建标标函 [2005] 57 号（2008-7-28）
10	关于由中国建设工程造价管理协会归口做好建设工程概预算人员行业自律工作的通知　建标 [2005] 69 号（2008-7-28）
11	关于开展工程造价信息管理有关工作的通知　建标造函 [2005] 45 号（2008-7-28）
12	关于征求《工程建设标准复审工作管理办法（征求意见稿）》意见的函　建标标函 [2005] 55 号（2008-7-28）
13	关于发布工程建设标准复审结果的通知　建标 [2008] 104（2008-7-28）
14	关于征求行业标准《城市市政监管信息系统技术规范》（征求意见稿）意见的函　建标工 [2005] 39 号（2008-7-28）
15	关于印发《2007 年建设部归口工业产品行业标准制订、修订计划》的通知　建标 [2007] 127 号（2008-7-28）
16	关于印发《2008 年工程建设标准规范制订、修订计划（第一批）》的通知　建标 [2008] 102 号（2008-7-28）
17	关于印发《2008 年工程建设标准规范制订、修订计划（第一批）》的通知　建标 [2008] 102 号（2008-7-28）
18	关于召开部署全面梳理有关无障碍建设标准规范工作会议的通知　建标综函 [2008] 40 号（2008-7-28）
19	关于征求《居住建筑节能设计标准（征求意见稿）》意见的函　建标标函 [2006] 46 号（2008-7-28）
20	关于发布《工程建设标准体系（电力工程部分）》的通知　建标 [2007] 204 号（2008-7-28）
21	关于征求《建设工程项目管理规范（征求意见稿）》意见的函（2008-7-28）
22	关于印发《2005 年工程建设标准规范制订、修订计划（第二批）》的通知　建标函 [2005] 124 号（2008-7-28）
23	关于召开《建筑节能工程施工质量验收规范》发布宣贯暨师资培训会议的通知　建标标函 [2007] 38 号（2008-7-28）
24	关于对《建设工程项目管理规范（征求意见稿）》再次征求意见的函（2008-7-28）
25	关于印发《2008 年工程建设标准规范制订、修订计划（第二批）》的通知　建标 [2008] 105 号（2008-7-28）

续表

序号	行业规范性文件
26	关于公布甲级工程造价咨询企业资质证书换发结果（第二批）的通知 建标造函〔2007〕11号（2008-7-28）
27	关于印发《工程建设标准英文版出版印刷规定》的通知 建标标函〔2008〕78号（2008-7-28）
28	关于征求《绿色建筑评价标准》（征求意见稿）意见的函 建标标函〔2005〕88号（2008-7-28）
29	关于印发《2008年住房和城乡建设部归口工业产品行业标准制订、修订计划》的通知 建标〔2008〕...（2008-7-28）
30	关于加强《建筑节能工程施工质量验收规范》宣贯、实施及监督工作的通知 建办标函〔2007〕302号（2008-7-24）
31	关于印发《城市轨道交通工程设计概预算编制办法》的通知 建标〔2006〕279号（2008-7-24）
32	关于印发《2006年工程建设标准规范制订、修订计划（第二批）》的通知 建标〔2006〕136号（2008-7-24）
33	关于印发《2006年工程建设标准规范制订、修订计划（第一批）》的通知 建标〔2006〕77号（2008-7-24）
34	关于切实做好《煤炭工业矿井设计规范》等国家标准宣贯培训及实施监督工作的通知 建标函〔2006〕94号（2008-7-24）
35	关于做好《住宅建筑规范》、《住宅性能评定技术标准》和《绿色建筑评价标准》宣贯培训工作的通知 建办...（2008-7-24）
36	关于2005年度造价工程师续期注册及有关工作的通知 建标造函〔2005〕80号（2008-7-24）
37	关于寄送中华人民共和国工程建设国家标准《建筑与小区雨水利用工程技术规范》（GB××××-×××× ...（2008-7-24）
38	关于召开《住宅建筑规范》、《住宅性能评定技术标准》、《绿色建筑评价标准》发布宣贯会及举办师资培训...（2008-7-24）
39	关于统一换发概预算人员资格证书事宜的通知 建办标函〔2005〕558号（2008-7-24）
40	关于印发《2006年建设部归口工业产品行业标准制订、修订计划》的通知 建标〔2006〕78号（2008-7-24）
41	关于2006年度造价工程师初始注册工作的通知 建办标函〔2006〕227号（2008-7-24）
42	关于申报2007年度工程建设标准制订、修订项目计划的通知 建办标函〔2006〕612号（2008-7-23）
43	建设部关于发布2006年版《工程建设标准强制性条文》（电力工程部分）的通知 建标〔2006〕102号（2008-7-23）
44	关于2006年度造价工程师续期注册及有关工作的通知 建标造函〔2006〕64号（2008-7-23）
45	关于申报2008年度工程建设标准制订、修订项目计划的通知 建办标函〔2007〕718号（2008-7-23）
46	关于印发《建设部标准定额司2007年工作要点》的通知 建标综函〔2007〕12号（2008-7-23）
47	关于2007年度注册造价工程师初始注册工作的通知 建办标函〔2007〕162号（2008-7-23）
48	关于甲级工程造价咨询企业资质证书换发工作的通知 建办标〔2006〕65号（2008-7-23）
49	关于加强《建筑节能工程施工质量验收规范》宣贯、实施及监督工作的通知 建办标函〔2007〕302号（2008-7-23）

续表

序号	行业规范性文件
50	关于印发《2008年住房和城乡建设部归口工业产品行业标准制订、修订计划》的通知 建标〔2008〕…（2008-7-22）
51	关于2007年度注册造价工程师延续注册及有关工作的通知 建标造函〔2007〕73号（2008-7-22）
52	关于印发《2008年住房和城乡建设部归口工业产品行业标准制订、修订计划》的通知 建标〔2008〕…（2008-7-22）
53	关于公布甲级工程造价咨询企业资质证书换发整改结果的通知 建标函〔2007〕50号（2008-7-22）
54	建设部关于印发《市政工程投资估算编制办法》的通知 建标〔2007〕164号（2008-7-22）
55	关于发布《工程建设标准体系（有色金属工程部分）》的通知 建标〔2008〕2号（2008-7-22）
56	建设部关于印发《市政工程投资估算指标》的通知 建标〔2007〕163号（2008-7-22）
57	关于造价工程师初始注册及延续注册工作的通知 建办标函〔2008〕134号（2008-7-22）
58	关于印发《市政工程投资估算指标》（桥梁第5册）的通知 建标〔2007〕240号（2008-7-22）
59	关于加强《建设电子文件与电子档案管理规范》宣贯和实施工作的通知 建办标函〔2007〕738号（2008-7-22）
60	关于批准发布《公安派出所建设标准》的通知 建标〔2007〕165号（2008-7-22）
61	关于批准发布《科学技术馆建设标准》的通知 建标〔2007〕166号（2008-7-22）
62	关于发布行业标准《混凝土中钢筋检测技术规程》的公告 中华人民共和国住房和城乡建设部公告第20号（2008-5-5）
63	关于发布行业标准《混凝土中钢筋检测技术规程》的公告 中华人民共和国住房和城乡建设部公告第20号（2008-5-5）
64	建筑装饰设计资质分级标准（2007-3-26）
65	《建筑智能化工程设计与施工资质标准》等四个设计与施工资质标准的实施办法（2007-3-26）
66	工程设计资质标准（征求意见稿）（2007-3-26）
67	工程勘察资质分级标准（2007-3-26）
68	海洋工程勘察资质分级标准（2007-3-26）
69	轻型房屋钢结构工程设计专项资质分级标准（暂行）（2007-3-26）
70	建筑幕墙工程设计专项资质分级标准（暂行）（2007-3-26）
71	消防设施专项工程设计资格分级标准（2007-3-26）
72	建筑智能化系统工程设计和系统集成执业资质标准（试行）（2007-3-26）
73	建筑工程设计资质分级标准（2007-3-26）

2. 地方政策法规

湖北省自2007年来建筑工程地方政策法规梳理见表3-2。

建筑工程地方政策法规梳理 表3-2

序号	地方政策法规
1	《湖北省企业安全生产主体责任规定》（2011-2-23）
2	省人民政府办公厅关于进一步加强建设工程管理工作的若干意见 鄂政办发〔2010〕1号（2010-8-9）

续表

序号	地方政策法规
3	《湖北省建筑市场管理条例》(2010-8-5)
4	《湖北省城镇土地使用税实施办法》湖北省人民政府令第 302 号(2008-3-1)
5	《湖北省排污费征收使用管理暂行办法》湖北省人民政府令第 310 号(2008-2-26)
6	《湖北省招标投标管理办法》湖北省人民政府令第 306 号(2008-2-26)
7	《湖北省防治工程建设领域商业贿赂行为暂行办法》湖北省人民政府令第 30 号(2008-2-26)
8	《湖北省建设工程造价管理办法》湖北省人民政府令第 311 号(2008-2-26)
9	《湖北省建设工程安全生产管理办法》湖北省人民政府令第 227 号(2007-3-26)
10	《湖北省建设工程招标投标管理办法》湖北省人民政府令第 229 号(2007-3-26)
11	《湖北省信息化建设与管理办法》湖北省人民政府令第 277 号(2007-3-26)
12	《湖北省建筑节能管理办法》湖北省人民政府令第 281 号(2007-3-26)
13	《湖北省成品油市场管理办法》湖北省人民政府令第 209 号(2006-9-25)

3. 地方行业部门规章

湖北省自 2007 年来建筑工程行业部门规章梳理见表 3-3。

建筑工程行业部门规章梳理 表 3-3

序号	行业部门规章
1	关于印发《湖北省建筑业综合实力 20 强、建筑装修装饰 10 强企业评选办法》(修订稿)的通知 鄂建...(2010-8-5)
2	公共建筑室内温度控制管理办法(2008-7-7)
3	建筑施工企业安全生产许可证动态监管暂行办法(2008-7-7)
4	民用建筑供热计量管理办法(2008-7-7)
5	房屋登记簿管理试行办法(2008-5-20)
6	建筑施工企业安全生产管理机构设置及专职安全生产管理人员配备办法(2008-5-20)
7	湖北省住宅工程质量分户验收管理暂行规定(2008-5-19)
8	湖北省住宅工程质量分户验收管理暂行规定(2008-5-19)
9	房屋建筑工程和市政基础设施工程竣工验收备案管理暂行办法(2008-3-26)
10	建筑业企业资质管理规定(2007-7-9)
11	建设工程勘察设计资质管理规定(2007-7-9)
12	工程监理企业资质管理规定(2007-7-9)
13	湖北省建设工程安全生产管理办法(2007-3-26)
14	建设工程质量管理条例(2007-3-26)
15	工程造价咨询企业管理办法(2007-3-26)
16	房屋建筑工程抗震设防管理规定(2007-3-26)
17	注册监理工程师管理规定(2007-3-26)
18	民用建筑节能管理规定(2007-3-26)
19	建设工程质量检测管理办法(2007-3-26)

续表

序号	行业部门规章
20	勘察设计注册工程师管理规定（2007-3-26）
21	建设部关于纳入国务院决定的十五项行政许可的条件的规定（2007-3-26）
22	房屋建筑和市政基础设施工程施工图设计文件审查管理办法（2007-3-26）
23	建筑施工企业安全生产许可证管理规定（2007-3-26）
24	房屋建筑和市政基础设施工程施工分包管理办法（2007-3-26）
25	建筑装饰设计资质分级标准（2007-3-26）
26	《建筑智能化工程设计与施工资质标准》等四个设计与施工资质标准的实施办法（2007-3-26）
27	工程设计资质标准（征求意见稿）（2007-3-26）
28	工程勘察资质分级标准（2007-3-26）
29	海洋工程勘察资质分级标准（2007-3-26）
30	轻型房屋钢结构工程设计专项资质分级标准（暂行）（2007-3-26）
31	建筑幕墙工程设计专项资质分级标准（暂行）（2007-3-26）
32	消防设施专项工程设计资格分级标准（2007-3-26）
33	建筑智能化系统工程设计和系统集成执业资质标准（试行）（2007-3-26）
34	建筑工程设计资质分级标准（2007-3-26）
35	建筑安全生产监督管理规定（2007-3-26）
36	工程建设重大事故报告和调查程序规定（2007-3-26）

第二节　部分地方性法规与规定解读

一、《湖北省企业安全生产主体责任规定》要点解读

湖北省人民政府令第 339 号《湖北省企业安全生产主体责任规定》（以下简称规定）于 2010 年 12 月 1 日起施行。规定共 41 条。

为转变经济发展方式，落实企业安全生产主体责任，防止和减少生产安全事故，根据《中华人民共和国安全生产法》、《湖北省安全生产条例》等法律、法规，制定本规定。本省行政区域内的企业应当依照本规定履行安全生产主体责任。

1. 安全生产的责任主体

（1）企业是安全生产的责任主体，对本单位的安全生产承担主体责任，并对未履行安全生产主体责任导致的后果负责。

（2）企业的主要负责人是本单位安全生产的第一责任人，对落实本单位安全生产主体责任全面负责。

（3）企业主要负责人应当履行下列职责：

1）建立健全本单位安全生产责任制；

2）组织制定本单位安全生产管理制度和操作规程；

3）保证本单位安全生产条件所需资金的投入；

4）定期研究安全生产问题，向职工代表大会、股东大会报告安全生产情况；

5）督促、检查本单位的安全生产工作，认真监控、及时消除生产安全事故隐患；

6）组织制定并实施本单位的生产安全事故应急救援预案；

7）及时、准确、完整报告生产安全事故，组织事故救援工作；

8）法律、法规规定的其他安全生产职责。

2. 安全生产管理制度

安全生产管理制度主要包括：

（1）安全生产会议制度；

（2）安全生产资金投入及安全生产费用提取、管理和使用制度；

（3）安全生产教育培训制度；

（4）安全生产检查制度和安全生产情况报告制度；

（5）"三同时"管理制度；

（6）安全生产考核和奖惩制度；

（7）岗位标准化操作制度；

（8）危险作业审批制度；

（9）生产安全事故隐患排查治理制度；

（10）重大危险源检测、监控、管理制度；

（11）劳动防护用品配备、管理和使用制度；

（12）安全设施、设备管理和检修、维护制度；

（13）特种作业人员管理制度；

（14）生产安全事故报告和调查处理制度；

（15）应急预案管理和演练制度；

（16）其他保障安全生产的管理制度。

3. 安全生产管理机构与培训

（1）企业应当依法设置安全生产管理机构，配备安全生产管理人员，并实行安全员制度。

（2）企业的主要负责人和安全生产管理人员，应当具备与所从事的生产经营活动相适应的安全生产知识和管理能力。

（3）企业应当为安全生产管理机构和安全生产管理人员履行安全生产管理职责提供必要的条件。企业安全生产管理人员的待遇应高于同级同职其他岗位管理人员的待遇。

（4）企业应当制定年度安全生产教育培训计划并对从业人员开展安全生产教育培训。教育培训计划及实施情况应当报安全生产监督管理部门和负有安全生产监督管理职责的有关部门备案。企业安全生产教育培训的经费按照有关规定列支。

4. 安全生产投入与工伤保险

企业应当确保本单位具备安全生产条件所必需的资金投入，安全生产投入应当纳入本单位年度经费预算。

高危企业应当按照国家有关规定，提取和使用安全生产费用。安全生产费用应当专户储存、专款专用、专户核算，每年的安全生产费用提取、使用情况应当报安全生产监督管理部门和负有安全生产监督管理职责的有关部门备案。

企业应当依法参加工伤保险，为从业人员缴纳工伤保险费。根据安全生产的需要，积极参加安全生产责任保险，建立安全生产与商业责任保险相结合的事故预防机制。

高危企业应当按照有关规定存储、使用安全生产风险抵押金。

5. 安全技术要求

（1）企业不得使用国家明令淘汰、禁止使用的危及生产安全的工艺、设备。

（2）企业的生产区域、生活区域、仓储区域之间应当保持符合国家有关规定的安全距离。

（3）企业应当按照国家标准或者行业标准为从业人员无偿提供符合国家标准和要求的劳动防护用品，并督促、教育从业人员正确佩戴和使用。

（4）企业应当按照国家和省有关规定对安全设施、设备进行维护、保养和定期检测，保证安全设施、设备正常运行。维护、保养、检测应当做好记录，并由相关人员签字。

（5）企业取得安全生产许可证后，不得降低安全生产条件，并应当加强日常安全生产管理，接受安全生产许可证颁发管理机关的监督检查。

6. 安全生产管理

（1）企业应当不断改进安全生产管理，采用信息化等先进的安全生产管理方法和手段，落实各项安全防范措施，提高安全生产管理水平。

（2）企业应当开展安全文化创建活动，坚持以人为本，安全第一，积极探索有效方法和途径，营造安全文化氛围，提高全员安全意识和应急处置能力。

（3）企业应当组织开展有关事项的安全生产检查。

（4）企业应当组织或聘请专家定期排查事故隐患。

（5）企业应当加强重大危险源管理，采用先进技术手段对重大危险源实施现场动态监控，定期对设施、设备进行检测、检验，制定应急预案并组织演练。

（6）企业将生产经营项目、场所、设备发包或出租的，应当与承包单位、承租单位签订专门的安全生产管理协议，或在承包合同、租赁合同中约定有关的安全生产管理事项。

（7）企业应当建立主要负责人和领导班子成员轮流带班值班制度。

（8）企业应做好生产安全事故报告、调查处理和应急救援工作。依法妥善处理事故的善后工作，支付伤亡人员赔偿金。

企业应当制定生产安全事故应急救援预案，每年至少组织一次演练，使管理人员和操作人员熟悉紧急情况下要采取的应急措施，确保应急预案的有效性。

7. 责任承担

（1）企业的决策机构、主要负责人不依照规定保证安全生产所必需的资金投入，致使不具备安全生产条件的，由县级以上人民政府负责安全生产监督管理的部门依法责令限期改正；逾期未改正的，依法责令企业停产停业整顿。

（2）企业的主要负责人未履行规定的安全生产管理职责的，由县级以上人民政府负责安全生产监督管理的部门依法责令限期改正；逾期未改正的，依法责令企业停产停业整顿。

（3）还规定了其他第令企业停产停业整顿和相关罚款的条款。

（4）属于国家工作人员的企业主要负责人未按本规定履行安全生产管理职责的，由行政监察机关依法给予行政处分。

二、《湖北省建筑市场管理条例》要点解读

《湖北省建筑市场管理条例》已由湖北省第十一届人民代表大会第十七次会议于 2010 年 7 月 30 日修订通过，自 2010 年 10 月 1 日起施行。条例共 9 章 25 条。

为了促进建筑业健康发展，规范建筑市场秩序，保证建设工程的质量和安全，维护建筑市场参与各方的合法权益，根据《中华人民共和国建筑法》和有关法律、行政法规，结合本省实际，制定本条例。

在本省行政区域内建设工程参与各方从事勘察、设计、施工、监理及其中介服务等与建筑市场有关的活动，实施建筑市场监督管理，适用本条例。

建筑市场活动，应当遵循统一开放、竞争有序、诚信守法的原则。

各级人民政府应当积极培育建筑市场，维护建筑市场的良好秩序，实施建设工程质量精品战略，推动建筑市场的健康发展。

县级以上人民政府建设行政主管部门负责建筑市场的监督管理工作，并可以依法委托具有管理公共事务职能的机构具体实施建筑市场监督管理。

1. 市场准入与建设许可

（1）下列单位应当依法取得相应资质证书，并在其资质等级许可范围内从事建设工程活动：

1）建设工程施工单位；

2）建设工程勘察、设计、监理单位；

3）工程施工图审查、造价咨询、质量检测、招标代理机构；

4）法律、法规规定的其他单位。

（2）从事建设工程活动的专业技术人员，应当依法取得相应的执业资格证书，并在其许可范围内从事专业技术工作。

（3）省外企业进入本省从事建筑活动，应当到省人民政府建设行政主管部门办理从业资质备案；建设行政主管部门应当对其资质证书、个人执业证书及相关的信用状况进行核验。

（4）建设工程开工前，建设单位应当依法向工程所在地建设行政主管部门申请领取施工许可证。

2. 建设工程发包与承包

（1）建设工程依据国家和省有关规定实行招标发包或者直接发包。

（2）禁止发包单位从事下列行为：将应当由一个承包单位完成的建设工程肢解成若干部分发包给几个承包单位；低于工程成本发包工程；低于建设工程勘察、设计、监理等收费标准发包工程；以降低建设工程不可竞争费用为条件发包工程；压缩合理建设工期；明示或者暗示勘察、设计、施工等单位违反工程建设强制性标准，降低工程质量和安全生产条件；明示或者暗示施工单位使用不合格的建筑材料、建筑构配件和设备；法律、法规禁止的其他行为。

（3）禁止从事下列承揽业务行为：未取得资质证书承揽业务，或者超越资质等级许可范围承揽业务；以转让、出租、出借资质证书或者提供图章图签等方式，允许他人以本单位的名义承揽业务；采用贿赂、提供回扣等不正当手段承揽业务；法律、法规禁止的其他行为。

（4）提倡对建设工程实行总承包。

（5）两个以上的承包单位联合承包工程，资质类别不同的，按照各方资质证书许可范围承揽工程；资质类别相同的，按照较低资质等级许可范围承揽工程。

（6）禁止承包单位从事下列转包行为：勘察、设计、施工承包单位不履行合同，将全部勘察、设计、施工交由其他人完成；施工承包单位将其承包的全部建设工程肢解后以分包的名义分别转包给其他人；施工承包单位未在现场设立项目管理机构，或者施工现场的项目负责人及主要工程管理人员不属于承包单位工作人员；法律、法规禁止的其他行为。

（7）禁止承包单位从事下列违法分包行为：承包单位将专业工程和劳务作业分包给不具备相应资质条件的单位；合同中未约定，又未经发包单位认可，承包单位将其承包的部分工程交由其他单位施工；承包单位将工程主体结构的施工分包给其他单位；分包单位将其分包的建设工程再分包；法律、法规禁止的其他行为。

3. 建设工程招标投标

（1）建设工程招标投标应当按照招标投标法律、法规、规章执行。

（2）下列建设工程项目的勘察、设计、施工、监理以及与工程建设有关的重要设备、材料的采购，必须进行招标：大中型基础设施、公用事业等关系社会公共利益、公众安全的建设工程；全部或者部分使用国有资金投资或者国家融资的建设工程；使用国际组织或者外国政府贷款、援助资金的建设工程；国家和省规定必须招标的其他建设工程。

（3）投标人不得以低于成本的报价竞标，不得相互串通投标报价。

4. 建设工程合同与造价

（1）建设工程发包承包实行合同制。推荐使用国家和省制订的建设工程合同示范文本。

（2）建设工程计价方式可以采用工程量清单计价办法或者定额计价办法，并在招标文件和合同中明确。但两种计价办法不得在同一工程项目中混合使用。

（3）建设工程竣工后，承包单位应当按照合同约定，向发包单位提交完整的竣工结算文件。

（4）发包单位应当按照合同约定支付工程款，不得拖延付款。承包单位应当按照合同或者约定及时足额支付劳动者工资。

5. 建设工程质量与安全生产

（1）建设行政主管部门及其委托的建设工程质量安全监督机构，依法对建设工程质量和安全生产实施监督管理。

（2）建立以建设单位为中心，勘察、设计、施工、监理及其他有关单位各负其责的责任制，严格实行工程质量和安全生产责任追究。

（3）施工单位应当设立建设工程质量、安全生产管理机构，配备专职人员，对施工现场进行管理。施工单位法定代表人依法对本单位的施工质量、安全生产工作负责；项目负责人应当由取得相应执业资格的人员担任，并对工程项目的质量、安全生产负责。施工单位主要负责人、项目负责人和专职安全生产管理人员应当依法经建设行政主管部门或者有关部门考核合格。

（4）施工单位必须严格按图按质施工，不得擅自修改设计或者偷工减料。

（5）工程建设拟采用的新技术、新工艺、新材料、新设备应当符合工程建设强制性标准；没有标准的，建设单位应当组织专题技术论证，依法报建设行政主管部门审定。工程建设过程中不得使用国家和省明令淘汰或者禁止使用的工艺、设备和材料。

（6）涉及工程结构安全和使用功能及室内环境质量的材料、构配件，实行见证取样送检制度。建设工程竣工验收前应当进行室内环境质量检测。

（7）工程竣工后，建设单位应当组织工程勘察、设计、施工、监理等有关单位进行竣工验收。工程经验收合格，方可交付使用。验收不合格的，施工单位应当负责返修。

施工单位应当向建设单位提供已竣工验收工程完整的工程技术档案、竣工图，并提供工程保修书以及有关工程使用、保养、维护的说明。建设单位应当在工程竣工验收三个月内向当地城建档案管理机构移交建设项目档案。

6. 法律责任

（1）违反本条例规定，未经备案从事建筑活动的，由建设行政主管部门责令停止建筑活动，限期补办备案手续。

（2）违反本条例规定，实施围标、串标的，中标无效，由建设行政主管部门处以中标项目金额千分之五以上千分之十以下罚款，没收违法所得；情节严重的，取消其一年至二年内参加本省行政区域内投标资格并予以公告，直至由工商行政管理机关依法吊销营业执照。

三、《湖北省人民政府办公厅关于进一步加强建设工程管理工作的若干意见》要点解读

《湖北省人民政府办公厅关于进一步加强建设工程管理工作的若干意见》二〇一〇年三月八日已由湖北省第十一届人民代表大会第十七次会议于 2010 年 7 月 30 日修订通过，自 2010 年 10 月 1 日起施行。条例共 9 章 25 条。

为了进一步加强建设工程管理，规范建设工程市场秩序，维护人民群众的根本利益，营造良好的发展环境，促进工程建设行业持续健康快速发展，经省人民政府同意，现就进一步加强建设工程管理工作提出以下意见：

（一）进一步增强做好建设工程管理工作的责任感和紧迫感

近年来，我省工程建设行业抢抓机遇，深化改革，开拓创新，实现了快速发展。各地、各部门采取有效措施，不断健全建设工程交易市场，完善监督管理体制，建设工程逐步走上依法管理的轨道。当前，我省正处于工业化、城镇化、市场化快速发展期，建设工程量大面广，建设工程领域的新情况、新问题日益突出，如工程建设行业龙头企业偏少、产业集中度不高；有的工程项目规避招标、不办理法定建设手续擅自开工，有的在招标投标活动中弄虚作假，转包、违法分包、挂靠、压级压价；有的拖欠工程款和农民工工资等。这些问题在一些地方不同程度的存在，损害了公共利益，破坏市场秩序，严重制约了我省工程建设行业健康快速发展。对此，各地、各部门应予以高度重视，切实加强领导，着力整顿和规范建设工程管理秩序，创新市场监管方式，改善服务环境，依法惩治违法违规行为，不断提高建设工程管理水平，促进行业健康发展，维护社会和谐稳定。

（二）着力整顿规范建设工程管理秩序

1. 严格基本建设程序。认真落实项目法人责任制，建设单位为工程项目的第一责任人，对工程项目的组织建设承担法定责任。所有建设工程都必须严格执行法定建设程序，依法办理规划许可、项目报建（设计审批）、施工图审查、招标投标、施工许可（开工审批)、质量监督、安全监督、竣工验收备案等手续。政府投资项目应严格执行基本建设程序，发挥表率作用。所有建设工程不得规避监管，严禁任何部门、单位超越权限进行审批或擅自简化建设程序。严格执行施工许可证（开工审批）管理制度，对不履行法定建设程序、不具备开工条件、建设资金未按规定落实到位的工程项目，不予办理施工（开工）许可手续。

2. 规范招标投标行为。各级政府应加强建设工程项目招标投标监管工作，协调各相关行业行政主管部门共同维护招标投标市场秩序。招标投标管理部门应严格招标信息发布制度、强化评标专家库的统一使用和动态管理、建立全省招标投标管理网络系统、实施招标投标违法违规行为记录公布制度。建设、交通、水利、国土等行业行政主管部门应加强对招标投标的行业监管，结合行业不同特点，分行业出台投标资格预审办法和评标办法，严格规范招标投标主要环节的备案审查工作程序，实行全过程监督。依法规范建设单位招标行为，严禁先施工后招标、明招暗定或将工程化整为零规避招标。坚决打击围标串标行为，发现一起，查处一起，对违法违规企业停止其投标资格，降低或取消其资质等级。将违规操作、扰乱招标投标市场秩序的招标代理机构列入不良行为公示名单并向社会公布，禁止项目单位委托其承担招标代理业务，直至停业整顿，取消其代理资格。

3. 禁止工程转包和违法分包。严格执行建设工程总承包制度。建设单位不得直接指定分包工程承包人，不得对依法实施的分包活动进行干预。勘察、设计、施工单位一律不得转包、违法分包和挂靠承包承揽工程，监理单位一律不得转让监理业务。勘察、设计、施工、监理单位与建设单位签订的总包合同、与分包单位签订的分包合同应及时报行业行政主管部门备案。总承包单位对工程项目的质量安全、工程进度、分包工程款、农民工工资、劳动保险、合同履约等负总责。工程分包单位必须具备相应资质。建设单位和监理企业对施工现场转包和违法分包行为应当及时报告工程所在地行业主管部门。工程承包单位应按招标投标文件和合同约定，组织项目部人员持证上岗，不得随意变更合同约定的注册监理人员、注册建造师、注册造价师和其他技术、管理人员。

4. 强化建设工程质量安全责任。各级政府应强化工程质量安全责任。坚决杜绝不按客观规律抢进度，随意压缩合同工期的行为。施工单位作为工程质量和安全生产直接责任主体，应严格执行工程建设强制性标准和规范，严防各类质量及安全事故发生。监理单位依法承担监理责任，应严格落实项目总监负责制，发现质量安全隐患应及时责令施工单位立即整改或停工并报告建设单位，施工单位拒不整改或不停止施工的，应向有关主管部门报告。监理费应列为招标投标不可竞争费用，不得低于国家取费标准签订合同。行业行政主管部门应严格执法，严厉打击影响工程质量安全的违法违规行为。对违反工程建设强制性标准，质量低劣、安全隐患突出及发生质量安全事故的企业及主要负责人，严格依法处罚。严格质量安全事故查处和责任追究机制，按照"谁建设、谁负责"的原则，实行质量终身负责制。因建设单位的审批手续、工程发包、安全费用支付等方面原因造成质量安全事故的，严格追究建设单位责任。严禁检测机构及人员出具虚假检测报告，对出具虚假检测报告的检测机构实行停业整顿，相关责任人不得再从事工程质量检测工作。

5. 严格市场准入和清出制度。严格建设工程行业准入条件和审批制度，促进行业有序发展。加强建设工程市场各方主体资质和执业人员资格的动态监管、联动监管，加大对其执业行为的监督检查，凡发现与资质、资格标准条件不符，以及存在违法违规行为、发生质量安全责任事故的单位和个人，严格依法处罚，情节严重的依法清出建设工程市场。对以挂靠、出借（卖）资质、参与串标方式扰乱市场秩序的企业，一律禁入或依法清出建设工程市场，按照现有法律法规规定的不同违法情形严格依法处罚。

（三）切实改善建设工程管理环境

1. 加强建设工程合同管理。严格执行建设工程合同示范文本，规范工程承发包内容，明确劳务分包和劳务用工行为，杜绝"霸王条款"等显失公平的约定。建设工程劳务用工单位必须实行实名制管理，与所有务工人员签订规范的劳动合同，明确工资的计付标准、支付时间和支付方式。规范工程价款结算制度，严格结算期限，项目法人和财政部门应当在规定期限内办理结算手续和支付工程结算价款，不得拖延付款。承包人在取得工程进度款、竣工结算价款后，应当优先支付劳动者工资。工程款未按合同约定付清的工程不得交付使用。

2. 深入开展专项整治。要深入开展基本建设程序、招标投标、建设监理、工程转分包、质量安全以及清理拖欠的专项整治活动，依法查处规避招标、招投标弄虚作假，监理行为不规范、监理人员不到位，工程转包和违法分包、出卖出借资质证照，拖欠工程款和农民工工资，以及随意变更施工现场经济技术管理人员等违法违规行为。要严肃查处领导干部违反规定干预或者插手工程招投标及政府投资项目中虚假招投标的违法违纪案件，严厉打击商业贿赂。对不执行招标管理规定、肢解工程规避招标的建设单位和以非法手段承揽工程、转包和违法分包工程的企业，要依法追究责任。

3. 严厉打击建设工程领域拖欠行为。各级政府要建立清欠工作责任追究制度。加大市场执法检查力度，严肃查处违法用工、拖欠农民工工资等行为。进一步明确施工承包企业清偿被拖欠农民工工资的主体责任。凡未实行工资保证金制度的施工企业，应对其市场准入、招投标资格和项目施工许可等进行限制。因企业自身原因发生拖欠农民工工资的，进行不良行为记录；对引发农民工集中上访事件，造成一定社会影响的，暂停其在省内的投标资格。因建设单位拖欠工程款，致使施工企业拖欠农民工工资，造成不良影响的，其已完工项目暂停办理备案手续，新建项目一律不得办理各项建设手续。

4. 坚决维护建设工程治安环境。由各级综治部门牵头，有关部门积极参与，公安机关发挥主力军作用，深入开展社会治安重点地区排查整治工作，继续深化"除五霸"专项行动，严厉打击盘踞在重点工程、建筑工地上的各类黑恶势力，侦破一批案件、打掉一批团伙、惩治一批罪犯，坚决遏制黑恶势力在建设工程领域发展蔓延的势头，为经济社会发展创造和谐稳定的社会环境。

5. 加快推进诚信体系建设。健全和完善建设工程市场信用信息采集、发布、查询、共享机制，建立完善建设工程项目、企业、执业人员基础数据库，建立健全惩戒失信和激励守信的市场机制。以实行不良行为记录为切入点，整合有关部门和行业的信用信息资源，构建统一的信息平台，严格实行不良行为公示制度。各类监管信息能公开的全部通过社会宣传、新闻媒体、互联网发布，自觉接受社会监督。

（四）积极支持信誉好、实力强的企业做大做强

1. 实行政府投资工程投标单位名录制度。政府投资或者政府投资占主导的工程建设项目，比照政府采购模式，实行投标单位名录制度。各地可委托相关行业主管部门每年一次组织对申请承接政府投资工程的承包商进行资格审查，根据企业规模、社会信誉、技术

力量、税收贡献、管理能力等情况，确定勘察设计、工程施工、监理、检测等单位名录。综合实力获得省政府命名表彰的优势企业直接列入名录。政府投资工程发包应当从名录中选择投标人或承包人。

2. 建立工程质量创优激励机制。建设工程各方主体应树立质量品牌意识，大力开展创优质工程和文明工地活动，实行优质优价。大中型公共建筑物、政府投融资建设工程应当创建优质工程。对政府投资工程或以政府投资为主的工程，招标人应当在施工和监理招标文件及合同中设置有关工程创优的奖励条款。建设项目因技术创新节约投资或提高效益的，由建设单位按照优质优价原则，给予必要的奖励。对获得国家级优质工程奖的施工总承包单位，在颁奖之日起一年内，建设单位还可直接发包其一项规模相当的工程作为奖励。

3. 加快推进改革创新。积极推进建设工程项目管理方式改革，政府投资工程应逐步推广实行代建制。加大对社会化、专业化工程项目管理服务市场的培育和引导，鼓励具备多项资质的项目管理单位为建设工程提供集招标代理、工程监理、造价咨询为一体的全过程管理服务。加快以产权制度为核心的企业股份制改造，完善法人治理结构，实现企业投入多元化、风险社会化。鼓励支持大型设计、施工企业相互联合，拓展企业功能，完善项目管理制度，逐步发展成为综合型企业。鼓励、支持优势企业实施跨地区、跨行业、跨所有制资产重组，提高工程建设行业产业集中度。

4. 大力扶持优势企业加快发展。各级政府应研究制定行业扶持政策，对工程建设骨干企业实施重点培育；各行业行政主管部门应打破行业壁垒，大力支持经营特色明显、科技含量较高、市场前景广阔、附加值高的专业承包企业发展。支持企业向关联度较高的上下游产业延伸，积极拓展经营业务，实施混业经营。支持中央和外地优秀施工总承包企业成建制迁入或在我省设立子公司。

第四章　工程项目管理

第一节　工程项目管理及其最新发展

一、工程项目管理

（一）工程项目及其分类

1. 工程项目

工程项目，又称土木工程项目或建筑工程项目，是最为常见也是最为典型的项目类型，是以建筑物或构筑物为目标生产产品、有开工时间和竣工时间的相互关联的活动所组成的特定过程。该过程要达到的最终目标应符合预定的使用要求，并满足标准（或业主）要求的质量、工期、造价和资源等约束条件。

工程项目的特点包括：

（1）工程项目是一次性的过程。

（2）每一个工程项目的最终产品均有特定的用途和功能，它是在概念阶段策划并且决策，在设计阶段具体确定，在实施阶段形成，在结束阶段交付。

（3）工程项目的实施阶段主要是在露天进行。受自然条件的影响大，施工条件很差，变更多，组织管理任务繁重，目标控制和协调活动困难重重。

（4）工程项目生命周期的长期性。

（5）投入资源和风险的大量性。

2. 工程项目的分类

工程项目按性质分类，可分为建设项目和更新改造项目。建设项目包括新建和扩建项目。更新改造项目包括改建、恢复、迁建项目。

工程项目按用途分类，可分为生产性项目和非生产性项目。生产性项目包括工业工程项目和非工业工程项目。非生产性项目包括居住工程项目、公共工程项目、文化工程项目、服务工程项目、基础设施工程项目等。

工程项目按专业分类，可分为建筑工程项目、土木工程项目、线路管道安装工程项目、装修工程项目。

工程项目按等级分类，可分为一等项目、二等项目和三等项目。一般房屋建筑工程的一等项目包括：28层以上，36m跨度以上（轻钢结构除外），单项工程建筑面积30000m²以上；二等项目包括：14～28层，24～36m跨度（轻钢龙骨除外），单项工程建筑面积10000～30000m²；三等工项目包括：14层以下，24m跨度以下（轻钢结构除外），单项工程建筑面积10000m²以下。

按投资主体分类，有国家政府投资工程项目、地方政府投资工程项目、企业投资工程项目、三资（国外独资、合资、合作）企业投资工程项目、私人投资工程项目、各类投资主体联合投资工程项目等。

　　按工作阶段分类，工程项目可分为预备项目、筹建项目、实施工程项目、建成投产工程项目、收尾工程项目。

　　按管理者分类，工程项目可分为建设项目、工程设计项目、工程监理项目、工程施工项目、开发工程项目等，它们的管理者分别是建设单位、设计单位、监理单位、施工单位、开发单位。

　　按规模分类，工程项目可分为大型项目、中型项目和小型项目。

　　（二）工程项目管理

　　（1）项目管理

　　项目管理是指为了达到项目目标，对项目的策划（规划、计划）、组织、控制、协调、监督等活动过程的总称。

　　（2）工程项目管理的特点

　　工程项目管理是特定的一次性任务的管理，它之所以能够使工程项目取得成功，是由于其职能和特点决定的。工程项目管理的特点有：

　　1）管理目标明确；

　　2）是系统的管理；

　　3）是以项目经理为中心的管理；

　　4）按照项目的运行规律进行规范化的管理；

　　5）有丰富的专业内容；

　　6）管理应使用现代化管理方法和技术手段；

　　7）应实施动态管理。

　　（3）工程项目管理的内容

　　项目管理的目标是通过项目管理的工作实现的。为了实现项目管理目标必须对项目进行全过程的多方面的管理。项目管理的内容包括：建立项目管理组织；编制项目管理规划；进行项目的目标控制；对项目现场的生产要素进行优化配置和动态管理；项目的合同管理；项目的信息管理；项目的组织协调。

二、工程项目的可行性研究

　　可行性研究是从市场、技术、生产、法律、经济、财力等方面对项目进行全面策划和论证。

　　1. 可行性研究的内容

　　不同的项目，具体研究内容不同，其基本内容包括：

　　（1）实施要点。对各章节的所有主要研究成果的扼要叙述。

　　（2）背景和历史。包括项目的主持者；项目历史；已完成的研究和调查的费用。

　　（3）市场和工厂生产能力。包括需求和市场；销售预测和经销情况；生产计划；工厂生产能力的确定。

　　（4）原材料投入。包括原料；经过加工的工业材料部件；辅助材料；工厂用物资；公用设施，特别是电力。

　　（5）厂址选择。包括对土地费用的估计。

　　（6）项目设计。包括项目范围的初步确定；技术和设备；土建工程。

　　（7）工厂机构和管理费用。包括机构设置；管理费用估计。

（8）人力。包括人力需要的估计，即工人、职员及各种主要技术类别人员需要的估计；按上述分类的每年人力费用估计，包括关于工资和薪金的管理费用在内。

（9）制订实施时间安排。包括所建议的大致实施时间表；根据实施计划估计的实施费用。

财务和经济评价。包括总投资费用；项目筹资；生产成本；在上述估计值的基础上作出财务评价；国民经济评价等。

2. 项目可行性研究的基本要求

可行性研究作为项目的一个重要阶段，它不仅起细化项目目标的承上启下的作用，而且其研究报告是项目决策的重要依据。只有正确的符合实际的可行性研究，才会有正确的决策。其基本要求包括：

（1）大量调查研究，以第一手资料为依据，客观地反映和分析问题，不应带任何主观观点和其他意图。项目的可行性研究应从市场、法律和技术经济的角度来论证项目可行或不可行，而不只是论证可行，或已决定上马该项目了，再找一些依据证明决定的正确性。

（2）可行性研究应详细、全面，定性和定量分析相结合，用数据说话，多用图表表示分析依据和结果。可行性研究报告应十分透彻和明了。常用的方法有：数学方法、运筹学方法、经济统计和技术经济分析方法，如边际分析法、成本效益分析法等。

（3）多方案比较，无论是项目的构思，还是市场战略、产品方案、项目规模、技术措施、厂址的选择、时间的安排、筹资方案等，都要进行多方案比较。应大胆地设想各种方案，进行精心地研究论证，按照既定目标对备选方案进行评估，以选择经济合理的方案。

（4）在可行性研究中，许多考虑是基于对将来情况的预测上的，而预测结果中包含着很大的不确定性。例如项目的产品市场、项目的环境条件，参加者的技术、经济、财务等各方面都可能有风险，所以要加强风险分析。

（5）可行性研究的结果作为项目的一个中间研究和决策文件，在项目立项后应作为设计和计划的依据，在项目后评价中又作为项目实施成果评价的依据。可行性研究报告经上层审查、评价、批准，项目立项。这是项目生命期中最关键性的一步。

三、工程项目管理的新发展

（一）工程项目管理的新理念

工程项目管理发展，最深刻的莫过于管理理念的变化，近年来可持续发展观、以人为本、新的价值观等新理念开始影响着建筑工程项目管理的发展，建筑工程项目管理理念最显著的变化有三个方面：

1. 可持续发展的理念

为达到可持续发展的目标，必须寻找新的途径和管理方法，采用环保、清洁的技术以及更高效的管理来取代或革新传统的生产方式，更多地利用可再生资源来满足社会的资源和能源需求。

（1）公司管理。可持续发展观开始成为公司的发展战略。承包商没有将新的发展观当作威胁，而是当作差异化的机遇和创新的催化剂。国际一流的承包商从可持续发展趋势中看到了商业和道德价值，从公司管理层、项目层、职员层都对可持续发展作出了承诺。通过生产模式或服务模式的改变，不竭余力地致力于传统生产力向绿色生产力的转变，改变建筑行业传统的竞争基础。

（2）设计管理。绿色建筑作为一种建筑产品应运而生。设计者和开发建设者正在建造绿色建筑物，设计者尽可能地在降低这些建筑的成本。同时为使用者提供舒适、健康、安全的场所。设计过程中，工程管理者开始尝试用诸如全寿命周期成本等方法对设计进行评价和管理，保证这种产品名副其实。

（3）材料管理。项目管理者在项目之初或建造过程中，不断强调采用清洁生产技术、少用自然资源和能源、大量使用工业或城市固态废物，生产出无毒害、无污染、无放射性、有利于环境保护、节约能源和人体健康的绿色建筑材料，并按照严格的标准和规范化的管理方法将绿色建筑材料应用到建筑物的建造中。

（4）施工管理。建造师在组织施工时，在保证质量、安全等基本要求的前提下，考虑如何通过科学管理和技术进步，最大限度地节约资源并减少对环境负面影响的施工活动，实现节能、节地、节水、节材和环境保护。

2. 以人为本

以人为本的理念已经深入到社会生活的方方面面，它对建筑业的影响主要反映在两个方面：一是生产的产品要为使用者创造舒适、健康、安全的场所；二是在建筑工程项目管理中要认识到人是管理中最基本的要素。

建筑工程项目管理中，借鉴精益生产的思想，结合建设项目的特点，对建设过程进行改造，形成以使用者为中心的管理理念。精益建造把完全满足使用者需求作为终极目标，使使用者的价值得到更好的认定、创造和传递。精益建造通过建筑工程项目实现价值的转移，使得建筑工程项目使用者的目标更明确，完成的产品更符合使用者的需求。

3. 新的价值观

新的价值观使得安全、健康、公平和廉洁问题在世界范围里受到关注。从建筑工程项目管理的角度，对建设过程、施工场所的安全、健康、公平和廉洁进行管理，并将它们有机集成到工程项目管理流程中，它们正在成为一个热点。因此，工程职业道德建设越来越受到政府、研究者和工程管理者的重视。

（二）管理新方法

1. 全过程项目管理

工程项目管理模式正在逐步地由单一的专业性管理，向整合各个阶段管理的全过程项目管理模式发展。全过程项目管理抛弃原有概念、设计、施工的建设程序，转而采用一种更具整合性的方法。以平行模式而非序列模式来实施建设工程项目的活动，整合所有相关专业部门积极参与到项目的概念、设计和施工的整个过程，强调系统集成与整体优化。

2. 精益建造

精益建造开始在建筑业应用，它可以最大限度地满足顾客需求；改进工程质量，减少浪费；保证项目完成预定的目标并实现所有劳动力工程的持续改进。

精益建造可以最大限度地提高生产效率。为避免大量库存造成的浪费，可以按所需及时供料；强调施工中的持续改进和零缺陷，不断提高施工效率，从而实现建筑企业利润最大化的系统性的生产管理模式。

精益建造更强调面向建筑产品的全生命周期进行动态的控制，更好地保证项目完成预定的目标。

3. 承包模式创新

传统的建筑工程承包模式是设计—招标—施工，它是我国建筑工程最主要的承包模式。然而，越来越多的业主把合作经营看做是设计、建造和项目融资的一种手段，承包商靠提供有吸引力的融资条件，而不是更为先进的技术赢得合同。承包商将触角伸向建筑工程的前期，并向后期延伸，目的是体现自己的技术能力和管理水平，这样不仅能提高建筑工程承包的利润，还可以更有效地提高效率。例如，工程总承包模式和施工总承包模式已成为大型建筑工程项目中广为采用的模式。设计—建造模式（D&B）和设计采购施工模式（EPC），在国外大型工程中使用得比较成熟。这些承包模式有两种发展趋势：

（1）这些通常应用于大型建筑工程项目的承包模式，开始应用于一般的建筑工程项目中；

（2）承包模式不断地根据项目管理的发展，繁衍出新的模式。

4. 虚拟施工方法

在工程开始施工前，对建筑项目的设计方案进行检测分析，对项目施工方案进行模拟、分析与优化，从而发现施工中可能出现的问题，在施工前就采取预防措施，直至获得最佳的施工方案，从而指导真实的施工。虚拟施工是施工领域的新方法，它将三维模型用于模拟建造一个建筑工程项目，不仅考虑时间维，还考虑其他维数，如材料、机械、人力、空间、安全等，可以扩展到"N维"。

虚拟施工本身不消耗施工资源，却又能事先看到并了解施工的过程和结果，可以大大降低管理成本和返工成本，减少风险，增强管理者对施工过程的控制能力。虚拟施工的作用主要有：

（1）分析和优化设计方案。虚拟施工技术可以在建筑工程的设计阶段，对建筑设计进行分析与优化。完善的设计方案是建筑项目顺利实施的前提和保证，项目设计的建筑、结构、设备三方面集成在一起的建筑构件，时常出现碰撞或冲突，这不仅会增加设计、施工返工成本，浪费资源，还会影响施工的进度。

（2）先试后建。就是建立的3D设计模型，采用虚拟施工技术模拟和分析相关施工方案。通过模拟，发现不合理的施工程序、工艺方法、施工调度的冲突、资源的不合理利用、安全隐患、作业空间不充足等问题，也可以及时更新施工方案，以解决相关问题。

（3）优化施工管理。通过施工过程再现，除了在施工开始之前可以建立一个完善的施工方案外，虚拟施工技术还可以清晰地展示整个施工过程。由于减少了实际施工中的问题，管理活动也得到简化，项目对管理人员的需求自然减少，或合并相关职位，或减少相关职位，进而管理成本将大大降低。

（三）信息技术应用

信息技术应用于建筑工程项目管理，其目的是提高工程建设活动的效率。信息化在建筑业带来的最直接的成效是便于信息交流和减少成本，特别是人工成本。建筑工程项目的成本通常会与材料价格和劳动力工资水平保持同步，人工成本在建筑成本中占的比例不断上升，已越来越成为建筑成本中不可忽视的一个部分。

1. 建筑信息模型

建筑信息模型（Building Information Modeling，简称BIM）正在引发建筑行业一次新的变革。该模型利用三维数字技术为基础，集成了建筑工程项目各种相关信息的工程数据模型，并以此对建筑项目进行设计、建造和运营管理。BIM能有效地促进建筑项目周期各个阶段的知识共享，开展更密切的合作，将设计、施工和运营过程融为一体，建筑企业之间多年存在的隔阂正在被逐渐打破。它改善了易建性、预算的控制和整个建筑生命周期的管理，并提高了所有参与人员的生产效率。许多大型行业通过采用建模技术以整合设计、生产和运营活动，大大提高了生产效率。

2. 虚拟施工

虚拟施工是 BIM 技术在施工阶段的运用，它是一种在虚拟环境中建模、模拟、分析建筑设计与施工过程的数字化、可视化技术。利用这种技术施工现场输出的同步画面可向各方展示工程进度，其结果使参与工程各方的沟通、协调更加富有成效（如前所述）。

3. 基于网络信息技术的项目管理

建筑项目管理中最为让人赏心悦目的技术是计算机、互联网和企业内部局域网络的应用。互联网作为一种手段，已广泛使用在同一工程上专家之间的协作、沟通与联系，不同工程项目之间的合作、协调、资源调配以及采购必需品和服务等各个方面上。基于网络的项目管理系统通过采用网络信息技术建立中心数据库，提供建筑工程的信息服务，促进建筑工程各参与方的交流与合作，并不断更新数据库中的数据，使得业主、设计师、监理工程师和承包商及时地掌握工程近况，并做出分析与决策。基于网络的项目管理为建筑企业提供了更广阔、完整的一套工具，使得建筑企业可以尝试更多的涉及不同地域的工程项目。基于网络的项目管理将会对一个项目组织的技术、工作环境、人际关系、开发过程带来相当大的冲击。

第二节　项目团队建设与项目经理领导艺术

一、项目团队建设

（一）项目团队

项目团队主要指项目经理及其领导下的项目经理部和各职能管理部门。由于项目的特殊性，特别需要强调项目团队的团队精神，团队精神对项目经理部的成功运作起关键性作用。

项目团队的精神具体体现在：

（1）有明确共同的目标。这里的目标一定是所有项目成员的共同意愿。

（2）有合理的分工和合作。通过责任矩阵明确每一个成员的职责，各成员间是相互合作的关系。

（3）有不同层次的权利和责任。

（4）组织有高度的凝聚力，能使大家积极地参与。

（5）团队成员全身心投入项目团队工作中。

（二）项目团队建设

项目团队建设是指将肩负项目管理使命的团队成员按照特定的模式组织起来，协调一致，以实现预期项目目标的持续不断的过程。

1. 项目团队建设的重要性

项目团队建设就是要创造一个良好的氛围与环境，使整个项目管理团队都为实现共同的项目目标而努力奋斗。项目团队建设的重要性主要体现在：

1）使团队成员确立起明确的共同目标，增强吸引力、感召力和战斗力。

2）做到合理分工与协作，使每个成员明确自己的角色、权力、任务和职责，以及与其他成员之间的相互关系。

3）建立高度的凝聚力，使团队成员积极热情地为项目成功付出必要的时间和努力。

4）加强团队成员之间的相互信任，促使成员间相互关心，彼此认同。

5）实现成员间有效的沟通，形成开放、坦诚的沟通气氛。

2. 项目团队建设中的意识感

一个成功的项目团队应普遍树立起五种思想意识——目标意识、团队意识、服务意识、竞争意识和危机意识。

1）目标意识。应该做到：目标到人、个人目标与组织目标相结合、强烈的责任心和自信心。

2）团队意识。包括：团队成功观念，树正气、刹歪风，个人利益和团队利益相结合，沟通意识。

3）服务意识。包括：面向客户的服务、面向团队内部的服务、面向维修保养人员的服务。

4）竞争意识。包括：责权利均衡、论功行赏，处理好主角与配角的关系。

5）危机意识。包括：使命感，行业、市场的危机，团队的危机。

3. 项目团队建设形成的阶段

（1）形成阶段

在这一过程中，主要依靠项目经理来指导和构建团队。团队形成需要两个基础，它们是：

1）以整个运行的组织为基础，即一个组织构成一个团队的基础框架，团队的目标为组织的目标，团队的成员为组织的全体成员；

2）在组织内的一个有限范围内完成某一特定任务或为一共同目标等形成的团队。

（2）磨合阶段

磨合阶段是团队从组建到规范阶段的过渡过程。主要指团队成员之间，成员与内外环境之间，团队与所在组织、上级、客户之间进行的磨合。

在这个阶段，由于项目任务比预计的更加繁重、更困难，成本或进度的计划限制可能比预计的更加紧张，项目经理部成员会产生激动、希望、怀疑、焦急和犹豫的情绪，会有许多矛盾。而且，在以上的磨合阶段中，可能有的团队成员因不适应而退出团队，为此，团队要进行重新调整与补充。在实际工作中应尽可能地缩短磨合时间，以便使团队早日形成合力。

（3）规范阶段

经过磨合阶段，团队的工作开始进入有序化状态，团队的各项规则经过建立、补充与完善，成员之间经过认识、了解与相互定位，形成了自己的团队文化、新的工作规范，培养了初步的团队精神。

（4）表现阶段

经过上述三个阶段，团队进入了表现阶段，这是团队的最佳状态的时期。团队成员彼此高度信任，相互默契，工作效率有大的提高，工作效果明显，这时团队已经比较成熟。

（5）休整阶段

休整阶段包括休止与整顿两个方面的内容。

团队休止是指团队经过一段时期的工作，工作任务即将结束，这时团队将面临着总结、表彰等工作，所有这些暗示着团队前一时期的工作已经基本结束，团队可能面临马上解散的状况，团队成员要为自己的下一步工作进行考虑。

团队整顿是指在团队的原工作任务结束后，团队也可能准备接受新的任务。为此团队要进行调整和整顿，包括工作作风、工作规范、人员结构等各方面。如果这种调整比较大，那么实际上是构建成一个新的团队。

4. 项目团队文化建设

项目团队不仅可以高效地利用有限的人力资源，而且有助于加强员工间的交流与协作。高效的团队文化是项目成功一个不可或缺的要素。

（1）项目团队文化的内容与功能

项目团队文化的内容主要包括：

1）人们的行为准则。包括语言，或者为了表达敬意态度时一些仪式的做法等。

2）群体规范。团队做事的一般原则。

3）主导性价值观。包括类似于产品质量、价格领导者等团队中所信奉的核心价值观。

4）处世哲学。包括处理团队和其利益相关者的关系时所应该信奉的意识形态。

5）游戏规则。为了在团队中生存而学习的游戏规则。

6）团队气候。团队成员在与外部人员进行接触过程中所传达的团队内部的风气感情。

7）技巧。包括团队成员在完成任务时的特殊能力，不凭借文字就能进行传播的处理主要问题的能力等。

8）思维习惯、心智模式、语言模式。包括团队成员共享的思维框架。

9）共享的意思。团队成员在相互作用过程中所创造的自然发生的一种理解。

10）一致性符号。包括创意、感觉和想象等团队发展的特性，这些可能不被完全认同，但是它们会体现在团队的文件以及团队其他的物质层面上。

项目团队文化的功能主要包括：

1）项目团队文化为其成员提供了一种认同感，认同感激发了成员对团队的责任感，使成员有理由向团队贡献其精力和忠诚。

2）文化有助于团队的管理系统化合法化。文化有助于澄清权力关系，并说明人们为什么处于某一权力地位，以及为什么要尊重他们的权力。而且，文化有助于人们协调理想与实际行动之间的不一致。

3）团队文化澄清并加强了行为标准。文化有助于确定哪些行为是允许的，哪些行为是不合时宜的。

4）文化有助于在团队内建立社会秩序。如果成员没有相似的规范、信仰和价值观，团队将会是一片混乱。团队文化所表现的风俗、规范及理念有利于行为的稳定性与可预测性，而这对一个有效的团队是非常重要的。

（2）项目团队文化的培育和建设

1）发挥项目组织的保证作用。保持项目诚信，遵守项目承诺，确保项目成功，建设项目文化，唯有项目高层领导、组织的高度重视和有效保证才能奏效。项目组织各级领导以身作则、率先垂范、严格要求、有力支持以及高尚的人格力量，对项目文化的形成十分重要。

2）以人为本，尊重员工。项目文化建设实质是人的建设。发挥项目员工积极性、主动性、自觉性、创造性，让项目员工自觉地把自己的行为与项目目标、产品质量、个人发展、组织命运连接在一起。在项目开发过程中，项目高层领导、项目团队成员、项目团队、项目所在组织要把其所有顾客视为合作伙伴和服务对象，在完成项目范围、实现项目目标中共同进步和发展，真正体现以人为本，实现人的全面发展。

3）提升项目团队整体素养。项目团队整体素养的提升是确保项目成功和项目产品质量的基础。开展项目成员教育、培训方能推动项目团队文化意识形成，提高对项目工作的自觉性。

4）制定科学合理的项目规范，建立有效可控的项目运行平台和运行机制。良好的规章制度是确保项目及其成员受控的保证，有了它才能规范项目员工、项目团队和项目所在组织的工作行为。组织要系统策划、科学建章，建立一套项目工作技术规范和管理规范，并且不断动态完善，确保其充分性、适宜性和有效性。同时要加大对项目规章制度执行的监督检查，对有法不依、执法不严要实施正确的行为制约和管理导向，健全并完善项目目标体系、评价体系和分配体系，建立有序、公正的项目评价、项目激励制度和机制。

5）团队文化与人力资源管理相互结合。团队文化的形成在很大程度上要与团队的人力资源管理相结合，才能将抽象的核心价值观通过具体的管理行为统筹起来，真正得到团队成员的认同，并由成员的行为传达到外界，形成在团队内、外部获得广泛认同的团队文化，真正树立团队外部形象。将核心价值观与团队的选人标准结合起来，并将核心价值观的要求贯彻于团队培训之中，让团队成员了解团队文化，特别是团队的核心价值观，在制定职位和员工发展政策时，要明确告诉团队成员，团队只培养与发展那些与本团队文化契合程度较高的员工。

6）文化的形成过程融入制度建设之中。团队文化的具体要求应与员工的绩效与激励挂钩。在团队的绩效与激励管理体系内，要将团队的价值观的内容，作为考评与激励内容的一部分，将团队核心价值观用各种职业化行为标准来具体描述，通过鼓励或反对某种行为，达到诠释团队核心价值观的目的。通过各种灵活务实的沟通机制，使核心价值观达到上下理解一致，从而在团队成员心目中真正形成认同感。要明确告诉成员提倡什么、鼓励什么，所有的管理人员参与其中，并成为忠实实践团队核心价值观的表率。

7）推进项目管理创新，建立特色项目文化。项目管理由20世纪的管理战术上升为21世纪的管理战略，项目管理知识在高度分化的基础上向集成化发展，项目管理模式在民族化的基础上向全球化发展，项目管理知识体系在数字化的基础上向网络化发展，项目管理教育在专业化的基础上向综合化发展，项目管理组织模式由职能化、项目化向多样化、个性化发展，项目管理人才在专业化基础上向职业化发展。适应全球项目管理发展态势和项目管理组织模式的创新，拓展项目管理内涵和外延，建立特色项目文化已成必然。

5. 项目团队能力的持续改进方法

（1）改善工作环境

工作环境是指团队成员工作地点的周围情况和工作条件。工作环境的状况可以影响人的工作情绪、工作效率、工作的主动性和创造性，进而影响工作质量与工作进度。因此，项目的负责人应注意通过改善团队的工作环境来提高团队的整体工作质量与效率，特别是对于工作周期较长的项目。

（2）人员培训与文化管理

培训包括为提高项目团队技能、知识和能力而设计的所有活动。通过培训将有效地推进项目文化的建设和管理。项目培训可以是正式的，也可以是非正式的。

在培训中应该重点引导各种人员的文化及价值导向，要逐步形成项目文化管理的基础架构，包括：各种制度和程序的制定应该定期的根据惯例、文化的发展进行修订，惯例、文化的发展也必须将各种制度、程序的要求囊括其中，这样使培训与文化管理有机地结合起来，大大提高项目管理的效果。

（3）团队的评价、表彰与奖励

团队的评价是对员工的工作业绩、工作能力、工作态度等方面进行调查与评定。评价是激励的方式之一。正确地开展评价可以使团队内形成良好的团队精神和团队文化，可以树立正确的是非标准，可以让人产生成就与荣誉感，从而使团队成员能够在一种竞争的激励中产生工作动力，提高团队的整体能力。团队评价的具体方式可以采取指标考核、团队评议、自我评价等多种方式。

表彰与奖励体系是正式管理活动的重要组成部分之一，可以提高或强化管理者所希望的行为。在取得的成绩与奖励之间建立起清晰、明确、有效的联系，有助于表彰与奖励成为行之有效的工具。

（4）反馈与调整

项目人员配备、项目计划、项目执行报告等都只是反映了项目内部对团队发展的要求，除此之外，项目团队还应该对照项目之外的期望进行定期的检查，使项目团队建设尽可能符合团队外部对其发展的期望。外部反馈的信息中主要包括委托方的要求，项目团队领导层的意见，以及其他相关客户的评价与建议等。

当项目团队成员的表现不能满足项目的要求或者不适应团队的环境时，项目经理不得不对项目团队成员进行调整。项目团队调整的另一项内容是对团队内的分工进行调整，这种调整有时是为了更好的发挥团队成员的专长，或为了解决项目中的某一问题，也可能是为了化解团队成员之间出现的矛盾。调整的目的都是为了使团队更适合项目工作的要求。

二、项目经理领导艺术

（一）项目管理与领导艺术

项目经理是项目管理的核心力量，是项目管理成败的关键。项目管理既是一门科学，也是一门艺术。学习和运用领导艺术，建立高效的项目团队，实现对项目的可控，才能在实际工作中提高执行力，确保项目的质量，更好地按预定的目标完成项目，带领项目团队为企业和社会创造更大的价值。

要实行对项目的有效控制和领导，项目经理除了应具备基本的领导方法，而且还要有高超的领导艺术。所谓领导艺术，就是领导者在一定知识、经验和辩证思维的基础上，富有创造性地运用领导原则和方法的才能，是领导者的智慧、学识、胆略、经验、作风、品格、方法、能力的综合体现。

领导艺术具有以下一些基本特性：

1. 领导艺术是一般艺术的高层次移植

　　领导艺术来自于一般艺术，艺术既表现人的感情，也表现人的思想，并且用生动的形象来表现。领导艺术不是虚构的，而是生活中活生生的实在形象，这要求领导者本身来塑造自己在生活中的不同形象，并运用形象力来产生强烈的导向力。因此，这种移植不是艺术的搬家，而是艺术的升华。

　　2. 领导艺术是情感投资所形成的工作优势

　　如果说领导科学是靠智力投资来形成工作优势的话，那么领导艺术则主要是靠情感投资来形成的工作优势。运用领导艺术要动感情，就要平易近人、热情处事，只有领导者与被领导者在心理上产生了感情的共鸣，才能有共同的心声，以情感人才能产生心里服人的效果。

　　3. 领导艺术是心理磁化所形成的磁场

　　领导艺术的手法，必须借助自身的心理活动，去沟通被领导者的心理要素，使之产生心理共鸣，互相适应，互相吸引。领导者对周围群众的凝聚力，就是在本身的心理磁化过程中，产生了一个大的磁场而形成的磁力。反之，领导方法就失去了艺术性。

　　4. 领导艺术是领导者内在美的外在表现

　　领导艺术是领导文明的表现，领导者品质的表率，往往对被领导者产生强烈的感染力，形成一种美的分享。然而，领导艺术毕竟不是事物的原形，而是原形在美学屏幕上的映像，正如经过加工，雕刻的工艺品一样，就感到美了、艺术了。领导艺术性的增强，也少不了艺术的加工。

　　（二）项目经理的地位和要求

　　1. 项目经理的地位

　　工程项目是一次性的整体任务，在完成这项任务过程中必须有一个最高的责任者和组织者，这就是项目经理。

　　项目经理是承包人的法定代表人在承包的项目上的一次性授权代理人，是对工程项目管理实施阶段全面负责的管理者，在整个活动中占有举足轻重的地位。确立工程项目经理的地位是搞好工程项目管理的关键。

　　（1）项目经理是企业法人代表在工程项目上负责管理和合同履行的一次性授权代理人，是项目管理的第一责任人。从企业内部看，项目经理是工程项目实施过程所有工作的总负责人，是项目动态管理的体现者，是项目生产要素合理投入和优化组合的组织者。从对外方面看，作为企业法人代表的企业经理，不直接对每个建设单位负责，而是由工程项目经理在授权范围内对建设单位直接负责。由此可见，工程项目经理是项目目标的全面实现者，既要对建设单位的成果性目标负责，又要对企业效益性目标负责。

　　（2）项目经理是协调各方面关系，使之相互紧密协作、配合的桥梁和纽带。他对项目管理目标的实现承担着全部责任，即承担履行合同责任，履行合同义务，执行合同条款，处理合同纠纷，受法律的约束和保护。

　　（3）项目经理对项目实施进行控制，是各种信息的集散中心。自下、自外而来的信息，通过各种渠道汇集到项目经理；项目经理又通过指令、计划和协议等，对下、对外发布信息。通过信息的集散达到控制的目的，使项目管理取得成功。

　　（4）项目经理是项目责、权、利的主体。因为项目经理是项目总体的组织管理者，即是项目中人、财、物、技术、信息和管理等所有生产要素的组织管理者。他不同于技术、财务等专业的总负责人，项目经理必须把组织管理职责放在首位。项目经理首先必须是项目实施阶段的责任主体，是实现项目目标的最高责任者，而且目标的实现还应该不超出限定的资源条件。责任是实现项目经理负责制的核心，它构成了项目经理工作的压力，是确定项目经理权力和利益的依据。对项目经理的上级管理部门来说，最重要的工作之一就是把项目经理的这种压力转化为动力。其次项目经理必须是项目的权力主体。权力是确保项目经理能够承担起责任的条件与手段，所以权力的范围，必须视项目经理责任的要求而定。如果没有必要的权力，项目经理就无法对工作负责。项目经理还必须是项目的利益主体，利益是项目经理的工作动力，是由于项目经理负有相应的责任而得到的报酬，所以利益的形式及利益的多少也应该视项目经理的责任而定。如果没有一定的利益，项目经理就不愿负有相应的责任，也不会认真行使相应的权力，项目经理也难以处理好与项目经理部、国家、企业和职工之间的利益关系。

2. 项目经理的作用

项目经理的作用主要包括：

(1) 管理者作用。项目经理要借助许多手段，汇集各种工程项目的指令、信息、计划、方案、制度等，指挥项目高效、有序进行。

(2) 沟通者作用。项目经理是项目各方沟通、协调的桥梁和枢纽，需要及时解释和传递项目的相关信息，以协调解决问题。

(3) 决策者作用。在项目实施过程中，项目经理需要根据信息，在资源分配、成本和进度之间做出权衡，提出并分析最佳方案，估计决策的最佳时机，在实际工作中尽可能做出有利决策并贯彻执行。

(4) 团队领导者作用。项目经理需要利用以往的管理经验、个人魅力和威信等，领导和指导项目团队成员。

(5) 氛围营造者作用。项目经理常常需要营造一种有支持作用的氛围，使项目在遇到困难时，能够激发项目成员的热情，调动其积极性并激励其努力工作。

3. 项目经理的素质要求

由于项目经理对项目的重要作用，人们对他的知识结构、能力和素质的要求越来越高。许多书上提出了许多要求和标准，达到几乎苛刻的程度。实践证明，纯技术人员是不能胜任项目经理工作的。按照项目和项目管理的特点，对项目经理有如下几个基本要求：

(1) 政治素质

项目经理是企业的重要管理者，故应具备较高的政治素质和职业道德。首先必须具有思想觉悟高、政策观念强和社会道德品质。在项目管理中能自觉地坚持正确的经营方向，认真执行党和国家的方针、政策，遵守国家的法律和地方法规，执行上级主管部门的有关决定，自觉维护国家的利益，保护国家财产，正确处理国家、企业和职工三者之间的利益关系，并具有坚持原则、善于管理、勇于负责、不怕吃苦、有较强的事业心和责任感。

(2) 领导素质

项目经理是一名领导者，因此应具有较高的组织能力，具体应满足下列要求：

1) 博学多识，明礼诚信。即具有马列主义、现代管理、科学技术、心理学等基础知识，见多识广、眼光开阔。能够客观公正地处理各种关系。

2) 多谋善断，灵活机变。即具有独立解决问题和外界洽谈业务的能力。思维敏捷，善于抓住最佳的时机，并能当机立断，坚决果断地去实施。当情况发生变化时，能够随机应变地追踪决策，巧妙地处理问题。

3）团结友爱，知人善任。即用人要坚持五湖四海，知人所长，用其所长，避其所短；尊贤爱才，大公无私，不任人唯亲，宽容大度，关心别人胜于关心自己。

4）公道正直，勤俭自强。以身作则，办事公平，敬业奉献。

5）铁面无私，赏罚分明。即对被领导者赏功罚过，不讲情面，其次建立管理权威，提高管理效率。

（3）知识素质

项目经理应当是一个专家，具有大专以上相应的学历层次和水平，懂得项目技术知识、经营管理知识和法律知识。特别要精通项目管理的基本理论和方法，懂得项目管理的规律。具有较强的决策能力、组织能力、指挥能力、应变能力，即经营管理能力。能够带领项目经理班子成员，团结广大职工一道工作。同时，在业务上必须是内行、专家。此外，每个项目经理还应经过专门的项目经理培训学习，并取得培训合格证书，取得相应资质的项目经理还应按规定定期接受继续教育。承担外资工程的项目经理还应掌握一门外语。

（4）实践经验

每个项目经理必须具有一定的工程实践经历和按规定经过一定的实践锻炼。只有具备了实践经验，才能灵活自如地处理各种可能遇到的实际问题。

（5）身体素质

由于项目经理不但要担当繁重的工作，而且工作条件和生活条件都因现场性强而相当艰苦。因此，必须年富力强，具有健康的身体，以便保持充沛的精力和旺盛的意志。

4. 新时期对项目经理的新要求

随着社会主义市场经济的发展，在新的时期，项目管理者还需要具备其他一些素质，主要有以下几个方面：

（1）贵在坚持

项目管理成败的关键是坚持，只要决定进行了项目管理流程，就不要后悔或后退，当你决定放弃的时候也许就是你要成功之时。

（2）良好口才

项目经理沟通协作能力中最为重要的是口才，因为需要同项目参与人，包括业主、监理、施工队、材料设备供应商，以及项目组成员和管理层进行良好的沟通与协作，拥有良好的口才将是前提和条件。

（3）团队精神

管理流程是不可能靠项目经理一个人维持，必须要大家共同努力。不管团队成员发生什么事情，要尽力去帮助他，这样团队才可能继续前进。只有品德高尚的人才能感染周围的人，使团队具有向心力，从成功走向成功。

（4）循序渐进

循序渐进就是要在项目工作中按部就班，在确认获得每一步反馈无误后，再进行下一步的工作。这是事物发展的客观规律，凡事必须循序渐进，切忌急于求成。急则乱，乱则项目无法正常进行下去。

（5）学无止境

项目经理不仅要刻苦而且要有相应目的地进行学习。只有这样所学到的知识在实际工作中才具有指导意义。由于作为项目经理需要涉及的方面比较广泛，对各个方面的知识都要有所涉猎。

（6）以身作则

以身作则与有威信是相辅相成的。项目管理的一个重要工作就是制定各种规范和规定，这项工作不能只依靠口头上的宣传以及冷冰冰的制度来执行，更关键的还是在于项目经理的以身作则。规范制度的权威性主要还是靠项目经理自己，只有坚持以身作则，才能将自己优秀的管理思想在整个项目中贯穿下去，取得最后的成功，也只有这样说话才会有人听，做事才会有人关注，才会取得在项目成员乃至项目参与人中的威信。

（7）敢于负责

项目经理关系到一个项目的成败，是自己的责任就要敢于承担。有相应的权利就必然有相应的责任。如果不负责任项目管理中就可以不再需要项目经理了，只有项目经理敢于负责，才能使得责任对应的个人有勇气站出来。这样也将使项目朝更快更好的方向发展。

（8）善于总结

项目的执行有收尾阶段其中就包含有绩效评审，绩效评审的目的就是为了总结项目的成功与不足，以形成经验文档，经过知识的编写、组合和整理，而形成新的知识，对今后的项目进行相应的指导和借鉴。其实个人的总结过程就是不断改进的过程，不断修养，完善自我。

（9）四个维护

坚持维护社会利益，坚持维护本公司利益，坚持维护业主利益，坚持维护施工队利益。这是现代项目经理必须坚持的原则。

（三）项目经理应具备的领导艺术

1. 项目经理应具备的领导方法

（1）以人为本，做好服务

1）服务是领导者的基本信条。必须明白，只有我为人人，才能人人为我。

2）精心营造小环境，努力协调好组织内部的人际关系，使个人的优缺点互补，各得其所，形成领导队伍整体优势。

3）领导首先不是管理员工的行为，而是争取他们的心。让企业每一个成员都对企业有所了解，逐步增加透明度，培养群体意识，团队精神。

4）了解下属在关心什么，需要什么，并尽力满足他们的合理要求，帮助他们实现自己的理想。

5）要赢得下属的尊重，首先要尊重下属，要懂得权威不在于手中的权力，而在于下属的信服和支持。

6）设法不断强化下属的敬业精神，要知道没有工作热情，学历知识和才能都是没有用的。

7）虚心好学，不耻下问，博采下属之长。

（2）发扬民主，科学决策

既要集思广益，又要敢于决策，领导主要是拿主意、用干部，失去主见就等于失去领导。要善于倾听下属意见，不要敷衍下属。

（3）讲究艺术，懂得激励

1）带头按照工作程序办事，坚持分层负责，逐级管理的原则。充分尊重下属的职权，既不越级指挥，也不受理越级报告，以免挫伤下属的积极性。

2）对人热情，但不随和。

3）对下属一视同仁，不能有亲有疏，更不能拉帮结派，扶植亲信。

4）把培育部署工作放在第一位，敢于和善于重用能力超过自己的人。

5）对下属宽严相济，一时宽大为怀，就会流于放任；过分严格要求，下属畏缩不前，不敢大胆工作。

6）对下属不要求全责备，更不能抓住缺点不放。做到奖惩分明，能够诚挚地、热情地对待犯错误者，团结包括反对过自己而又反对错了的人。尊重下属，自己也更受到下属的尊重。

7）批评下级的语言不要含糊其辞，要具体指出错误，尽快查明为什么会出现错误，而不是首先追究谁的责任。

8）在事情没有搞清楚以前，切勿轻易下结论。

（4）以身作则，思想领先

1）要做到言而有信，言必行，行必果。不能办到的事千万不要许诺，切不可失信于人。

2）有错误要大胆承认，不要推卸责任，寻找替罪羊。

3）不要贪图小便宜，更不能损公肥私，这样会让人瞧不起，无法领导别人。

4）养成换位思考的习惯，经常提醒自己。

5）要学习、学习再学习。在当前知识快速更新的时代，不学习就要落伍。

（5）运用文化和影响力

每个企业组织都具有一种特殊的文化，这一观念已经深深地植根于管理思维中。这里的文化指同事们共享的一套人生哲学和共同的价值观。

2. 项目经理应具备的领导艺术

（1）用人艺术

如何履行领导职能是衡量一个领导者的领导能力的尺度，在众多的领导谋略和技艺中，用人的策略是首要的。

领导在用人艺术上应做到：

工作与才能要相适应；工作与人的性格要相适应；任何一个团体的人员搭配时，要尽可能做到知识的互补、能力强弱的互补和不同性格互补；人才更新，保证团队活力；用人不疑，用人不嫉。

（2）分配工作艺术

分配工作时能做到：能分配给一个人完成的工作，决不分给两个人，切忌"共同负责"；分配工作要尽量满足职工在工作中的社交欲望，使他有机会与别人接触；要让下级跳起来摘果子，工作难度稍大些，完成工作后有成就感；工作内容最好多样化，以利于减轻工作疲劳；工作分配要甘苦搭配。

（3）支持下级艺术

支持下级的艺术包括：要重视下级的意见，作决策时把基层领导当做"顾问"；让基层领导做自己的"发言人"，自己的意图靠下级去传达沟通，这样可使他在群众心目中的地位提高；作下级决策的赞助人，基层领导已作的决定，没有非反对不可的理由就要支持；充当下级的"缓冲者"，一般情况下尽量不使自己处于"第一线"，但基层领导出了差错，领导要主动站出来承担责任，使其在工作中有"安全感"；领导者应尊重、支持下级的意见，但要保持头脑清醒。

（4）运用权力艺术

领导者有权便于推动决策，但权力的威力往往不在行动之时，而在行动之前，动不动就使用权力，有时反而削弱了权力的威力。权力要成为工作的间接推动力。而以身作则，班子团结，才是工作的直接推动力。

（5）检查工作艺术

对下级的检查督促，要求前后一致，不要朝令夕改，前后矛盾，免得下级无所适从；检查督促的严密程度要适当，不检查督促是做领导的失职，但过于频繁，效果却适得其反，会感到领导对其不信任，对他们的能力有怀疑。

（6）沟通协调艺术

1）明确沟通的内容。精心构思需要沟通的信息，针对具体的沟通目标，在沟通过程中明确一个或几个关键信息，使信息能被快速接收和反馈。

2）了解沟通对象的背景。尽可能设身处地的从信息接收者的角度来考虑和看待问题，进行真诚而富有建设性的沟通。

3）克服信息失真。为了避免双方对于同一信息的不同理解，可以要求接收者确认或重复信息的要点，杜绝模棱两可的信息。

4）抑制情绪化的反应。信息发送者情绪化的反应，会使信息的传递严重受阻，管理者一方面要关注自己情绪的变化，避免这种变化对沟通对象的影响；另一方面，要留意沟通对象的情绪反应，做好随时改变沟通策略的准备，必要时可以暂停进一步的沟通，使双方恢复平静。

5）保持语言和非语言沟通的一致性。手势、衣着、姿势、表情甚至语调等非语言沟通媒介应最大限度地与语言信息保持一致，防止发送错误的信息。

6）获取沟通的信任。尽力创造充满信任气氛的沟通环境，通过长期的积累树立自身的可信度，建立与沟通对象的和谐关系，有利于沟通对象对信息的接收。

7）选择恰当的时机和场合。沟通对象对于信息的接收在某种程度上受到周围环境的影响，因此应注意选择适宜的场合和机会向沟通对象传递信息。

8）倾听。倾听是最重要的沟通工具，通过倾听来获得信息，可以通过邀请和鼓励，或是采用提问的方式，听取沟通对象的意见和对于信息的反馈。找到沟通对象的兴趣点，随时调整自己的沟通方式和媒介。

（7）商务谈判艺术

1）商务谈判应遵守的原则

A. 平等自愿。指有独立行为能力的交易各方能按照自己的意愿进行判断并做出决定，无论其经济力量是强还是弱，他们对合作交易项目都具有一定的否决权。

B. 客观真诚。这是成功谈判的首要原则，谈判各方都应服从事实，用事实说话，维护企业信誉，采用客观的标准来衡量各方的条件和要求。

C. 互惠互利。在谈判过程中，参与谈判的各方都能获得一定的经济效益，并且要使其得到的经济效益大于其支出成本；谈判结束后，各自的需求都有所满足，最大限度地实现谈判各方的利益。

D. 求同存异。为了实现谈判目标，谈判者在谈判中应尽力协调分析，遵循求同存异的原则：即对于一致之处，达成共同协议；对于一时不能弥合的分歧，不求得一致，允许保留意见，以后再谈。

E. 合法。商务谈判中的合法原则是指在商务谈判中要遵守国家的法律和政策。一是谈判各方所从事的交易项目必须合法，二是谈判各方在谈判过程中的行为必须合法。

2）商务谈判技巧

不轻易给对方讨价还价的余地。价格是商务谈判的核心，因此价格往往成为谈判双方争执的焦点。要想在价格问题上掌握主动，方法之一，就是运用"价格—质量—服务—条件—价格"逻辑循环谈判法则。即不给对方讨价还价的余地，使对方处于一种只能在问题上进行交涉，而在核心问题上无法进展的境地。

A. 商场如战场，不打无准备之仗，不打无把握之仗。在没有充分准备的情况下，应避免仓促参与谈判，在条件许可的情况下，应努力事先掌握谈判对手的企业现状，包括其优势和劣势；搞清本次谈判的利益何在、问题是什么、谁是对方的决策人物等有关资料。

B. 不要轻易放掉客户。一个客户就是一次商机，因此要采取一切措施，使谈判对方对谈判保持极大的兴趣。通过给予对方心理上更多的满足来增强谈判的吸引力，如施展个人形象魅力，树立诚实、可信、富于合作精神的风貌，使对方产生可信赖、可交往的感觉，缩短对方心理上的距离；或让对方预感到他即将获得的成功，设法增强其自我满足感和持久的自信心，从而使对方不轻易中断和己方的谈判。

C. 不要急于向对方摊牌，或展示自己的实力。让对手摸不到底是谈判重要的计策之一，所以不要轻易把自己的要求和条件，过早地、完整地、透彻地告诉对方。

D. 为自己确定的谈判目标要有机动的幅度，留有可进退的余地。一般来说，目标可分为三级，即最低目标、可接受目标和最高目标。最高目标是应努力争取的，最低目标是退让妥协的底线，可接受目标是可谈判的目标。但无论何种情况，没有适当的让步，谈判就无法进行下去，而让步是要有原则的，让步的原则是：让步要稳；要让在明处；要步步为营，小步实施。如果是单方面让步，其危害性不仅仅在于让步的大小，主要在于它削弱了己方的谈判地位；让步之后要大肆渲染，即己方让步所做出的牺牲和所受到的损失，希望对方予以关注，并要求对方予以补偿。

E. 注意信息的收集、分析和保密。在信息时代，谁掌握的信息多，谁就在谈判中处于主动；谁把握信息快，谁就在谈判中占据优势。这就要求参与谈判的时候，只有在十分必要的情况下才能将有关的想法一点一滴地透露出去，绝不要轻易暴露自己已知的信息和正在承受的压力，并且应想方设法多渠道去获取有关的信息，以便及时调整己方的谈判方案。

F. 在谈判中，应多听、多问、少说。谈判的目的，是通过语言交流实现自己的谈判目标，分得更多的利益。这就要求尽可能多地了解和获悉对方的意图。倾听是发现对方需要的重要手段；恰当的提问是引导谈判方向、驾驭谈判进展的工具，所以谈判能手往往是提问的专家。高层领导尽量不要介入纯技术性的商业磋商，而应将这些工作交给具体部门负责，以给领导留下回旋余地。

（四）提高项目经理领导艺术的途径与措施

项目经理要从领导艺术所涉及的各个方面打好基础，练好内功，并在实际工作中，勤于思考，敢于实践，不断提升自己的领导艺术。主要措施包括：

（1）善于学习，勤于实践，形成自己的管理思想

项目经理应通过在实践中学习管理知识与理念，丰富完善项目经理个人的管理思想。

（2）增强善于观察判断、审时度势的能力

项目经理应察言观行，善于识人，培养选人艺术，审时度势，培养战略眼光。

（3）建设一支好的团队，增强项目执行力

项目经理应健全制度，以身作则；项目经理应该选好人、用好人、管好人。由此，才能建设一支好的团队，增强项目执行力。

第三节　工程网络计划及其在进度控制中的应用

一、工程网络计划

网络计划是由箭线和节点组成的表示工作流程的有向、有序的网状图形（即网络图）所表示的进度计划，如图 4-1 所示，是进度计划编制的最科学的表达形式。大中型项目施工进度计划必须采用网络计划编制。

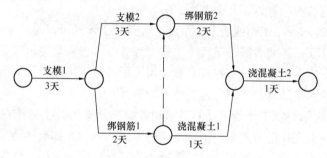

图 4-1　网络计划

1. 网络计划的分类

（1）按网络计划目标分类

根据计划最终目标的多少，网络计划可分为单目标网络计划和多目标网络计划。

只有一个最终目标的网络计划称为单目标网络计划，如图 4-2 所示。

由若干个独立的最终目标与其相互有关工作组成的网络计划称为多目标网络计划，如图 4-3 所示。

（2）按网络计划层次分类

根据计划的工程对象不同和使用范围大小，网络计划可分为局部网络计划，单位工程网络计划和综合网络计划。

以一个分部工作或施工段为对象编制的网

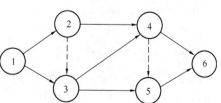

图 4-2　单目标网络计划

络计划称为局部网络计划。

以一个单位工程为对象编制的网络计划称为单位工程网络计划。

以一个建筑项目或建筑群为对象编制的网络计划称为综合网络计划。

（3）按网络计划时间表达方式分类

根据计划时间的表达方式不同，网络计划可分为时标网络计划和非时标网络计划。

工作的持续时间以时间坐标为尺度绘制的网络计划称为时标网络计划，如图 4-4 所示。

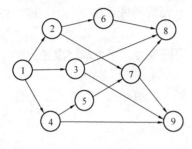

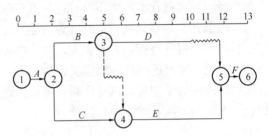

图 4-3 多目标网络计划   图 4-4 时标网络计划

工作的持续时间以数字形式标注在箭线下面绘制的网络计划称为非时标网络计划。

2. 双代号网络计划的基本概念

（1）箭线

网络图中一端带箭头的实线即为箭线。在双代号网络图中，它与其两端的节点表示一项工作。箭线表达的内容有以下几个方面：

1）一根箭线表示一项工作或表示一个施工过程。工作既可以是一个简单的施工过程，如挖土、垫层等分项工程或者基础工程、主体工程等分部工程，也可以是一项复杂的工程任务，如教学楼土建工程等单位工程或者教学楼工程等单项工程。如何确定一项工作的范围取决于所绘制的网络计划的作用（控制性或指导性）。

2）一根箭线表示一项工作所消耗的时间和资源，分别用数字标注在箭线的下方和上方。一般而言，每项工作的完成都要消耗一定的时间和资源，如砌砖墙、浇混凝土等；也存在只消耗时间而不消耗资源的工作，如混凝土养护、砂浆找平层干燥等技术间歇，若单独考虑时，也应作为一项工作对待。

3）在无时间坐标的网络图中，箭线的长度不代表时间的长短，画图时原则上是任意的，但必须满足网络图的绘制规则。

4）箭线的方向表示工作进行的方向和前进的路线，箭尾表示工作的开始，箭头表示工作的结束。

5）箭线可以画成直线、折线和斜线。必要时，箭线也可以画成曲线，但应以水平直线为主，一般不宜画成垂直线。

（2）节点

网络图中箭线端部的圆圈或其他形状的封闭图形就是节点。在双代号网络图中，它表示工作之间的逻辑关系，节点表达的内容有以下几个方面：

1）节点表示前面工作结束和后面工作开始的瞬间，所以节点不需要消耗时间和资源。

2）箭线的箭尾节点表示该工作的开始，箭线的箭头节点表示该工作的结束。

3) 根据节点在网络图中的位置不同可以分为起点节点、终点节点和中间节点。起点节点是网络图的第一个节点，表示一项任务的开始。终点节点是网络图的最后一个节点，表示一项任务的完成。除起点节点和终点节点以外的节点称为中间节点。

4) 节点编号。网络图中的每个节点都有自己的编号，以便赋予每项工作以代号，便于计算网络图的时间参数和检查网络图是否正确。节点编号的基本规则是：箭头节点编号大于箭尾节点编号；在一个网络图中，所有节点不能出现重复编号。

（3）逻辑关系

工作之间相互制约或依赖的关系称为逻辑关系。工作之间的逻辑关系包括工艺关系和组织关系。

工艺关系是指生产工艺上客观存在的先后顺序关系，或者是非生产性工作之间由工作程序决定的先后顺序关系。例如，建筑工程施工时，先做基础，后做主体；先做结构，后做装修。工艺关系是不能随意改变的。

组织关系是指在不违反工艺关系的前提下，人为安排的工作的先后顺序关系。例如，建筑群中各个建筑物的开工顺序的先后；施工对象的分段流水作业等。组织顺序可以根据具体情况，按安全、经济、高效的原则统筹安排。

（4）紧前工作、紧后工作、平行工作

紧排在本工作之前的工作称为本工作的紧前工作。本工作和紧前工作之间可能有虚工作。

紧排在本工作之后的工作称为本工作的紧后工作。本工作和紧后工作之间可能有虚工作。

可与本工作同时进行的工作称为本工作的平行工作。

（5）虚工作及其应用

双代号网络计划中，只表示前后相邻工作之间的逻辑关系，既不占用时间，也不耗用资源的虚拟的工作称为虚工作。虚工作主要起着联系、区分、断路三个方面作用：

1) 联系作用：虚工作不仅能表达工作间的逻辑连接关系，而且能表达不同幢号的房间之间的相互联系。例如，工作 A、B、C、D 之间的逻辑关系为：工作 A 完成后可同时进行 B、D 两项工作，工作 C 完成后进行工作 D。不难看出，A 完成后其紧后工作为 B，C 完成后其紧后工作为 D，很容易表达，但 D 又是 A 的紧后工作，为把 A 和 D 联系起来，必须引入虚工作 2—5，逻辑关系才能正确表达，如图 4-5 所示。

2) 区分作用：双代号网络计划是用两个代号表示一项工作。如果两项工作用同一代号，则不能明确该代号表示哪一项工作。因此，不同的工作必须用不同代号。如图 4-6 所示，图 4-6 (a) 出现"双同代号"是错误的，图 4-6 (b)、图 4-6 (c)

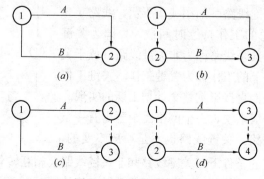

(a)　(b)

(c)　(d)

图 4-6 虚工作区分作用

(a) 错误；(b) 正确；(c) 正确；(d) 多余虚工作

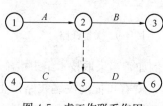

图 4-5 虚工作联系作用

是两种不同的区分方式，图 4-6（d）则多画了一个不必要的虚工作。

3）断路作用：如图 4-7 所示为某基础工程挖基槽（A）、垫层（B）、基础（C）、回填土（D）四项工作的流水施工网络图。该网络图中出现了 A_2 与 C_1，B_2 与 D_1，A_3 与 C_2、D_1，B_3 与 D_2 等四处把并无联系的工作联系上了，即出现了多余联系的错误。

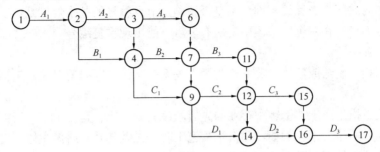

图 4-7　逻辑关系错误的网络图

为了正确表达工作间的逻辑关系，在出现逻辑错误的圆圈（节点）之间增设新节点（即虚工作），切断毫无关系的工作之间的联系，这种方法称为断路法。如图 4-8 中，增设节点⑤，虚工作 4-5 即断了 A_2 与 C_1 之间的联系；同理，增设节点⑧、⑩、⑬，虚工作 7-8、9-10、12-13 等也都起到了相同的断路作用。然后，去掉多余的虚工作，经调整后得到正确的网络图。

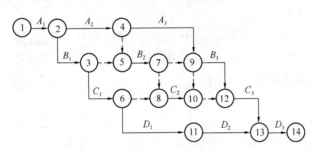

图 4-8　虚工作断路作用

（6）线路、关键线路、关键工作

网络图中从起点节点开始，沿箭头方向顺序通过一系列箭线与节点，最后达到终点节点的通路称为线路。一个网络图中，从起点节点到终点节点，一般都存在着许多条线路，如图 4-9 中有四条线路，每条线路都包含若干项工作，这些工作的持续时间之和就是该线路的时间长度，即线路上总的工作持续时间。

线路上总的工作持续时间最长的线路称为关键线路。如图 4-9 所示，线路 1-2-3-5-6 总的工作持续时间最长，即为关键线路。其余线路称为非关键线路。位于关键线路上的工作称为关键工作。关键工作完成快慢直接影响整个计划工期的实现。

一般来说，一个网络图中至少有一条关键线路。关键线路也不是一成不变的，

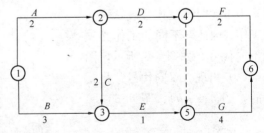

图 4-9　关键线路

在一定的条件下，关键线路和非关键线路会相互转化。例如，当采取技术组织措施，缩短关键工作的持续时间，或者非关键工作持续时间延长时，就有可能使关键线路发生转移。网络计划中，关键工作的比重往往不宜过大，网络计划愈复杂工作节点就愈多，则关键工

作的比重应该越小，这样有利于抓住主要矛盾。

非关键线路都有若干机动时间（即时差），它意味着工作完成日期容许适当挪动而不影响工期。时差的意义就在于可以使非关键工作在时差允许范围内放慢施工进度，将部分人、财、物转移到关键工作上去，以加快关键工作的进程；或者在时差允许范围内改变工作开始和结束时间，以达到均衡施工的目的。

关键线路宜用粗箭线、双箭线或彩色箭线标注，以突出其在网络计划中的重要位置。

3. 双代号时标网络计划

（1）时标网络计划的基本符号

时标网络计划是以时间坐标为尺度编制的网络计划。时标网络计划的工作，以实箭线表示，自由时差以波形线表示，虚工作以虚箭线表示。当实箭线后有波形线且其末端有垂直部分时，其垂直部分用实线绘制；当虚箭线有时差且其末端有垂直部分时，其垂直部分用虚线绘制。

（2）时标网络计划的绘制步骤

1）计算网络计划各工作的时间参数。

2）在有横向时间刻度的表格上确定每项工作最早开始时间的节点位置。

3）按各工作的持续时间长短绘制相应工作的实线部分。箭线一般沿水平方向画，其水平投影长度，即该工作的持续时间。

4）用水平波形线将实线部分与其紧后工作的最早开始节点连接起来。波形线的水平投影就是工作的自由时差。

5）两项工作之间，如果需要加虚箭线连接时，不占用时间的用垂直虚线连接；占用时间的部分可用波形线来表示。

6）将时差为最小的工作由起点节点连至终点节点的线路，即为关键线路。终点节点所在位置的时间即工程竣工时间。

图 4-10 是按最早开始时间绘制的时标网络计划。图中各工作的最早开始时间为其箭尾节点所对应的时间坐标，各工作的最早完成时间为其箭线实线末端所对应的时间坐标，波形线水平投影长度为该工作的自由时差。

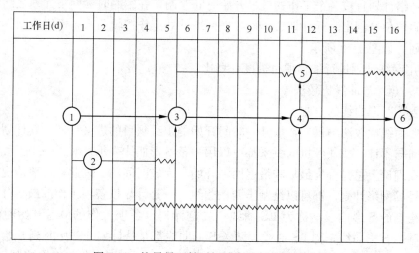

图 4-10　按最早开始时间绘制的时标网络计划

二、网络计划在进度控制中的应用

1. 编制施工进度计划

(1) 编制双代号网络图计划

在网络计划的实际应用中，根据施工过程的逻辑关系，按照一定的次序组织排列，做到关系准确清晰，形象直观，便于计算与调整。主要排列方式有：

1) 按施工过程排列。根据施工顺序把各施工过程按垂直方向排列，施工段按水平方向排列，如图 4-11 所示。其特点是相同工种在同一水平线上，突出不同工种的工作情况。

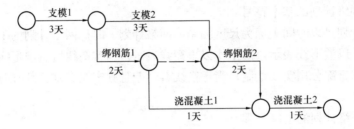

图 4-11　按施工过程排列

2) 按施工段排列。同一施工段上的有关施工过程按水平方向排列，施工段按垂直方向排列，如图 4-12 所示。其特点是同一施工段的工作在同一水平线上，反映出分段施工的特征，突出工作面的利用情况。

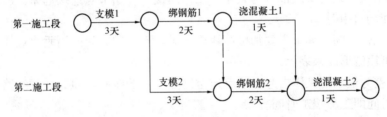

图 4-12　按施工段排列

(2) 编制双代号时标网络计划

时标网络计划宜按各个工作的最早开始时间绘制，在编制时标网络计划之前，先按已确定的时间单位绘制出时标计划表，再根据网络计划工作逻辑关系，可以绘制其双代号时标网络计划，如图 4-13 所示。

2. 利用网络计划进行工程项目进度计划比较

(1) "香蕉"形曲线比较法

1) "香蕉"形曲线的绘制

从 S 形曲线比较法中得知，按某一时间开始的工程项目的进度计划，其计划实施过程中进行时间与累计完成任务量的关系都可以用一条 S 形曲线表示。对于一个工程项目的网络计划，在理论上总是分为最早和最迟两种开始与完成时间的。因此，一般情况，任何一个工程项目的网络计划，都可以绘制出两条曲线。一是计划以各项工作的最早开始时间安排进度而绘制的 S 形曲线，称为 ES 曲线；二是计划以各项工作的最迟开始时间安排进度，而绘制的 S 形曲线，称 LS 曲线。两条 S 形曲线都是从计划的开始时刻开始和完成时刻结束，因此两条曲线是闭合的。"香蕉"形曲线就是两条 S 形曲线组合成的闭合曲线，

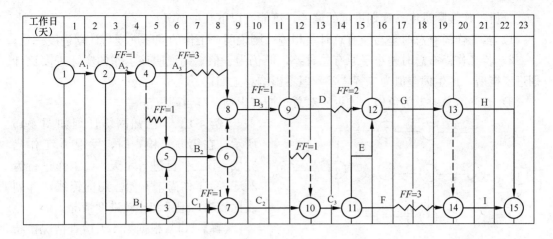

图 4-13 时标网络计划

如图 4-14 所示。

在项目的实施中进度控制的理想状况是任一时刻按实际进度描绘的点，应落在该"香蕉"形曲线的区域内。如图 4-14 中的实际进度线。

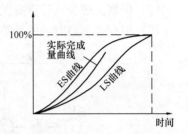

图 4-14 "香蕉"形曲线比较法

"香蕉"曲线的作图方法与 S 形曲线的作图方法基本一致，所不同之处在于它是分别以工作的最早开始和最迟开始时间而绘制的两条 S 形曲线的结合。

2)"香蕉"形曲线比较法的作用

A. 利用"香蕉"形曲线进行进度的合理安排；

B. 进行施工实际进度与计划进度比较；

C. 确定在检查状态下，后期工程的 ES 曲线和 LS 曲线的发展趋势。

（2）前锋线比较法

施工项目的进度计划用时标网络计划表达时，还可以采用实际进度前锋线法进行实际进度与计划进度比较。

前锋线比较法是从计划检查时间的坐标点出发，用点画线依次连接各项工作的实际进度点，最后到计划检查时间的坐标点为止，形成前锋线。根据实际进度前锋线与工作箭线交点的位置判定施工实际进度与计划进度偏差。简言之：实际进度前锋线法是通过施工项目实际进度前锋线，判定施工实际进度与计划进度偏差的方法，见例 4-1。

（3）列表比较法

当采用时标网络计划时也可以采用列表分析法。即记录检查时正在进行的工作名称和已进行的天数，然后列表计算有关时间参数，根据原有总时差和尚有总时差，判断实际进度与计划进度的比较方法，见表 4-1。

列 表 比 较 法　　　　　表 4-1

工作代号	工作名称	检查计划时尚需作业天数	到计划最迟完成时尚有天数	原有总时差	尚有总时差	情况判断
①	②	③	④	⑤	⑥	⑦

分析工作实际进度与计划进度的偏差，可能有以下几种情况：

1）若工作尚有总时差与原有总时差相等，则说明该工作的实际进度与计划进度一致；

2）若工作尚有总时差小于原有总时差，但仍为正值，则说明该工作的实际进度比计划进度拖后，产生偏差值为二者之差，但不影响总工期；

3）若尚有总时差为负值，则说明对总工期有影响，应当调整。

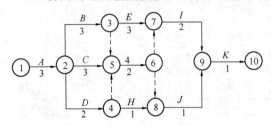

图 4-15　某施工项目计划网络图

【例 4-1】　已知网络计划如图 4-15 所示，在第 5 天检查时，发现 A 工作已完成，B 工作已进行 1 天，C 工作进行为 2 天，D 工作尚未开始。用前锋线法和列表比较法，记录和比较进度情况。

【解】　（1）根据第 5 天检查情况，绘制前锋线，如图 4-16 所示。

（2）根据上述公式计算有关参数，见表 4-2。

（3）根据尚有总时差的计算结果，判断工作实际进度情况见表 4-1。

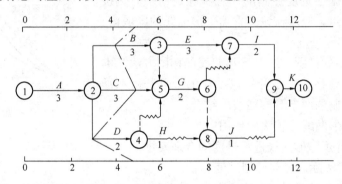

图 4-16　某施工项目进度前锋线图

网络计划检查结果分析表　　　　　　　　　　　　　表 4-2

工作代号	工作名称	检查计划时尚需作业天数	到计划最迟完时尚有天数	原有总时差	尚有总时差	情况判断
①	②	③	④	⑤	⑥	⑦
2-3	B	2	1	0	−1	影响工期 1 天
2-5	C	1	2	1	1	正常
2-4	D	2	2	2	0	正常

第四节　施工准备质量控制与安全事故应急管理

一、施工准备质量控制

（一）施工准备质量控制

施工准备阶段的质量控制是指项目正式施工活动开始前，对各项准备工作及影响质量的各因素和有关方面进行的质量控制。

施工准备是为保证施工生产正常进行而必须事先做好的工作。不仅在工程开工前要做好，而且贯穿于整个施工全过程。施工准备的基本任务就是为施工项目建立一切必要的施工条件，确保施工生产顺利进行，确保工程质量符合要求。

1. 施工资料准备的质量控制

（1）自然条件及技术经济条件调查资料

对施工项目所在地的自然条件和技术经济条件的调查，是为选择施工技术与组织方案收集基础资料，并以此作为施工准备工作的依据。具体收集的资料包括地形与环境条件，地质条件，地震级别，工程水文地质情况，气象条件以及当地水、电、能源供应条件，交通运输及材料供应条件等。

（2）施工组织设计

施工组织设计是指导施工准备和组织施工的全面性技术经济管理文件。对施工组织设计要进行两方面的控制：一是选定施工方案后，制定施工进度时，必须考虑施工顺序、施工流向、主要分部分项工程的施工方法、特殊项目的施工方法和技术措施能否保证工程质量；二是制定施工方案时，必须进行技术经济比较，使工程项目满足符合性、有效性和可靠性要求，取得工期短、成本低、质量优的效果。

（3）政府有关部门颁布的法律法规性文件及质量验收标准

质量管理方面的法律法规规定了工程建设参与各方的质量责任和义务，质量管理体系的要求、标准、质量问题处理的要求、质量验收标准等，这些都是进行质量控制的重要依据。

（4）工程测量控制资料

整理好施工现场的原始基准点、基准线、参考标高及施工控制网络等数据资料，是施工之前进行质量控制的一项基础工作，这些数据资料是进行工程测量控制的重要内容。

2. 设计交底和图纸审核的质量控制

为使施工人员熟悉有关的设计图纸，充分了解拟建项目的特点、设计意图和工艺与质量要求，减少图纸的差错，消灭图纸中的质量隐患，应做好设计交底和图纸审核工作。

（1）设计交底

工程施工前，由设计单位向施工单位有关人员进行设计交底，其主要内容包括：

1）地形、地貌、水文气象、工程地质及水文地质等自然条件。

2）施工图设计依据：初步设计文件，规划、环境等要求，设计规范。

3）设计意图：设计思想、设计方案比较、基础处理方案、结构设计意图、设备安装和调试要求、施工进度安排等。

4）施工注意事项：对基础处理的要求，对建筑材料的要求，采用新结构、新工艺的要求，施工组织和技术保证措施等。交底后，由施工单位提出图纸中的问题和疑点，以及要解决的技术难题。经协商研究，拟订出解决的办法。

（2）图纸审核

图纸审核包括内审和会审两种方式。内审指施工单位及项目经理部的图纸审核。会审指施工单位及项目经理部与业主、设计、监理等相关方的图纸共同审核。图纸审核的主要内容包括：

1）对设计者的资质进行认定。

2）设计是否满足抗震、防火、环境卫生等要求。

3）图纸与说明是否齐全。

4）图纸中有无遗漏、差错或相互矛盾之处，图纸表示方法是否清楚并符合标准要求。

5）地质及水文地质等资料是否充分、可靠。

6）所需材料来源有无保证，能否替代。

7）施工工艺、方法是否合理，是否切合实际，是否便于施工，能否保证质量要求。

8）施工图及说明书中涉及的各种标准、图册、规范、规程等，施工单位是否具备。

3．施工分包

分包服务的控制应根据其规模、对其控制的复杂程度区别对待，对分包服务进行动态控制。评价及选择分包商的原则是：

（1）有合法的资质，外地单位经本地主管部门核准。

（2）与本组织或其他组织合作的业绩、信誉。

（3）分包方质量管理体系对按要求如期提供稳定质量的产品的保证能力。

（4）对采购物资的样品、说明书或检验、试验结果进行评定。

4．质量教育与培训

项目经理部应着重以下几方面的培训：

（1）质量意识教育。

（2）充分理解和掌握质量方针和目标。

（3）质量管理体系有关方面的内容。

（4）质量保持和持续改进意识。

（5）施工期间需要的相关操作技能。

可以通过面试、笔试、实际操作等方式检查培训的有效性。另外还应保留员工的教育、培训及技能认可的记录。

施工准备阶段质量控制的系统过程如图 4-17 所示。

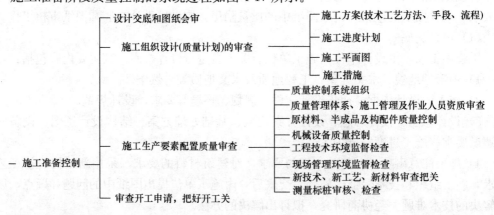

图 4-17　施工准备阶段质量控制的系统过程图

二、安全事故应急预案

1．编制应急预案的依据

(1)《中华人民共和国安全生产法》；

(2)《建设工程安全生产管理条例》；

(3) 结合本项目部施工生产的实际。

2. 应急预案的任务和目标

应急预案的任务和目标是：更好地适应法律和经济活动的要求，给项目经理部员工的工作和施工场区周围居民提供更好、更安全的环境；保证各种应急反应资源处于良好的备战状态；指导应急反应行动按计划有序地进行，防止因应急反应行动组织不力或现场救援工作的无序和混乱而延误事故的应急救援；有效地避免或降低人员伤亡和财产损失；帮助实现应急反应行动的快速、有序、高效。

3. 应急救援组织机构

项目部生产安全事故应急救援预案的应急反应组织机构分为一、二级编制，公司总部设置应急预案实施的一级应急反应组织机构，项目经理部设置应急计划实施的二级应急反应组织机构。

应急救援组织机构的职责、分工、组成为：

(1) 一级应急反应组织机构各部门的职能及职责

1) 应急预案总指挥的职能及职责：

A. 分析紧急状态确定相应报警级别，根据相关危险类型、潜在后果、现有资源控制紧急情况的行动类型；

B. 指挥、协调应急反应行动；

C. 与公司外应急反应人员、部门、组织和机构进行联络；

D. 直接监察应急操作人员行动；

E. 最大限度地保证现场人员和救援人员及相关人员的安全；

F. 协调后勤方面以支援应急反应组织；

G. 应急反应组织的启动；

H. 应急评估、确定提升或降低应急警报级别；

I. 通报外部机构，决定请求外部援助；

J. 决定应急撤离，决定事故现场外影响区域的安全性。

2) 应急预案副总指挥的职能及职责：

A. 协助应急总指挥组织和指挥应急操作任务；

B. 向应急总指挥提出采取的减缓事故后果行动的应急反应对策和建议；

C. 保持与事故现场副总指挥的直接联络；

D. 协调、组织和获取应急所需的其他资源、设备以支援现场的应急操作；

E. 组织公司总部的相关技术和管理人员对施工场区生产过程各危险源进行风险评估；

F. 定期检查各常设应急反应组织和部门的日常工作和应急反应准备状态；

G. 根据施工场区、加工厂的实际条件，努力与周边有条件的公共部门在事故应急处理中共享资源、相互帮助、建立共同应急救援网络和制定应急救援协议。

3) 现场抢救组的职能及职责：

A. 抢救现场伤员；

B. 抢救现场物资；

C. 组建现场消防队；

D. 保证现场救援通道的畅通。

4）危险源、风险评估组的职能和职责：

A. 对施工现场及加工厂特点以及生产安全过程的危险源进行科学的风险评估；

B. 指导生产安全部门安全措施落实和监控工作，减少和避免危险源的事故发生；

C. 完善危险源的风险评估资料信息，为应急反应的评估提供科学合理的、准确的依据；

D. 落实周边协议应急反应共享资源及应急反应快捷有效的社会公共资源的报警联络方式，为应急反应提供及时的应急反应支援措施；

E. 确定各种可能发生事故的应急反应现场指挥中心位置以使应急反应及时启用；

F. 科学合理地制定应急反应材料、人力、资金计划。

5）技术处理组的职能和职责：

A. 根据项目经理部及加工厂的施工生产内容及特点，制定安全、可行的应急反应方案，为事故现场提供有效的工程技术及服务，做好技术储备；

B. 应急预案启动后，根据事故现场的特点，及时向应急总指挥提供科学的工程技术方案和技术支持，有效地指导应急反应行动中的工程技术工作。

6）善后工作组的职能和职责：

A. 做好伤亡人员及家属的稳定工作，确保事故发生后伤亡人员及家属思想能够稳定，大灾之后不发生大乱；

B. 做好受伤人员医疗救护的跟踪工作，协调处理医疗救护单位的相关矛盾；

C. 与保险部门一起做好伤亡人员及财产损失的理赔工作；

D. 慰问有关伤员及其家属。

7）事故调查组的职能及职责：

A. 保护事故现场；

B. 对现场的有关实物资料进行取样封存；

C. 调查了解事故发生的主要原因及相关人员的责任；

D. 按"四不放过"的原则对相关人员进行处罚、教育、总结。

8）后勤供应组的职能及职责：

A. 协助制订项目经理部或加工厂应急反应物资资源的储备计划，按已制订的项目施工生产的应急反应物资储备计划，检查、监督、落实应急反应物资的储备数量，收集和记录整理档案并归档；

B. 定期检查、监督、落实应急反应物资资源管理人员的到位和变更情况，及时调整应急反应物资资源的更新和达标；

C. 定期收集和整理项目经理部施工场区的应急反应物资资源信息、建立档案并归档，为应急反应行动的启动，做好物资资源数据储备；

D. 应急预案启动后，按应急总指挥的部署，有效地组织应急反应物资资源到施工现场，并及时对事故现场进行增援，同时提供后勤服务。

（2）二级应急反应组织机构各部门的职能及职责

1）事故现场副指挥的职能及职责：

A. 所有施工现场操作和协调，包括与指挥中心的协调；

B. 现场事故评估；

C. 保证现场人员和公众应急反应行动的执行；

D. 控制紧急情况；

E. 做好与消防、医疗、交通管制、抢险救灾等各公共救援部门的联系。

2）现场伤员营救组的职能与职责：

A. 引导现场作业人员从安全通道疏散；

B. 对受伤人员进行营救，撤离到安全地带。

3）物资抢救组的职能和职责：

A. 抢救可以转移的场区物资到安全地带；

B. 转移可能引起新危险源的物资到安全地带。

4）消防灭火组的职能和职责：

A. 启动施工现场内的消防灭火装置和器材进行初期的消防灭火自救工作；

B. 协助消防部门进行消防灭火的辅助工作。

5）保卫疏导组的职能和职责：

A. 对施工现场内外进行有效的隔离工作；

B. 疏散施工现场内外人员撤出危险地带。

6）后勤供应组的职能及职责：

A. 迅速调配抢险物资器材至事故发生点；

B. 提供和检查抢险人员的装备和安全防护；

C. 及时提供后续的抢险物资；

D. 迅速组织后勤必须供给的物品，并及时输送到抢险人员手中。

（3）应急反应组织机构人员的构成

应急反应组织机构在应急总指挥、应急副总指挥的领导下由各职能部门、项目经理部的人员分别兼职构成。

1）应急总指挥由公司的法定代表人担任；

2）应急副总指挥由公司的副总经理担任；

3）现场抢救组组长由项目经理部经理担任，项目部组成人员为该组成员；

4）危险源风险评估组组长由公司的总工担任，工程技术部组成人员为该组成员；

5）技术处理组组长由公司的工程技术部部长担任，部门各专业负责人为该组成员；

6）善后工作组组长由公司的工会负责人担任，公司办公室人员为该组成员；

7）后勤供应组组长由公司的财务部部长担任，部门人员为该组成员；

8）事故调查组组长由公司的工程技术部安全部长担任，部门专业安全负责人为该组成员；

9）事故现场副指挥由项目部的项目经理部经理担任；

10）现场伤员营救组由项目经理部安全员担任组长，各施工单位安全员为该组成员；

11）物资抢救组由项目经理部材料室主任担任组长，项目经理部材料员、各施工单位材料员为该组成员；

12）消防灭火组由项目经理部安全员担任组长，各施工单位安全员为该组成员；

13）后勤供应组由项目经理部材料室主任担任组长，项目经理部材料员、各施工单位材料员为该组成员。

4. 应急救援的培训与演练

（1）培训

应急预案和应急计划确立后，应有计划组织公司总部、项目经理部的全体管理人员进行有效的培训，从而具备完成应急任务所需的知识和技能。

1）一级应急组织每年进行一次培训；

2）二级应急组织项目经理部开工前或半年进行一次培训。主要培训以下内容：

A. 灭火器的使用以及灭火步骤的训练；

B. 施工安全防护、作业区内安全警示设置、个人的防护措施、临时用电知识、在建工程的交通安全、大型机械的安全使用；

C. 对危险源的辨识；

D. 事故报警；

E. 紧急情况下的人员安全疏散；

F. 现场伤员抢救的基本知识。

（2）演练

应急预案确定后，经过有效的培训后，公司总部人员、项目经理部每年演练一次。项目经理部在工程项目开工后演练一次，根据工程工期长短和项目经理部的情况不定期举行演练，施工作业人员变动较大时增加演练次数。每次演练结束，及时做出总结，对于存在的问题应在日后的应急演练中加以解决。

5. 其他事项

（1）事故报告指定机构和人员

公司的工程技术部是事故报告的指定机构，并确定专门的联系人和电话。工程技术部接到报告后应及时向总指挥报告，总指挥根据有关法规及时、如实地向负责安全生产监督管理的部门、建设行政主管部门或其他有关部门报告，特种设备发生事故的，还应当同时向特种设备安全监督管理部门报告。

（2）救援器材、设备、车辆

公司每年从利润提取一定比例的费用，根据公司施工生产的性质、特点以及应急救援工作的实际需要，有针对、有选择地配备应急救援器材、设备，并对应急救援器材、设备进行经常性维护、保养，不得挪作他用。启动应急救援预案后，公司的机械设备、运输车辆统一纳入应急救援工作之中。

（3）应急救援预案的启动、终止和终止后工作的复核

当事故的评估预测达到启动应急救援预案条件时，由应急总指挥启动应急反应预案令。

满足下列情况时，应急总指挥下达应急终止令：对事故现场经过应急救援预案实施后，引起事故的危险源得到有效控制、消除；所有现场人员均得到清点；不存在其他影响应急救援预案终止的因素；应急救援行动已完全转化为社会公共救援；应急总指挥认为事故的发展状态必须终止的。

应急救援预案实施终止后，应采取有效措施防止事故扩大，保护事故现场和物证，经

有关部门认可后可恢复施工生产。

对应急救援预案实施的全过程，认真科学地做出总结，完善应急救援预案中的不足和缺陷，为今后的预案完善、修改和补充提供经验和完善的依据。

三、SA8000 社会责任介绍

《建设工程项目管理规范》中提到了社会责任的问题。目前对于企业社会责任的要求一般仅限于劳动条件和劳工权利。我国早在 1994 年为了保护劳动者的合法权益，调整劳动关系，建立和维护适应社会主义市场经济的劳动制度，促进经济发展和社会进步，已经颁布了《中华人民共和国劳动法》。

世界各国对于劳工标准有不同的要求，国际劳工组织（ILO）也制定了不少劳工标准，包含了基本人权和最低劳工标准，主要有：自由结社的权利；集体协商的权利；禁止强迫劳动；禁止歧视；男女同工同酬；雇用劳工的最低年龄等。

由于各方面的原因，各国对于国际劳工组织的这些公约有不同的态度，并不是全面接受的。但在全球经济一体化的趋势下，发展中国家在世界经济中所占的比重日益增加。而在发展中国家，有的国家利用压低工资水平、延长工作时间、降低劳动条件等作为降低成本的措施，导致了发达国家的同类产品在竞争中处于不公平的地位。因此，劳工标准就与国际贸易发生了联系。在商业竞争中，很多企业为了建立守法的声誉，避免可能发生的制裁，制定了有关劳工标准的社会责任守则，也要求参与这些企业生产活动的分包商、供应商遵守他们所制定的守则。例如迪斯尼、国际足联等。

各国和各个企业的社会责任守则的不同要求造成了执行的困难。曾有人建议由 ISO 制定一套系列标准，但由于各国的劳工条件相差过多，而被 ISO 拒绝。在此情况下，1997 年经济优先权委员会成立了相应的机构，制定了 SA8000：1997，在 2001 年更名后为社会责任国际（Social Accountability International，SAI），发布了修订后的 SA8000：2001。

SA8000：2001 标准由 9 个要求组成，主要内容是：童工；强迫劳动；健康与安全；结社自由及集体谈判权；歧视；惩戒性措施；工作时间；工资报酬；管理体系等。

SA8000 标准的运行模式也与 ISO 9000 同样遵守 PDCA 循环，但条文的逻辑性方面不如 ISO 9000 标准的结构完整。

第五节　工程项目采购与合同管理

一、工程项目采购管理

工程项目采购管理是对项目的勘察、设计、施工、资源供应、咨询服务等采购工作进行的组织、指挥、协调和控制等活动。

（一）项目采购的职能

项目采购依据采购内容的不同，可分为货物采购、工程采购、服务采购三类。

1. 项目采购当事人

项目采购当事人是指在项目采购活动中享有权利和承担义务的各类主体，包括采购供应商和采购代理机构等。

1) 项目采购人是指依法进行项目采购的法人、其他组织或者自然人。

2）项目采购供应商是指向采购人提供货物、工程或者服务的法人、其他组织或者自然人。

3）项目采购代理机构是指接受项目采购人的委托，在其委托范围内行使其代理权限的组织机构。

2. 项目采购的职能

（1）编制采购文件

企业采购部门应根据企业发展计划，项目实施需要编制完备的采购文件。采购文件应该包括：

　　A. 所需采购产品的类别、规格、等级、数量等；

　　B. 有部件编号的图纸、检验规程的名称、版本等；

　　C. 技术协议和检验原则以及质量要求；

　　D. 代码、标准及标识；

　　E. 采购的技术标准、专业标准；

　　F. 是否有毒有害产品；

　　G. 有无特殊采购要求。

（2）编制采购管理制度

采购管理制度是指为了规范采购行为，由采购部门根据企业自身状况，综合考虑采购活动中可能用到的各种资源要素，为了方便处理采购活动中可能遇到的各种问题而提出的书面的规章制度。

（3）编制采购管理工作程序

采购部门应制定详细的采购管理工作程序，规范采购管理活动。采购管理应遵循下列程序：

　　1）明确采购产品或服务的基本要求、采购分工及有关责任；

　　2）进行采购策划，编制采购计划；

　　3）进行市场调查、选择合格的产品供应或服务单位，建立名录；

　　4）采用招标或协调等方式，确定供应或服务单位；

　　5）签订采购合同；

　　6）运输、验证、移交采购产品或服务；

　　7）处置不合格产品或不符合的服务；

　　8）采购资料归档。

（二）工程项目采购计划

采购计划就是指企业采购部门通过识别确定项目所包含的需从项目实施组织外部得到的产品或服务，并对其采购内容做出合乎要求的计划，以便于项目能够更好的实施。

（1）采购计划的编制依据

　　1）项目合同；

　　2）设计文件；

　　3）采购管理制度；

　　4）项目管理实施规划（含进度计划）；

　　5）工程材料需求或备料计划。

（2）项目采购计划的内容

产品的采购应按计划内容实施，在品种、规格、数量、交货时间、地点等方面应与项目计划相一致，以满足项目需要。项目采购计划应包括以下内容：

1）项目采购工作范围、内容及管理要求；

2）项目采购信息，包括产品或服务的数量、技术标准和质量要求；

3）检验方式和标准；

4）供应方资质审查要求；

5）项目采购控制目标及措施。

（3）采购计划编制的结果

采购计划编制完成后就会形成采购管理计划和采购工作说明书。

1）采购管理计划

采购管理计划是管理采购过程的依据，采购计划应指出采购应采用哪种合同类型、如何对多个供货商进行良好的管理等。

2）采购工作说明书

采购工作说明书应该详细的说明采购项目的有关内容，为潜在的供货商提供一个自我评判的标准，以便确定是否要参与该项目。

（三）工程项目采购方式

工程项目采购按采购方式不同可分为招标采购和非招标采购。

1. 招标采购

（1）招标采购范围

《中华人民共和国招标投标法》明确规定：在中华人民共和国境内进行下列工程建设项目包括项目的勘察、设计、施工、监理以及与工程建设有关的重要设备、材料等的采购，必须进行招标：

1）大型基础设施、公用事业等关系社会公共利益、公众安全的项目；

2）全部或部分使用国有资金投资或者国家融资的项目；

3）使用国际组织或者外国政府贷款、援助资金的项目。

为了进一步明确招标范围，国家计委在颁发的《工程建设项目招标范围和规模标准规定》中规定以上招标范围的项目勘察设计、施工、监理以及与工程有关的重要设备、材料等的采购，达到下列标准之一的必须进行招标：

1）施工单项合同估算价在 200 万元人民币以上的；

2）重要设备、材料等货物的采购，单项合同估算价在 50 万元人民币以上的；

3）勘察、设计、监理等服务的采购，单项合同估算价在 100 万元人民币以上的；

4）单项合同估算价低于 1）、2）、3）项规定的标准，但项目总投资额在 3000 万元人民币以上的。

（2）招标采购的程序

1）刊登采购公告

可分为两步：

A. 刊登采购总公告；

B. 刊登具体招标公告。

对于国内竞争性招标，其投标机会只需以国内广告的形式发出。

2）资格预审

A. 资格预审的内容。根据《建设工程施工招标文件范本》中关于建设工程施工招标资格预审文件的规定，投标人应当提交如下资料以方便招标人进行资格预审：

有关确立法律地位原始文件的副本（包括营业执照、资质等级证书和非本国注册的企业经建设行政主管部门核准的资质条件）；企业在过去3年完成的与本合同相似的工程的情况和现在正在履行的合同的工程情况；管理和执行本合同拟配备的人员情况；完成本合同拟配备的机械设备情况；企业财务状况资料，包括最近2年经过审计的财务报表，下一年度财务预测报告；企业目前和过去2年参与或涉及诉讼的材料；如为联合体投标人，还应提供联合体协议书和授权书。

B. 资格预审的程序。编制资格预审文件；邀请有资格参加预审的单位参加资格预审；发售资格预审文件；提交资格预审申请；资格评定、确定参加投标的单位名单。

3）编制招标文件

项目采购单位或项目采购单位委托的招标代理机构应充分利用已出版的各种招标文件范本，从而加快招标文件编制的速度、提高招标文件编制的质量。

4）刊登具体招标通告

项目采购单位或项目采购单位委托的招标代理机构在发行资格预审文件或招标文件之前，必须在借款者国内广泛发行的报纸或官方杂志上刊登资格预审或招标通告作为具体采购通告。招标通告应包括以下内容：

A. 借款国名称；

B. 项目名称；

C. 采购内容简介（包括工程地点、规模、货物名称、数量）；

D. 资金来源；

E. 交货时间或竣工工期；

F. 对合格货源国的要求；

G. 发售招标文件的单位名称、地址以及文件售价；

H. 投标截止日期和地点的规定；

I. 投标保证金的金额要求；

J. 开标日期、时间、地点。

5）发售招标文件

发包商按规定发售招标文件。

6）投标

A. 投标准备。项目采购单位或项目采购单位委托的招标代理机构做好投标前的准备工作：根据以往经验和实际情况合理确定投标文件的编制时间；对大型工程和复杂设备的招标采购工作，要组织标前会和现场考察；对投标人提出的书面问题要及时予以答复，并以补遗书的形式发给所有投标人，以示公平。

B. 投标文件的提交。投标文件需在招标文件中规定的投标截止时间之前予以提交；在收到投标书后，要进行签收，并做好相应记录；为了与招标中公开、公平、公正和诚实信用的原则相一致，投标截止时间与开标时间应保持统一。

7）开标

A. 开标应符合招标通告的要求；

B. 开标时要公开宣读投标信息；

C. 开标要做好开标记录。

8）评标

A. 评标依据。评标唯一的依据是招标文件。

B. 评标程序。包括：初评；对投标文件的具体评价，后者主要包括技术评审和商务评审。

C. 评标结果。选出合适的中标人。中标人的投标应当符合下列条件之一：能最大限度地满足招标文件中规定的各项综合评价标准；能满足招标文件各项要求，并且经评审的投标价格最低，但投标价格低于成本除外。

9）授标

在评标报告和授标建议书经世界银行批准后，项目采购单位或项目采购单位委托的招标代理机构可向具有最低投标价格的投标人发出中标通知书，并在投标有效期内完成合同的授予。

2. 非招标采购

非招标采购主要包括询价采购、直接采购和自营工程等。

（1）询价采购

询价采购，又称为货比三家，是指在比较几家供货商报价的基础上进行的采购，这种采购方式一般适用于采购现货价值较小的标准规格设备或简单的土建工程。

1）询价采购的程序

A. 成立询价小组。由采购人代表和有关专家共三人以上单数组成，其中专家不少于2/3，询价小组应对采购项目的价格构成和评定成交的标准等事项作出规定，制定出询价采购文件。询价采购文件应包括技术文件和商务条件。技术文件包括供货范围、技术要求和说明、工程标准、图纸、数据表、检验要求以及供货商提供文件的要求。商务文件包括报价须知、采购合同基本条款和询价书等。

B. 确定被询价的供应商名单。询价小组根据采购要求，从符合相应资格条件的供货商名单中确定不少于三家的供货商，并发出询价通知书让其报价。

C. 询价。询价小组要求被询价的供货商一次报出不得更改的价格。

D. 确定成交供货商。采购人根据采购要求、质量和服务相等且报价最低的原则确定成交供货商，并将结果通知所有被询价的未成交的供货商。在对供货商报价进行评审时，应进行技术和商务评审，并作出明确的结论。技术报价主要评审设备和材料的规格、性能是否满足规定的技术要求，报价技术文件是否齐全并满足要求。商务报价主要评审价格、交货期、交货地点和方式、保质期、货款支付方式和条件、检验、包装运输是否满足规定的要求等。

2）询价的工具和技术

A. 举行供货商会议。又称为标前会议，就是指在编制建议书之前，采购人与所有可能的供货商一起举行的会议，其目的是为了保证所有可能的供货商都能对采购要求有一个明确的理解。

B. 刊登广告。如果对有能力的供货商名单不是非常清楚，也可通过在报纸等媒体上刊登广告，以吸引供货商的注意，得到供货商的名单。

3）询价的结果

询价的结果是建议书。建议书是由供货商准备的说明其具有能力并且愿意提供采购产品的文件。

（2）直接采购

直接采购就是指不通过竞争，直接签订合同的采购方式。

直接采购的适用情况是：

1）对于已经按照世界银行同意的程序授标并签约，且正在实施的采购项目，需要增加类似的货物的情况；

2）为了使新采购部件与现有设备配套或与现有设备的标准化方面相一致，而向原供货商增购货物；

3）所需采购货物或设备等，只有单一货源；

4）负责工艺设计的承包人要求从一特定供货商处购买关键部件，并以此作为其保证达到设计性能或质量的条件；

5）在某些特殊条件下，例如不可抗力的影响，为了避免时间延误而造成更多的花费；

6）当竞争性招标未能找到合适的供货商时也可采取直接采购方式，但需经过世界银行的同意。

（3）自营工程

自营工程是指项目采购人不通过招标或其他采购方式而直接采用自己的施工队伍来承建土建工程的一种采购方式。此采购方式是针对土建工程而实施的。

自营工程的适用情况：

1）土建工程的工程量无法事先准确得出的情况；

2）由于土建工程的工程量小、施工地点比较偏远、分散，而使承包商不得不承担过高的动员调遣费的情况；

3）要求将要进行的施工活动对正在施工中的作业无影响的情况；

4）没有任何承包商感兴趣的工程；

5）如果已经预知工程必然会产生中断，则在此情况下，由项目采购人来承担风险更为妥当的情况。

（四）采购质量控制

1. 采购质量控制要点

采购质量控制包括对采购产品及其供货厂商以及中间商的控制，主要对采购策划、采购询价文件的编制、询价厂商及中间商的选择、报价评审、采购合同的签订、催交、验证、包装运输、现场验收和移交等过程进行质量控制。

（1）建立合格供货厂商名录

通过对拟供货厂商进行考察评估，评定合格的供货厂商列入合格供货厂商名录。在建设项目完成后，采购工程师应对供货厂商的产品质量、交货期、售后服务情况进行评价，并保持记录。组织根据记录定期对供货厂商进行履约评定，凡评定不合格的供货厂商，将其从合格供货厂商名录中删除。若从中间商采购产品，还应对中间商进行评价，并建立合格中间商名录，只有满足合格中间商的条件才能进行相应的采购。

（2）采购策划及采购询价文件的编制

建设项目的采购策划工作由采购经理负责，主要任务是编制"采购实施计划"。采购经理应组织采购工程师实施建设项目的"采购实施计划"。在采购实施过程中，采购经理可根据项目实施的具体情况，对"采购实施计划"进行修订或补充。用户对采购的特殊要求也应纳入"采购实施计划"。

询价文件包括询价技术文件和询价商务文件两部分，询价技术文件由设计经理组织相关专业设计工程师编制；询价商务文件由采购经理组织采购工程师编制。

（3）询价厂商的选择、报价评审和采购合同的签订

采购工程师应根据采购产品的特点，从企业合格供货厂商名录和用户询价厂商名单中选择两家或两家以上厂商（或中间商）作为推荐的询价厂商，编制名单"项目询价厂商（或中间商）"，经审批后，向询价厂商发出询价文件。

报价的评审包括技术报价评审、商务报价评审和报价综合评审三个部分。设计工程师负责技术报价评审，采购工程师负责商务报价评审，采购经理根据技术报价评审和商务报价评审的结果，进行报价综合评审，确定报价厂商（或中间商）排序，报项目经理审批。

（4）催交、验证和包装运输

采购经理负责组织采购工程师对采购产品及其技术文件进行催交，以满足设计和施工的需要。采购产品的验证方式包括供货厂商车间或中间商的货源处验证、到货现场验证和第三方检验。采购产品的验证方法包括检验、测量、察看、查验文件资料和记录等。

一般情况下，采购产品由供货厂商或中间商负责包装和运输，并在采购合同中明确规定包装和运输要求。超限和有危险性的设备材料运输时，应要求运输单位提交初步运输方案，按规定程序审批后才能实施。

（5）现场验收和移交

采购经理应负责组织采购工程师在到货现场验收采购产品。采购产品由采购经理和施工经理组织有关人员在现场进行移交。采购质量控制主要是采购方案的审查及工作计划中明确的质量要求。

2. 各种形式采购设备的质量控制

（1）市场采购设备的质量控制

市场采购设备首先应编制设备采购方案，然后进行采购质量控制。市场采购设备的质量控制要点如下：

1）为使采购的设备满足要求，负责设备采购质量控制的工程师应熟悉和掌握设计文件中设备的各项要求、技术说明和规范标准。

2）总承包单位或设备安装单位负责设备采购的人员应有设备的专业知识，了解设备的技术要求、市场供货情况，熟悉合同条件及采购程序。

3）由总包单位或安装单位采购的设备，采购前要向监理工程师（建设单位）提交设备采购方案，经审查同意后方可实施。

（2）向生产厂家订购设备的质量控制

选择一个合格的供货厂商是向厂家订购设备质量控制工作的首要环节。为此，设备订购前要做好厂商的评审与实地考察工作。

（3）招标采购设备的质量控制

设备招标采购一般用于大型、复杂、关键设备和成套设备及生产线布控的订货。选择合适的设备供应单位是控制设备质量的重要环节。在设备招标采购阶段，监理单位应该当好建设单位的参谋和帮手，把好设备订货合同中技术标准、质量标准的审查关。

二、施工承发包的模式

建设工程施工任务承发包模式反映了建设工程项目发包方和施工任务承包方之间、承包方与分包方等相互之间的合同关系。常见的施工任务委托模式主要有如下几种：

（1）发包方委托一个施工单位或由多个施工单位组成的施工联合体或施工合作体作为施工总承包单位，施工总承包单位视需要再委托其他施工单位作为分包单位配合施工；

（2）发包方委托一个施工单位或由多个施工单位组成的施工联合体或施工合作体作为施工总承包管理单位，发包方另委托其他施工单位作为分包单位进行施工；

（3）发包方不委托施工总承包单位，而平行委托多个施工单位进行施工。

（一）施工平行承发包模式

1. 施工平行承发包

施工平行承发包是指发包方根据建设工程项目的特点、项目进展情况和控制目标的要求等因素，将建设工程项目按照一定的原则分解，将其施工任务分别发包给不同的施工单位，各个施工单位分别与发包方签订施工承包合同，其合同结构图如图 4-18 所示。

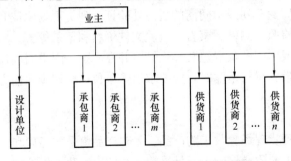

图 4-18 施工平行承发包模式合同结构图

施工平行承发包的一般工作程序为：施工图设计完成→施工招投标→施工→完工验收。

2. 施工平行承发包的特点

实行施工平行承发包对建设工程项目的费用、进度、质量等目标控制以及合同管理和组织与协调等有如下影响：

（1）费用控制

1）对每一部分工程施工任务的发包，都以施工图设计为基础，投标人进行投标报价比较有依据，工程的不确定性程度降低了，对合同双方的风险也相对降低了。

2）每一部分工程的施工，发包人都可以通过招标选择最好的施工单位承包，对降低工程造价有利。

3）对业主来说，要等最后一份合同签订后才知道整个工程的总造价，对投资的早期控制不利。

（2）进度控制

1）某一部分施工图完成后，即可开始这部分工程的招标，开工日期提前，可以边设计边施工，缩短建设周期。

2）由于要进行多次招标，业主用于招标的时间较多。

3）工程总进度计划和控制由业主负责；由不同单位承包的各部分工程之间的进度计划及其实施的协调由业主负责。

（3）质量控制

1）对某些工作而言，符合质量控制上的"他人控制"原则，不同分包单位之间能够形成一定的控制和制约机制，对业主的质量控制有利。

2）合同交互界面比较多，应非常重视各合同之间界面的定义，否则对项目的质量控制不利。

（4）合同管理

1）业主要负责所有施工承包合同的招标、合同谈判、签约，招标工作量大，对业主不利。

2）业主在每个合同中都会有相应的责任和义务，签订的合同越多，业主的责任和义务就越多。

3）业主要负责对多个施工承包合同的跟踪管理，合同管理工作量较大。

（5）组织与协调

1）业主直接控制所有工程的发包，可决定所有工程的承包商的选择。

2）业主要负责对所有承包商的组织与协调，承担类似于总承包管理的角色，工作量大，对业主不利（业主的对立面多，各个合同之间的界面多，关系复杂，矛盾集中，业主管理风险大）。

3）业主方可能需要配备较多的人员进行管理，管理成本高。

3. 施工平行承发包的应用

（1）当项目规模很大，不可能选择一个施工单位进行施工总承包或施工总承包管理，也没有一个施工单位能够进行施工总承包或施工总承包管理。

（2）项目建设的时间要求紧迫，急于开工，来不及等所有的施工图全部出齐，只有边设计、边施工。

（3）业主有足够的经验和能力应对多家施工单位。

（二）施工总承包模式

1. 施工总承包

施工总承包是指发包人将全部施工任务发包给一个施工单位或由多个施工单位组成的施工联合体或施工合作体，施工总承包单位主要依靠自己的力量完成施工任务。经发包人同意，施工总承包单位可以根据需要将施工任务的一部分分包给其他符合资质的分包人。施工总承包的合同结构图如图 4-19 所示。

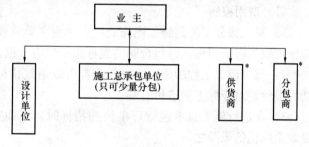

图 4-19　施工总承包模式合同结构图

施工总承包的一般工作程序为：施工图设计完成→施工总承包的招投标→施工→竣工验收。

2. 施工总承包的特点

（1）费用控制

1）通过招标选择施工总承包单位时，一般都以施工图设计为投标报价的基础，投标人的投标报价较有依据。

2）开工前就有较明确的合同价，有利于业主对总造价的早期控制。

3）若在施工过程中发生设计变更，则可能发生索赔。

（2）进度控制

一般要等施工图设计全部结束后，才能进行施工总承包单位的招标，开工日期较迟，建设周期势必较长，对进度控制不利。这是施工总承包模式的最大缺点，限制了其在建设周期紧迫的工程项目中的应用。

（3）质量控制

项目质量的好坏很大程度上取决于施工总承包单位的选择，取决于施工总承包单位的管理水平和技术水平。业主对施工总承包单位的依赖较大。

（4）合同管理

业主只需要进行一次招标，与一个施工总承包单位签约，招标及合同管理工作量大大减小，对业主有利。

（5）组织与协调

业主只负责对施工总承包单位的管理及组织协调，工作量大大减小，对业主比较有利。

总之，与平行承发包模式相比，采用施工总承包模式，业主合同管理和组织协调工作量都大大减小，协调比较容易。但建设周期可能比较长。

（三）施工总承包管理

1. 施工总承包管理

施工总承包管理模式，即为"管理型承包"。业主与某个具有丰富施工管理经验的单位或者由多个单位组成的联合体或合作体签订施工总承包管理协议，由其负责整个项目的施工组织与管理。

一般情况下，施工总承包管理单位不参与具体工程的施工，具体工程施工需要通过发包把任务分包给分包商来完成。若施工总承包管理单位也想承担部分具体工程的施工，也可以参加这一部分工程的投标，通过竞争取得任务。

2. 施工总承包管理模式的特点

（1）费用控制

1）某一部分工程的施工图完成后，由业主单独或与施工总承包管理单位共同进行该部分工程的施工招标，分包合同的投标报价较有依据。

2）每一部分工程的施工，发包人都可以通过招标选择最好的施工单位承包，获得最低的报价，对降低工程造价有利。

3）在进行施工总承包管理单位的招标时，只确定总承包管理费，没有合同总造价，是业主承担的风险之一。

4）多数情况下，由业主方与分包人直接签约，加大了业主方的风险。

（2）进度控制

对施工总承包管理单位的招标不依赖于施工图设计，可以提前到初步设计阶段进行。而对分包单位的招标依据该部分工程的施工图，与施工总承包模式相比也可以提前，从而可以提前开工，缩短建设周期。

施工总进度计划的编制、控制和协调由施工总承包管理单位负责，而项目总进度计划的编制、控制和协调以及设计、施工、供货之间的进度计划协调由业主负责。

（3）质量控制

1）对分包单位的质量控制主要由施工总承包管理单位进行。

2）对分包单位来说，也有来自其他分包单位的横向控制，符合质量控制上的"他人控制"原则，对质量控制有利。

3）各分包合同交界面的定义由施工总承包管理单位负责，减轻了业主方的工作量。

（4）合同管理

一般情况下，所有分包合同的招投标、合同谈判、签约工作由业主负责，业主方的招标及合同管理工作量大，对业主不利。

对分包单位工程款的支付又可分为总承包管理单位支付和业主直接支付两种形式，前者对于加大总承包管理单位对分包单位管理的力度更有利。

（5）组织与协调

由施工总承包管理单位负责对所有分包单位的管理及组织协调，大大减轻了业主的工作。这是施工总承包管理模式的基本出发点。

与分包单位的合同一般由业主签订，一定程度上削弱了施工总承包管理单位对分包单位管理的力度。

三、施工合同执行过程的管理

合同的履行是指工程建设项目的发包方和承包方根据合同规定的时间、地点、方式、内容和标准等要求，各自完成合同义务的行为，是合同当事人双方都应尽的义务。任何一方违反合同，不履行合同义务，或者未完全履行合同义务，给对方造成损失时，都应当承担赔偿责任。

（一）施工合同跟踪与控制

合同签订以后，承包单位作为履行合同义务的主体，必须对合同执行者（项目经理部或项目参与人）的履行情况进行跟踪、监督和控制，确保合同义务的完全履行。

1. 施工合同跟踪

（1）合同跟踪的依据

合同跟踪的重要依据是：合同以及依据合同而编制的各种计划文件；各种实际工程文件如原始记录、报表、验收报告等；管理人员对现场情况的直观了解，如现场巡视、交谈、会议、质量检查等。

（2）合同跟踪的对象

1）承包的任务。包括：工程施工的质量，包括材料、构件、制品和设备等的质量，以及施工或安装质量，是否符合合同要求；工程进度，是否在预定期限内施工，工期有无延长，延长的原因是什么等等；工程数量，是否按合同要求完成全部施工任务，有无合同规定以外的施工任务；成本的增加和减少。

2）工程小组或分包人的工程和工作。可以将工程施工任务分解交由不同的工程小组或发包给专业分包单位完成，工程承包人必须对这些工程小组或分包人及其所负责的工程进行跟踪检查，协调关系，提出意见、建议或警告，保证工程总体质量和进度。

对专业分包人的工作和负责的工程，总承包商负有协调和管理的责任，并承担由此造成的损失，所以专业分包人的工作和负责的工程必须纳入总承包工程的计划和控制中，防止因分包人工程管理失误而影响全局。

3）业主和其委托工程师的工作。业主是否及时、完整地提供了工程施工的实施条件；业主和工程师是否及时给予了指令、答复和确认；业主是否及时并足额地支付了应付的工程款项。

2. 合同实施的偏差分析

通过合同跟踪，可能会发现合同实施中存在着偏差应该及时分析原因，采取措施，纠正偏差，避免损失。

合同实施偏差分析的内容包括以下几个方面：

（1）产生偏差的原因分析

通过对合同执行实际情况与实施计划的对比分析，不仅可以发现合同实施的偏差，而且可以探索引起差异的原因。

（2）合同实施偏差的责任分析

分析产生合同偏差的原因是由谁引起的，应该由谁承担责任。责任分析必须以合同为依据，按合同规定落实双方的责任。

（3）合同实施趋势分析

针对合同实施偏差情况，可以采取不同的措施，应分析在不同措施下合同执行的结果与趋势，包括：

1）最终的工程状况，包括总工期的延误、总成本的超支、质量标准、所能达到的生产能力（或功能要求）等；

2）承包商将承担什么样的后果，如被罚款、被清算，甚至被起诉，对承包商资信、企业形象、经营战略的影响等；

3）最终工程经济效益（利润）水平。

3. 合同实施偏差处理

根据合同实施偏差分析的结果，承包商应该采取相应的调整措施，调整措施可以分为：

（1）组织措施，如增加人员投入，调整人员安排，调整工作流程和工作计划等；

（2）技术措施，如变更技术方案，采用新的高效率的施工方案等；

（3）经济措施，如增加投入，采取经济激励措施等；

（4）合同措施，如进行合同变更，签订附加协议，采取索赔手段等。

（二）施工合同变更管理

合同变更是指合同成立以后和履行完毕以前由双方当事人依法对合同的内容所进行的修改，包括合同价款、工程内容、工程的数量、质量要求和标准、实施程序等的一切改变都属于合同变更。

工程变更一般是指在工程施工过程中，根据合同约定对施工的程序、工程的内容、数量、质量要求及标准等做出的变更。工程变更属于合同变更，合同变更主要是由于工程变更而引起的，合同变更的管理也主要是进行工程变更的管理。

1. 工程变更的原因

（1）业主新的变更指令，对建筑的新要求。如业主有新的意图，业主修改项目计划、削减项目预算等。

（2）由于设计人员、监理人员、承包商事先没有很好地理解业主的意图，或设计的错误，导致图纸修改。

（3）由于产生新技术和知识，有必要改变原设计、原实施方案或实施计划，或由于业主指令及业主责任的原因造成承包商施工方案的改变。

（4）工程环境的变化，预定的工程条件不准确，要求实施方案或实施计划变更。

（5）政府部门对工程新的要求，如国家计划变化、环境保护要求、城市规划变动等。

（6）由于合同实施出现问题，必须调整合同目标或修改合同条款。

2. 变更的范围和内容

除专用合同条款另有约定外，在履行合同中发生以下情形之一，应按照本条规定进行变更。

（1）取消合同中任何一项工作，但被取消的工作不能转由发包人或其他人实施；

（2）改变合同中任何一项工作的质量或其他特性；

（3）改变合同工程的基线、标高、位置或尺寸；

（4）改变合同中任何一项工作的施工时间或改变已批准的施工工艺或顺序；

（5）为完成工程需要追加的额外工作。

3. 变更权

在履行合同过程中，经发包人同意，监理工程师可按合同约定的变更程序向承包人做出变更指示，承包人应遵照执行。没有监理工程师的变更指示，承包人不得擅自变更。

4. 变更程序

根据《标准施工招标文件》中通用合同条款的规定，变更程序如下：

（1）变更的提出

1）在合同履行过程中，可能发生通用合同条款第 15.1 款（变更的范围和内容）约定情形的，监理工程师可向承包人发出变更意向书。变更意向书应说明变更的具体内容和发包人对变更的时间要求，并附必要的图纸和相关资料。变更意向书应要求承包人提交包括拟实施变更工作的计划、措施和竣工时间等内容的实施方案。发包人同意承包人根据变更意向书要求提交的变更实施方案的，由监理工程师按合同约定的程序发出变更指示。

2）在合同履行过程中，已经发生通用合同条款第 15.1 款约定情形的，监理工程师应按照合同约定的程序向承包人发出变更指示。

3）承包人收到监理工程师按合同约定发出的图纸和文件，经检查认为其中存在 15.1 款约定情形的，可向监理工程师提出书面变更建议。变更建议应阐明要求变更的依据，并附必要的图纸和说明。监理工程师收到承包人书面建议后，应与发包人共同研究，确认存在变更的，应在收到承包人书面建议后的 14 天内作出变更指示。经研究后不同意作为变更的，应由监理人书面答复承包人。

4）若承包人收到监理人的变更意向书后认为难以实施此项变更，应立即通知监理工程师，说明原因并附详细依据。监理工程师与承包人和发包人协商后确定撤销、改变或不改变原变更意向书。

（2）变更指示

变更指示只能由监理工程师发出。变更指示应说明变更的目的、范围、变更内容以及变更的工程量及其进度和技术要求，并附有关图纸和文件。承包人收到变更指示后，应按变更指示进行变更工作。

5. 承包人的合理化建议

在履行合同过程中,承包人对发包人提供的图纸、技术要求以及其他方面提出的合理化建议,均应以书面形式提交监理工程师。合理化建议书的内容应包括建议工作的详细说明、进度计划和效益以及与其他工作的协调等,并附必要的设计文件。建议被采纳并构成变更的,应按合同约定的程序向承包人发出变更指示。承包人提出的合理化建议降低了合同价格、缩短了工期或者提高了工程经济效益的,发包人可按国家有关规定在专用合同条款中约定给予奖励。

6. 变更估价

(1) 除专用合同条款对期限另有约定外,承包人应在收到变更指示或变更意向书后的14天内,向监理人提交变更报价书,报价内容应根据合同约定的估价原则,详细开列变更工作的价格组成及其依据,并附必要的施工方法说明和有关图纸。

(2) 变更工作影响工期的,承包人应提出调整工期的具体细节。监理工程师认为有必要时,可要求承包人提交要求提前或延长工期的施工进度计划及相应施工措施等详细资料。

(3) 除专用合同条款对期限另有约定外,监理工程师收到承包人变更报价书后的14天内,根据合同约定的估价原则,按照第3.5款(总监理工程师与合同当事人进行商定或确定)商定或确定变更价格。

7. 变更的估价原则

除专用合同条款另有约定外,因变更引起的价格调整按照以下方式处理:

(1) 已标价工程量清单中有适用于变更工作的子目的,采用该子目的单价。

(2) 已标价工程量清单中无适用于变更工作的子目,但有类似子目的,可在合理范围内参照类似子目的单价,由监理工程师按第3.5款商定或确定变更工作的单价。

(3) 已标价工程量清单中无适用或类似子目的单价,可按照成本加利润的原则,由监理工程师按第3.5款商定或确定变更工作的单价。

8. 计日工

(1) 发包人认为有必要时,由监理工程师通知承包人以计日工方式实施变更的零星工作。其价款按列入已标价工程量清单中的计日工计价子目及其单价进行计算。

(2) 采用计日工计价的任何一项变更工作,应从暂列金额中支付,承包人应在该项变更的实施过程中,每天提交以下报表和有关凭证报送监理工程师审批:

1) 工作名称、内容和数量;

2) 投入该工作所有人员的姓名、工种、级别和耗用工时;

3) 投入该工作的材料类别和数量;

4) 投入该工作的施工设备型号、台数和耗用台时;

5) 监理工程师要求提交的其他资料和凭证。

(3) 计日工由承包人汇总后,按合同约定列入进度付款申请单,由监理工程师复核并经发包人同意后列入进度付款。

四、施工合同索赔管理

(一) 索赔及其分类

索赔是指在经济交易活动中,一方遭受损失时向对方提起的赔偿要求。索赔是合同双方的法定权利，也是维护自身经济效益的手段。它一般包括商务索赔和工程索赔。

建设工程索赔是指在工程合同履行过程中，合同当事人一方因对方不履行或未能正确履行合同或者由于其他非自身因素而受到经济损失或权利损害，通过合同规定的程序向对方提出经济或时间补偿要求的行为。索赔主要分类方式如下：

（1）按索赔有关当事人分类

1）承包人与发包人之间的索赔；

2）承包人与分包人之间的索赔；

3）承包人或发包人与供货人之间的索赔；

4）承包人或发包人与保险人之间的索赔。

（2）按照索赔目的和要求分类

1）工期索赔，一般指承包人向业主或者分包人向承包人要求延长工期；

2）费用索赔，即要求补偿经济损失，调整合同价格。

（3）按照索赔事件的性质分类

1）工程延期索赔。因为发包人未按合同要求提供施工条件，或者发包人指令工程暂停或不可抗力事件等原因造成工期拖延的，承包人向发包人提出索赔；如果由于承包人原因导致工期拖延，发包人可以向承包人提出索赔；由于非分包人的原因导致工期拖延，分包人可以向承包人提出索赔。

2）工程加速索赔。通常是由于发包人或工程师指令承包人加快施工进度、缩短工期，引起承包人的人力、物力、财力的额外开支，承包人提出索赔；承包人指令分包人加快进度，分包人也可以向承包人提出索赔。

3）工程变更索赔。由于发包人或工程师指令增加或减少工程量或增加附加工程、修改设计、变更施工顺序等，造成工期延长和费用增加，承包人对此向发包人提出索赔，分包人也可以对此向承包人提出索赔。

4）工程终止索赔。由于发包人违约或发生了不可抗力事件等造成工程非正常终止，承包人和分包人因蒙受经济损失而提出索赔；如果由于承包人或者分包人的原因导致工程非正常终止，或者合同无法继续履行，发包人可以对此提出索赔。

5）不可预见的外部障碍或条件索赔。即承包商施工期间在现场遇到一个有经验的承包商通常不能预见的外界障碍或条件，例如地质条件与预计的（业主提供的资料）不同，出现未预见的岩石、淤泥或地下水等，导致承包人损失，这类风险通常应该由发包人承担，即承包人可以据此提出索赔。

6）不可抗力事件引起的索赔。在新版 FIDIC 施工合同条件中，不可抗力通常是满足以下条件的特殊事件或情况：一方无法控制的、该方在签订合同前不能对之进行合理防备的、发生后该方不能合理避免或克服的、不主要归因于他方的。不可抗力事件发生导致承包人损失，通常应该由发包人承担，即承包人可以据此提出索赔。

7）其他索赔。如货币贬值、汇率变化、物价变化、政策法令变化等原因引起的索赔。

（4）按照索赔的起因分类

按照引起索赔的原因，索赔可分为：发包人违约索赔、合同错误索赔、合同变更索赔、工程环境变化索赔、不可抗力因素索赔等。

（5）按照索赔的依据分类

按照索赔所依据的文件，可分为：

1）合同内索赔。即双方在合同中约定了可给予承包人补偿的事项，承包人可据此向发包人提出索赔要求。这类索赔较为常见。

2）合同外索赔。即引起索赔的干扰事件已经超出了合同条文的范围或是在条文中没有规定，索赔的依据需要扩大到相关法律法规如民法、建筑法等。

3）通融性索赔。此类索赔不是根据法律和合同，而是取决于发包人的道义、通融。发包人可以从工程整体利益角度选择同意或是不同意。

（6）按照索赔发生的时间分类

按索赔发生的时间可分为：合同履行期间的索赔、合同终止后的索赔。

（7）按照处理索赔的方式分类

1）单项索赔。只针对某一干扰事件提出，原因和责任较为单一。索赔的处理在合同实施过程中，干扰事件发生时或者发生后立即进行。此项索赔由合同管理人员处理即可，在合同规定的索赔有效期内向业主提交索赔报告，处理起来比较简单。

2）总索赔。又称为一揽子索赔。由于在工程建设过程中，某些单项索赔的原因和处理比较复杂，无法立刻解决；或是发包人拖延答复单项索赔而使之得不到及时解决；或者是堆积至工程后期的工期索赔等，在这些情况下，承包人将在工程竣工前把工程进行过程中未解决的单项索赔集中起来，提出一份总索赔报告。合同双方在工程交付前后进行最终的谈判，一揽子解决索赔问题。总索赔的处理和解决都比较复杂，承包人必须保存全部工程资料和其他可作为索赔证据的资料。同时，在最终的谈判中，由于索赔的集中积累，造成谈判的艰难，并耗费大量的时间和金钱。对于某些索赔额度巨大的一揽子索赔，为提高索赔成功率，承包人往往需要聘请法律、索赔专家，甚者成立专门的索赔小组或委托索赔咨询公司来处理索赔事件。

（二）索赔的依据和证据

1. 索赔的依据

总体而言，索赔的依据主要是三个方面：

（1）合同文件

合同文件是索赔的最主要依据，包括：

1）本合同协议书；

2）中标通知书；

3）投标书及其附件；

4）合同专用条款；

5）合同通用条款；

6）标准、规范及有关技术文件；

7）图纸；

8）工程量清单；

9）工程报价单或预算书。

合同履行中，发包人与承包人有关工程的洽商、变更等书面协议或文件应视为合同文件的组成部分。

在《建设工程施工合同示范文本》（GF-99—0201）中列举了发包人可以向承包人提

出索赔的依据条款，也列举了承包人在哪些条件下可以向发包人提出索赔；《建设工程施工专业分包合同（示范文本）》（GF-2003—0213）中列举了承包人与分包人之间索赔的诸多依据条款。

（2）法律、法规

建设工程合同文件适用国家的法律和行政法规，需要明示的由双方在专用条款中约定。适用的标准、规范，由双方在专用条款内约定适用的标准、规范和名称。

（3）工程建设惯例

针对具体的索赔要求（工期或费用），索赔的具体依据也不相同，例如，有关工期的索赔就要依据有关的进度计划、变更指令等。

2. 索赔的证据

（1）索赔证据

索赔证据是当事人用来支持其索赔成立或和索赔有关的证明文件和资料。索赔证据作为索赔文件的组成部分，在很大程度上关系到索赔的成功与否。证据不全、不足或没有证据，索赔是很难获得成功的。

在工程项目实施过程中，会产生大量的工程信息和资料，这些信息和资料是开展索赔的重要证据。因此，在施工过程中应该自始至终做好资料积累工作，建立完善的资料记录和科学管理制度，认真系统地积累和管理合同、质量、进度以及财务收支等方面的资料。

（2）可以作为证据使用的材料

可以作为证据使用的材料有以下七种：

1）书证。是指以其文字或数字记载的内容起证明作用的书面文书和其他载体。如合同文本、财务账册、欠据、收据、往来信函以及确定有关权利的判决书、法律文件等。

2）物证。是指以其存在、存放的地点外部特征及物质特性来证明案件事实真相的证据。如购销过程中封存的样品，被损坏的机械、设备，有质量问题的产品等。

3）证人证言。是指知道、了解事实真相的人所提供的证词，或向司法机关所作的陈述。

4）视听材料。是指能够证明案件真实情况的音像资料。如录音带、录像带等。

5）被告人供述和有关当事人陈述。它包括：犯罪嫌疑人、被告人向司法机关所作的承认犯罪并交代犯罪事实的陈述或否认犯罪或具有从轻、减轻、免除处罚的辩解、申诉。被害人、当事人就案件事实向司法机关所作的陈述。

6）鉴定结论。是指专业人员就案件有关情况向司法机关提供的专门性的书面鉴定意见。如损伤鉴定、痕迹鉴定、质量责任鉴定等。

7）勘验、检验笔录。是指司法人员或行政执法人员对与案件有关的现场物品、人身等进行勘察、试验、实验或检查的文字记载。这项证据也具有专门性。

（3）常见的工程索赔证据

常见的工程索赔证据有以下多种类型：

1）各种合同文件，包括施工合同协议书及其附件、中标通知书、投标书、标准和技术规范、图纸、工程量清单、工程报价单或者预算书、有关技术资料和要求、施工过程中的补充协议等；

2）工程各种往来函件、通知、答复等；

3）各种会谈纪要；

4）经过发包人或者工程师批准的承包人的施工进度计划、施工方案、施工组织设计和现场实施情况记录；

5）工程各项会议纪要；

6）气象报告和相关资料，如有关温度、风力、雨雪的资料；

7）施工现场记录，包括有关设计交底、设计变更、施工变更指令，工程材料和机械设备的采购、验收与使用等方面的凭证及材料供应清单、合格证书，工程现场水、电、道路等开通、封闭的记录，停水、停电等各种干扰事件的时间和影响记录等；

8）工程有关照片和录像等；

9）施工日记、备忘录等；

10）发包人或者工程师签认的签证；

11）发包人或者工程师发布的各种书面指令和确认书以及承包人的要求、请求、通知书等；

12）工程中的各种检查验收报告和各种技术鉴定报告；

13）工地的交接记录（应注明交接日期，场地平整情况，水、电、路情况等），图纸和各种资料交接记录；

14）建筑材料和设备的采购、订货、运输、进场、使用方面的记录、凭证和报表等；

15）市场行情资料，包括市场价格、官方的物价指数、工资指数、中央银行的外汇比率等公布材料；

16）投标前发包人提供的参考资料和现场资料；

17）工程结算资料、财务报告、财务凭证等；

18）各种会计核算资料；

19）国家法律、法令、政策文件。

索赔证据的基本要求：索赔证据应该具有：真实性；及时性；全面性；关联性；有效性。

（三）索赔程序

索赔事件的发生在工程建设中是不可避免的，因此必须重视，要正确合理地进行处置。但其处理和解决受到诸多条件的制约，例如合同背景、承包人和发包人的管理水平以及双方处理索赔的业务能力等等。索赔的成功不仅仅在于索赔事实本身更在于是否具有充实的证据，是否拥有合同约定及法律条款的支持。因此，一套正确合理的索赔程序变得至关重要。以下说明索赔的一般程序：

（1）索赔意向通知

在工程实施过程中发生索赔事件以后，或者承包人发现索赔机会，首先要提出索赔意向，即在合同规定时间内将索赔意向用书面形式及时通知发包人或者工程师，向对方表明索赔愿望、要求或者声明保留索赔权利。

索赔意向通知要简明扼要地说明索赔事由发生的时间、地点、简单事实情况描述和发展动态、索赔依据和理由、索赔事件的不利影响等。

（2）索赔资料的准备

1）跟踪和调查干扰事件，掌握事件产生的详细经过；

2）分析干扰事件产生的原因，划清各方责任，确定索赔根据；

3）损失或损害调查分析与计算，确定工期索赔和费用索赔值；

4）收集证据，获得充分而有效的各种证据；

5）起草索赔文件。

（3）索赔文件的提交

提出索赔的一方应该在合同规定的时限内向对方提交正式的书面索赔文件。例如，FIDIC 合同条件和我国《建设工程施工合同示范文本》都规定，承包人必须在发出索赔意向通知后的 28 天内或经过工程师同意的其他合理时间内向工程师提交一份详细的索赔文件和有关资料。如果干扰事件对工程的影响持续时间长，承包人则应按工程师要求的合理间隔（一般为 28 天），提交中间索赔报告，并在干扰事件影响结束后的 28 天提交一份最终索赔报告。否则将失去该事件请求补偿的索赔权利。

索赔文件的主要内容包括以下几个方面：

1）总述部分

概要论述索赔事项发生的日期和过程；承包人为该索赔事项付出的努力和附加开支；承包人的具体索赔要求。

2）论证部分

论证部分是索赔报告的关键部分，其目的是说明自己有索赔权，是索赔能否成立的关键。

3）索赔款项（和/或工期）计算部分

如果说索赔报告论证部分的任务是解决索赔权能否成立，则款项计算是为解决能得多少款项。前者定性，后者定量。

4）证据部分

要注意引用的每个证据的效力或可信程度，对重要的证据资料最好附以文字说明，或附以确认件。

（4）索赔文件的审核

对于承包人向发包人的索赔请求，索赔文件首先应该交由工程师审核。工程师根据发包人的委托或授权，对承包人索赔的审核工作主要分为判定索赔事件是否成立和核查承包人的索赔计算是否正确、合理两个方面，并可在授权范围内做出判断：初步确定补偿额度，或者要求补充证据，或者要求修改索赔报告等。对索赔的初步处理意见要提交发包人。

（5）发包人审查

对于工程师的初步处理意见，发包人需要进行审查和批准，然后工程师才可以签发有关证书。

如果索赔额度超过了工程师权限范围时，应由工程师将审查的索赔报告报请发包人审批，并与承包人谈判解决。

（6）协商

对于工程师的初步处理意见，发包人和承包人可能都不接受或者其中的一方不接受，三方可就索赔的解决进行协商，达成一致，其中可能包括复杂的谈判过程，经过多次协商才能达成。如果经过努力无法就索赔事宜达成一致意见，则发包人和承包人可根据合同约定选择采用仲裁或者诉讼方式解决。

（四）工程合同的履约管理方法应用案例

【案例 4-1】 某建筑公司（乙方）于某年 4 月 20 日与某厂（甲方）签订了修建建筑面积为 3000m² 工业厂房（带地下室）的施工合同。乙方编制的施工方案和进度计划已获监理工程师批准。该工程的基坑开挖土方量为 4500m³，假设直接费单价为 4.2 元/m³，综合费率为直接费的 20％。该基坑施工方案规定：土方工程采用租赁一台斗容量 1m³ 反铲挖掘机施工（租赁费 450 元/台班）。甲、乙双方合同约定 5 月 11 日开工，5 月 20 日完工。在实际施工中发生了如下几项事件：

① 因租赁的挖掘机大修，晚开工 2 天，造成人员窝工 10 个工日。

② 施工过程中，因遇软土层，接到监理工程师 5 月 15 日停工的指令，进行地质复查，配合用工 15 个工日。

③ 5 月 19 日接到监理工程师于 5 月 20 日复工令，同时提出基坑开挖深度加深 2m 的设计变更通知单，由此增加土方开挖量 900m³。

④ 5 月 20 日～5 月 22 日，因下大雨迫使基坑开挖暂停，造成人员窝工 10 个工日。

⑤ 5 月 23 日用 30 个工日修复冲洗的永久道路，5 月 24 日恢复挖掘工作，最终基坑于 5 月 30 日挖坑完毕。

【问题】

（1）简述工程施工索赔的程序。

（2）建筑公司对上述哪些事件可以向厂方要求索赔？哪些事件不可以要求索赔？并说明理由。

（3）每项事件工期索赔是多少天？总计工期索赔是多少天？

（4）假设人工费单价是 23 元/工日，因增加用工所需的管理费为增加人工费的 30％，则合理的费用索赔总额是多少？

【解答】

（1）我国《建设工程施工合同（示范）文本》第 36 条规定的施工索赔程序如下：

1）索赔事件发生 28 天内，向工程师发出索赔意向通知；

2）发出索赔意向通知后 28 天内，向工程师提出延长工期（或）补偿经济损失的索赔报告及有关资料；

3）当该索赔事件持续进行，承包人应当阶段性地向工程师发出索赔意向，在索赔事件终了后 28 天内，向工程师提供索赔的有关资料和最终索赔报告；

4）工程师在收到承包人送交的索赔报告的有关资料后，于 28 天内给予答复或要求承包人进一步补充索赔理由和证据，如果工程师在收到承包人的索赔报告的有关资料后 28 天内未予答复，视为该项索赔已被认可。

因承包人未能按合同约定履行自己的各项义务或发生错误给发包人造成经济损失，发包人可按同样的程序向承包人提出索赔。

（2）：

事件①：索赔不成立。因此事件发生原因属承包商自身责任。

事件②：索赔成立。因该施工地质条件的变化是一个有经验的承包商无法合理预见的。

事件③：索赔成立。业主设计变更引发的索赔应成立。

事件④：索赔成立。这是因特殊反常的恶劣天气造成工程延误。

事件⑤：索赔成立。恶劣的自然条件或不可抗力引起的工程损坏及修复应由业主承担责任。

（3）：

事件②：索赔工期5天（5月15日～5月19日）

事件③：索赔工期2天

原计划每天完成工程量：4500/10＝450m³

现增加工程量900m³，因此应增加工期为：900/450＝2天

事件④：索赔工期3天（5月20日～5月22日）

事件⑤：索赔工期1天

共计索赔工期为：5＋2＋3＋1＝11天

（4）：

事件②：人工费＝15×23＝345元

机械费＝450×5＝2250元

管理费＝345×30％＝103.5元

事件③：可直接按土方开挖单价计算

900×4.2×（1+20％）＝4536元

事件④：费用索赔不成立

事件⑤：

人工费＝30×23＝690元

机械费＝450×1＝450元

管理费＝690×30％＝207元

合计可索赔费用为：

345＋2250＋103.5＋4536＋690＋450＋207＝8581.5元

第六节　工程项目风险管理

与其他行业相比，建筑业面临着更大的风险和不确定性。从最初的投资评价到项目建成并投入使用，通常是一个复杂的过程，其中包括耗时较长的设计和建造过程。这一过程需要不同专业的人员参与，以及对范围广泛的一系列相互联系活动的协调。另外，这一复杂过程还受到大量外界不可及与不可控制因素的影响。因此，工程项目风险管理不仅是项目管理的重要内容，而且具有一定的复杂性和难度。

一、工程项目中的风险

1. 风险及其分类

风险是在一定条件下一定时期内，某一事件的预期结果与实际结果间的变动程度。变动程度越大，风险越大；反之，则越小。

风险因素是指能够引起或增加风险事件发生的机会或影响损失严重程度的因素，是造成损失的内在或间接原因。根据其性质的不同，可将风险因素分为实质性风险因素、道德

风险因素和心理风险因素。

风险事件又称风险事故，是指直接导致损失发生的偶发事件，它可能引起损失和人身伤亡。

不同的风险具有不同的特性，为有效地进行风险管理，有必要对各种风险进行分类。风险的分类如下：

（1）按风险后果划分

1）纯粹风险。纯粹风险是指风险导致的结果只有两种，即没有损失或有损失。

2）投机风险。投机风险导致的结果有三种，即没有损失、有损失或获得利益。

（2）按风险来源划分

1）自然风险。自然风险是指由于自然力的不规则变化导致财产毁损或人员伤亡，如风暴、地震等。

2）人为风险。人为风险是指由于人类活动导致的风险。人为风险又可细分为行为风险、政治风险、经济风险、技术风险和组织风险等。

（3）按风险的形态划分

1）静态风险。静态风险是由于自然力的不规则变化或人的行为失误导致的风险。从发生的后果来看，静态风险多属于纯粹风险。

2）动态风险。动态风险是由于人类需求的改变、制度的改进和政治、经济、社会、科技等环境的变迁导致的风险。从发生的后果来看，动态风险既可属于纯粹风险，又可属于投机风险。

（4）按风险可否管理划分

1）可管理风险。可管理风险是指用人的智慧、知识等可以预测、控制的风险。

2）不可管理风险。不可管理风险是指用人的智慧、知识等无法预测和无法控制的风险。

（5）按风险影响范围划分

1）局部风险。局部风险是指由于某个特定因素导致的风险，其损失的影响范围较小。

2）总体风险。总体风险影响的范围大，其风险因素往往无法加以控制，如经济、政治等因素。

（6）按风险后果的承担者划分

按风险后果的承担者可分为政府风险、投资方风险、业主风险、承包商风险、供应商风险、担保方风险等。

2. 风险的基本性质

（1）风险的客观性

风险的客观性，首先表现在它的存在是不以人的意志为转移的。从根本上说，这是因为决定风险的各种因素对风险主体是独立存在的，不管风险主体是否意识到风险的存在，在一定的条件下仍有可能变为现实。其次，还表现在风险是无时不有、无所不在的，它存在于人类社会的发展过程之中，潜藏于人类从事的各种活动之中。

（2）风险的不确定性

风险的不确定性是指风险的发生是不确定的。即风险的程度有多大、风险何时何地有可能转变为现实均是不肯定的。这是由于人们对客观世界的认识受到各种条件的限制，不可能准确预测风险的发生。

风险的不确定性并不代表风险就完全不可测度。有的风险可以测度，有的风险不可测度。例如，项目投资问题，对不同投资方案的不同收益和损失的可能性，可以根据有关情况、数据，运用各种方法进行测度；对于经济风险、政治风险和自然风险就很难测度甚至无法测度。

（3）风险的不利性

风险一旦产生，就会使风险主体产生挫折、损失，甚至失败，这对风险主体是极为不利的。风险的不利性要求我们在承认风险、认识风险的基础上，做好决策，尽可能地避免风险，将风险的不利性降至最低。

（4）风险的可变性

风险的可变性是指在一定条件下风险可以转化。风险的可变性包括以下内容：

1）风险性质的变化。在汽车没有普及之前，因汽车引起的车祸被视为特定风险，当汽车已成为主要交通工具之后，车祸成为基本风险。

2）风险量的变化。随着社会的发展，预测技术的不断完善，人们抵御风险的能力增强，在一定程度上能够对某些风险加以控制，使其频率降低，造成损失的范围和损失的程度减少。

3）某些风险在一定空间和时间范围内被消除。如新中国成立后，我国消除了多种传染病。

4）新的风险产生。随着项目和其他活动的展开，会有新的风险出现。如进行项目建设时，为了加快进度而采取边勘察、边设计、边施工的方法，这时就可能产生质量、安全或造价风险。

（5）风险的相对性

风险的相对性是针对风险主体而言的，即使在相同的风险情况下，不同的风险主体对风险的承受能力也是不同的。风险主体收益的多少、投入的大小和风险主体的地位与拥有的资源的差异，决定了其风险承受能力的差异。

（6）风险同利益的对称性

风险同利益的对称性是指对风险主体来说风险和利益是必然同时存在，即风险是利益的代价，利益是风险的报酬。如果没有利益而只有风险，那么谁也不会去承担这种风险；另一方面，为了实现一定的利益目标，必须以承担一定的风险为前提。例如，普通股风险大而收益大，优先股风险小而收益小。

二、现代工程项目风险管理

1. 项目风险管理

项目风险管理是企业项目管理的一项重要管理过程，它包括对风险的预测、辨识、分析、判断、评估及采取相应的对策，如风险回避、控制、分隔、分散、转移、自留及利用等活动。这些活动对项目的成功运作至关重要，甚至会决定项目的成败。风险管理水平是衡量企业素质的重要标准，风险控制能力则是判定项目管理者生命力的重要依据。因此，项目管理者必须建立风险管理制度和方法体系。

风险管理的目标可综合归纳为：维持生存；安定局面；降低成本，提高利润；稳定收入；避免经营中断；不断发展壮大；树立信誉，扩大影响；应付特殊事故等。

风险管理的责任一般包括：确定和评估风险，识别潜在损失因素及估算损失大小；制定风险的财务对策；采取应付措施；制定保护措施，提出保护方案；落实安全措施；管理索赔；负责保险会计、分配保费、统计损失；完成有关风险管理的预算等。

2. 现代工程项目风险管理的特点

(1) 现代工程项目的风险越来越大，其主要原因是：

1) 现代工程项目规模大、技术新颖、结构复杂，技术标准和质量标准高、持续时间长、与环境接口复杂，导致实施技术和管理的难度增加。

2) 工程的参加单位和协作单位多，涉及业主、总包、分包、材料供应商、设备供应商、设计单位、监理单位、运输单位、保险公司等。各方面责任界限的划分、权利和义务的定义异常复杂，设计、计划和合同文件等出错和矛盾的可能性加大。

3) 由于工程实施时间长，涉及面广，受外界环境的影响大，如经济条件、社会条件、法律和自然条件的变化等。这些因素是项目上难以预测，不能控制，但都会妨碍正常实施，造成经济损失。

4) 现代工程项目高科技含量较高，是研究、开发、建设、运行的结合，而不是传统意义上的建筑工程。项目投资管理、经营管理、资产管理的任务加重，难度加大。

5) 由于市场竞争激烈和技术更新速度加快，产品从概念到市场的时间缩短。

6) 新的融资方式、承包方式和管理模式不断出现，使工程项目的组织关系、合同关系、实施和运行程序越来越复杂。

7) 项目所需资金、承包商、技术、设备、咨询服务的国际化，如国际工程承包、国际投资和合作，增加了项目的风险。

8) 现代企业、投资者、业主、社会各方面对工程项目的期望、要求和干预越来越多。

许多领域，由于它的项目风险大，风险的危害性大，被人们称为风险型项目领域。

(2) 风险越大的项目才能有较高的盈利机会，因此风险又是对管理者的挑战。通过风险管理能够规避风险，或减少风险带来的损失，获得非常高的经济效益，同时，提高风险管理水平有助于企业素质、竞争能力和项目管理水平的提高。

(3) 在现代项目管理中，风险的管理问题已成为研究和应用的热点之一。在一些特殊工程领域，如房地产、BOT投资项目、地铁建设工程项目、国际工程项目、航空航天项目、大型水利工程项目中，风险管理更是项目管理的重点。

(4) 风险管理与工程项目的进度管理、投资管理、质量管理、安全健康环境管理、合同管理、信息管理、沟通管理等融合为一体，形成集成化的管理过程。

(5) 工程项目的风险管理必须与该项目的特点相联系，包括工程技术系统的复杂性、工程所在地的特点、特殊的项目目标等，所以风险管理又是一般大型工程项目研究和管理的重点之一。

三、工程项目风险分解结构（RBS）

风险管理是用系统的、动态的方法进行全面风险分析和控制。任何一个工程项目的风险有自身的结构，可以采用系统方法进行结构分解，得到风险分解结构（RBS），如图4-20所示。

通过工程项目风险结构分解能够罗列各种可能的风险，并将它们作为管理对象，不出现遗漏和疏忽。

1. 项目环境风险

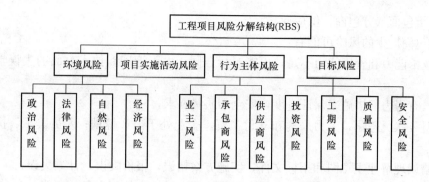

图 4-20 工程项目风险分解结构简图

最常见的环境风险因素为：

（1）政治风险。例如政局的不稳定性，战争状态、动乱、政变的可能性，国家的对外关系，政府信用和政府廉洁程度，政策及政策的稳定性，经济的开放程度或排外性等。

（2）法律风险。如法律不健全，有法不依、执法不严，相关法律内容的变化，法律对项目的干预；工程中可能有触犯法律的行为等。

（3）经济风险。国家经济政策的变化，产业结构的调整，银根紧缩，项目产品的市场变化；工程承包市场、材料供应市场、劳动力市场的变动，工资的提高，物价上涨，通货膨胀速度加快、原材料进口风险、金融风险，外汇汇率的变化等。

（4）自然条件。如地震、风暴、特殊的未预测到的地质条件，反常的恶劣的雨、雪天气，冰冻大气，恶劣的现场条件，周边存在对项目的干扰源，工程项目的建设可能造成对自然环境的破坏，不良的运输条件可能造成供应的中断。

（5）社会风险。包括宗教信仰的影响和冲击、社会治安的稳定性、社会的禁忌、劳动者的文化素质，社会风气等。

2. 项目实施过程风险

在项目实施以及运行过程中，工程活动可能遇到的各种障碍、异常情况，如技术问题，人工、材料、机械、费用消耗的增加等。

（1）项目目标设计和可行性研究过程中的风险。

（2）设计和计划工作过程中的风险。

（3）工程施工过程中的风险。

（4）项目结束阶段的风险。

3. 项目行为主体产生的风险

（1）业主和投资者

由业主和投资者产生的风险可能有：

1）业主的支付能力差，企业的经营状况恶化，资信不好，企业倒闭，撤走资金，或改变投资方向，改变项目目标；

2）业主违约、苛求、刁难、随便改变主意，但又不赔偿，错误的行为和指令，非程序地干预工程；

3）业主不能完成他的合同责任，如不及时供应他负责的设备、材料，不及时交付场地，不及时支付工程款。

（2）承包商（分包商、供应商）

由承包商产生的风险可能有：

1）技术能力和管理能力不足，不能履行合同，由于管理和技术方面的失误，造成工程中断；

2）没有得力的措施来保证进度，安全和质量要求；

3）财务状况恶化，无力采购和支付工资，企业处于破产境地；人员罢工、抗议或软抵抗；

4）错误理解业主意图和招标文件，实施方案错误，报价失误，计划失误；

5）设计单位设计错误，技术系统之间不协调、设计文件不完备、不能及时交付图纸，或无力完成设计工作。

（3）项目管理者（监理工程师）

由项目管理者产生的风险可能有：

1）项目管理者的管理能力、组织能力、工作热情、职业道德等差；

2）管理风格、文化偏见，可能导致不正确地执行合同，在工程中苛刻要求；

3）在工程中起草错误的招标文件、合同条件，下达错误的指令。

（4）其他方面

例如中介人的资信、可靠性差；政府机关工作人员、城市公共供应部门（如水、电等部门）的干预、苛求和个人需求；项目周边或涉及的居民或单位的干预、抗议或苛刻的要求等。

4．管理过程风险

这里包括极其复杂的内容，常常是分析责任的依据。例如：

（1）高层战略风险，如指导方针、战略思想可能有错误而造成项目目标设计错误。

（2）环境调查和预测的风险。

（3）决策风险，如错误的选择、错误的投标决策、报价等。

（4）项目策划风险。

（5）技术设计风险。

（6）计划风险，包括对目标（任务书，合同招标文件）理解错误，合同条款不严密、错误，过于苛刻的单方面约束性的、不完备的条款，方案错误、报价错误、施工组织措施错误。

（7）实施控制中的风险。例如：

1）合同风险。合同未履行，合同伙伴争执，责任不明，产生索赔要求。

2）供应风险。如供应拖延、供应商不履行合同、运输中的损坏以及在工地上的损失。新技术新工艺风险。

3）由于分包层次太多，造成计划执行和调整实施控制的困难。

（8）运营管理风险。如准备不足，无法正常营运，销售渠道不畅，宣传不力等。

5．按风险对目标的影响分析

它是按照项目目标系统的结构进行分析的，是风险作用的结果。

（1）工期风险。即造成局部或整个工程的工期延长，不能及时投入使用。

（2）费用风险。包括：财务风险、成本超支、投资追加、报价风险、收入减少、投资回收期延长或无法收回、回报率降低。

（3）质量风险。包括材料、工艺、工程不能通过验收、工程试生产不合格、经过评价工程质量未达标准。

（4）生产能力风险。可能是由于设计、设备问题，或生产用原材料、能源、水、电供应问题，项目建成后达不到设计生产能力。

（5）市场风险。工程建成后产品未达到预期的市场份额，销售不足，没有竞争力。

（6）信誉风险。即造成对企业形象、职业责任、企业信誉的损害。

（7）人身伤亡、安全、健康以及工程或设备的损坏。

（8）法律责任。即可能被起诉或承担相应法律的或合同的处罚。

（9）对环境和对项目的可持续发展的影响和损害。

四、现代工程项目风险管理过程与方法

通常，工程项目风险管理过程为：风险管理计划编制──→风险识别──→风险分析──→风险对策──→风险控制。

1. 风险管理计划编制

风险管理计划编制，在项目早期对风险管理进行周密的计划和安排。

2. 风险识别

风险识别是风险管理的基础。风险识别是指风险管理人员在收集资料和调查研究之后，运用各种方法对尚未发生的潜在风险及客观存在的各种风险进行系统归类和全面识别。风险识别的主要内容是：识别引起风险的主要因素，识别风险的性质，识别风险可能引起的后果。

风险识别的方法与工具主要有：

（1）文件资料审核

从项目整体和详细的范围两个层次对项目计划、项目假设条件和约束因素、以往项目的文件资料审核中识别风险因素。

（2）信息收集整理

信息收集整理的方法主要有：

1）头脑风暴法。头脑风暴是最常用的风险识别方法。其实质就是一种特殊形式的小组会。它规定了一定的特殊规则和方法技巧，从而形成了一种有益于激励创造力的环境气氛，使与会者能自由畅想，无拘无束地提出自己的各种构想、新主意，并因相互启发、联想而引起创新设想的连锁反应，通过会议方式去分析和识别项目风险。

2）德尔菲法。德尔菲法是邀请专家匿名参加项目风险分析识别的一种方法。采用函询调查，对与所分析和识别的项目风险问题有关的专家分别提出问题，而后将他们回答的意见综合、整理、归纳，匿名反馈给各个专家，再征求意见，然后再加以综合、反馈。如此反复循环，直至得到一个比较一致且可靠性较大的意见。

3）访谈法。访谈法是通过对资深项目经理或相关领域的专家进行访谈来识别风险。负责访谈的人员首先要选择合适的访谈对象；其次，应向访谈对象提供项目内外部环境、假设条件和约束条件的信息。访谈对象依据自己的丰富经验和掌握的项目信息，对项目风险进行识别。

4）SWOT技术。SWOT技术是综合运用项目的优势与劣势、机会与威胁各方面，从多视角对项目风险进行识别，也就是企业内外情况对照分析法。它是将外部环境中的有利条件和不利条件，以及企业内部条件中的优势和劣势分别记入一"田"字形的表格，然后对照利弊优劣，进行经营决策。见表4-3。

企业内外环境对照表 表 4-3

内部条件 外部条件	优　势（S）	劣　势（W）
机会（O）	SO战略方案（依靠内部优势，利用外部机会）	OW战略方案（利用外部机会，克服内部劣势）
威胁（T）	ST战略方案（利用内部优势，避开外部威胁）	WT战略方案（减少内部劣势，回避外部威胁）

5）检查表（核对表）。检查表是有关人员利用他们所掌握的丰富知识设计而成的。如果把人们经历过的风险事件及其来源罗列出来，写成一张检查表，那么，项目管理人员看了就容易开阔思路，容易想到本项目会有哪些潜在的风险。

6）流程图法。流程图法是将施工项目的全过程，按其内在的逻辑关系制成流程，针对流程中的关键环节和薄弱环节进行调查和分析，找出风险存在的原因，发现潜在的风险威胁，分析风险发生后可能造成的损失和对施工项目全过程造成的影响有多大等。

7）因果分析图。因果分析图又称鱼刺图，它通过带箭头的线将风险问题与风险因素之间的关系表示出来。

3．风险分析

对项目风险发生的条件、概率及风险事件对项目的影响风险进行分析，并评估他们对项目目标的影响，按它们对项目目标的影响顺序排列。

风险评价是对风险的规律性进行研究和量化分析。由于罗列出来的每一个风险都有自身的规律和特点、影响范围和影响量。通过分析可以将它们的影响统一为成本目标的形式，按货币单位来度量，对罗列出来的每一个风险必须作出分析和评价。

风险分析方法主要有：

风险分析方法包括风险估计方法与风险评价方法。这些方法又可分为定量方法与定性方法。

（1）定性方法

定性风险分析要求使用已有的定性分析方法和工具来评估风险的概率和后果。

1）风险概率及后果。风险概率是指某一风险发生的可能性。风险后果是指某一风险事件发生对项目目标产生的影响。

风险估计的首要工作是确定风险事件的概率分布。一般来讲，风险事件的概率分布应当根据历史资料来确定；当项目管理人员没有足够的历史资料来确定风险事件的概率分布时，可以利用理论概率分布进行风险估计。

2）效用和效用函数。有些风险事件的收益或损失大小很难计算，即使能够计算，同一数额的收益或损失在不同人的心目中地位也不一样。为反映决策者价值观念的不同，需要考虑效用与效用函数。效用是指消费者在消费商品时所感受到的满足程度。不同数额的收益或损失在同一个人的心目中有不同的效用值，因此，效用值是收益或损失大小 x 的函数，叫效用函数。

（2）定量方法

一般来说，完整而科学的风险评估应建立在定性风险分析与定量分析相结合的基础之上。定量风险分析过程的目标是量化分析每一风险的概率及其对项目目标造成的后果，同时也分析项目总体风险程度。

定量方法一般有盈亏平衡分析、敏感性分析、决策树分析等。

4. 风险对策

制定风险对策措施，编制风险应对计划，制定一些程序和技术手段，用来提高实现项目目标的概率和减少风险的威胁。

（1）风险对策措施

1）技术措施。选择有弹性的、成熟的、抗风险能力强的技术方案；对地理、地质情况进行详细勘察或鉴定，预先进行技术试验、模拟，准备多套备选方案，采用各种保护措施和安全保障措施。

2）组织措施。对风险很大的项目加强计划工作，选派最得力的技术和管理人员，特别是项目经理；将风险责任落实到各个组织单元，使大家有风险意识；在资金、材料、设备、人力上对风险大的工程予以保证，在同期项目中提高它的优先级别，在实施过程中严密地控制。

3）保险。对一些无法排除的风险，可以通过购买保险的办法解决。

4）要求对方提供担保。这主要针对合作伙伴的资信风险。例如由银行出具投标保函、预付款保函，履约保函，在 BOT 项目中由政府出具保证。

5）风险准备金。风险准备金是从财务的角度为风险作准备。在计划（或合同报价）中额外增加一笔费用。例如在投标报价中，承包商经常根据工程技术、业主的资信、自然环境、合同等方面的风险的大小以及发生可能性（概率）在报价中加上一笔不可预见风险费。

6）采取合作方式或通过合同分担风险。如寻找抗风险能力强的可靠的有信誉的合作伙伴。

（2）风险对策方法

1）回避风险。回避风险是指项目组织在决策中回避高风险的领域、项目和方案，进行低风险选择。回避风险是对所有可能发生的风险尽可能地规避，这样可以直接消除风险损失。

回避风险的具体方法有：放弃或终止某项活动；改变某项活动的性质。一般来说，回避风险有方向回避、项目回避和方案回避三个层次。

在回避风险时应遵循的原则是：回避不必要承担的风险；回避那些远远超过企业承受能力，可能对企业造成致命打击的风险；回避那些不可控性、不可转移性、不可分散性较强的风险；在主观风险和客观风险并存的情况下，以回避客观风险为主；在存在技术风险、生产风险和市场风险时，一般以回避市场风险为主。

2）转移风险。转移风险是指组织或个人项目的部分风险或全部风险转移到其他组织或个人。风险转移一般分为两种形式：项目风险的财务转移，即项目组织将项目风险损失转移给其他企业或组织；项目客体转移，即项目组织将项目的一部分或全部转移给其他企业或组织。

从另外一个角度看，转移风险有控制型非保险转移、财务型非保险转移和保险三种形式。

3）损失控制。损失控制是指损失发生前消除损失可能发生的根源，并减少损失事件的频率，在风险事件发生后减少损失的程度。损失控制的基本点在于消除风险因素和减少风险损失。包括损失预防和损失抑制。

损失预防是指损失发生前为了消除或减少可能引起损失的各种因素而采取的各种具体措施，也就是设法消除或减少各种风险因素，以降低损失发生的频率。

损失抑制是指损失发生时或损失发生后，为了缩小损失幅度所采取的各项措施。

4）自留风险。自留风险又称承担风险，它是一种由项目组织自己承担风险事故所致损失的措施。

5）分散风险。项目风险的分散是指项目组织通过选择合适的项目组合，进行组合开发创新，使整体风险得到降低。在项目组合中，不同的项目之间的相互独立性越强或具有负相关性时，将有利于技术组合整体风险的降低。

5. 风险控制

在项目的整个生命期阶段进行风险预警，在风险发生情况下，实施降低风险计划，保证对策措施的应用和有效性，监控残余风险，识别新的风险，更新风险计划，以及评价这些工作的有效性等。工程实施中的风险控制主要贯穿在项目的进度控制、成本控制、质量控制、合同控制等过程中。

（1）风险监控和预警。在工程中不断地收集和分析各种信息，捕捉风险前奏的信号。信息渠道有天气预报、股票信息、价格动态、政治形势和外交动态、投资者企业状况报告等。

在工程中通过工期和进度的跟踪、成本的跟踪分析、合同监督、各种质量监控报告、现场情况报告等手段，了解工程风险。

（2）风险一经发生就应积极地采取措施，及时控制风险的影响，降低损失，防止风险的蔓延。

（3）在风险发生时，执行风险应对计划，保证工程的顺利实施。包括：

1）控制工程施工，保证完成预定目标，防止工程中断和成本超支。

2）迅速恢复生产，按原计划执行。

3）尽可能修改计划、修改设计，考虑工程中出现的新的状态进行调整。

4）争取获得风险的赔偿，例如向业主、向保险单位、风险责任者提出索赔等。

第七节　施工现场综合管理

一、施工技术管理

（一）熟悉和会审图纸

1. 熟悉图纸阶段

项目经理部组织有关工程技术人员认真读图学习，熟悉图纸，了解设计意图与业主要求，以及施工应达到的技术标准，明确工程流程。

熟悉图纸的要求是：

（1）先精后细。就是先看平、立、剖面图，对整个工程的概貌有一个轮廓的了解，对总的长、宽尺寸，轴线尺寸，标高，层高，总高有一个大体的印象。然后再看细部做法，核对总尺寸与细部尺寸、位置、标高是否相符，门窗表中的门窗型号、规格、形状、数量是否与结构相符等。

（2）先小后大。就是先看小样图，后看大样图，核对在平、立、剖面图中标注的细部做法，与大样图的做法是否相符；所采用的标准构件图集编号、类型、型号，与设计图纸有无矛盾，索引符号有否漏标之处，大样图是否齐全等。

（3）先建筑后结构。就是先看建筑图，后看结构图；并把建筑图与结构图互相对照，核对其轴线尺寸、标高是否相符，有无矛盾，查对有无遗漏尺寸，有无构造不合理之处。

（4）先一般后特殊。就是先一般的部位和要求，后看特殊的部位和要求。特殊部位一般包括地基处理方法，变形缝的设置，防水处理要求和抗震、防火、保温、隔热、防尘、特殊装修等技术要求。

（5）图纸与说明结合。就是要在看图时对照看设计总说明和图中的细部说明，核对图纸和说明有无矛盾，规定是否明确，要求是否可行，做法是否合理等。

（6）土建与安装结合。就是看土建图时，有针对性地看一些安装图，核对与土建有关的安装图有无矛盾，预埋件、预留洞、槽的位置、尺寸是否一致，了解安装对土建的要求，以便考虑在施工中的协作配合。

（7）图纸要求与实际情况结合。就是核对图纸有无不切合施工实际之处，如建筑物相对位置、场地标高、地质情况等是否与设计图纸相符；对一些特殊的施工工艺，施工单位能否做到等。

2. 自审图纸阶段

项目经理部组织各工种对本工种的有关图纸进行审查，掌握和了解图纸中的细节；在此基础上，由总承包单位内部的土建与水暖电等专业，共同核对图纸，消除差错，协商施工配合事项；最后，总承包单位与外分包单位（如：桩基施工、装饰工程施工、设备安装施工等）在各自审查图纸基础上，共同核对图纸中的差错及协商有关施工配合问题。

自审图纸的要求是：

（1）审查拟建工程的地点、建筑总平面图同国家、城市或地区规划是否一致，以及建筑物或构筑物的设计功能和使用要求是否符合环卫、防火及美化城市方面的要求。

（2）审查设计图纸是否完整齐全以及设计图纸和资料是否符合国家有关技术规范要求。

（3）审查建筑、结构、设备安装图纸是否相符，有无"错、漏、碰、缺"，内部结构和工艺设备有无矛盾。

（4）审查地基处理与基础设计同拟建工程地点的工程地质和水文地质等条件是否一致，以及建筑物或构筑物与原地下构筑物及管线之间有无矛盾。深基础的防水方案是否可靠，材料设备能否解决。

（5）明确拟建工程的结构形式和特点，复核主要承重结构的承载力、刚度和稳定性是否满足要求，审查设计图纸中的形体复杂、施工难度大和技术要求高的分部分项工程或新结构、新材料、新工艺，在施工技术和管理水平上能否满足质量和工期要求，选用的材料、构配件、设备等能否解决。

（6）明确建设期限，分期分批投产或交付使用的顺序和时间，以及工程所用的主要材料、设备的数量、规格、来源和供货日期。

（7）明确建设、设计和施工等单位之间的协作、配合关系，以及建设单位可以提供的施工条件。

(8) 审查设计是否考虑了施工的需要，各种结构的承载力、刚度和稳定性是否满足设置内爬、附着、固定式塔式起重机等使用的要求。

3. 图纸会审阶段

一般工程由建设单位组织，并主持会议，设计单位交底，施工单位、监理单位参加。重点工程或规模较大及结构，装修较复杂的工程，如有必要可邀请各主管部门、消防、防疫与协作单位参加，会审的程序是：

设计单位作设计交底；施工单位对图纸提出问题，有关单位发表意见，与会者讨论、研究、协商逐条解决问题达成共识，组织会审的单位汇总成文，各单位会签，形成图纸会审纪要，会审纪要作为与施工图纸具有同等法律效力的技术文件使用。

4. 图纸会审的要求

审查设计图纸及其他技术资料时，应注意以下问题：

(1) 设计是否符合国家有关方针、政策和规定；

(2) 设计规模、内容是否符合国家有关的技术规范要求，尤其是强制性标准的要求，是否符合环境保护和消防安全的要求。

(3) 建筑设计是否符合国家有关的技术规范要求，尤其是强制性标准的要求，是否符合环境保护和消防安全的要求。

(4) 建筑平面布置是否符合核准的按建筑红线划定的详图和现场实际情况；是否提供符合要求的永久水准点或临时水准点位置。

(5) 图纸及说明是否齐全、清楚、明确。

(6) 结构、建筑、设备等图纸本身及相互之间有否错误和矛盾；图纸与说明之间有无矛盾。

(7) 有无特殊材料（包括新材料）要求，其品种、规格、数量能否满足需要。

(8) 设计是否符合施工技术装备条件。如需采取特殊技术措施时，技术上有无困难，能否保证安全施工。

(9) 地基处理及基础设计有无问题；建筑物与地下构筑物、管线之间有无矛盾。

(10) 建（构）筑物及设备的各部位尺寸、轴线位置、标高、预留孔洞及预埋件，大样图及作法说明有无错误和矛盾。

(二) 编制中标后施工组织设计

中标后施工组织设计是施工单位在施工准备阶段编制的指导拟建工程从施工准备到竣工验收乃至保修回访的技术经济、组织的综合性文件，也是编制施工预算，实行项目管理的依据，是施工准备工作的主要文件。它是在投标书施工组织设计的基础上，结合所收集的原始资料和相关信息资料，根据图纸及分布纪要，按照编制施工组织设计的基本原则，综合建设单位、监理单位、设计意图的具体要求进行编制的，以保证工程好、快、省、安全顺利地完成。

施工单位必须在施工约定的时间内完成中标后施工组织设计的编制与自审工作，并填写施工组织设计报审表，报送项目监理机构，总监理工程师应在约定的时间内，组织专业监理工程师审查，提出审查意见后，由总监理工程师审定批准，需要施工单位修改时，由总监理工程师签发书面意见，退回施工单位修改后再报审，总监理工程师应重新审定，已审定的施工组织设计由项目监理机构报送建设单位。施工单位应按审定的施工组织设计文件组织施工，如需对其内容做较大变更，应在实施前将变更内容书面报送项目监理机构重新审定。对规模大、结构复杂或属新结构，特种结构的工程，专业监理工程师提出审查意见后，由总监理工程师签发审查意见，必要时与建设单位协商，组织有关专家会审。

（三）编制施工预算

施工预算是施工单位根据施工合同价款、施工图纸，施工组织设计或施工方案、施工定额等文件进行编制的企业内部经济文件，它直接受施工合同中合同价款的控制，是施工前的一项重要准备工作。它是施工企业内部控制各项成本支出、考核用工、"预算"对成，签发施工任务书，限额领料，基层进行经济核算，进行经济活动分析的依据。在施工过程中，要按施工预算严格控制各项指标，以促进降低工程成本和提高施工管理水平。

（四）作业技术交底

1. 作业技术交底的作用

施工承包单位做好技术交底，是取得好的施工质量的条件之一。为此，每一分项工程开始实施前均要进行交底。作业技术交底是对施工组织设计或施工方案的具体化，是更加细致、明确、具体的技术实施方案，是工序或分项工程施工的具体指导文件。技术交底的内容包括施工方法、质量要求、验收标准、施工过程中需注意的问题和可能出现意外的措施及应急方案。技术交底应紧紧围绕和具体施工有关的操作者、机械设备、使用材料、构配件、工艺、工法、施工环境、具体管理措施等方面进行，明确做什么、谁做、如何做、作业标准和要求、什么时间完成等问题。

2. 作业技术交底的内容

施工企业的作业技术交底一般分三级：公司技术负责人对项目部技术交底、项目部技术负责人对施工队技术交底和施工队技术负责人对班组工人技术交底。

施工现场的作业技术交底主要是施工队技术负责人对班组工人技术交底，是技术交底的核心，其内容主要有：

（1）施工图的具体要求。包括建筑、结构、水、暖、电、通风等专业的细节，如设计要求的重点部位的尺寸、标高、轴线，预留孔洞、预埋件的位置、规格、大小、数量等，以及各专业、各图样之间的相互关系。

（2）施工方案实施的具体技术措施、施工方法。

（3）所有材料的品种、规格、等级及质量要求。

（4）混凝土、砂浆、防水、保温等材料或半成品的配合比和技术要求。

（5）按照施工组织的有关事项，说明施工顺序、施工方法、工序搭接等。

（6）落实工程的有关技术要求和技术指标。

（7）提出质量、安全、节约的具体要求和措施。

（8）设计修改、变更的具体内容和应注意的关键部位。

（9）成品保护项目、种类、办法。

（10）在特殊情况下，应知应会应注意的问题。

3. 技术交底的方式

施工现场技术交底的方式主要有书面交底、会议交底、口头交底、挂牌交底、样板交底以及模型交底等几种，每种方式的特点及适用范围见表4-4。

交底方式及特点   表 4-4

交底方式	特点及适用
书面交底	把交底的内容写成书面形式，向下一级有关人员交底。交底人与接受人在弄清交底内容以后，分别在交底书上签字，接受人根据此交底，再进一步向下一级落实交底内容。这种交底方式内容明确，责任到人，事后有据可查，因此，交底效果较好，是一般工地最常用的交底方式
会议交底	通过召集有关人员举行会议，向与会者传达交底的内容，对多工种同时交叉施工的项目，应将各工种有关人员同时集中参加会议，除各专业技术交底外，还要把施工组织者的组织部署和协作意图交代给与会者。会议交底除了会议主持人能够把交底内容向与会者交底外，与会者也可以通过讨论、问答等方式对技术交底的内容予以补充、修改、完善
口头交底	适用于人员较少，操作时间短，工作内容较简单的项目
挂牌交底	将交底的内容、质量要求写在标牌上，挂在施工现场。这种方式适用于操作内容固定，操作人员固定的分项工程。如混凝土搅拌站，常将各种材料的用量写在标牌上。这种挂牌交底方式，可使操作者抬头可见，时刻注意
样板交底	对于有些质量和外观感觉要求较高的项目，为使操作者对质量指标要求和操作方法、外观要求有直观的感性认识，可组织操作水平较高的工人先做样板，其他工人现场观摩，待样板做成且达到质量和外观要求后，供他人以此为样板施工。这种交底方式通常在装饰质量和外观要求较高的项目上采用
模型交底	对于技术较复杂的设备基础或建筑构件，为使操作者加深理解，常做成模型进行交底

（五）质量控制点的设置

1. 质量控制点

质量控制点是指为了保证作业过程质量而确定的重点控制对象、关键部位或薄弱环节。设置质量控制点是保证达到施工质量要求的必要前提，在拟定质量控制工作计划时，应予以详细地考虑，并以制度来保证落实。对于质量控制点，一般要事先分析可能造成质量问题的原因，再针对原因制定对策和措施进行预控。

施工单位在工程施工前应根据施工过程质量控制的要求，列出质量控制点明细表，详细地列出各质量控制点的名称或控制内容、检验标准及方法等，提交监理工程师审查批准后，在此基础上实施质量预控。

2. 选择质量控制点的一般原则

可作为质量控制点的对象涉及面广，它可能是技术要求高、施工难度大的结构部位，也可能是影响质量的关键工序、操作或某一环节。总之，不论是结构部位、影响质量的关键工序、操作、施工顺序、技术、材料、机械、自然条件、施工环境等均可作为质量控制点来控制。概括地说，应当选择那些质量难度大、对质量影响大或者是发生质量问题时危害大的对象作为质量控制点。质量控制点应在以下部位中选择：

（1）施工过程中的关键工序或环节以及隐蔽工程，例如，预应力结构的张拉工序，钢筋混凝土结构中的钢筋架立。

（2）施工中的薄弱环节，或质量不稳定的工序、部位或对象，例如地下防水层施工。

（3）对后续工程施工或对后续工序质量或安全有重大影响的工序、部位或对象，例如预应力结构中的预应力钢筋质量、模板的支撑与固定等。

（4）采用新技术、新工艺、新材料的部位或环节。

（5）施工上无足够把握的、施工条件困难的或技术难度大的工序或环节，例如复杂曲线模板的放样等。

显然，是否设置为质量控制点，主要视其质量特性影响的大小、危害程度以及其质量保证的难度大小而定。表 4-5 为建筑工程质量控制点设置的一般位置示例。

质量控制点设置一般位置 表 4-5

分项工程	质 量 控 制 点
工程测量定位	标准轴线桩、水平桩、龙门板、定位轴线、标高
地基、基础（含设备基础）	基坑（槽）尺寸、标高、土质、地基承载力，基础垫层标高，基础位置、尺寸、标高，预留洞孔、预埋件的位置、规格、数量，基础标高、杯底弹线
砌体	砌体轴线，皮数杆，砂浆配合比，预留洞孔、预埋件位置、数量，砌体排列
模板	位置、尺寸、标高、预埋件位置，预留洞孔尺寸、位置，模板强度及稳定性，模板内部清理及润湿情况
钢筋混凝土	水泥品种、强度等级、砂石质量、混凝土配合比，外加剂比例，混凝土振捣，钢筋品种、规格、尺寸、搭接长度，钢筋焊接，预留洞、孔及预埋件规格、数量、尺寸、位置，预制构件吊装或出场（脱模）强度，吊装位置、标高、支承长度、焊接长度
吊装	吊装设备起重能力、吊具、索具、地锚
钢结构	翻样图、放大样
焊接	焊接条件、焊接工艺
装修	视具体情况而定

（六）技术复核工作

凡涉及施工作业技术活动基准和依据的技术工作，都应该严格进行专人负责的复核性检查，以避免基准失误给整个工程带来难以补救的或全局性的危害。例如：工程的定位、轴线、标高，预留孔洞的位置和尺寸，预埋件，管线的坡度、混凝土配合比，变电、配电位置，高低压进出口方向、送电方向等。技术复核是承包单位履行的技术工作责任，其复核结果应报送监理工程师复验确认后，才能进行后续相关的施工。监理工程师应把技术复验工作列入监理规划质量控制计划中，并看作一项经常性工作任务，贯穿于整个的施工过程中。

常见的施工测量复核有：

（1）民用建筑的测量复核：建筑物定位测量、基础施工测量、墙体皮数杆检测、楼层轴线检测、楼层间高层传递检测等。

（2）工业建筑测量复核：厂房控制网测量、桩基施工测量、柱模轴线与高程检测、厂房结构安装定位检测、动力设备基础与预埋螺栓检测。

（3）高层建筑测量复核：建筑场地控制测量、基础以上的平面与高程控制、建筑物的垂直检测、建筑物施工过程中沉降变形观测等。

（4）管线工程测量复核：管网或输配电线路定位测量、地下管线施工检测、架空管线施工检测、多管线交汇点高程检测等。

（七）隐蔽工程验收

隐蔽工程验收是指将被其后续工程（工序）施工所隐蔽的分项、分部工程，在隐蔽前所进行的检查验收。它是对一些已完分项、分部工程质量的最后一道检查，由于检查对象就要被其他工程覆盖，给以后的检查整改造成障碍，故显得尤为重要，它是质量控制的一个关键过程。验收的一般程序如下：

（1）隐蔽工程施工完毕，承包单位按有关技术规程、规范、施工图纸先进行自检，自检合格后，填写《报验申请表》，附上相应的工程检查证（或隐蔽工程检查记录）及有关材料证明、试验报告、复试报告等，报送项目监理机构。

（2）监理工程师收到报验申请后首先对质量证明资料进行审查，并在合同规定的时间内到现场检查（检测或核查），承包单位的专职质检员及相关施工人员应随同一起到现场检查。

（3）经现场检查，如符合质量要求，监理工程师在《报验申请表》及工程检查证（或隐蔽工程检查记录）上签字确认，准予承包单位隐蔽、覆盖，进入下一道工序施工。

如经现场检查发现不合格，监理工程师签发"不合格项目通知"，责令承包单位整改，整改后自检合格再报监理工程师复查。

（八）成品保护

成品保护是指在施工过程中有些分项工程已经完成，而其他一些分项工程尚在施工，或者是在其分项工程施工过程中某些部位已完成，而其他部位正在施工，在这种情况下，承包单位必须负责对已完成部分采取妥善措施予以保护，以免因成品缺乏保护或保护不善而造成操作损坏或污染，影响工程整体质量。因此，承包单位应制定成品保护措施，使所完工程在移交之前保证完整、不被污染或损坏，从而达到合同文件规定的或施工图纸等技术文件所要求的移交质量标准。

成品保护的一般措施有：

根据需要保护的建筑产品的特点不同，可以分别对成品采取"防护"、"覆盖""封闭"等保护措施，以及合理安排施工顺序来达到保护成品的目的。

（1）防护：就是针对被保护对象的特点采取各种防护的措施。例如，对清水楼梯踏步，可以采取护棱角铁上下连接固定；对于进出口台阶可垫砖或方木搭脚手板供人通过的方法来保护台阶；对于门口易碰部位，可以钉上防护条或槽型盖铁保护；门扇安装后可加模固定等。

（2）包裹：就是将被保护物包裹起来，以防损伤或污染。例如，对镶面大理石柱可用立板包裹捆扎保护；铝合金门窗可用塑料布包扎保护等。

（3）覆盖：就是用表面覆盖的办法防止堵塞或损伤。例如，对地漏、落水口排水管等安装后可以覆盖，以防止异物落入而被堵塞；预制水磨石或大理石楼梯可用木板覆盖加以保护；地面可用锯末等覆盖以防止喷浆等污染；其他需要防晒、保温养护等项目也应采取适当的防护措施。

（4）封闭：就是采取局部封闭的办法进行保护。例如，垃圾道完成后，可将其进口封闭起来，以防止建筑垃圾堵塞通道；房间水泥地面或地面砖完成后，可将该房间局部封闭，防止人们随意进入而损害地面；室内装修完成后，应加锁封闭，防止人们随意进入而受到损伤等。

（5）合理安排施工顺序：主要是通过合理安排不同工作间的施工先后顺序以防止后道工序损坏或污染已完施工的成品或生产设备。例如，采取房间内先喷浆或喷涂而后装灯具的施工顺序可防止喷浆污染、损害灯具；先做顶棚、装修而后做地坪，也可避免顶棚及装修施工污染、损害地坪。

二、工程项目劳务管理

工程项目管理的核心是对人的管理，工程项目劳务管理是工程项目人力资源管理的重要内容，成为影响项目成效的关键因素。

近年来，随着用工制度的改革，建筑业企业形成了多种形式的用工制度。在现行的建筑业企业资质管理制度中，设立劳务分包企业序列，分专业设立13类劳务分包企业，并进行分级，确定了登记和作业分包范围。这些建筑劳务分包企业，以独立企业法人形式出现，为总承包和专业承包企业提供劳务分包服务，由其直接招收、管理和使用劳务人员。这就使施工总承包企业和专业分包企业的作业人员有了可靠的来源保证。

（一）项目劳务管理的基本规定

（1）对从事建设工程劳务活动的劳务企业、个人实行资质和资格管理制度。凡从事建设工程劳务活动的劳务企业，必须取得相应的建筑劳务企业资质，并在资质证书核定的范围从事建设工程劳务活动。未取得资质证书的，一律不得从事建设工程劳务活动。

（2）劳务企业必须使用自有劳务工人完成承接的劳务作业，不得再行分包或将劳务作业转包给无资质、无自有队伍、无施工作业能力的个体劳务队或"包工头"。

（3）建筑劳务企业必须依法与工人签订劳动合同，合同中应明确合同期限、工作内容、工作条件、工资标准（计时工资或计件工资）、支付方式、支付时间、合同终止条件、双方责任等。劳务企业应当每月对劳务作业人员应得工资进行核算，按照劳动合同约定的日期支付工资，不得以工程款拖欠、结算纠纷、垫资施工等理由随意克扣或无故拖欠。

（4）劳务企业必须建立健全培训制度，从事建设工程劳务作业人员必须持相应的执业资格证书在工程所在地建设行政主管部门登记备案，严禁无证上岗。

（5）建筑业总承包企业、专业承包企业项目部应当以劳务班组为单位，建立建筑劳务用工档案，按月归集劳动合同、考勤表、包工作业工作量完成登记表、工资发放表、班组工资结清证明等资料，并应以单项工程为单位，按月将企业自有建筑劳务的情况和使用的劳务分包企业情况向工程所在地建设行政主管部门报告。

（6）总承包企业或专业承包企业支付劳务企业劳务分包款时，应责成专人现场监督劳务企业将工资直接发放给农民工本人，严禁发放给"包工头"或由"包工头"替多名农民工代领。因施工总承包企业转包、挂靠、违法分包工程导致出现拖欠农民工工资的，由总承包企业承担全部责任，并先行支付农民工工资。

（二）劳务工人实名制管理

劳务工人实名制管理是为了规范建筑市场的正常秩序、加强建筑施工企业用工合法性管理的一项重要举措。实名制管理对规范总分包单位双方的用工行为，杜绝非法用工、劳资纠纷、恶意讨薪等问题的发生，具有一定的积极作用。

实名制数据采集，能及时掌握施工现场的人员状况，有利于现场劳动力的管理和调剂。采集数据公示，公开企业人员考勤状况，公开农民工出勤状况，避免或减少因工资和劳务费的支付而引发的纠纷隐患或恶意讨要事件的发生。作业人员的实名制为项目经理部安全管理，治安保卫管理提供第一手资料。实名制管理卡金融功能的运行，可以减少企业工资发放等许多程序，避免农民工携带现金。

1. 劳务实名制管理的主要措施

（1）总承包企业、项目经理部和劳务分包单位必须按规定分别设置劳务管理机构和劳务管理员，制定劳务管理制度。劳务员应持有岗位证书，切实履行职责。

（2）劳务分包单位的劳务管理员在进场施工前，应将进场施工人员花名册、身份证、劳动合同文本、岗位技能证书复印件及时报送总包商备案。不具备条件的不能使用，总包商不允许其进入施工现场。

（3）劳务员要做好劳务管理内业资料的收集、整理、归档，包括：企业法人营业执照、资质证书、建筑企业档案管理手册、安全生产许可证、项目施工劳务人员动态统计表、劳务分包合同、交易备案登记证书、劳务人员备案通知书、劳动合同书、身份证、岗位技能证书、月度考勤表、月度工资发放表等。

（4）劳务员负责项目日常劳务管理和相关数据的收集统计工作，建立劳务费、农民工工资结算兑付情况统计台账，检查监督分包单位队伍对农民工资的支付情况，对分包单位队伍在支付农民工工资存在的问题，应要求其限期整改。

（5）劳务员要严格按照劳务管理的相关规定，加强对现场的监控，规范分包单位队伍的管理行为，保证其合法用工，依据实名制要求，监督分包单位企业做好劳务人员的劳动合同签订、人员增减变动台账资料。

2. 劳务实名制管理的技术手段

实名制采用"建筑业实名制管理卡"，该卡是具有双重功能的双介质卡，即：具有金融和 IC 管理功能。

（1）工资管理：劳务分包单位按月将劳务人员的工资通过邮政储蓄所存入个人管理卡，工人使用管理卡可支取现金，也可异地支取。

（2）考勤管理：工人进出施工现场进行打卡，打卡机记录工人出勤状况，项目劳务管理员通过采集卡对打卡机的考勤记录进行采集并打印，作为工人考勤的原始资料存档备查。

（3）售饭管理：劳务分包单位按月将每个劳务人员的本月饭费存入卡中，工人用餐时在售饭机上划卡付费即可。

（4）门禁管理：劳务人员出入项目施工区、生活区的通行许可证。

（三）工程项目劳务分包管理流程

劳务分包是指施工总承包企业或者专业承包企业将其承包工程中的劳务作业发包给劳务分包企业完成的活动。包括：木工作业、砌筑作业、抹灰作业、石制作业、油漆作业、钢筋作业、混凝土作业、脚手架作业、模板作业、焊接作业、水暖电安装作业、钣金作业、架线作业等。

劳务分包管理流程为：

劳务分包单位信息的收集→资格预审→实地考察→评定→培训→推荐劳务分包→劳务分包单位参与投标→评标及中标→注册、登记→现场管理→考核、评估→协作终止 。

1）劳务分包单位信息的收集。总承包商应定期组织对劳务分包单位队伍资源信息的收集、筛选，定期将筛选过的劳务分包单位队伍资源信息提供给劳务分包单位选择和使用。

2）资格预审。预审的内容包括：劳务分包单位队伍的企业性质、资质等级、社会信誉、资金情况、资源情况、业绩、履约能力、管理水平等。

3）实地考察。考察内容包括：企业规模、内部管理模式、管理水平、获奖情况、管理人员及劳动力状况；近三年竣工工程的获奖情况及履约状况；在施工程实体施工质量、成本管理水平、现场管理水平、文明施工状况、人员分布。

4）评定。评定要点是：劳务分包单位队伍内部管理要符合企业的要求；管理人员及劳动力相对稳定；工程实体质量能满足企业的要求；企业信誉良好；无不良诉讼记录。

5）培训。培训内容及要求是：总承包企业概况、总承包管理模式、工程质量及安全等项目管理的运作方式以及劳务分包单位员工职业技能提高等。

6）劳务分包单位参与投标。按劳务分包单位招标管理办法的规定程序，选择劳务分包单位参与投标。所推荐的劳务分包单位应来自合格分包单位队伍名录，根据项目具体情况推荐相应资质等级劳务分包 单位。

7）评标及中标。劳务分包单位招标工作小组组织进行评标、议标工作，由劳务分包单位招标领导小组确定中标单位。确定中标单位之依据：能满足招标文件规定；合理低价；方案符合招标文件要求。

8）注册、登记。中标的劳务分包单位到总承包单位办理注册登记手续。由总承包单位协助中标的劳务分包单位办理地方政府的注册手续。到地方建设行政主管部门的建筑工程劳务发包承包交易中心和管理中心办理注册备案手续及施工许可证。

9）现场管理。总承包商全权负责劳务分包队伍在本用工单位的管理，负责入场教育（安全文明、环保、职业安全健康）。劳务分包单位按工程所在地及总承包商的规定办妥各种手续，严格遵守现场安全文明、环保和职业安全健康规定，按规定要求持证上岗。

10）考核、评估。总承包商应对分包单位进行分阶段考核和评估。

11）协作终止。按照总承包单位与劳务分包单位签订的合同，当分包单位按照合同内容完成与总承包商约定的施工任务时，本次合同终止。

劳务分包合同一般分为两种形式：按施工预算或投标报价承包和按施工预算的清工承包。劳务分包合同的内容包括：工程名称，劳务分包工作内容及范围，提供劳务人员的数量，合同工期，合同价款及确定原则，合同价款的结算及支付，安全施工、重大伤亡及其他安全事故处理，工程质量、验收及保修，工期延误，文明施工，材料机具供应，发包人、承包人的权利及义务，违约责任等。

（四）施工过程的劳务分包管理

施工过程的劳务分包管理包括进退场、治安消防、施工现场、质量、进度、安全、机械、水电、环境等项目管理的所有方面，下面只介绍其中的主要内容：

1. 分包商进退场管理

（1）分包商进场前将与建设单位签订的施工合同副本报总包备案，并根据合同总价的不同向总包方交纳一定比例的综合保证金，以保证质量、进度、现场管理符合业主及总包管理要求，该保证金的扣罚必须由总包和监理同时签字。

（2）分包商进场前先与总包单位签订《施工现场综合管理处罚管理规定》。

（3）分包商进场前须填写"分包商进场申请表"，"分包商进场登记表"经各方签字后方可进场。

（4）退场规定：分包商负责范围工程验收合格后，填写"分包商退场申请表"和"分包商退场登记表"，经各方签字认可后方可退场。没有办理退场手续的，总包方将禁止退场，押金不予返还。.

2. 治安、消防管理

（1）进场专业分包须与总包单位签订《治安、消防安全包保责任书》。

（2）总包单位根据花名册，办理分包队伍施工人员进场出入证，分包队伍办理出入证后，方能进出现场。

（3）分包单位施工人员进场后，须接受总包单位治安、消防安全教育培训后，方可上岗作业。

（4）分包单位进场后，须严格执行总包单位的《施工现场综合管理处罚管理规定》，如有违章者，将按该规定执行。

（5）分包单位在施工生产中将无条件接受总包单位的例行检查，如对总包单位检查提出的治安、消防隐患不按期进行整改者，将依法进行严惩，由此造成的后果，由分包单位自行负责。

（6）分包单位有权监督总包单位的管理，发现总包单位个别人员有吃、拿、卡、要和故意刁难等行为，有权向总包单位领导或业主举报。查实后，将视情节轻重予以处罚，并对举报者予以奖励。

3. 施工现场管理

（1）各分包单位根据总包单位指定地点搭设临时办公用房及临时库房，任何单位不得私自搭设。

（2）所有专业分包进场后按总包单位划定的卫生责任区进行封闭式管理，各单位须派专人负责。

（3）总包单位所管辖区域内，各种安全防护、消防设施应保证安全有效，不得随意损坏、拆除、挪用，如有违反者按《施工现场管理综合处罚规定》执行。

（4）现场临时用电由总包单位统一管理，严禁乱拉、乱接，并严格执行建设部颁发的临时用电管理规定，不可以无理由人为造成分包的停工。

（5）分包单位临时用电设备，经总包单位相关人员检查合格后，方可进场施工。对存在严重安全隐患的分包单位，总包单位将予以警告并限期整改，直至消除隐患，确保安全。

（6）现场临水由总包单位统一协调管理，作业及生活区内不得有跑、漏、滴现象。

（7）各分包单位进场后，由总包单位相关部门对其进行现场教育，施工作业人员安全帽应统一，并挂牌持证上岗，做到文明施工。

（8）各分包单位将随时接受总包单位及各级主管部门的例行检查，对在检查中不合格者，总包单位有权责令其整顿，并进行相应处罚。

（9）施工产生的垃圾由分包单位按木材和其他材料分类装袋封闭，每天在规定的时间内将楼内垃圾清理到总包指定的垃圾站。如由总包方统一消纳，则收取费用；如分包单位自行消纳，必须保证每天及时清运，否则按照"施工现场综合管理处罚规定"进行处罚。

（10）总包单位负责对现场各分包商进行协调，以保证工程的顺利进行。各分包单位将需要协调的内容通过填写"分包配合联系单"交总包单位。

4. 安全管理

（1）各分包单位须设专职安全员，负责现场安全施工的检查与管理工作。

（2）各分包单位进场后，均须与总包单位签订《安全承包责任书》、《安全管理协议书》、《机械租赁安全承包责任书》。

（3）分包单位执行总包单位的安全生产规章制度、安全生产奖惩制度、安全生产检查制度及安全生产教育制度。

（4）分包单位严格执行总包单位的现场安全管理目标，服从总包单位的统一领导、管理和指挥。

（5）各分包单位应积极配合由总包单位、甲方、监理或上级主管部门组织的安全生产大检查。

（6）对总包单位及上级主管部门提出的问题，要有落实、整改、验收，整改不到位的，总包单位有权采取必要措施，以确保安全。

三、工程项目环境管理

建设工程项目在实施过程中不可避免地要与周围环境发生关系，而且发生影响的要素很多。环境包括空气、水、土地、自然资源、植物、动物、人及它们之间的相互关系。

对于建设工程项目，环境保护主要是指保护和改善施工现场的环境。

（一）项目环境管理体系的建立

环境管理体系是企业的总体管理体系的一部分。企业建立环境管理体系一般采用我国作为推荐性标准的 GB/T 24000 国家系列标准，这是因为该标准等同采用 ISO 14000 体系标准，便于与国际接轨。

我国的环境管理体系标准的主要部分有两个：《环境管理体系要求及使用指南》（GB/T 24001—2004）以及《环境管理体系原则、体系和支持技术通用指南》（GB/T 24004—2004）。

1. 建立环境管理体系的工作

（1）建立环境管理体系的具体工作

1）组织决策和准备；

2）初始环境评审；

3）体系策划与设计；

4）体系文件的编写。

（2）环境管理体系的注意事项

1）节约。环境管理体系应当注意资源的节约，包括控制能源的消耗和节约资源。

在项目的设计阶段的环境保护工作应当考虑项目的增值。要考虑项目的全寿命周期费用的节约，不要单纯考虑节约设计和施工费用而造成使用费用的增加。

在施工阶段环境保护工作包括控制能源消耗和节约资源。有条件的现场应设立能源计量分表，对分包的能源使用进行控制。要控制现场照明灯光的合理使用，要有定时开启管理规定。生活用水、用电、采暖、供气以及办公室的纸张都是环境保护节约资源的内容。节约资源还包括制定料具使用指标，防止浪费。更要特别重视施工工艺的制定。合理化的施工工艺能减少能源的消耗和缩短工期。

2）与整体的有机结合。环境管理体系是企业的其他体系的一部分，应当按有关标准的要求进行机构的调整、明确职责、制定方针目标、加强控制，要使环境管理体系与企业的全面管理体系成为一个有机整体的过程。要注意环境的变化较之质量管理更有其特点。不仅企业要对环境因素识别，每个项目也要对现场特定的环境因素识别，并在环境计划中说明。

2. 确定环境因素

（1）确定环境因素时应考虑的方面

在确定环境因素时应考虑正常、非正常和潜在的紧急状态。建筑业的特殊性是产品固定，而人员流动。在不同的环境下，产生影响的环境因素也是不相同的。因此，对建筑业的环境因素分析必须针对项目进行。具体确定环境因素时应考虑以下方面：

1）环境因素的识别；

2）确定重大环境因素；

3）新产品、新工艺或新材料对环境影响；

4）是否处于环境敏感地区；

5）活动、产品或服务发生变化对环境因素有什么影响；

6）环境影响的频度和范围。

（2）环境影响的识别和评价应考虑的因素

1）对大气的污染；

2）对水的污染；

3）对土壤的污染；

4）废弃物；

5）噪声；

6）资源和能源的浪费；

7）局部地区性环境问题。

对以上因素的评价应从法规规定、发生的可能性、影响结果的重大性、是否可获得预报以及目前的管理状况等方面进行。评价结果应确定重大环境因素，并制定运行控制以及应急准备和相应措施。

（二）文明施工与环境保护

1．文明施工

（1）文明施工的管理组织和管理制度

1）管理组织。施工现场应成立以项目经理为第一责任人的文明施工管理组织。分包单位应服从总包单位的文明施工管理组织的统一管理，并接受监督检查。

2）管理制度。各项施工现场管理制度应有文明施工的规定，包括个人岗位责任制、经济责任制、安全检查制度、持证上岗制度、奖惩制度、竞赛制度和各项专业管理制度等。

3）文明施工的检查。加强和落实现场文明施工的检查、考核及奖惩管理，以促进文明施工管理工作提高。检查范围和内容应全面周到，例如生产区、生活区、场容场貌、周边环境及制度落实等内容。检查中发现的问题应采取整改措施。

（2）应保存文明施工的文件和资料

1）上级关于文明施工的标准、规定、法律法规等资料；

2）施工组织设计（方案）中对文明施工的管理规定，各阶段施工现场文明施工的措施；

3）文明施工自检资料；

4）文明施工教育、培训、考核计划的资料；

5）文明施工活动各项记录资料。

（3）现场文明施工的基本要求

1）施工现场必须设置明显的标牌，标明工程项目名称、建设单位、设计单位、施工单位、项目经理和施工现场总代表人的姓名、开工和竣工日期、施工许可证批准文号等。施工单位负责现场标牌的保护工作。

2）施工现场的管理人员在施工现场应当佩戴证明其身份的证卡。

3）应当按照施工总平面布置图设置各项临时设施。现场堆放的大宗材料、成品、半成品和机具设备不得侵占场内道路及安全防护等设施。

4）施工现场的用电线路、用电设施的安装和使用必须符合安装规范和安全操作规程，并按照施工组织设计进行架设，严禁任意拉线接电。施工现场必须设有保证施工安全要求的夜间照明；危险潮湿场所的照明以及手持照明灯具，必须采用符合安全要求的电压。

5）施工机械应当按照施工总平面布置图规定的位置和线路设置，不得任意侵占场内道路。施工机械进场的须经过安全检查，经检查合格的方能使用。施工机械操作人员必须按有关规定持证上岗，禁止无证人员操作。

6) 应保证施工现场道路畅通，排水系统处于良好的使用状态；保持场容场貌的整洁，随时清理建筑垃圾。在车辆、行人通行的地方施工，应当设置施工标志，并对沟井坎穴进行覆盖。

7) 施工现场的各种安全设施和劳动保护器具必须定期检查和维护，及时消除隐患，保证其安全有效。

8) 施工现场应当设置各类必要的职工生活设施，并符合卫生、通风、照明等要求。职工的膳食、饮水供应等应当符合卫生要求。

9) 应当做好施工现场安全保卫工作，采取必要的防盗措施，在现场周边设立围护设施。

10) 应当严格依照《中华人民共和国消防条例》的规定，在施工现场建立和执行防火管理制度，设置符合消防要求的消防设施，并保持完好的备用状态。在容易发生火灾的地区施工，或者储存、使用易燃易爆器材时，应当采取特殊的消防安全措施。

11) 施工现场发生的工程建设重大事故的处理，依照《工程建设重大事故报告和调查程序规定》执行。

2. 施工现场环境保护的措施

施工现场环境保护是按照法律法规、各级主管部门和企业的要求，保护和改善作业现场的环境，控制现场的各种粉尘、废水、废气、固体废弃物、噪声、振动等对环境的污染和危害。环境保护也是文明施工的重要内容之一。

(1) 大气污染的防治

1) 大气污染物

A. 气体状态污染物：如二氧化硫、氮氧化物、一氧化碳、苯、苯酚、汽油等。

B. 粒子状态污染物：包括降尘和飘尘。飘尘又称为可吸入颗粒物，易随呼吸进入人体肺脏，危害人体健康。

C. 工程施工工地对大气产生的主要污染物有锅炉、熔化炉、厨房烧煤产生的烟尘，建材破碎、筛分、碾磨、加料过程、装卸运输过程产生的粉尘，施工动力机械尾气排放等。

2) 施工现场空气污染的防治措施

A. 严格控制施工现场和施工运输过程中的降尘和飘尘对周围大气的污染，可采用清扫、洒水、遮盖、密封等措施降低污染。

B. 严格控制有毒有害气体的产生和排放，如：禁止随意焚烧油毡、橡胶、塑料、皮革、树叶、枯草、各种包装物等废弃物品，尽量不使用有毒有害的涂料等化学物质。

C. 所有机动车的尾气排放应符合国家现行标准。

(2) 水污染的防治

1) 水体的主要污染源和污染物

A. 水体污染源包括工业污染源、生活污染源、农业污染源等。

B. 水体的主要污染物包括：各种有机和无机有毒物质以及热温等。有机有毒物质包括挥发酚、有机磷农药等。无机有毒物质包括汞、镉、铬、铅等重金属以及氰化物等。

C. 施工现场废水和固体废物随水流流入水体部分，包括泥浆、水泥、油漆、各种油类，混凝土添加剂、有机溶剂、重金属、酸碱盐等。

2）防止水体污染的措施

A. 控制污水的排放。

B. 改革施工工艺，减少污水的产生。

C. 综合利用废水。

（3）建设工程施工现场的噪声控制

1）噪声的分类

A. 噪声按照振动性质可分为：气体动力噪声、机械噪声、电磁性噪声。

B. 按噪声来源可分为：交通噪声（如汽车、火车等）、工业噪声（如鼓风机、汽轮机等）、建筑施工的噪声（如打桩机、混凝土搅拌机等）、社会生活噪声（如高音喇叭、收音机等）。

2）施工现场噪声的控制措施

噪声控制技术可从声源、传播途径、接收者防护等方面来考虑。

A. 声源控制。从声源上降低噪声，这是防止噪声污染的最根本的措施：尽量采用低噪声设备和工艺代替高噪声设备与加工工艺，如低噪声振捣器、风机、电动空压机、电锯等；在声源处安装消声器消声，即在通风机、鼓风机、压缩机燃气机、内燃机及各类排气放空装置等进出风管的适当位置设置消声器；严格控制人为噪声。

B. 传播途径的控制。在传播途径上控制噪声的方法主要有：利用吸声材料或由吸声结构形成的共振结构吸收声能，降低噪声；应用隔声结构，阻碍噪声向空间传播，将接受者与噪声声源分隔；利用消声器阻止传播；通过降低机械振动减小噪声。

C. 接收者的防护。让处于噪声环境下的人员使用耳塞、耳罩等防护用品，减少相关人员在噪声环境中的暴露时间，以减轻噪声对人体的危害。

（4）建设工程施工现场固体废物处理

固体废物是生产、建设、日常生活和其他活动中产生的固态、半固态废弃物质。固体废物是一个极其复杂的废物体系。按照其化学组成可分为有机废物和无机废物；按照其对环境和人类健康的危害程度可以分为一般废物和危险废物。

1）施工工地上常见的固体废物

A. 建筑渣土：包括砖瓦、碎石、渣土、混凝土碎块、废钢铁、碎玻璃、废弃装饰材料等；

B. 废弃的散装建筑材料：如废水泥、废石灰等；

C. 生活垃圾：包括炊厨废物、丢弃食品、废纸、生活用具、玻璃、陶瓷碎片、废电池、废日用电器、废塑料制品、煤灰渣等；

D. 设备、材料等的包装材料；

E. 粪便。

2）固体废物的处理和处置

固体废物处理的基本思想是采取资源化、减量化和无害化的处理，可对固体废物进行综合利用，建立固体废弃物回收体系。固体废物的主要处理和处置方法有：

A. 物理处理：包括压实浓缩、破碎、分选、脱水干燥等。

B. 化学处理：包括氧化还原、中和、化学浸出等。

C. 生物处理：包括好氧处理、厌氧处理等。

D. 热处理：包括焚烧、热解、焙烧、烧结等。

E. 固化处理：包括水泥固化法和沥青固化法等。

F. 回收利用：包括回收利用和集中处理等资源化、减量化的方法。

G. 处置：包括土地填埋、焚烧、贮留池贮存等。

第八节　工程项目信息管理

信息管理是指对信息的收集、整理、处理、储存、传递与应用等一系列工作的总称。信息管理的目的就是通过有组织的信息流通，使决策者能及时、准确地获得相应的信息。

一、工程项目信息管理的基本任务与原则

1. 工程项目信息管理的基本任务

（1）组织项目基本情况信息的收集并系统化，编制项目手册。

（2）项目报告及各种资料的规定，例如资料的格式、内容、数据结构要求。

（3）按照项目实施、项目组织、项目管理工作过程建立项目管理信息系统流程，在实际工作中保证这个系统正常运行，并控制信息流。

（4）文件档案管理工作。

2. 工程项目信息管理工作的原则

（1）标准化。在项目的实施过程中对有关信息的分类进行统一，对信息流程进行规范，产生控制报表则力求做到格式化和标准化，通过建立健全的信息管理制度，从组织上保证信息生产过程的效率。

（2）有效性。提供的信息应针对不同层次管理者的要求进行适当加工，针对不同管理层提供不同要求和浓缩程度的信息。

（3）定量化。施工的信息不应是项目实施过程中产生数据的简单记录，应该是经过信息处理人员的比较与分析。采用定量工具对有关数据进行分析和比较是十分必要的。

（4）时效性。建设工程的信息都有一定的生产周期，如月报表、季度报表、年度报表等，这都是为了保证信息产品能够及时服务于决策。

（5）高效处理。通过采用高性能的信息处理工具（建设工程信息管理系统），尽量缩短信息在处理过程中的延迟，项目管理人员的主要精力应放在对处理结果的分析和控制措施的制定上。

（6）可预见性。施工信息作为项目实施的历史数据，可以用于预测未来的情况，项目管理者应通过采用先进的方法和工具为决策者制定未来目标和行动规划提供必要的信息。

3. 工程项目基本信息和项目信息目录结构

项目的信息应包括项目经理部在项目管理过程中的各种数据、表格、图纸、文字、音像资料等，在项目实施过程中，应积累以下项目基本信息：

（1）公共信息。包括法规和部门规章制度，市场信息，自然条件信息。

（2）单位工程信息。包括工程概况信息，施工记录信息，施工技术资料信息，工程协调信息，过程进度计划及资源计划信息，成本信息，商务信息，质量检查信息，安全文明施工及行政管理信息，交工验收信息。

项目信息的目录结构可采用如图 4-21 的目录结构图。

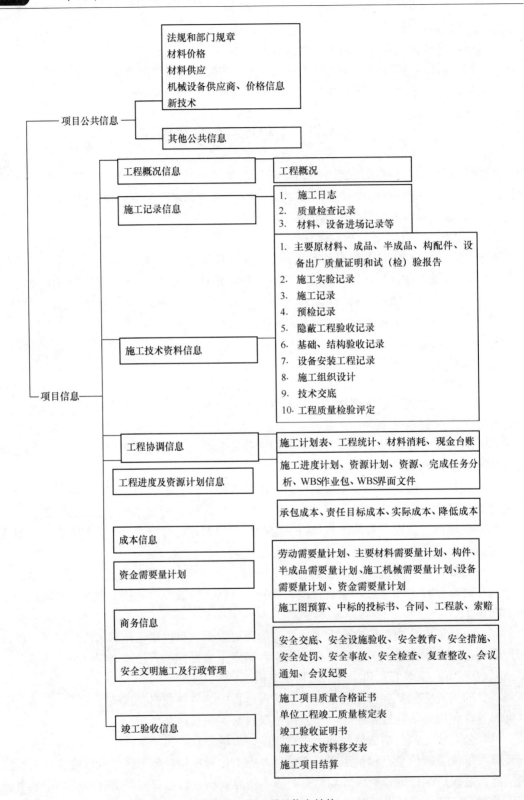

图 4-21 施工项目信息结构

二、工程项目报告系统

1. 工程项目中报告的种类

工程中报告的形式和内容丰富多彩，它是人们沟通的主要工具。按时间可分为日报、周报、月报、年报；针对项目结构的报告，如工作报告，单位工程、单项工程、整个项目报告；专门内容的报告，如质量报告、成本报告、工期报告；特殊情况的报告，如风险分析报告、总结报告、特别事件报告等；状态报告，比较报告等。

2. 报告的要求

为了达到项目组织间顺利的沟通，发挥作用，报告必须符合如下要求：

（1）与目标一致。报告的内容和描述必须与项目目标一致，主要说明目标的完成程度和围绕目标存在的问题。

（2）符合特定的要求。这里包括各个层次的管理人员对项目信息需要了解的程度，以及各个职能人员对专业技术工作和管理工作的需要。

（3）规范化、系统化，即在管理信息系统中应完整地定义报告系统结构和内容，对报告的格式、数据结构进行标准化。在项目中要求各参加者采用统一形式的报告。

（4）处理简单化，内容清楚，各种人都能理解，避免造成理解和传输过程中的错误。

（5）报告的侧重点要求。报告通常包括概况说明和重大的差异说明，主要的活动和事件的说明，而不是面面俱到。它的内容较多地是考虑实际效用，而较少地考虑信息的完整性。

3. 报告系统

项目初期建立项目管理系统中必须包括项目的报告系统。可以解决两个问题：罗列项目过程中应有的各种报告，并系统化；确定各种报告的形式、结构、内容、数据、采撷和处理方式，并标准化。

项目月报是最重要的项目总体情况报告，它的形式可以按要求设计，但内容比较固定。通常包括：

（1）概况

1）简要说明在本报告期中项目及主要活动的状况，例如：设计工作、批准过程、招标、施工、验收状况。

2）"计划—实际"总工期的对比，一般可以用不同颜色和图例对比，或采用前锋线方法。

3）总的趋向分析。

4）成本状况和成本曲线，包括如下层次：

A. 整个项目总结报告；

B. 各专业范围或各合同；

C. 各主要部门。

5）项目形象进度。用图描述建筑和安装的进度。

6）对质量问题、工程量偏差、成本偏差、工期偏差的主要原因作说明。

7）说明下一报告期的关键活动。

8）下一报告期必须完成的工作报告。

9）工程状况照片。

（2）项目进度详细说明

1）按分部工程列出成本状况、实际和计划进度曲线的对比。

2）按每个单项工程列出：

A. 控制性工期实际和计划对比（最近一次修改以来的），可采用横道图的形式；

B. 其中关键性活动的实际和计划工期对比（最近一次修改以来的）；

C. 实际和计划成本状况对比；

D. 工程状态；

E. 各种界面的状态；

F. 目前关键问题及解决的建议；

G. 特别事件说明；

H. 其他。

（3）预计工期计划

1）下阶段控制性工期计划；

2）下阶段关键活动范围内详细的工期计划；

3）以后几个月内关键工程活动表。

另外，项目月报的内容还包括：按部分工程罗列出各个负责的施工单位；项目组织状况说明等。

三、工程项目信息管理系统

工程项目信息管理系统也称项目规划和控制信息系统，它是一个针对工程项目的计算应用软件系统，通过及时地提供工程项目的有关信息，支持项目管理人员确定项目规划；在项目实现过程中控制项目目标，即费用目标，进度目标，质量目标和安全目标。

1. 工程项目信息管理系统的功能要求

工程项目信息管理系统的特点是：可靠性、安全性、及时性、适用性、界面友好、操作方便。因此，项目信息管理系统的功能要求为：

（1）应方便项目信息输入、整理与存储；

（2）应有利于用户提取信息；

（3）应及时调整数据、表格与文档；

（4）应能灵活补充、修改与删除数据；

（5）信息种类与数量应能满足项目管理的全部需要；

（6）应能使设计信息、施工准备阶段的管理信息、施工过程项目管理各专业的信息、项目结算信息、项目统计信息等有良好的接口；

（7）应能连接项目经理部各职能部门、项目经理与各职能部门、项目经理与作业层、项目经理部与企业各职能部门、项目经理与企业法定代表人、项目经理部与发包人和分包人、项目经理部与监理机构等；应能使项目管理层与企业管理层及作业层信息收集渠道畅通、信息资源共享。

2. 工程项目信息管理系统的开发

工程项目信息管理系统的开发由系统规划、系统分析、系统设计、系统实施与系统评价等阶段来完成。

（1）系统规划。系统规划需要先提出系统开发的需求，通过实地现场调查和可行性研究，确定项目管理信息系统的目标，确定系统的主要结构，制定系统开发的整体计划，来指导信息系统研制的实施工作。

（2）系统分析。系统分析包括对项目任务的详细了解和分析，在此基础上，收集数据、分析数据、确定系统数据流程图等，制定最优的系统方案。

（3）系统设计。系统设计包括确定系统总体结构、系统流程图和系统配置，进行模块设计、系统编码设计、数据库设计、输入输出设计、文件设计和程序设计等。

（4）系统实施。系统实施包括机器的购置、安装，程序的调试，基础数据的准备，系统文档的准备，各类人员的培训以及系统的运行与维护等。

（5）系统评价。系统建成及投入运行以后，必须对系统进行评价，估计系统的工作性能和技术性能，检查是否达到预期目标，其功能是否符合设计要求，进而对系统的应用价值、经济效益和社会效益作出综合评价。

3. 工程项目信息流程

工程项目信息流程反映了各参加部门，各单位之间，各施工阶段间的关系。为了建设工程的顺利完成，必须使工程项目信息在上下级之间，内部组织与外部环境之间流动。

（1）自上而下的信息流

自上而下的信息流就是指主管单位、主管部门、业主、工程项目负责人、检查员、班组工人之间由上向其下级逐级流动的信息，即信息源在上，接受信息者是其下属。这些信息主要是指建设目标、工作条例、命令、办法及规定、业务指导意见等。

（2）自下而上的信息流

自下而上的信息流，是指下级向上级流动的信息。信息源在下，接受信息者在上。主要指项目实施中有关目标的完成量、进度、成本、质量、安全、消耗、效率等情况，此外，还包括上级部门关注的意见和建议等。

（3）横向间的信息流

横向流动的信息指项目管理工作中，同一层次的工作部门或工作人员之间相互提供和接受的信息。这种信息一般是由于分工不同而各自产生的，但为了共同的目标又需要相互协作互通有无或相互补充，以及在特殊、紧急情况下，为了节省信息流动时间而需要横向提供的信息。

（4）以信息管理部门为集散中心的信息流

信息管理部门为项目决策作准备。因此，既需要大量信息，又可以作为有关信息的提供者。他是汇总信息、分析信息、分散信息的部门，帮助工作部门进行规划、任务检查、对有关专业技术问题进行咨询。因此，各项工作部门不仅要向上级汇报，而且应当将信息传递给信息管理部门，以有利于信息管理部门为决策做好充分准备。

（5）工程项目内部与外部环境之间的信息流

工程项目的业主、承建商、监理单位、设计单位、建设银行、质量监督主管部门、有关国家管理部门和业务部门，都不同程度地需要信息交流，既要满足自身的需要，又要满足与环境的协作要求，或按国家规定的要求相互提供信息。

上述几种信息流都应有明晰的流线，并都要畅通。实际工作中，自上而下的信息流比较畅通，自下而上的信息流一般情况下渠道不畅或流量不够。因此，工程项目主管应当采取措施防止信息流通的障碍，发挥信息流应有的作用，特别是对横向间的信息流动以及自下而上的信息流动，应给予足够的重视，增加流量，以利于合理决策、提高工作效率和经济效益。

4. 工程项目信息的收集

(1) 工程项目建设前期的信息收集

工程项目在正式开工之前，需要进行大量的工作，这些工作将产生大量的文件，文件中包含着丰富的内容，工程建设单位应当了解和掌握这些内容。

1) 收集可行性研究报告及其有关资料。这方面资料一般包括以下内容：工程项目的目的和依据；工程的规模和标准；工程的水文地质条件、燃料、动力和建筑材料的供应情况，交通运输条件等；工程建设地点和占地估算；建设进度和工期；投资的资金来源；环境保护的要求；工程的经济效益分析；存在的问题和解决办法。

2) 设计文件及有关资料的收集。收集这方面资料通常包括以下内容：建设地区的工农业生产、社会经济、地区历史、人民生活水平以及自然灾害等社会调查情况；收集建设地区的自然条件资料，如河流、水文、资源、地质、地形、地貌、水文地区、气象等工程技术勘测资料；主要收集工程建设地区的原材料、燃料来源、水电供应和交通运输条件，劳力来源、数量和工资标准等技术经济勘察资料。

3) 招标投标合同文件及其有关资料的收集。在招投标文件中包含了大量的信息，包括甲方的全部"要约"条件，乙方的全部"承诺"条件。甲方所提供的材料供应、设备供应、水电供应、施工道路、临时房屋、征地情况、通讯条件等等。乙方投入的人力、机械方面的情况、工期保证、质量保证、投资保证、施工措施、安全保证等。

项目建设前期除以上各个阶段产生的各种资料外，上级关于项目的批文和有关指示，有关征用土地，迁建赔偿等协议式批准文件等，均是十分重要的文件。

(2) 施工期间的信息收集

1) 收集业主提供的信息。当业主负责某些材料的供应时，需收集提供材料的品种、数量、质量、价格、提货地点、提货方式等信息。如一些工程项目，甲方对钢材、木材、水泥、砂石等主要材料在施工过程中以某一价格提供乙方使用，甲方应及时将这些材料在各个阶段提供的数量，材质证明，试验资料，运输距离等情况告诉有关方面。同时应收集项目进度、质量、投资、合同等方面的意见和看法。

2) 收集承建商的信息。承建商在施工中必须经常向有关单位，包括上级部门、设计单位、业主及其他方面发出某些文件，传达一定的内容。如向业主报送施工组织设计、报送各种计划、单项工程施工措施、月支付申请表、各种项目自检报告、质量问题报告、有关意见等。项目负责人应全面系统地收集这些信息资料。

3) 建设项目的施工现场记录。主要包括工程施工历史记录、工程质量记录、工程计量、工程款记录和竣工记录等内容。

A. 现场管理人员的日报。主要包括：当天的施工内容；当天参加施工的人员（工程数量等）；当天施工用的机械（名称、数量等）；当天发现的施工质量问题；当天施工进度与计划施工进行的比较（若发生施工进度拖延，应说明原因）；当天的综合评论；其他说明（应注意的事项）等。

B. 工地日记。主要包括：现场管理人员的日报表；现场每日的天气记录；管理工作改变；其他有关情况与说明。

C. 现场天气记录。主要包括：当天的最高、最低气温；当天的降雨量、降雪量；当天的风力及天气状况；因气候原因当天损失的工作时间等。若施工现场区域大或施工地点多，工地的气候情况差别较大，则应记录两个或多个地点的气象资料。

D. 驻施工现场管理负责人的日记。主要包括：当天所作的重大决定；当天对施工单位所作的主要指示；当天发生的纠纷及可能的解决办法；该工程项目总负责人（或其他代表）来施工现场谈及的问题；当天与该工程项目总负责人的口头谈话摘要，当天对驻施工现场管理工程师的指示；当天与其他人达成的任何主要协议，或对其他人的主要指示等。

E. 驻施工现场管理负责人周报。驻施工现场管理负责人应每周向工程项目管理总负责人（总工程师）汇报一周内所发生的重大事件。

F. 驻施工现场管理负责人月报。驻施工现场管理负责人应每月向总负责人及业主汇报下列情况：工地施工进度状况（与合同规定的进度作比较）；工程款支付情况；工程进度拖延的原因分析；工程质量情况与问题；工程进展中主要困难与问题，如施工中的重大差错，重大索赔事件，材料、设备供货困难，组织、协调方面的困难，异常的天气情况等。

G. 驻施工现场管理负责人对施工单位的指示。主要包括：正式发出的重大指示；日常指示；及在每日工地协调会中发出的指示；在施工现场发出的指示等。

H. 补充图纸。设计单位给施工单位的各种补充图纸。

I. 工地质量记录。主要包括试验结果记录及样本记录。

4）收集工地会议记录。项目管理工程师必须重视工地会议，并建立一套完善的会议制度，以便于会议信息的收集。会议制度包括会议的名称、主持人、参加人、举行会议的时间、会议地点等，每次工地会议都应有专人记录，会后应有工作会议纪要等。

A. 第一次工地会议。介绍业主、工程师、承建商的职员，检查承建商的动员情况（履约保证金、进度计划、保险、组织、人员、工科等）。检查业主对合同的履行情况（如资金、投保，确定工地、图纸等）。管理工程师动员阶段的工作情况（如提交水准点、图纸、职责分工等）。检查为管理工程师提供设备情况（如住宿、试验、通讯、交通工具、水电等）。明确例行程序，包括填报支付报表。

B. 经常性工地会议。经常性工地会议一般每月开一次。这个会议有工程项目负责人员、承建商、业主参加。主要会议内容：确定上次工地会议纪要；当月进度总结；进度预测；技术事宜；变更事宜；财务事宜；管理事宜；索赔和延期；下次工地会议；以及其他。工地会议确定的事情视为合同文件的一部分，承建商必须执行。工地会议记录忠实于会议发言人，原始记录，像流水账似的，不要加记录人的感情色彩，以确保记录的真实性。

（3）工程竣工阶段的信息收集

工程竣工并按要求进行竣工验收，需要大量的对竣工验收有关的各种资料信息。这些信息一部分是在整个施工过程中，长期积累形成的；一部分是在竣工验收期间，根据积累的资料整理分析而形成的，完整的竣工资料应由承建商编制，经工程项目负责人和有关方面审查后，移交业主并通过业主移交管理部门。

四、工程项目文档管理

工程项目文档资料包括各类有关文件，项目信件、设计图纸、合同书，会议纪要，各种报告、通知、记录、鉴证、单据、证明、书函等文字、数值、图表、图片，以及音像资料。

1. 项目文档资料的传递流程

确定项目文档资料的传递流程是要研究文档资料的流转通道及方向，研究资料的来源、使用者和保存节点，规定传输方向和目标。项目管理班子中的信息管理人员应是文档资料传递渠道的中枢，所有文档资料都应统一归口传递至信息管理者，进行集中收发和管理，以避免散落和遗失。信息管理人员在将接收到的文档资料经加工整理，归类保存后，再按信息规划规定的传递渠道传递给文档资料的接收者。同时，信息管理人员也应按照文档资料的内容，有目的的把有关信息传递给其他相关的接收者。当然，项目管理人员根据需要随时都可自行查阅经整理分类后的文档资料。

2. 项目文档资料的登录和编码

信息分类和编码是文档资料科学管理的重要手段。任何接收或发送的文档资料均应予以登记、建立信息资料的完整记录。对文档资料作登录，就把它们列为项目管理单位的正式资源和财产，可以有据可查，便于归类、加工和整理，并可通过登录，掌握归档资料及其变化情况，有利于文档资料的清点和补缺。

为便于登录和归类，利用计算机对项目文档进行管理，需要对文档资料进行统一编码，建立编码系统，确定分类归档存放的基本框架结构。为文档资料所赋予的独特的识别符号如字符和数字等，就可给出信息资料的编码，而编码结构则是表示文档资料的组成方式和相互间的关系。对项目信息进行编码的基本原则包括：

（1）唯一性。虽然一个编码对象可有多个名称，也可按不同方式进行描述，但是，在一个分类编码标准中，每个编码对象仅有一个代码，每一个代码唯一表示一个编码对象。

（2）合理性。项目信息编码结构应与项目信息分类体系相适应。

（3）可扩充性。项目信息编码必须留有适当的后备容量，以便适应不断扩充的需要。

（4）简单性。项目信息编码结构应尽量简单，长度尽量短，以提高信息处理的效率。

（5）适用性。项目信息编码应能反映项目信息对象的特点，便于记忆和使用。

（6）规范性。在同一个项目的信息编码标准中，代码的类型、结构及编写格式都必须统一。

3. 项目文档资料的存放与项目文档

为使文档资料在项目管理中得到有效的利用和传递，需要按科学方法将文档资料存放与排列。随着工程建设的进程，信息资料的逐步积累，数量会越来越多，如果随意存放，需要时必然查找困难，且极易丢失。存放与排列可以编码结构的层次编码作为标识，将文档资料一件件、一本本地排列在书架上，位置应明显，易于查找。

应将文档资料整理归档、立卷、装订成册。工程项目、信息资料经过科学系统地组合与排列，才能成为系统的、完整的文档。为项目管理服务；同时，作为归档保存的项目文件。

五、项目管理中的软信息

1. 软信息的概念

在项目系统中运行的一般都为可定量化的，可量度的信息，如工期、成本、质量、人员投入、材料消耗、工程完成程度等，它们可以用数据表示，可以写入报告中，通过报告和数据即可获得信息，了解情况。

但另有许多信息是很难用定量化的信息形式表达和通过正规的信息渠道沟通的。这主要是反映项目参加者的心理行为，项目组织状况的信息。这些信息包括：

（1）参加者的心理动机、期望和管理者的工作作风、爱好、习惯、对项目工作的兴趣、责任心；

（2）各工作人员的积极性，特别是项目组织成员之间的冷漠甚至分裂状态；

（3）项目的软环境状况；

（4）项目的组织程度及组织效率；

（5）项目组织与环境，项目小组与其他参加者，项目小组内部的关系融洽程度：如友好或紧张、软抵抗、项目领导的有效性；

（6）业主或上层领导对项目的态度、信心和重视程度；

（7）项目小组精神，如敬业、互相信任、组织约束程度（项目组织文化通常比较难建立，但首先应有一种工作精神）；

（8）项目实施的秩序程度。

这些情况无法或很难定量化，甚至很难用具体的语言表达。但它同样作为信息反映着项目的情况。对工程项目实施、决策及更好地帮助项目管理者研究和把握项目组织，造成对项目组织的激励等起到积极作用。

2. 软信息的特点

（1）软信息尚不能在报告中反映或完全正确的反映，缺少表达方式和正常的沟通渠道。所以只有管理人员亲临现场，参与实际操作和小组会议时才能发现并收集到。

（2）由于它无法准确地描述和传递，所以它的状况只能由人领会，仁者见仁，智者见智，不确定性很大，这便会导致决策的不确定性。

（3）由于很难表达，不能传递，很难进入信息系统沟通，则软信息的使用是局部的。真正有决策权的上层管理者（如业主、投资者）由于不具备条件（不参与实际操作），所以无法获得和使用软信息，因而容易造成决策失误。

（4）软信息目前主要通过非正式沟通来影响人们的行为。例如人们对项目经理的专制作风的意见和不满，互相诉说，以软抵抗对待项目经理的指令、安排。

（5）软信息必须通过人们的模糊判断，通过人们的思考来作信息处理，常规的信息处理方式是不适用的。

3. 软信息的获取

目前由于在正规的报告中比较少地涉及软信息，它又不能通过正常的信息流通过程取得，而且即使获得也很难说是准确的、全面的。它的获取方式通常有：

（1）观察。通过观察现场以及人们的举止、行为、态度，分析他们的动机，分析组织状况；

（2）正规的询问，征求意见；

（3）闲谈、非正式沟通；

（4）要求下层提交的报告中必须包括软信息内容并定义说明范围。

第九节 工程项目沟通与冲突管理

一、项目沟通与沟通管理

1. 项目沟通

沟通就是两个或两个以上的人或实体之间信息的交流。这种信息的交流,既可以是通过通讯工具进行交流,也可以是发生在人与人之间、人与组织之间的交流。

（1）项目沟通的对象

项目沟通的对象是与项目有关的内部、外部的有关组织和个人。内部组织指的是职能部门成员和班组成员。项目外部组织和个人是指建设单位有关人员、设计单位有关人员、监理单位有关人员、供货单位有关人员、政府监督部门有关人员等。

项目组织应该通过各相关方的有效沟通,取得各方的认同、配合和支持,达到解决问题、排除障碍、形成合力、确保工程项目管理目标实现的目的。

（2）沟通的作用

沟通是计划、组织、领导、控制等管理职能有效性的保证,没有良好的沟通,对项目的发展以及人际关系的处理、改善都存在着制约作用。其重要性可以总结概括为以下几个方面:

1）有效的沟通是良好决策的必要前提。

2）有效的沟通对项目活动的顺利实施极为重要。

3）沟通对于项目组织内部、组织内部与外部之间关系的协调也极为重要。

4）沟通对于接受信息的反馈也很重要。

通过沟通,可以达到以下目的:

1）使项目的目标明确,项目的参与者对项目的总目标达成共识。沟通为总目标服务,以总目标作为群体目标,作为大家的行动指南。沟通的目的就是要化解组织之间的矛盾和争执,使行动协调一致,共同完成项目的总目标。

2）建立和保持良好的团队精神。沟通使各方面、各种人相互理解,使项目组织成员不致因目标不同产生矛盾和障碍,从而使各方面的行为一致,减少摩擦、对抗,化解矛盾,建立其良好的团队组织,达到较高的组织效率。

3）保持项目的目标、结构、计划、设计、实施状况的透明性和时效性。项目实施过程中,出现的问题、困难,通过沟通使成员有信心有准备,并能在第一时间掌握变化,有效提出解决方案,顺利执行新的变动。

4）体现良好的社会责任形象。推行内外的沟通和交流可以使社会的不同层次都能理解和认同组织履行社会责任的业绩,树立组织在社会责任方面的市场形象,更好地改善项目的各种管理业绩,全面提高组织的整体管理水平。

（3）沟通的途径

沟通的实际运作可以通过多种途径。口头沟通可能是运用最为广泛的方式。文字沟通（包括书面和屏幕形式）及音频、视频沟通（包括远程通讯）在现代社会中是同等重要的沟通途径。然而,沟通不仅仅是上述几种方法,在人们面对面交流时,眼神手势等都是同样重要的沟通方法。

2. 沟通管理

项目的沟通管理是一种系统化的过程。沟通管理的目的是要保证项目信息及时、准确的提取、收集、分发、存储、处理，保证项目组织内外信息的畅通。在项目组织内，沟通是自上而下或者自下而上的一种信息传递过程。在这个过程当中，关系到项目组织团队的目标、功能和组织机构各个方面。同样，与外部的沟通也很重要。而项目的沟通管理使参与项目的人员与信息之间建立了联系，成为项目各方面管理的纽带，对取得项目成功是必不可少的。

项目的沟通管理，就是为了确保项目信息及时准确地提取、收集、分发、存储、处理而采取的一系列管理过程。项目的沟通管理，具有以下特性。

（1）系统性。项目的系统是开放性的复杂系统，涉及政治、经济、文化诸多方面，项目的沟通管理应从整体利益出发，系统全面地分析解决问题，进行有效的管理。

（2）复杂性。任何项目的建立与实施，都关系到大量的组织机构和单位。这决定了项目外部关系的复杂性。另外，根据项目的组织形式，多数项目是临时组建而成，因此，项目沟通管理必须协调内部与外部的各种关系，以确保项目的顺利完成。

二、项目沟通方式

1. 制订项目沟通计划

项目的沟通计划主要是指项目的沟通管理计划，应该包括以下的内容：

（1）信息沟通的方式。主要说明在项目的不同实施阶段，针对不同的项目相关组织及不同的沟通要求，拟采用的信息沟通方式和沟通渠道。即说明信息（包括状态报告、数据、进度计划、技术文件等）流向何人、将采用什么方法（包括口头、书面报告、会议等）分发不同类别的信息。

（2）信息收集归档格式。用于详细说明收集和储存不同类别信息的方法。应包括对先前收集和分发材料、信息的更新和纠正。

（3）信息的发布和使用权限。

（4）发布信息说明。包括格式、内容、详细程度以及应采用的准则和定义。

（5）信息发布时间。即用于说明每一类沟通将发生的时间，确定提供信息更新依据或修改程序，以及确定在每一类沟通之前应该提供的现时信息。

（6）更新修改沟通管理计划的方法。

（7）约束条件和假设。

2. 编制项目沟通程序

沟通的基本流程可以用图4-22来简单的表示：

3. 沟通的方式方法

项目中的沟通方式是多种多样的，可以从很多角度进行分类，例如，按照是否需要反馈信息，可以分为单向沟通和双向沟通；按照沟通信息的流向，可以分为上行沟通、下行沟通和平行沟通；按照沟通严肃性程度，可以分为正式沟通与非正式沟通；按照沟通信息的传递媒介，可以分为书面沟通和口头沟通等等。

（1）正式沟通与非正式沟通

正式沟通是通过正式的组织过程来实现或形成的，是通过项目组织明文规定的渠道进行信息传递和交流的方式。由项目的组织结构图、项目流程、项目管理流程、信息流程和

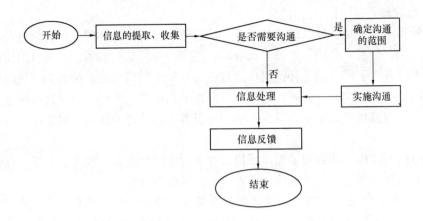

图 4-22   沟通的流程

确定的运行规则构成所构成，这种正式的沟通方式和过程必须经过专门的设计，有固定的沟通方式、方法和过程，一般在合同中或项目手册中被规定成为一系列的行为准则。并且，这个准则得到大家的认可，作为组织的规则，以保证行动的一致。通常，这种正式沟通的结果具有法律效力。正式沟通的优点在于沟通效果好，有较强的约束力，缺点在于沟通的速度慢。

非正式沟通是在正式沟通之外进行的信息传递和交流。项目参与者，既是正式项目组织中的项目小组成员，又是各种非正式团体中的一个角色。在非正式团体中，人们建立起各种关系来沟通信息，了解情况，影响人们的行为。非正式沟通的优点是沟通方便，沟通速度快，并且能够提供一些正式沟通中难以获得的小道消息，但是缺点是信息容易失真。

（2）上行沟通、下行沟通与平行沟通

上行沟通是指将下级的意见向上级反映，即自下而上的沟通。项目经理应该鼓励下级积极向上级反应情况，只有上行沟通的渠道畅通，项目经理才能全面掌握情况，作出符合实际的决策。上行沟通通常有两种，一种是层层传递，即根据一定的组织原则和组织程序逐级向上级反映，另外就是减少中间的层次，直接由员工向最高决策者进行情况的反映。

下行沟通则是上级将命令信息传达给下级，是由上而下的沟通。平行沟通通常应用于组织中各个平行部门之间的信息交流。平行沟通有助于增加各个部门之间的了解，使各个部门保证信息的畅通，减少各个平行部门之间的矛盾和冲突。

（3）单向沟通和双向沟通

当信息发送者与信息接收者之间没有相应的信息反馈的时候，所进行的沟通即为单向沟通。单向沟通过程中，一方只接收信息，另一方只发送信息。双方无论是在情感还是在语言上都不需要信息反馈。单向沟通适用于几种情况：一是问题较简单，但时间较紧；二是下属易于接受解决问题的方案；再者就是下属没有了解问题的足够信息，反馈不仅无助于解决问题反而有可能混淆视听。单向沟通信息传递速度快，但是准确性较差，有时又容易使接收者产生抗拒心理。

双向沟通中，信息发送者和信息的接收者不断进行信息的交换，信息的发送者在信息发送后及时听取反馈意见，必要时可以进行多次重复商谈，直到双方达到共同明确和满意为止。双向沟通比较适合于时间充裕，但问题棘手、下属对解决方案的接受程序至关重要、下属对解决问题提供有价值的信息和建议等情况。双向沟通的优点使沟通信息准确性较高，接收者有信息反馈的机会，有助于双方信息的有效交流，但是信息传递速度慢。

（4）书面沟通与口头沟通

书面沟通是指用书面形式所进行的信息传递和交流，例如通知、文件、报刊等等。其优点是可以作为资料长期保存，反复查阅。缺点是效率低，缺乏反馈。

口头沟通是与书面沟通相对应的沟通方式，运用口头表达进行信息交流，例如演说、谈话、讲座、电话通话等等。其优点是比较灵活、速度快，双方可以自由交换意见即时反馈，并且信息传递较为准确。但是缺点是传递过程中经过层层交换，信息容易失真，并且口头沟通不容易被保存。

（5）语言沟通与非语言沟通

语言沟通是利用语言、文字等形式进行的。非语言沟通是利用动作、表情、体态、声光信号等非语言方式进行的。

三、项目沟通障碍与处理

1. 沟通障碍

在项目实施过程中，由于沟通不力或者沟通工作做得不到位，常常使得组织工作出现混乱，影响整个项目的实施效果。主要是存在语义理解、知识经验水平的限制、心理因素的影响、伦理道德的影响、组织结构的影响、沟通渠道的选择、信息量过大等的障碍。

（1）项目组织或项目经理部中出现混乱，总体目标不明，不同部门和单位兴趣与目标不同，各人有各人的打算和做法，甚至尖锐对立，而项目经理无法调解或无法解释。

（2）项目经理部经常讨论不重要的非事务性主题，所召开的会议常常被一些职能部门领导打断、干扰或偏离了主题。

（3）信息未能在正确的时间内，以正确的内容和详细程度传达到正确的位置，人们抱怨信息不够、或者太多、或者不及时、或者不得要领。

（4）项目经理中没有产生应有的争执，但是在潜意识中是存在的，人们不敢或者不习惯将争执提出来公开讨论，从而转入地下。

（5）项目经理部中存在或者散布着不安全、气愤、绝望、不信任等气氛，特别是在项目遇到危机，上层系统准备对项目作重大变更，项目可能不再进行，对项目组织作调整或项目即将结束时更加明显和突出。

（6）实施中出现混乱，人们对合同、指令、责任书理解不一或者不能理解，特别是在国际工程及国际合作项目中，由于不同语言的翻译造成理解的混乱。

（7）项目得不到组织职能部门的支持，无法获得资源和管理服务，项目经理花大量的时间和精力周旋于职能部门之间，与外界不能进行正常的信息沟通。

2. 沟通障碍的分析及处理

（1）沟通障碍产生的原因

1）项目开始时或当某些参加者介入项目组织时，缺少对目标、责任、组织规则和过程统一的认识和理解。在项目制定计划方案、作决策时未能听取基层实施者的意见，项目经理自认为经验丰富，武断决策，不了解实施者的具体能力和情况等，致使计划不符合实际。在制定计划时以及制定计划后，项目经理没有和相关职能部门进行必要的沟通，就指令技术人员执行。

2）目标之间存在矛盾或表达方式上有矛盾，而各参加者又从自己的利益出发解释，导致混乱。项目管理者没能及时作出统一解释，使目标透明。

3）缺乏对项目组织成员工作进行明确的结构划分和定义，人们不清楚他们的职责范围。项目经理部内部工作含混不清，职责冲突，缺乏授权。

4）管理信息系统设计功能不全，信息渠道、信息处理有故障，没有按层次、分级、分专业进行信息优化和浓缩。

5）项目经理的领导风格和项目组织的运行风气不正。发包人或项目经理独裁，不允许提出不同意见和批评，内部言路堵塞；由于信息封锁，信息不畅，上层或职能部门人员故弄玄虚或存在幕后问题；项目经理部中有强烈的人际关系冲突，项目经理和职能经理之间互不信任，互不接受能力等等。

6）召开的沟通协调会议主题不明，项目经理权威性不强，或不能正确引导；与会者不守纪律，使正式的沟通会议成为聊天会议；有些职能部门领导过强或个性放纵，存在不守纪律、没有组织观念的现象，甚至拒绝任何批评和干预，而项目经理无力指责和干预。

7）有人滥用分权和计划的灵活性原则，下层单位或子项目随便扩大它的自由处置权，过于注重发挥自己的创造性，这些均违背或不符合总体目标，并与其他同级部门造成摩擦，与上级领导产生权力争执。

8）使用矩阵式组织，但人们并没有从直线式组织的运作方式上转变过来。由于组织运作规则设计得不好，项目经理与组织职能经理的权力、责任界限不明确。一个新的项目经理要很长时间才能被企业、管理部门和项目组织接受和认可。

9）项目经理缺乏管理技能、技术判断力或缺少与项目相应的经验，没有威信。

10）发包人或组织经理不断改变项目的范围、目标、资源条件和项目的优先等级。

（2）对沟通障碍的处理

1）应重视双向沟通方法，尽量保持多种沟通渠道的利用、正确运用文字语言等。

2）信息沟通后必须同时设法取得反馈，以弄清沟通双方是否已经了解，是否愿意遵循并采取相应的行动等。

3）项目经理部应当自觉以法律、法规和社会公德约束自身行为，在出现矛盾和问题时，首先应取得政府部门的支持、社会各界的理解，按程序沟通解决；必要时借助社会中介组织的力量，调解矛盾、解决问题。

4）为了消除沟通障碍，应该熟悉各种沟通方式的特点，以便在进行沟通时能够采用恰当的方式进行交流。

3. 有效沟通的技巧

（1）首先要明确沟通的目的。对于沟通的目的，经理人员必须弄清楚，进行沟通的真正目的是什么？需要沟通的人理解什么？确定好沟通的目标，沟通的内容就容易进行了。

（2）实施沟通前先澄清概念。项目经理事先要系统的考虑、分析和明确所要进行沟通的信息，并对接收者可能受到的影响进行估计。

（3）只对必要的信息进行沟通。在沟通过程中，经理人员应该对大量的信息进行筛选，只把那些与所进行沟通人员工作密切相关的信息提供给他们，避免过量的信息使沟通无法达到原有的目的。

（4）考虑沟通时的环境情况。所说的环境情况，不仅仅包括沟通的背景、社会环境，还包括人的环境以及过去沟通的情况，以便沟通的信息能够很好的配合环境情况。

（5）尽可能的听取他人的意见。在与他人进行商议的过程中，既可以获得更深入的看法，又易于获得他人的支持。

（6）注意沟通的表达。要使用精确的表达，把沟通人员的项目和意见用语言和非语言精确地表达出来，而且要使接收者从沟通的语言和非语言中得出所期望的理解。

（7）进行信息的反馈。在信息沟通后有必要进行信息的追踪与反馈，弄清楚接收者是否真正了解了所接收的信息，是否愿意遵循，并且是否采取了相应的行动。

（8）项目经理人员应该以自己的实际行动来支持自己的说法，行重于言，做到言行一致的沟通。

（9）从整体角度进行沟通。沟通时不仅仅要着眼于现在，还应该着眼于未来。多数的沟通，是符合当前形式发展的需要。但是，沟通更要与项目长远的目标相一致，不能与项目的总体目标产生矛盾。

（10）学会聆听。项目经理人员在沟通的过程中听取他人的陈述时应该专心，从对方的表述中找到沟通的重点。项目经理人员接触的人员众多，而且并不是所有的人都善于与人交流，只有学会聆听，才能够从各色的沟通者的言语交流中直接抓住实质，确定沟通的重点。

四、工程项目冲突管理

1. 冲突的产生与发展

所有项目中都存在冲突，冲突是项目组织的必然产物。冲突就是两个或两个以上的项目决策者在某个问题上的纠纷。

冲突是不可避免的，只要存在需要决策的地方，就存在冲突。对待冲突本身并不可怕，可怕的是对冲突处理方式的不当将会引发更大的矛盾，甚至可能造成混乱，影响或危及组织的发展。

（1）冲突的产生

冲突的产生有几个重要的来源，它们是：

1）人力资源。由于项目团队中的成员来自不同的职能部门，关于用人问题，会产生冲突。当人员支配权在职能部门领导手中时，双方会在如何合理分配成员任务上产生矛盾。

2）成本费用。项目经理分配给各个职能部门的资金总被认为是不够的，因而在成本费用如何分配上产生冲突。

3）技术冲突。在面向技术的项目中，在技术质量、技术性能要求、技术权衡以及实现性能的手段上都会发生冲突。

4）管理程序。许多冲突来源于项目应如何管理，也就是项目经理的报告关系定义、责任定义、界面关系、项目工作范围、运行要求、实施的计划与其他组织的协商工作。

5）项目优先权。项目参加者经常对实现项目目标应该执行的工作活动和任务的次序关系有不同的看法。优先权冲突不仅仅发生在项目组织与其他职能部门之间，在项目组织内部也会发生。

6）项目进度的冲突。围绕项目工作任务的时间确定次序安排和进度计划会发生冲突。

7）项目成员个性。对于不同的人，有不同的价值观、判断事物的标准等，因而常常在项目团队中存在"以自我为中心"的思想，造成了项目组织中的冲突。

（2）冲突的发展过程

冲突是一个能动的、互相影响的过程，其发展过程一般包括潜伏、被认可、被感觉、出现及结局五个阶段。

在第一阶段不存在公然的冲突，只是产生了冲突的条件，使冲突成为可能；第二阶段是冲突的被认知阶段，在这个阶段中，冲突各方开始注意到对冲突问题的争议；第三阶段冲突被感知，当一个或更多的当事人对存在的差异有情绪上的反应时，冲突就达到了被感觉的阶段；第四阶段是冲突的出现，在这个阶段，冲突由认识上的发觉转化为行动。冲突的当事人选择对冲突进行处理；第五阶段形成了冲突的结局。通过分析冲突可能出现的结局可以为决策提供正确的信息。

2. 冲突管理

冲突管理，就是以不同的知识和技术为依托，以不同的策略为手段，全面正确地协调各组织、各部门之间的关系，设计有效的宏观层面战略，尽量减少冲突的功能障碍，并加强冲突的建设性职能，从而提高组织绩效，保证组织目标的顺利实现。

管理者进行冲突管理时，既要依靠个人的经验、阅历、技巧，也要有相应的科学理论作为指导。冲突管理不仅涉及多方面学科的理论知识，也需要多方面的管理技能。在冲突管理过程中，管理者的任务不再是防止和消除冲突，而是要管理好冲突，充分利用和发挥冲突的积极影响，并控制其消极影响。一起冲突事件的解决和消除，只能说明这一具体冲突事件得到了解决和处理，但并不意味着冲突管理过程的完成或结束。冲突管理应该是一种针对冲突及其相关对象、因素的全面的管理活动。

（1）工程项目冲突管理的特点和分类

1）工程项目冲突管理的特点

工程项目的特性决定了工程项目冲突管理具有下列特点：

A. 管理的客体具有两面性、过程性和多样性。冲突的两面性表现在对工程项目目标实现所起到的积极作用和消极作用。积极作用是一种有力的建设性冲突，可以增强组织内部的凝聚力、团结性，对工程项目组织目标的实现具有巨大的推动作用。消极作用是对组织目标的实现有害的冲突，可能造成组织资源的浪费、凝聚力的降低、信任度的下降、士气的低落等妨碍目标实现的消极影响。

冲突的过程性表现在冲突的形成要经过五个阶段模式的持续变化，这五个阶段模式分别为：潜在的冲突、知觉的冲突、感觉的冲突、显现的冲突及冲突结果；冲突的多样性表现在冲突产生的过程中由于来源、主体、环境、发展状态及阶段、严重程度等方面的差异导致冲突的表现形式多种多样。

B. 管理的过程具有系统性。工程项目的整体性决定了冲突管理需要进行系统思考，即从全局出发，追求全局最优，而不是局部最优。

C. 管理的主体需要具有公平性。无论管理什么样的冲突，要求管理者要以对事不对人原则为准绳，对待冲突双方一定要公正，不能有偏袒。偏袒只会使冲突激化，而且还可能产生冲突移位，冲突的一方很可能会将冲突移向协调人，使人际矛盾扩大，冲突趋于复杂。

D. 管理的结果力求双赢性。冲突导致的结果无非是以下四种情况：赢—赢、输—赢、输—输、不赢—不赢，这几种结果中只有双赢才是富有建设性的解决之道，也是进行冲突管理力求达到的目标。

2）工程项目实施阶段冲突管理的分类

A. 按参与主体不同分类。由于各参与主体有着不同的利益目标和思维方式，在各参与主体之间难免会发生冲突。因此，按参与主体不同，工程项目冲突可分为承包商与业主之间的冲突、承包商与监理单位之间的冲突、业主与监理单位之间的冲突等。在各参与主体之间的冲突中，承包商与其他参与主体之间的冲突是最多的。

B. 按管理要素不同分类。根据工程项目的管理要素，可以将工程项目冲突分为人际或组织管理的冲突、资源管理的冲突、合同管理的冲突、安全及环境管理的冲突。

（2）工程项目冲突管理的程序和内容

工程项目冲突的种类繁多、成因复杂，对于项目管理者而言，需要通过有效地识别、分析、监控来管理冲突，采取恰当的方法稳健地处理冲突，以保障工程项目的顺利实施，并对冲突管理成效及时进行总结评价，为后续工程项目积累经验。工程项目冲突管理流程如图4-23所示。

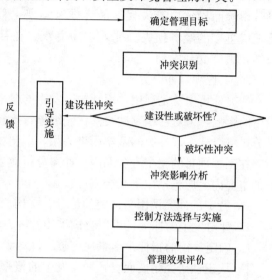

图 4-23 工程项目冲突管理流程图

1）工程项目冲突识别

冲突识别主要是结合工程项目实施的各个阶段，分析各利益相关方及其所处的环境，找出可能导致工程项目冲突的潜在因素，确定引起冲突的来源和相互关联，并区分引发的是建设性冲突还是破坏性冲突。

冲突识别要求项目管理者具有丰富的工程项目管理经验，能够结合工程项目的主要目标，客观地认知冲突的本质，发现冲突各方潜在的对立、差异和相互依赖性。

虽然冲突不可避免，但冲突并不都是阻碍工程项目管理工作的开展。冲突识别是项目管理者对冲突性质的一个定性判断，需要充分挖掘其本质以及对项目成员、组织和目标的影响，具体识别冲突的积极影响和消极影响，为后续冲突管理工作的开展奠定良好基础。冲突识别模型见表4-6。

建设性冲突和破坏性冲突识别模型　　　　　　　　　　表 4-6

识 别 指 标	建设性冲突	破坏性冲突
是否会损害冲突主体利益	否	是
是否对工程项目目标不利	否	是
是否导致冲突双方信任度、满意度下降	否	是
是否会使组织决策失误	否	是
是否提高组织工作能力	是	否
冲突发生是基于项目整体利益还是个人利益	整体利益	个人利益

建设性冲突的发生首先是基于工程项目的整体利益，利用冲突激发灵感，通过正反面之间的对话，从不同角度看待问题，发现没有注意到的细节，使问题得到全面的考虑，得出科学的决策结果。冲突双方注重的不是短期利益，而是长期利益；不仅只是经济利益，还包括无形的利益，并且积极保证管理目标的实现。

与之相反，破坏性冲突使组织产生过度的非理性情绪，冲突双方的成员在情感和行为上相互排斥，在不应出现争论的问题上进行争论，甚至是站在一个不合情理的立场上去反对对方，使冲突主体之间互相猜疑，并产生不信任。由于不信任态度和不满情绪的影响，彼此之间的满意度会受到影响而下降，致使决策过程中，受到情绪因素的过分影响而导致决策失误，最终难以实现工程的进度、成本、质量、安全目标，给彼此造成直接的经济损失。此外，冲突双方在社会上产生不利影响，使其社会形象受到破坏，声誉受到影响。

2）工程项目冲突分析

冲突分析主要是利用已识别冲突发生的概率、类型及对工程项目本身及其各参与方所产生的影响，来对已识别冲突的优先级进行比较分析；对已识别的冲突进行原因分析，通过分析可以建立起冲突的基本因果关系，以便找到对冲突进行管理的思路和要点。

在工程项目的整个寿命期内，冲突分析应当与工程项目冲突的变化保持同步。冲突分析的主要内容应包括以下几个方面：

A. 特定的冲突诱因与冲突的数量、结构、方式及影响幅度的关系。

B. 针对发生的冲突，可以尝试采用各种方法来解决，以积累相关的经验。

C. 确定一定的指标来衡量冲突破坏性的大小。

D. 从定性研究角度而言，冲突发生的概率和后果影响评价都要通过访谈来完成，访谈的对象可以包括：冲突管理领域的专家学者，项目组织成员，曾经参与过某类冲突管理的其他项目成员等。

E. 通过调查表方式收集整理所需资料，对不同阶段可能存在的冲突按发生的概率及影响程度进行优先排序，从而可以提醒项目经理在何时注意哪些冲突的发生，是否有必要进行干预，常用的处理方式是什么。

3）工程项目冲突控制

冲突控制的主要任务是根据冲突识别和分析的结果，确定是否控制冲突以及采用何种策略和方式来控制冲突。项目实施过程中，各方基于不同的立场，对同一事情可能有不同的意见，甚至是同一主体内部成员对于同一事情也可能有不同的看法。对于那些能够对工程项目产生新的思想、新的观点，甚至是一点小小建议的争论，不论其是否对错，都不应该过早地干预。在冲突过程中出现的少数人的建议，也不能轻易地否定、批评、指责，而应以冷静的态度和思维对冲突进行深入的思考和论证。冲突的一开始，论证尚未充分展开，时机也未成熟，很难分清是非曲直。在冲突逐渐升级的过程中，项目经理也不应立即阻止或以武断的权威去解决，可以设法提供必要的信息对冲突双方进行引导，使冲突朝有利于工程项目的方向发展。对于那些破坏性冲突，应立即给予干预和控制。

冲突控制应从人员干预和结构控制两个方面着手：

A. 人员干预。通过对冲突各方的人员进行引导和再教育，使其提高对冲突的认识，使得冲突主体承认和接受双方共同冲突的存在，并且要站在工程项目整体利益的角度指出冲突的危害，必须尽快结束。从实质上提高冲突双方的认识水平和认识能力，即在冲突中没有绝对的赢家和输家，这种方法对于工程项目有利，也易为冲突双方接受，不会伤和气。

B. 结构控制。从长远角度看，可以从根本上解决冲突问题。工程项目的参与方有很多，如业主、勘察单位、设计单位、施工单位、监理单位等，同一主体内部又有着复杂组织结构，如果某一环节的结构设置不合理，都可能会引起冲突。经验表明，没有任何组织结构适应于所有工程项目。因此，解决工程项目冲突最可行的办法是采取有效的结构设计方法，考虑工程项目的任务、技术、环境、各参与主体诸要素，寻求最适合自己的组织结构。

4）工程项目冲突的解决

A. 协商。协商是争论双方在一定程度上都能得到满意结果的方法。在这一方法中，冲突双方寻求一个调和的折中方案。这种方法只适用于双方势均力敌的情况。

B. 妥协。妥协的实质就是通过协商，参与各方都做出一点让步，都愿意放弃自己一部分观点和利益，寻求在一定程度上参与各方都满意的处理结果。妥协可以最有效地缩小参与各方之间的冲突，加强沟通，是较为恰当的解决方式，但这种方法并非永远可行。这种策略适用于寻找复杂问题的暂时性解决方案。

C. 让步。让步是让冲突的双方其中的一方从冲突的状态中撤离出来，从而避免发生实质的或潜在的争端。

D. 缓和或调停。缓和方式通常的做法是忽视差异，在冲突中找到一致的地方，即求同存异。这种方法认为组织团队之间的关系比解决问题更为重要。尽管这一方式能够避免某些矛盾，但是对于问题的彻底解决没有帮助。这种策略适用于需要解决问题的不同层面或解决长期悬而未决的问题。

E. 强制。强制的实质是指"非赢即输"，认为在冲突中获胜比保持人际关系更为重要。这是积极解决冲突的方式，但是应该看到这种方式解决的极端性。强制性的解决冲突对于项目团队的积极性可能会有打击，应被作为最后考虑的一种方法，但这种方法确实可以快速解决问题。这种策略适用于：当快速决策非常重要或出现紧急情况时，需要立即处理；执行重要的且又不受欢迎的行动或计划；问题出现两个极端且无折中措施时；对团队是重要的事情，而项目经理会深知这种做法是对的。

F. 回避或撤出。回避或撤出就是让发生冲突的参与各方从这种状态中撤离出来，从而避免发生实质性的或潜在的争端。回避冲突并非逃避矛盾，而是有策略、理性地抑制冲突，虽然没有从根本上解决冲突，但缓解了冲突态势，为解决问题赢得了时间。这种策略适用于：面临的冲突问题不太重要；面对冲突带来的损失会大于解决冲突带来的利益；需要更多时间获取信息来解决冲突；另一方面能更有效地解决冲突。

G. 正视。正视面对冲突是克服分歧、解决冲突的有效途径，要求工程项目参与各方都必须以积极的态度对待冲突，并愿意就面临的问题和冲突广泛地交换意见。这是一种积极的冲突解决途径，但需要一个良好的工程项目环境，有意识地营造合作氛围。这种方法适用于参与各方的态度是开放、真诚和友善的，各方有共同目标和共同利益。

5）工程项目冲突管理效果后评价

工程项目冲突管理效果后评价是指工程项目在实施冲突识别、评价、控制和处理后的一段时间内，考察冲突管理措施实施后绩效的变化，并对冲突管理的全过程进行系统、客观地分析，通过检查与总结，评估工程项目管理组织实施的冲突管理的有效性，并分析成败的原因，总结经验教训，最后通过及时有效的信息反馈，为未来冲突管理规划和提高冲突管理水平提供借鉴。

冲突管理的效果一般表现为三种情况：一是冲突得到合理解决，即冲突各方就某种冲突结果达成共识，各方利益都得到相应的满足并比较均衡，这种结果的稳定性比较高；二是冲突只是得到暂时处理，即冲突的水平或者破坏性暂时得到控制，处于适当的水平，但这种状态不具有稳定性；三是冲突管理失败，导致冲突升级。

工程项目冲突管理有效性的高低直接影响工程项目管理的绩效。如果从有效性角度评价工程项目冲突管理绩效，应包含以下三个方面指标：

A. 目标的实现程度。即是否实现管理目标，或者在多大程度上实现了目标。在评价目标的实现程度时，需要保证目标的方向是正确的，否则，目标的实现程度越高，冲突管理的有效性越低。此外，这个目标应更侧重于整体目标而不是冲突主体各方自身的目标。

B. 投入的成本。即在冲突管理实施过程中投入的各种人力、物力、财力、时间等资源消耗的总和。如果说目标实现程度的评价是侧重于产出，则投入成本的评价则是侧重于投入。在工程项目冲突管理中，为了实现一定的管理目标而付出相当高的代价，这样的管理效果也不是很好。

C. 冲突管理效果的质量。即冲突是否得到彻底合理的解决。如果冲突得到合理的解决，由于其稳定性好，可以使此类冲突在较长时间内不再出现，这样的冲突管理质量就高。如果冲突只是得到暂时处理，由于其稳定性不好，可能在短期内又会反复发生，这样的冲突管理质量就比较差。

第十节　工程项目收尾管理

一、工程项目竣工验收阶段管理

竣工验收阶段是工程项目建设全过程的终结阶段，当工程项目按设计文件及工程合同的规定内容全部施工完毕后，便可组织验收。通过竣工验收，移交工程项目产品，对项目成果进行总结、评价，交接工程档案资料，进行竣工结算，终止工程施工合同，结束工程项目实施活动及过程，完成工程项目管理的全部任务。

（一）竣工验收的条件和程序

竣工验收是承包人按照施工合同的约定，完成设计文件和施工图纸规定的工程内容，经发包人组织竣工验收及工程移交的过程。

1. 竣工验收的主体与客体

工程项目竣工验收的主体有交工主体和验收主体两方面，交工主体是承包人，验收主体是发包人，二者均是竣工验收行为的实施者，是互相依附而存在的；工程项目竣工验收的客体应是设计文件规定、施工合同约定的特定工程对象，即工程项目本身。在竣工验收过程中，应严格规范竣工验收双方主体的行为，对工程项目实行竣工验收制度，是确保我国基本建设项目顺利投入使用的法律要求。

2. 竣工验收的条件

（1）设计文件和合同约定的各项施工内容已经施工完毕。

（2）有完整并经核定的工程竣工资料，符合验收规定。

（3）有勘察、设计、施工、监理等单位签署确认的工程质量合格文件。

（4）有工程使用的主要建筑材料、构配件、设备进场的证明及试验报告。

（5）有施工单位签署的工程质量保修书。

3. 竣工验收的标准

（1）达到合同约定的工程质量标准。

建设工程合同一经签定，即具有法律的效力，对承发包双方都具有约束作用。合同约定的质量标准具有强制性，合同的约束作用规范了承发包双方的质量责任和义务，承包人必须确保工程质量达到双方约定的质量标准，不合格不得交付验收和使用。

（2）符合单位工程质量竣工验收的合格标准。

我国国家标准《建筑工程施工质量验收统一标准》（GB 50300—2001）对单位（子单位）工程质量验收合格规定如下：

1）单位（子单位）工程所含分部（子分部）工程的质量均应验收合格。

2）质量控制资料应完整。

3）单位（子单位）工程所含分部工程有关安全和功能的检测资料应完整。

4）主要功能项目的抽查结果应符合相关专业质量验收规范的规定。

5）观感质量验收应符合要求。

（3）单项工程达到使用条件或满足生产要求。

组成单项工程的各单位工程都已竣工，单项工程按设计要求完成，民用建筑达到使用条件或工业建筑能满足生产要求，工程质量经检验合格，竣工资料整理符合规定。

（4）建设项目能满足建成投入使用或生产的各项要求。

组成建设项目的全部单项工程均已完成，符合交工验收的要求，建设项目能满足使用或生产要求，并应达到以下标准：

1）生产性工程和辅助公用设施，已按设计要求建成，能满足生产使用。

2）主要工艺设备配套，设施经试运行合格，形成生产能力，能产出设计文件规定的产品。

3）必要的设施已按设计要求建成。

4）生产准备工作能适应投产的需要。

5）其他环保设施、劳动安全卫生、消防系统已按设计要求配套建成。

4. 竣工验收的管理程序和准备

（1）竣工验收的管理程序

1）竣工验收准备。工程交付竣工验收前的各项准备工作由项目经理部具体操作实施，项目经理全面负责，要建立竣工收尾小组，搞好工程实体的自检，收集、汇总、整理完整的工程竣工资料，扎扎实实做好工程竣工验收前的各项竣工收尾及管理基础工作。

2）编制竣工验收计划。项目经理部应认真编制竣工验收计划，并纳入企业施工生产计划进行实施和管理，项目经理部按计划完工并经自检合格的工程项目应填写工程竣工报告和工程竣工报验单，提交工程监理机构签署意见。

3）组织现场验收。首先由工程监理机构依据施工图纸、施工及验收规范和质量检验标准、施工合同等对工程进行竣工预验收，提出工程竣工验收评估报告。然后由发包人对承包人提交的工程竣工报告进行审定，组织有关单位进行正式竣工验收。

4）进行竣工结算。工程竣工结算要与竣工验收工作同步进行。工程竣工验收报告完成后，承包人应在规定的时间内向发包人递交工程竣工结算报告及完整的结算资料。承发包双方依据工程合同和工程变更等资料，最终确定工程价款。

5）移交竣工资料。整理和移交竣工资料是工程项目竣工验收阶段必不可少且非常细致的一项工作。承包人向发包人移交的工程竣工资料应齐全、完整、准确，要符合国家城市建设档案管理和基本建设项目（工程）档案资料管理和建设工程文件归档整理规范的有关规定。

6）办理交工手续。工程已正式组织竣工验收，建设、设计、施工、监理和其他有关单位已在工程竣工验收报告上签认，工程竣工结算办完，承包人应与发包人办理工程移交手续，签署工程质量保修书，撤离施工现场，正式解除现场管理责任。

（2）竣工验收准备

1）建立竣工收尾班子。项目经理全面负责工程项目竣工验收前的各项收尾工作，成员包括技术负责人、生产负责人、质量负责人、材料负责人、班组负责人等多方面的人员，要明确分工、责任到人，做到因事设岗、以岗定责、以责考核、限期完成工作任务，收尾项目完工要有验证手续，形成完善的收尾工作制度。

2）制定落实项目竣工收尾计划。项目经理负责编制落实有针对性的竣工收尾计划，并纳入统一的施工生产计划进行管理，以正式计划下达并作为项目管理层和作业层岗位业绩考核的依据之一。

3）竣工收尾计划的检查。项目经理和技术负责人应定期和不定期地对竣工收尾计划的执行情况进行严格的检查，重要部位要做好详细的检查记录。

4）工程项目竣工自检。项目经理部在完成施工项目竣工收尾计划，并确认已经达到了竣工的条件后，即可向所在企业报告，由企业自行组织有关人员依据质量标准和设计图纸等进行自检，填写工程质量竣工验收记录，质量控制资料核查记录，工程质量观感记录表等资料，对检查结果进行评定，符合要求后向建设单位提交工程验收报告和完整的质量资料，请建设单位组织验收。

5）竣工验收预约。承包人全面完成工程竣工验收前的各项准备工作，经监理机构审查验收合格后，承包人向发包人递交预约竣工验收的书面通知，说明竣工验收前的各项工作已准备就序，满足竣工验收条件。

（二）工程项目竣工资料

1. 竣工资料的内容

（1）工程施工技术资料

工程施工技术资料是建设工程施工全过程中的真实记录，是在施工全过程的各环节客观产生的工程施工技术文件，它的主要内容有：

工程开工报告（包括复工报告）；项目经理部及人员名单、聘任文件；施工组织设计（施工方案）；图纸会审记录（纪要）；技术交底记录；设计变更通知；技术核定单；地质勘察报告；工程定位测量资料及复核记录；基槽开挖测量资料；地基钎探记录和钎探平面布置图；验槽记录和地基处理记录；桩基施工记录；试桩记录和补桩记录；沉降观测记录；防水工程抗渗试验记录；混凝土浇灌令；商品混凝土供应记录；工程复核抄测记录；工程质量事故报告；工程质量事故处理记录；施工日志；建设工程施工合同，补充协议；工程竣工报告；工程竣工验收报告；工程质量保修书；工程预（结）算书；竣工项目一览表；施工项目总结。

（2）工程质量保证资料

工程质量保证资料是建设工程施工全过程中全面反映工程质量控制和保证的依据性证明资料，应包括原材料、构配件、器具及设备等的质量证明、合格证明、进场材料试验报告等。

土建工程主要质量保证资料包括：钢材出厂合格证、试验报告；焊接试（检）验报告、焊条（剂）合格证；水泥出厂合格证或报告；砖出厂合格证或试验报告；防水材料合格证或试验报告；构件合格证；混凝土试块试验报告；砂浆试块试验报告；土壤试验、打（试）桩记录；地基验槽记录；结构吊装、结构验收记录；工程隐蔽验收记录；中间交接验收记录等。

（3）工程检验评定资料

工程检验评定资料是建设工程施工全过程中按照国家现行工程质量检验标准，对工程项目进行单位工程、分部工程、分项工程的划分，再由分项工程、分部工程、单位工程逐级对工程质量做出综合评定的资料。工程检验评定资料的主要内容有：

1）施工现场质量管理检查记录；

2）检验批质量验收记录；

3）分项工程质量验收记录；

4）分部（子分部）工程质量验收记录；

5）单位（子单位）工程质量竣工验收记录；

6）单位（子单位）工程质量控制资料核查记录；

7）单位（子单位）工程安全和功能检验资料核查及主要功能抽查记录；

8）单位（子单位）工程观感质量检查记录等。

（4）竣工图

竣工图是真实地反映建设工程竣工后实际成果的重要技术资料，是建设工程进行竣工验收的备案资料，也是建设工程进行维修、改建、扩建的主要依据。

工程竣工后有关单位应及时编制竣工图，工程竣工图应逐张加盖"竣工图"章。

（5）规定的其他应交资料

1）施工合同约定的其他应交资料。

2）地方行政法规，技术标准已有规定的应交资料等。

2. 竣工资料的收集整理

（1）竣工资料的收集整理要求

1）工程竣工资料，必须真实反映工程项目建设全过程的实际，资料的形成应符合其规律性和完整性，填写时做到字迹清楚、数据准确、签字手续完备、齐全可靠。

2）工程竣工资料的收集和整理，应建立制度，根据专业分工的原则实行科学收集，定向移交，归口管理，要做到竣工资料不损坏、不变质和不丢失，组卷时符合规定。

3）工程竣工资料应随施工进度进行及时收集和整理，发现问题及时处理整改，不留尾巴。

4）整理工程竣工资料的依据：一是国家有关法律、法规、规范对工程档案和竣工资料的规定；二是现行建设工程施工及验收规范和质量评定标准对资料内容的要求；三是国家和地方档案管理部门和工程竣工备案部门对工程竣工资料移交的规定。

（2）竣工资料的分类组卷

1）一般单位工程，文件资料不多时，可将文字资料与图纸资料组成若干盒，分以下六个案卷：即立项文件卷，设计文件卷、施工文件卷、竣工文件卷、声像材料卷、竣工图卷。

2）综合性大型工程，文件资料比较多，则各部分根据需要可组成一卷或多卷。

3）文件材料和图纸材料原则上不能混装在一个装具内，如文件材料较少需装在一个装具内时，文件材料必须用软卷皮装订，图纸不装订，然后装入硬档案盒内。

4）卷内文件材料排列顺序要依据卷内的材料构成而定，一般顺序为：封面、目录、文件材料部分、备考表、封底，组成的案卷力求美观、整齐。

5）填写目录应与卷内材料内容相符；编写页号以独立卷为单位，单面书写的文字材料页号编在右下角，双面书写的文字材料页号，正面编写在右下角，背面编写在左下角，图纸一律编写在右下角，按卷内文件排列先后用阿拉伯数字从"1"开始依次标注。

6）图纸折叠方式采用图面朝里，图签外露（右下角）的国标技术制图复制折叠方法。

7）案卷采用中华人民共和国国家标准，装具一律用国标制定的硬壳卷夹或卷盒，外装尺寸为 300（高）mm×220（宽）mm，卷盒厚度尺寸分别为 60、50、40、30、20mm 五种。

3. 竣工资料的移交验收

交付竣工验收的工程项目必须有与竣工资料目录相符的分类组卷档案，工程项目的交工主体即承包人在建设工程竣工验收后，一方面要把完整的工程项目实体移交给发包人，另一方面要把全部应移交的竣工资料交给发包人。

（1）竣工资料的归档范围

竣工资料的归档范围应符合《建设工程文件归档整理规范》（GB/T 50328—2001）规定。

（2）竣工资料的交接要求

总包人必须对竣工资料的质量负全面责任，对各分包人做到"开工前有交底，施工中有检查，竣工时有预检"，确保竣工资料达到一次交验合格；总包人根据总分包合同的约定，负责对分包人的竣工资料进行中检和预检，有整改的待整改完成后，进行整理汇总，一并移交发包人；承包人根据建设工程施工合同的约定，在建设工程竣工验收后，按规定和约定的时间，将全部应移交的竣工资料交给发包人，并应符合城建档案管理的要求。

（3）竣工资料的移交验收

竣工资料的移交验收是工程项目交付竣工验收的重要内容。发包人接到竣工资料后，应根据竣工资料移交验收办法和国家及地方有关标准的规定，组织有关单位的项目负责人、技术负责人对资料的质量进行检查，验证手续是否完备，应移交的资料项目是否齐全，所有资料符合要求后，承发包双方按编制的移交清单签字、盖章，按资料归档要求双方交接，竣工资料交接验收完成。

（三）工程项目竣工验收管理

一般来说，工程交付竣工验收可以按以下三种方式分别进行。单位工程（或专业工程）竣工验收；单项工程竣工验收；全部工程的竣工验收。

1. 竣工验收的依据

工程项目进行竣工验收的依据，实质上就是承包人在工程建设过程中建设的依据，这些依据主要包括：

（1）上级主管部门对该项目批准的各种文件。包括设计任务书或可行性研究报告，用地、征地、拆迁文件，初步设计文件等。

（2）工程设计文件。包括施工图纸及有关说明。

（3）双方签定的施工合同。

（4）设备技术说明书。它是进行设备安装调试、检验、试车、验收和处理设备质量、技术等问题的重要依据。

（5）设计变更通知书。它是对施工图纸的修改和补充。

（6）国家颁布的各种标准和规范。包括现行的工程施工及质量验收规范等。

（7）外资工程应依据我国有关规定提交竣工验收文件。

2. 工程竣工验收报验

承包人完成工程设计和施工合同以及其他文件约定的各项内容，工程质量经自检合格，各项竣工资料准备齐全，确认具备工程竣工报验的条件，承包人即可填写并递交"工程竣工报告"和"工程竣工报验单"。监理人收到承包人递交的"工程竣工报验单"及有关资料后，总监理工程师即可组织专业监理工程师对承包人报送的竣工资料进行审查，并对工程质量进行验收，验收合格后，总监理工程师应签署"工程竣工报验单"，提出工程质量评估报告。承包人依据工程监理机构签署认可的工程竣工报验单和质量评估结论，向发包人递交竣工验收的通知，具体约定工程交付验收的时间，会议地点和有关安排。

3. 工程竣工验收组织

发包人收到承包人递交的"交付竣工验收通知书"，应及时组织勘察、设计、施工、监理等单位按照竣工验收程序，对工程进行验收核查。

（1）成立竣工验收委员会或验收小组

大型项目、重点工程、技术复杂的工程根据需要应组成验收委员会，一般工程项目，组成验收小组即可。竣工验收工作由发包人组织，主要参加人员有发包方、勘察、设计、总承包及分包单位的负责人，发包单位的工地代表，建设主管部门、备案部门的代表等。

（2）建设单位组织竣工验收

1）由建设单位组织，建设、勘察、设计、施工、监理单位分别汇报工程合同履约情况和工程建设各个环节执行法律、法规和工程建设强制性标准的情况。

2）验收组人员审阅各种竣工资料。验收组人员应对照资料目录清单，逐项进行检查，看其内容是否齐全，符合要求。

3）实地查验工程质量。参加验收各方，对竣工项目实体进行目测检查。

4）对工程勘察、设计、施工、监理单位各管理环节和工程实物质量等方面做出全面评价，形成经验收组人员签署的工程竣工验收意见。

5）参与工程竣工验收的建设、勘察、设计、施工、监理单位等各方不能形成一致意见时，应当协商提出解决的方法，待意见一致后，重新组织竣工验收；当不能协商解决时，由建设行政主管部门或者其委托的建设工程质量监督机构裁决。

6）签署工程竣工验收报告。工程竣工验收合格后，建设单位应当及时提出签署"工程竣工验收报告"，由参加竣工验收的各单位代表签名，并加盖竣工验收各单位的公章。

4. 办理工程移交手续

工程通过竣工验收，承包人应在发包人对竣工验收报告签认后的规定期限内向发包人递交竣工结算和完整的结算资料，在此基础上承发包双方根据合同约定的有关条款进行工程竣工结算，承包人在收到工程竣工结算款后，应在规定期限内向发包人办理工程移交手续。具体内容如下：

（1）按竣工项目一览表在现场移交工程实体。

向发包人移交钥匙时，工程项目室内外应清扫干净、达到窗明、地净、灯亮、水通、排污畅通、动力系统可以使用。

（2）按竣工资料目录交接工程竣工资料。

资料的交接应在规定的时间内，按工程竣工资料清单目录，进行逐项交接，办清交验签章手续。

（3）按工程质量保修制度签署"工程质量保证书"。

原施工合同中未包括工程质量保修书附件的，在移交竣工工程时，应按有关规定签署或补签工程质量保修书。

（4）承包人在规定时间内按要求撤出施工现场、解除施工现场全部管理责任。

（5）工程交接的其他事宜。

（四）竣工结算

工程竣工结算是指施工单位所承包的工程按照合同规定的内容，全部竣工并经建设单位和有关部门验收点交后，由施工单位根据施工过程中实际发生的变更情况对原施工图预算或工程合同造价进行增减调整修正，再经建设单位审查，重新确定工程造价并作为施工单位向建设单位办理工程价款清算的技术经济文件。

工程竣工结算一般是由施工单位编制，经建设单位审核同意后，按合同规定签章认可。最后，建设单位通过经办银行将清算后的工程价款拨付给施工单位，完成双方的合同关系和经济责任。

1. 工程竣工结算的编制依据

（1）工程竣工报告及工程竣工验收单。

（2）经审查的施工图预算或中标价格。

（3）施工图纸及设计变更通知单、施工现场工程变更记录、技术经济签证。

（4）建设工程施工合同或协议书。

（5）现行预算定额、取费定额及调价规定。

（6）有关施工技术资料。

（7）工程质量保修书。

（8）其他有关资料。

2. 工程价款结算的方式

工程价款结算的方式，根据施工合同的约定，主要有以下几种：

（1）按月结算。即实行旬末或月中预支，月中结算，竣工后清算的办法。跨年度竣工的工程，在年终进行工程盘点，办理年度结算。

（2）竣工后一次结算。即建设项目或单位工程全部建筑安装工程建设期在 12 个月以内，或者工程承包合同价值在 100 万元以下的，可实行工程价款每月月中预支，竣工后一次结算。

（3）分段结算。即当年开工，当年不能竣工的单项工程或单位工程按照工程形象进度，划分不同阶段进行结算。分段结算可以按月预支工程款。

（4）承发包双方约定的其他结算方式。

二、工程项目考核评价

1. 工程项目管理全面分析

全面分析是指以工程项目管理实施目标指标为依据，对工程项目实施效果的各个方面都作对比分析，从而综合评价施工项目的经济效益和管理效果。

全面分析的评价指标有：

（1）质量指标：分析单位工程的质量等级。

（2）工期指标：分析实际工期与合同工期及定额工期的差异。

（3）利润：分析承包价格与实际成本的差异。

（4）产值利润率：分析利润与承包价格的比值。

（5）劳动生产率：劳动生产率＝工程承包价格/工程实际耗用工日数。

（6）劳动消耗指标：包括单方用工、劳动效率及节约工日。

单方用工＝实际用工（工日）/建筑面积（m^2）

劳动效率＝预算用工（工日）/实际用工（工日）×100％

节约工日＝预算用工—实际用工

（7）材料消耗指标：包括主要材料（钢材，木材，水泥等）的节约量及材料成本降低率。

主要材料节约量＝预算用量—实际用量

材料成本降低率＝（承包价中的材料成本—实际材料成本）/承包价中的材料成本×100％

（8）机械消耗指标包括：某种主要机械利用率，机械成本降低率。

某种机械利用率＝预算台班数/实际台班数×100％

机械成本降低率＝（预算机械成本—实际机械成本）/预算机械成本×100％

（9）成本指标：包括降低成本额和降低成本率。

降低成本额＝承包成本—实际成本

降低成本率＝（承包成本—实际成本）/承包成本×100％

2. 工程项目单项分析

工程项目单项分析是对项目管理的某项或某几项指标进行解剖性具体分析，从而准确地确定项目在某一方面的绩效，找出项目管理好与差的具体原因，提出应该如何加强和改善的具体内容。单项分析主要应对质量、工期、成本、安全四大基本目标进行分析。

（1）工程质量分析

质量分析是对照工程项目的设计文件和国家规定的工程质量检验评定标准，分析工程项目是否达到了合同约定的质量等级。要具体分析地基基础工程、主体结构工程、装修工程、屋面工程及水、暖、电、卫等各分部分项工程的质量情况。分析施工中出现的质量问题、发生的重大质量事故、分析施工质量控制计划的执行情况、各项保证工程质量措施的实施情况、质量管理责任制的落实情况等。

（2）工期分析

工期分析是将工程项目的实际工期与计划工期及合同工期进行对比分析，看实际工期是否符合计划工期的要求，如果实际工期超出计划工期的范围，则是否在合同工期范围内。根据实际工期、计划工期、合同工期的对比情况，确定工期是提前了还是拖后了。进一步分析影响工期的原因：施工方案与施工方法是否先进合理，工期计划是否最优，劳动力的安排是否均衡，各种材料、半成品的供应能否保证，各项技术组织措施是否落实到位，施工中各有关单位是否协作配合等。

（3）工程成本分析

工程成本分析应在成本核算的基础上进行，主要是结合工程成本的形成过程和影响成本高低的因素，检查项目成本目标的完成情况，并做出实事求是的评价。成本分析可按成本项目的构成进行，如：人工费收支分析、材料费收支分析、机械使用费收支分析、其他各种费用收支情况分析、总收入与总支出对比分析、计划成本与实际成本对比分析等。成本分析是对项目成本管理工作的一次总检验，也是对项目管理经济效益的提前考查。

（4）安全分析

安全工作贯穿于施工生产的全过程之中，生产必须保证安全是任何一个建筑企业必须遵守的原则，安全是项目管理各项目标实现的根本保证。对项目管理的安全工作进行分析，就是针对项目实施过程中所发生的机械设备及人员的伤亡事故，检查项目安全生产责任制、安全教育、安全技术、安全检查等安全管理工作的执行情况，分析项目安全管理的效果。

3. 工程项目管理考核与评价

（1）项目管理考核评价的主体和对象

项目考核评价的主体应是派出项目经理的单位，由于工程项目的责任主体是承包企业，项目经理是承包企业法定代表人在工程项目上的全权委托代理人，项目经理要对企业法定代表人负责，所以企业法定代表人有权利也有责任对项目经理的行为进行监督，对项目经理的工作进行评价。

项目考核评价的对象应是项目经理部，其中应突出对项目经理的管理工作进行考核评价。

（2）项目管理考核评价的依据

项目管理考核评价的依据应是项目经理与承包人签定的"项目管理目标责任书"，内容应包括完成工程施工合同、经济效益、回收工程款、执行承包人各项管理制度、各种资料归档等情况，以及"项目管理目标责任书"中其他要求内容的完成情况。也就是说"项目管理目标责任书"中的各项目标指标和目标规定即为考核评价工作的依据和标准。

（3）项目管理考核评价的方式

项目考核评价的方式很多，具体应根据项目的特征，项目管理的方式，队伍的素质等综合因素确定。一般分为年度考核评价，阶段考核评价和终结性考核评价三种方式。

（4）项目管理考核评价指标

1）考核评价的定量指标：包括四项目标控制指标。

A. 工程质量指标：应按建筑工程施工质量验收统一标准和建筑工程施工质量验收规范的具体要求和规定，进行项目的检查验收，根据验收情况评定分数。

B. 工程成本指标：通常用成本降低额和成本降低率来表示。成本降低额是指工程实际成本比工程预算成本降低的绝对数额，是一个绝对评价指标；成本降低率是指工程成本降低额与工程预算成本的相对比率，是一个相对评价指标。这里的预算成本是指项目经理与承包人签定的责任成本。用成本降低率能够直观地反映成本降低的幅度，准确反映项目管理的实际效果。

C. 工期指标：通常用实际工期与提前工期率来表示。实际工期是指工程项目从开工至竣工验收交付使用所经历的日历天数；工期提前量是指实际工期比合同工期提前的绝对天数，工期提前率是工期提前量与合同工期的比率。

D. 安全指标：工程项目的安全问题是工程项目实施过程中的第一要务，在许多承包单位对工程项目效果的考核要求中，都有安全一票否决的内容。按照建设部 2011 年颁发的《建筑施工安全检查标准》将工程安全标准分为优良、合格、不合格三个等级。具体等级是由评分计算的方式确定，评分涉及安全管理、文明工地、脚手架、基坑支护与模板工程、"三宝"、"四口"防护、施工用电、物料提升机与外用电梯、塔吊、起重机吊装、施工机具等项目。具体方法可按《建筑施工安全检查标准》执行。

2）考核评价的定性指标：

A. 执行企业各项制度的情况。通过对项目经理部贯彻落实企业政策、制度、规定等方面的调查，评价项目经理部是否能够及时、准确、严格、持续地执行企业制度，是否有成效，能否做到令行禁止、积极配合。

B. 项目管理资料的收集、整理情况。项目管理资料是反映项目管理实施过程的基础性文件，通过考核项目管理资料的收集、整理情况，可以直观地看出工程项目管理日常工作的规范程度和完善程度。

C. 思想工作方法与效果。项目经理部是建筑企业最基层的一级组织，而且是临时性机构，它随项目的开工而组建，又因项目的完成而解体。工程项目在建设过程中，涉及的人员较多、事务复杂。要想在项目经理部开展思想政治工作既有很大难度又显得非常重要。此项指标主要考察思想政治工作是否有成效，是否适应和促进企业领导体制建设，是否提高了职工素质。

D. 发包人及用户的评价。让用户满意是市场经济体制下企业经营的基本理念，也是企业在市场竞争中取胜的根本保证。项目管理实施效果的最终评定人是发包人和用户，发包人及用户的评价是最有说服力的。发包人及用户对产品满意就是项目管理成功的表现。

E. 在项目管理中应用的新技术、新材料、新设备、新工艺的情况。在项目管理活动中，积极主动地应用新材料、新技术、新设备、新工艺是推动建筑业发展的基础，是每一个项目管理者的基本职责。

F. 在项目管理中采用的现代化管理方法和手段。新的管理方法与手段的应用可以极大地提高管理的效率，是否采用现代化管理方法和手段是检验管理水平高低的尺度。随着社会的发展、科技的进步，管理的方法和手段也日新月异，如果不能在项目管理中紧跟科技发展的步伐，将会成为科技社会的淘汰者。

G. 环境保护。在工程项目实施的过程中要消耗一定的资源，同时会产生许多的建筑垃圾；要改变建筑现场的环境原貌，同时会产生扰人的建筑噪声。保护环境，实施可持续发展战略是我国的一项基本国策。项目管理人员应提高环保意识，制定与落实有效的环保措施，减少甚至杜绝环境破坏和环境污染的发生，提高环境保护的效果。

三、工程项目产品回访与保修

工程项目竣工验收交接后，工程项目的承包人应按照法律的规定和施工合同的约定，认真履行工程项目产品的回访与保修义务，以确保工程项目产品使用人的合理利益。

1. 工程项目产品回访与保修的依据

工程项目产品实行回访与保修制度是由我国法律与法规明确规定的，此项工作的主要依据有：

（1）《中华人民共和国建筑法》

《建筑法》第六十二条规定，建筑工程实行质量保修制度。具体的保修范围和最低保修期限由国务院规定。

（2）《中华人民共和国合同法》

《合同法》第二百七十五条规定：建设工程施工合同的内容包括："质量保修范围和质量保证期"。第二百八十一条规定："因施工人的原因致使建设工程质量不符合约定的，发包人有权要求施工人在合理期限内无偿修理或者返工、改建。"

（3）《建设工程质量管理条例》

《条例》第三十九条规定："建设工程实行质量保修制度。建设工程承包单位在向建设单位提交工程竣工验收报告时，应当向建设单位出具质量保修书。质量保修书中应当明确建设工程的保修范围、保修期限和保修责任等。"

（4）《建设工程项目管理规范》

《规范》第18.1.1条规定："回访保修的责任应由承包人承担，承包人应建立施工项目交工后的回访与保修制度，听取用户意见，提高服务质量，改进服务方式。"第18.1.2条规定："承包人应建立与发包人及用户的服务联系网络，及时取得信息，并按计划、实施、验证、报告的程序，搞好回访与保修工作"。

2. 工程项目产品保修范围与保修期

（1）保修范围

一般来说，各种类型的建筑工程以及建筑工程的各个部位都应该实行保修。我国在建筑法里规定：建筑工程的保修范围应当包括地基基础工程、主体结构工程、屋面防水工程和其他土建工程，以及电气管线、上下水管线的安装工程，供热、供冷系统工程等项目。

（2）保修期

保修期的长短，直接关系到承包人、发包人及使用人的经济责任大小。根据规范规定：建筑工程保修期为自竣工验收合格之日起计算，在正常使用条件下的最低保修期限。

《建设工程质量管理条例》规定，在正常使用条件下建设工程的最低保修期限为：

1）基础设施工程、房屋建筑的地基基础工程和主体结构工程，为设计文件规定的该工程的合理使用年限；

2）屋面防水工程、有防水要求的卫生间、房间和外墙面的防渗漏，为五年；

3）供热与供冷系统，为2个采暖期、供冷期；

4）电器管线、给排水管道、设备安装和装修工程，为2年；

5）其他项目的保修期限由发包方与承包方在"工程质量保修书"中具体约定。

3. 保修期的经济责任

建筑工程情况比较复杂，有些问题往往是由多种原因造成的。进行工程质量保修，必须澄清经济责任，由产生质量问题的责任方承担工程的保修经济责任。一般有以下几种情况：

（1）属于承包人的原因。由于承包人未严格按照国家现行施工及验收规范、工程质量验收标准、设计文件要求和合同约定组织施工，造成的工程质量缺陷，所产生的工程质量保修，应当由承包人负责修理并承担经济责任。

（2）属于设计人的原因。由于设计原因造成的质量缺陷，应由设计人承担经济责任。当由承包人进行修理时，其费用数额可按合同约定，通过发包人向设计人索赔，不足部分由发包人补偿。

（3）属于发包人的原因。由于发包人供应的建筑材料、构配件或设备不合格造成的工程质量缺陷；或由发包人指定的分包人造成的质量缺陷，均应由发包人自行承担经济责任。

（4）属于使用人的原因。由于使用人未经许可自行改建造成的质量缺陷，或由于使用人使用不当造成的损坏，均应由使用人自行承担经济责任。

（5）其他原因。由于地震、洪水、台风等不可抗力原因造成的损坏或非施工原因造成的事故，不属于规定的保修范围，承包人不承担经济责任。负责维修的经济责任由国家根据具体政策规定。

（6）在保修期后的建筑物合理使用寿命内，因建设工程使用功能的缺陷造成的工程使用损害，由建设单位负责维修，并承担责任方的赔偿责任。不属于承包人保修范围的工程，但发包人或使用人有意委托承包人修理、维护时，承包人应提供服务，并在双方签定的协议中明确服务的内容和质量要求，费用由发包人或使用人按协议约定的方式承担。

（7）保修保险

有的项目经发包人和承包人协商，根据工程的合理使用年限，采用保修保险方式。该方式不需要扣保留金，保险费由发包人支付，承包人应按约定的保修承诺，履行其保修职责和义务。

第十一节　工程项目设计管理

一、设计管理概述

工程项目设计管理是指从建设项目的总体规划设计到每一单体工程的方案设计、扩大初步设计和施工图设计过程，包括业主方对整个建设项目的设计管理；承担建设项目各类设计任务的设计单位设计项目管理；甚至工程总承包单位也承担着对总承包项目的设计管理。工程项目设计管理是工程项目全过程管理的一个重要阶段性工作，对整个建设项目决策意图的实施及项目建设过程各项目标的实现将产生重大影响。

1. 建设项目设计管理的意义

（1）项目本身发展的需要。项目越来越大，越来越复杂，涉及的专业越来越多，对管理本身的要求越来越高，由于项目的复杂性越来越高，使得与之相应的管理技术越来越专业，逐渐地就变成了一个新的专业领域。

（2）政府项目、公益项目管理模式的需求。许多政府公益项目，如高速公路、地铁等项目，实际上政府已经不可能去筹建一个班子负责设计管理。这样就需要一个专业的管理机构来做设计管理。

（3）社会专业化分工发展使资产所有者与运营管理者分离。社会分工的发展，使投资本身已成为一个专业。大量政府投资的项目产权跟管理者是分离的，各级国资委都只管资产不管运行。这时就需要专业化力量的介入，在前期就要明确使用和建设的需求。

（4）基础设施的技术共性与社会分工的全球化。基础设施项目肯定要选址在某个地域，随后它需要结合选址地域进行规划设计和建设，这就需要有一个设计管理团队，即在全球范围内的一种社会分工。由于有这种分工，反过来又使得这种专业设计管理公司有机会做许多设计管理，使其在专业水平上会有更大的提高。

2. 设计管理的内容

设计管理内容是一个项目的生命过程中最前面的部分，包含业主、业主代表的工作，也包含对工程咨询、设计公司的活动进行管理。具体内容见表 4-7。

设计管理的内容　　　　　　　　　　　　　　　表 4-7

	投资前期	工程前期		实施阶段	运营期
业主、业主代表的工作	1. 项目规则 2. 项目选址 3. 立项	1. 投资审定 2. 方案确认 3. 组织审图	1. 项目采购 2. 招标	1. 实施监理 2. 验收、投产 3. 变更管理	总结/评估
工程咨询、设计公司、科研单位的工作	1. 规划研究 2. 投资机会研究 3. 预可行性研究、评估 4. 可行性研究、评估	1. 方案设计 2. 初步设计 3. 施工图设计 4. 审图	1. 科研 2. 编制招标文件 3. 评标 4. 合同谈判	1. 供货监理 2. 施工监理、施工管理 3. 生产准备 4. 竣工验收准备 5. 设计变更	后评估
承包商、供货商的工作		投标	1. 施工、供货 2. 安装调试 3. 竣工 4. 运行保障	售后服务	

3. 设计管理的定位

项目管理（PM）分成三个部分：设计管理（DM）、施工管理（CM）、物业管理（FM），（PM=DM+CM+FM）。在重大工程中，常见的是指挥部模式，指挥部既不是政府，也不是设计者，也不是最后的使用者，而是政府找到的一个设计管理者。

业主确定设计管理者之后，还会找一个投资监理，监理可以对设计管理者的行为起到一定的制约和监督。然后，由业主委托的这个设计管理者自己去找一些所需要的设计单位，来做各子项的设计。

二、设计管理制度

1. 设计管理的参与者

设计管理者就是一种中介机构，即咨询机构。项目公司就是业主，是设计管理的第一参与者。

第二参与者是业主代表。是一种管理型的咨询公司。针对专业性强、技术复杂或者是政府工程以及一些基础设施项目，业主不能胜任这种工作，往往会找一个业主代表。或者是因为各种各样原因不愿意做这种工作，就委托给一个专业的机构来做。

第三种参与者是咨询公司，包括法律咨询、投融资咨询、财务咨询公司等。

第四种参与者是设计公司：综合性的设计公司、专业性的设计公司、设计监理公司、审图公司、勘察公司、测绘公司等。

业主、设计管理者、设计者三者之间的关系见图 4-24。

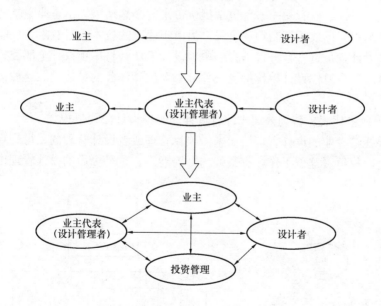

图 4-24　业主、设计管理者、设计者三者之间的关系

2. 设计管理的模式

（1）设计单位代业主或者设计总包单位代业主模式

计划经济时期基本上都是采用这种模式，现在这种模式依然比较常见，但将越来越少。主要适用于一些垄断的行业领域（图 4-25）。

（2）弱化的业主＋设计单位设计总包模式

这种模式也是比较常见，比如政府要上某个项目，短时间内找不着专业人员。就找了一个设计单位来做总包，承担总体设计的任务，甚至还承担了一部分下面具体的专业设计的任务（图 4-26）。

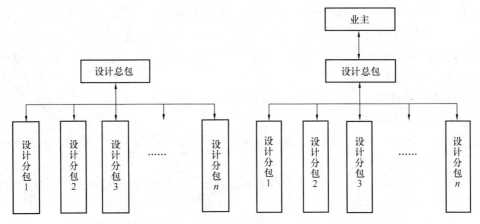

图 4-25   设计总包代业主模式   图 4-26   弱化的业主＋设计单位设计总包模式

3. 业主（或业主代表）＋总体设计公司＋综合、专项设计公司群＋设计监理/审图公司模式

一个很弱的业主对设计没有太多的控制能力，造成投资越做越大，经过研究和分析认为是因为业主、设计、监管是一家单位承担所带来的必然结果。于是业主就把这些拆开来由不同的单位承担，形成相互制约和监督。但由于业主的技术力量有限，只能再找一家设计公司做总体设计，负责整合分包出去的单项设计工作，将单项设计全部委托到各专业单位去。也不排除这个总体设计单位接受一部分单项设计任务的可能性。这种情况在国内比较普遍（图 4-27）。

4. 业主＋业主代表、咨询公司＋综合设计、专项设计公司群模式

业主是委托给专业的设计管理公司来做项目管理或者设计管理的。得到委托授权的设计管理公司会全权负责这项工作，有很强的管控能力。这是今后的设计管理市场发展的方向（图 4-28）。

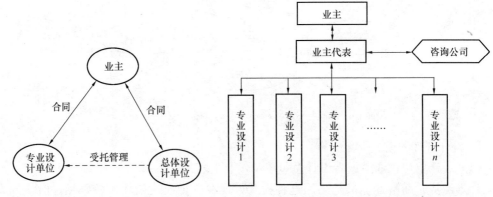

图 4-27   业主(或业主代表)＋总体设计   图 4-28   业主＋业主代表、咨询公司＋专业
公司＋专业(专项)设计单位模式   (专项)设计公司群模式

5. 设计单位的选定

（1）指名方式

按照规定，这种方式只能在技术上有特殊理由时才能使用。也就是说有一定的技术能

力，比如有专利，在别人不再适合与之进行竞争的情况下才能使用直接指名方式。

（2）议标方式

就是找几家单位，请他们各自拿出过去的业绩，以及做这件事情的计划、费用等，然后选一家。

（3）"资质审定＋技术方案（设计竞赛）"招标的方式

这种方式比较常见，特别是对建筑方案这类适合于做设计竞赛的项目。

（4）"资质审定＋工作计划＋报酬"招标的方式

这种方式就是把投标人过去的相关实绩拿来，再加上他们为我们这个项目专门做一个工作计划和实施方案，然后再把他们的报酬放在里面，再进行比选。

（5）"资质审定＋报酬"招标的方式

这种方式适用于单元工作、多次重复的比较简单的项目，比如勘探、测绘项目等。都是总价等于单价乘以单元数的，不需要独立计算，这种情况下没必要对整个工作内容进行招标。

6. 设计取费的管理

我国现行的法规还是按费率收取设计费。

①工作量核算的办法。就是一种"计件"工资的办法，国外用得较多。

②人员资质的成本核算。

③模糊评判法。

④设计奖惩法。可能不是法律意义上的收费办法，但是经常被采用的设计取费办法。此方法就是用基本费用加奖励费用的方式。把设计费谈完以后，给一块奖励的费用，这个奖励费用能不能拿得着，看设计单位的工作表现。

7. 设计合同的管理

（1）设计合同管理的原则

①没有合同不干活。

②所有合同都闭口。

③采用施工图招标。施工图招标就是将招标范围内的施工图全部出齐并达到深度要求后，再用这个施工图进行施工招标。

（2）设计合同编制的原则

在合同编制中应该注意的主要是：界面要清楚、要求要明确。合同中的文字描述或粗或细要看签合同双方的特点、信用关系还要看项目本身的特点。

①合同编制要与组织结构相联系；

②合同编制要与工程的承发包模式相联系；

③合同编制要尽可能减少合同界面；

④合同要进行动态管理；

⑤合同编制要与投资管理、资产管理相适应。

（3）设计合同审查

设计合同审查应做到两点：对人员的要求要明确；知识产权的问题要界定清楚。

8. 设计审查制度

按照我们国家的法律，设计院在完成规划方案、方案设计、初步设计以及施工图设计以后，政府都需要进行审查，特别有相当一部分甚至还必须进行强制性审查。

9. 设计管理的组织结构

设计管理的组织结构与设计管理的模式是有直接关系的。一旦设计管理采用某种新模式，那么与之相应的合同就是新型组织关系的基础和纽带。

多数项目管理公司都是矩阵式组织结构。与矩阵式管理组织结构相适应的是项目经理制。

例如，浦东国际机场二期扩建工程设计管理的组织结构就是第四种设计管理模式（图4-29）。

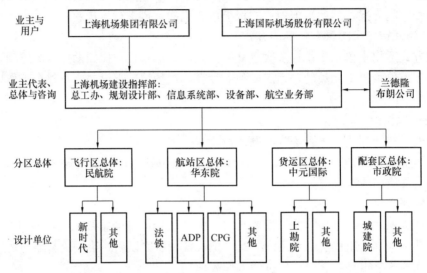

图 4-29　浦东国际机场二期扩建工程设计管理的组织结构

三、设计管理手法

1. 边界管理法

"工作分解结构"是"项目边界管理"的基础。项目边界管理主要注意项目边界的划分和管理推进中的几个问题。

① 边界要尽可能的少，要减少管理者的工作量；

② 边界的划分要与管理者的整合能力相适应；

③ 边界的划分要与管理对象的实际情况相结合；

④ 边界划分要与建设管理、运营管理、资产管理相结合；

⑤ 边界的划分也会影响管理机构的设置。

2. 风险管理法

设计管理中的风险是指工程项目在设计、咨询过程中可能遭遇的损失和可能给将来的项目实施和项目运营带来的损失。设计管理中的风险管理就是运用各种手段将上述风险消除或控制在可接受范围之内。

风险管理的方法有：分散风险；使用成熟技术；使用有经验者，包括成功者、失败者；要制定详尽可行的实施计划。

3. 生命成本法

项目的全生命周期成本主要分三块，包括购置成本、运营维护成本和废弃成本。项目运营维护成本包括的内容比较多。对重大基础设施来说，正常的运行成本主要有三种，一是能耗成本，二是人力成术，三是维修养护成本。

重大基础设施不同于一般产品生产的几个明显特征是：运行费用比较大；使用者付费，收益稳定；生命周期长；边际成本低。

4. 功能价值法

要求设计管理人员必须具备相应的专业知识背景，对设施的功能和价值进行彻底的分析，然后向设计者提出科学的设计目标（任务书），指导设计工作。

5. 目标价值法

目标价值法类似于设计人员的限额设计。设计管理中的目标价值管理是对设施将来运营中的功能目标的确定和目标实现过程的管控。即通过功能目标的确定，在设计院工作开始之前就确定项目的总投资额，并以此为目标开展设计管理的手法。目标价值法的重点并不是（功能目标）价值本身的确定，而是在确定了目标价值后，如何管理好项目的前期工作。

采用目标价值法进行设计管理需要具备两个前提条件，一是设计范围内采用的是成熟技术，或者说该方法只适用于成熟技术。二是设计范围内已经具备较为完整、系统的设计法规和技术标准体系，即具备较好的管理条件。

具体工作包括：设立投资和设计的目标；采用相似或相同的"标杆项目"；确定投资总额或单价；详细的专业审查。

6. 标准监控法

在设计过程中设计单位会采用各种设计法规、技术标准、设计惯例、标准图等，这些都相当于任务书，都会对项目的成本、进度、质量，甚至安全造成重大影响，这些都是设计管理工作需要严密监控的。包括：设计法规和标准监控；安全标准监控；舒适性标准监控。

7. 系统思维法

设计管理中的系统思维，是指在设计管理过程中要运用系统工程的手法研究管理对象所在区域和网络的环境，充分认识管理对象在更大环境中的定位，以及大环境对管理对象的功能要求，并根据这些要求来指导管理对象的设计优化和设计管理的工作方法。同时也要求把管理对象作为一个完整的大系统，对其各个子系统、子要素进行充分的协调，以求得到系统整体最优的目标。

8. 科技放大法

科技放大法是指通过项目前期的科研投入来提高项目的社会、经济、环境效益，解决项目工程设计和工程实施难题的工作方法。

9. 综合激励法

综合激励法是指设计管理者通过对设计团队在成本、进度、质量和服务等方面的工作业绩进行考核、奖惩的设计管理方法。激励的形式可以多种多样，但必须具有吸引力，能够起到激励作用，决不能搞平均主义。

针对设计管理中成本控制、进度控制、质量控制和服务控制的要求，对设计团队，可以主要从下面几个方面来激励：成本激励；进度激励；质量激励；服务激励。

第十二节   企业级项目管理

由于项目管理方法具有较强的市场适应能力和创新能力，越来越多的企业引入项目管理的思想和方法，将企业的各种任务按项目进行管理，即开展企业项目管理。

一、企业级项目管理概述

企业项目管理就是从企业高层管理者的角度对企业中各种各样的生产性或非生产性任务实行项目管理，是一种以"项目"为中心的长期性组织管理方式，其核心内容涉及多项目管理与项目管理体系建设等方面。

企业级项目管理具有以下特点：

（1）超越项目层面，站在企业整体层面看待项目管理，将项目管理与战略管理进行有机融合，并借用项目管理来优化、提升企业管理能力。

（2）遵循按项目进行管理的指导思想，从企业高层管理者的角度，对企业内的各项任务实施项目管理。"按项目进行管理"意味着项目观念渗透到企业所有的业务领域，包括市场营销、财务资金、技术开发、战略规划、人力资源管理、组织变革和业务管理等。项目管理者也不再被认为仅仅是项目的执行者，他们应能胜任更为复杂的工作，参与需求确定、项目选择、项目计划直至项目收尾的全过程，在进度、成本、质量、安全、风险、合同、采购和人力资源等方面对项目进行全方位管理。

（3）关注整个企业范围内的项目进行多项目管理。单项目管理只关心单个项目目标的实现，而企业项目管理必须关心企业内所有项目目标的实现。企业项目管理既需要适应单个项目实行项目管理的要求，同时也要从企业总体目标出发平衡企业中多个项目间的进度、资源和利益，以保证所有项目目标的实现。创造和保持一种使企业各项任务都能有效实施项目管理的组织环境和平台，构建企业项目管理体系，是实施企业项目管理的关键所在。

（4）面向目标、面向成果的系统管理方法。每个项目都有明确而具体的目标，每个项目目标要与其相关的企业战略目标相适应；项目中的每一个任务也有明确目标，为了便于检查目标的实现情况还会设立一系列阶段性的目标；从企业负责人到项目经理直至项目团队的每一个成员都有各自的目标。企业负责人根据项目目标和情况来考核项目经理，项目经理要求项目成员在约束条件下实现项目目标，项目成员根据协商确定的目标及时间、经费、工作标准等限定条件，独自处理具体工作，灵活地选择有利于实现目标的方法，通过持续不断的过程，最终确保项目总体目标的实现，保证企业战略的实现。

二、多项目管理

多项目管理是企业项目管理常常采用的一种管理方法。多项目管理不仅指"一个项目经理同时管理多个项目"的活动，还应该延伸到企业对多个项目进行的管理活动，是站在企业层面对现行组织中所有的项目进行筛选、评估、计划、执行与控制的项目管理方式。

企业中的多个项目可分为两种情形：一种是多个项目之间在目标上没有共同的联系，但项目本身类似，在工作开展方法、所需人员等方面具有相似性，多个项目之间可以相互参照；另一种则是多个项目间不具有类似性，难以相互参照，但这些多个项目组合在一起能够使企业的技术和财务资源得到有效的配置和利用，进而可以 提高企业的市场竞争力。

因而，多项目管理又分为项目成组管理和项目组合管理。

（一）项目成组管理

一个建筑企业内部可能会有许多规模不等的中小型项目，这些项目的结构特点、技术难度、建筑材料、施工工艺等可能也相差无几，因此，就可以把这些项目打包在一起，制定能够覆盖这些项目的一个计划，配置适当的资源和技术解决方案，指派一个项目经理或主管并组织一个项目团队，完成这些项目的建设任务。

1. 项目成组管理的效果

项目成组管理可以通过更有效地利用企业资源来实行多个项目管理。实行项目成组管理具有以下效果：

（1）有效地发挥项目经理的作用，更有效地利用企业人、财、物和管理资源。

（2）可以改善企业项目管理过程，提升项目管理技术。

（3）具有调节各个项目节奏，满足用户交付要求的灵活性。

（4）可以根据项目优先权，平衡项目进度、资源，实现整体目标最优。

2. 项目分组的基本原则

（1）项目优先级。优先级是指对某项目需要的迫切程度，它指明了项目获取资源的先后顺序以及需要完成的先后顺序。同组的项目应具有相同的优先级。

（2）项目类别。项目类别是指用周期、价值或所需资源等指标对项目规模的度量。这是企业用以确定项目对企业业绩影响程度的一种方法。同组的项目应当类别相似。

（3）项目管理的生命周期。同组的项目应具有相类似的生命周期。由于项目有相似的生命周期，所以仍具有统一制定计划与实施的基础。这种在生命周期方面的相似性有助于项目实施过程和管理过程的改进。

（4）项目的复杂性。把具有类似复杂程度和技术难度的项目放在同组，有利于配置相似的资源和采用相同的技术解决方案。

（5）项目应用技术。同组项目所需的技术应当类似。混合技术要有不同的技术组合，任何技术的混合都将削弱多项目管理的效率。

3. 项目成组管理的适用范围

企业内的项目，既可以对其进行单项目管理，也可以将其纳入到一个项目组中实行项目成组管理。通常应当在充分掌握项目相关背景信息后作出决策。以下是一些项目需要单独进行管理的情形：

（1）由于用户需求的紧迫性及其对企业战略的重要性，如果项目失败将会产生很大的负面影响。

（2）由于项目会影响到所有其他项目，所以要求必须首先完成此项目。

（3）由于项目技术复杂而需要采取特别措施。

（4）需要将项目做成样板，因而要求项目经理集中精力、全力以赴。

（5）对于企业而言，项目是新类型，或使用了新技术、新工艺、新材料。

（二）项目组合管理

项目组合管理是指在可利用的资源和企业战略计划的指导下，进行多个项目或项目群投资的选择和支持，通过项目评价选择、多项目组合优化，确保项目符合企业的战略目标，从而实现企业收益最大化。项目组合管理的重点主要是项目的组合管理，而非项目

（单一项目或大项目）管理。它是以战略目标为导向，通过选择合理的项目组合，并进行有效的组合管理来保证企业的项目、经营和业务活动与企业战略目标的一致性。项目组合的目的是有效地、最优地分配企业资源，达到企业效益最大化。

1. 项目组合管理的特点

（1）组合管理的战略性。项目组合分析及资源分配与公司总体经营战略紧密相连并保持一致，这是企业竞争成功的关键。组合管理是战略的体现，组合管理在某种程度上考虑了风险、不确定性和成功的概率，并且将其体现在项目选择决策过程中。

（2）组合管理的动态性。项目决策环境是动态的，项目的状态和前景是经常改变的，组合管理可以不断发现新机会，新机会又与现有的项目竞争资源，这就要求对处于不同阶段的、具有不同质量和数量信息的项目之间作出比较，这是传统项目管理的方法所不具备的。组合管理的方法能够适应整个项目生命周期内所发生的目标、需求和项目特征变化，能够同时处理项目之间的资源、效益、结果方面的相互影响，能够使企业管理人员对现行项目按时间变化作出计划，对组合适时地进行调整，明确项目在总体项目组合中所起的作用。

（3）强调组织的整合性。在项目组合管理过程中，技术、知识、信息共享程度较高，易于形成和强化统一的合作观念，沟通效率和有效性较高。项目组合管理有利于显示决策过程的信息，能够系统地选择每个项目，并评价组合中某一个项目的状态，以及它与公司目标的适应程度。

2. 项目组合管理的效果

合理地进行项目组合管理，能够使企业的技术和财务资源得到有效地配置和利用，进而提高企业的创新效率和市场竞争力。

（1）有利于企业核心能力的培养和提升。在资源有限的条件下，往往导致许多企业选择一些快速、容易、低成本的项目。通常这些项目又是不重要的，而那些能够产生竞争优势的、带来重大创新的重要项目则没有受到重视，从而导致有利于核心能力培养的项目缺乏人才和资金支持。项目组合管理通过识别低价值的、不符合战略的、多余的、执行很差的项目来降低成本，降低运营风险；通过有效的项目组合，培养、拓展和强化企业的核心能力。

（2）有利于与企业经营战略相匹配。项目组合管理对项目的特性以及成本、资源、风险等项目要素，按照统一的评价标准进行优先级别排序，选择符合企业战略目标的项目。能保证在不同类型、不同经营领域和市场环境下的项目之间的费用分配与企业战略相吻合、相匹配。

（3）有利于组合价值最大化。在资源配置方面，项目组合管理合理分配资源可以使企业在一些战略目标的组合价值最大化。组合管理可产生比单一资源单独使用更大的效益，使资源在企业的不同阶段的配置更为合理，可以分散或降低风险，有利于企业发展过程各环节的一体化，降低交易成本，能够根据项目各自的优势对企业活动进行合理分工。

3. 项目组合的构建

项目组合管理采取的是自上而下的管理方式，即从企业的整体战略目标出发，评价选择项目，形成项目组合，并对企业所拥有的资源进行优化配置，然后进入项目实施阶段，对项目组合进行动态管理，直至通过项目组合的实施来实现公司战略目标。项目的组合管理具体包括识别需求与机会、项目组合与构建、项目计划与执行三个阶段。

项目组合的构建是项目组合管理的核心环节，而项目组合构建阶段的主要任务是选择项目，在有限的资源范围内，使所选项目组合起来能更好地实现企业战略目标。

项目组合分析与构建过程包括：按优先顺序列出企业目标，明确项目的战略目标；估计项目对每一企业战略因素的贡献；按目标优先顺序确定出项目的优先顺序；通过对给定约束条件中项目的不同成本和资源的需求做出评价，优化项目组合；在投资回报、风险以及战略、战术上的多种考虑因素之间进行平衡，确定最合适的项目组合结构。

4. 项目组合管理的组合范围

对于一般的建筑企业而言，项目组合管理的组合范围包括：

(1) 长期项目与短期项目间的组合。

(2) 高风险的远景项目与低风险的现有项目间的组合。

(3) 处于不同区域市场（国内外、省内外）的项目之间的组合。

(4) 不同技术或技术类型（如初始技术、先进技术、基础技术）项目之间的组合。

(5) 新产品开发项目与产品改进和费用减少项目间的组合。

(6) 产品创新项目与工艺创新项目间的组合等。

三、企业战略与项目管理

1. 企业战略与项目管理的关系

在企业战略层面上的项目管理是多项目的组合管理，在同一时间内可能会有很多项目需要完成，如何经济、有效地同时管理好众多的项目是企业战略层面项目管理的核心问题，它关注的是企业项目所有目标的实现。

(1) 战略是企业项目选择的前提条件。项目是企业实施战略的主要途径，战略是企业项目的出发点，企业的成败也最终取决于企业中的项目能否顺利地达到企业的目标。战略是企业项目选择的约束条件，战略为项目选择的预过滤和过滤过程提供指导性纲领，只有符合企业战略的项目才应被选择和实施，这样的项目才有价值。企业常常易犯的错误是只关注项目的财务性收益而忽略非财务性收益，把资源过多地投入到当前获利的投资中，不利于公司的长远发展，违背了公司的战略目标。

(2) 战略是企业组合项目资源分配的基本依据。在多项目环境下的企业项目管理，只有以企业的战略为基础，才能保证在不同类型、不同经营领域和市场的项目之间的资源分配最有效，达到企业效益最大化。

(3) 战略是企业项目管理过程中做出正确决策的选择基础。在项目实施的过程中，由于环境的变化，项目可能偏离了企业的战略选择，需要项目经理及时调整项目，甚至向管理层提出终止项目的建议。以战略为基础，有助于项目经理在项目决策时把握重点，将重心放在与战略有优先意义的问题上。例如，如果使项目成果最早地进入市场能够最有效地实施企业战略，项目经理就必须将重点放在项目时间控制方面。

(4) 促进战略意图的实现是衡量项目成功的评价基准。在现代商业社会中，人们将更加关注项目利益相关者的明确利益是否被满足。对于企业的项目，企业关注的是该项目对公司战略的贡献，如果项目经理按时在预算范围内并且符合各项具体要求地完成了项目，但没有能够支持企业战略的实施，这个项目也不应被认为是成功的项目。

2. 项目管理过程与企业战略实施过程的协调

企业所属的各事业部或者各个区域机构，无论是选择工程承包类型的项目，或是承接BT、BOT项目以及自行开发地产项目时，在项目管理的全过程中都必须要注重与企业战略的协调。

（1）项目组织机构的设置确保企业战略意图的贯彻和落实。为配合企业各事业部、区域机构进入对应的目标市场，在每一个细分市场上都有若干个的项目经理部，每一个细分市场的项目经理部务求使其项目成果体系与企业战略相一致，项目经理部不仅仅关注某一具体的工程项目的组织和实施，而且更关注满足客户长远利益的价值需要。

（2）企业资源分配上服从战略。企业战略目标是进入房建、市政、房地产开发或其他项目等多个市场，需要同时管理多个项目。项目组合管理必须考虑到企业可利用的资源数量，将项目与企业的战略目标有机地联系起来，为企业提供了一个管理多项目的资源方法。企业中有多个项目同时进行展开工作，而这些工作由于有类似性等原因，可能会在某一时间同时需要同一资源，造成资源的相对短缺或过剩。由于各事业部、区域分公司有自身的优先级项目次序，往往会导致资源的分配偏离企业的整体战略目标，对此需要企业层级在组合项目的战略重要性上进行平衡，在保持与企业战略一致性基础上合理配置资源，才能确保企业整体目标最大化。

（3）在项目的各阶段以企业战略为基础。在项目生命周期的每个阶段，都要牢牢地把握住项目对企业战略的贡献这个基本点。在项目选择阶段，在进入每一个目标市场时，综合考虑集团公司品牌战略、竞争对手策略、长远发展定位，最终做出决策。在可行性研究阶段，确保整个项目团队清楚企业战略和战略优先活动，使团队成员明白不同的措施将从不同方向推动企业战略的实施。在项目开发阶段，局部变更必须与企业战略的有关问题保持一致。在项目实施阶段，往往由于技术或市场等方面的原因，需要对原计划进行调整，但调整的决策 始终要围绕公司的战略进行。在项目收尾阶段和后评估阶段，确保从项目实施中获得的经验集中于项目成果如何对企业战略有所贡献这一点上。在公司的项目结束进行项目总结时，既要注意项目实施过程中微观方面，即成本、时间、质量等方面的管理经验；也要注重项目的宏观方面，即对公司在市场占有率、品牌、经济价值的贡献等方面进行总结。

四、企业级项目管理体系建设

企业级项目管理体系是企业项目管理能力的外在表现，既包含了企业项目管理运作的内在机制，也包括了企业项目管理所需要的组织环境。

（一）企业级项目管理体系建设的概念

项目管理体系建设就是在企业建立一套项目管理的标准方法，并与企业的业务流程集成在一起，形成以项目管理为核心的运营管理体系。它是企业有组织地持续改进业务流程，有计划地挖掘成功经验，有组织地实施系统化管理创新的重要手段。它用系统化的思维方式，综合企业项目管理中涉及的多项目管理、项目群管理和单项管理的不同课题，融入企业项目管理策略和方法，规范项目管理的工作流程、管理规则及操作方法，以文件化或网络化的方式建立企业层面完备的项目管理运行体系。

建立项目管理体系就是要建立支持项目管理的组织体系和企业环境。因此，项目管理体系不仅要为企业带来体系化的项目管理理念，而且要为企业带来可视化的项目管理工具、动态化的过程控制方法以及程序化的项目作业流程。它不仅能够解决企业多项目如何决策控制、多项目如何考核评价等问题，而且可以指导项目经理制定高效的项目计划、有效地进行项目监控，以最终确保项目目标的有效实现。

（二）企业级项目管理体系建设的阶段

企业级项目管理体系建设一般可分为四个阶段。

1. 调研访谈

建立项目管理体系，不仅要立足于本企业实际状况，而且要引入国际项目管理理念、工具方法，更重要的是深入的调研访谈，制定一套切实可行的、科学的、可操作的管理流程和规范。

2. 体系设计

体系设计的关键是明晰企业项目管理的特点，确定企业项目管理的实施策略（组织、考核评价、授权、资源配置以及项目支持策略等），构架项目管理手册总体架构（文件结构、文件名、文件指针等），确定项目实施限定条件。

在体系设计过程中，需要注意开展大量的沟通工作：体系设计者必须保持与企业领导的有效沟通、与项目管理专家的有效沟通、与技术专家的有效沟通、与企业员工的有效沟通等。此外，清晰的文件框架结构、图示化的工作流程、简练的语言描述、清晰的操作表单，有助于执行者的正确理解。

3. 发布运行

企业体系设计完成之后，应由企业最高领导人发布运行。新管理体系的导入，必定带来新的管理理念、新的工作模式和工作方法。如何使企业员工尽快理解并在自己的工作中贯彻是本阶段的重要工作。为此，要统一思想和认识、确保企业员工使用共同的管理语言和思维方式，这是成功建立和导入项目管理体系的基础。

4. 持续改进

企业项目管理体系建设是一个复杂的系统工程，这个复杂的系统工程能否适应本企业的内部条件和外部环境，需要在实践中进行检验。当企业项目管理体系正式运行一段时间后，企业领导者应组织专家对其进行诊断，评价体系的运行效果，找出不适应的环节，并进行持续改进。

（三）企业级项目管理体系建设的主要内容

项目管理手册是企业项目管理体系建设的重要表现形式，是企业规范其标准管理过程的方法。项目管理手册可以为项目实施提供规范的项目管理实施程序和操作步骤、一致的项目管理方法、通用的项目管理术语、方便的新员工培训、可展示的质量保证以及项目经验的有效积累。

企业项目管理体系一般包括企业层次和项目层次两个层次。企业层次注重于组织管理和项目管理制度体系建设，编制的项目管理执行指南是企业项目管理的纲领性文件；项目层次注重于操作流程体系建设，编制的项目管理操作手册是项目经理和项目管理人员实施项目的业务操作准则，通过各种流程与表格体现项目执行过程的方方面面。

项目管理手册一般由四层文件构成，包括指导性文件、过程控制文件、操作指南和操作模板。每层文件中又由很多模块组成。项目管理手册的持续改进，可以为企业积累成功的过程管理经验，从而达到用最优的思路、最佳的流程、最高的效率实现项目的目标。

第五章　国际工程项目管理

第一节　国际工程项目管理要点

一、国际工程风险管理

（一）国际工程风险的分类

1. 政治风险

新进一个国家必须首先考虑政治风险，因为一个国家的政治环境是影响国际承包的重要前提。主要表现在：

（1）政局不稳。国家经常会发生政变，实行戒严，要求解散政府，重新选举。政府更迭随之带来的影响就是上一任政府的项目被暂停或取消，项目的前期投入以及应收工程款无法收回，承包商蒙受损失。

（2）政策多变。国家经常会出台一些新的法律法规，如对劳动力的限制、各种税收的增加等。

（3）主权债务。2009年11月迪拜传出一个震惊全世界的消息：迪拜世界对外宣布延迟6个月偿还债务，而迪拜政府随即宣布对此不承担责任。经济条件一度优越的阿联酋也深深陷入了这场新的债务危机。

（4）战争内乱。一个国家的政治局势除了受到本国内部各种势力的影响之外，邻国的以及区域的各种影响也不容忽视。

（5）国有化。指一个主权国家依据其本国法律将原属于外国直接投资者所有的财产的全部或部分采取征用或类似的措施，使其转移到本国政府手中的强制性行为，这是一个跨国公司对外直接投资面临的主要风险之一。项目一旦被国有化，项目投资方以及承包方都会受到项目变更、暂停或取消的影响而受到损失，应警惕外资项目被国有化的风险，这是承包单位容易忽视的地方。

2. 社会风险

（1）社会安全。保障人身安全是国际工程承包的前提，也是我们做国际工程承包必须高度关注的风险之一。

（2）宗教信仰。项目实施过程中，我们应当充分尊重当地人的宗教信仰和风俗习惯，项目经理应对项目成员进行深入的环境教育，以免引起不必要的误解和纠纷，尤其在一些有极端倾向的民族地区，了解当地习俗至为重要。

（3）社会风气。有些国家社会风气不好，腐败严重，各个部门、机构和关口都公开卡要。位于伦敦的"透明国际组织"每年都会为各个国家的腐败评级，发布"腐败感知指数"。

3. 自然风险

（1）地理环境。在决定干一个项目前必须先进行现场考察只有充分的考察才能尽可能避免存在的风险。

（2）气候条件。不同的国家地区气候条件有着显著差异，例如在俄罗斯、蒙古等国家冬季严寒，一年中大概有半年时间很难施工；而在中东国家由于夏季炎热，需要在混凝土里加冰水降温。因此不同的气候条件也要求我们有不同的应对措施。

（3）地质风险。地质风险是必须高度关注的风险。有的项目是软土地基，基层为流动的淤泥层，处理不好会造成整个项目的沉降；有的项目地下有溶洞或大的裂隙，而如果溶洞或裂隙又与海相邻，则降水和地基处理都会产生较大困难。

（4）水源电源。一些国家使用的电压和频率与国内不同，因此，国内的施工机械使用就必须先转换电压和频率。国际工程则必须格外关注。

4. 技术风险

技术风险是做国际承包工程必须提前面对和认真解决的风险。

（1）工程规范。我们国家采用的是国标（GB），其他国家除了自己国家的规范外，有的使用美标（ASTM），有的使用英标（BS），有的是欧标（EN）。甚至有的规定同时采用上述两种以上的规范，当出现歧义的时候以更高更严的标准执行。

（2）技术规范。项目业主一般会针对不同的项目提供专门的技术规范，技术规范中除了会引用项目所使用的规范编号外，还会对具体的施工工艺、材料要求以及验收标准等进行更加详细的规定，必须严格遵守。

（3）惯例做法。当地的惯例做法也不容忽视。例如，我们国家常用的换土的地基处理方法，在某些非洲国家却得不到认可；国外普遍流行的空心砌块做楼板的施工方法在国内也很少见。

（4）材料标准。中国的材料物美价廉，但材料标准却成为材料推广的一个无形障碍。在美国永久工程上使用的材料应满足美标，在英国应满足欧标。

5. 合约风险

（1）合同价格。如果合同价格为固定总价，无论工程所在国法律变化或主要材料价格波动，合同价格在整个合同期不可调整；或者合同计价货币存在严重的汇率风险；或合同货币是当地币，且工程所在国有严格的外汇管制，这些合同条款都需要格外警惕。

（2）履约担保。如果合同规定提供现金担保或银行履约保函超过10%；或履约保函没有明确的失效日期；或保函中有可转让条款，风险都比较大。在国际工程承包中，绝大多数业主都会要求承包商提供一份无条件见索即付的履约保函，亦即无论是否有承包商违约的证据，业主都可以一纸通知银行没收承包商的保函。除非承包商可以在有限的时间内及时证明业主的行为不合理，通过保函管辖地的法院发出止付令，以作为一种临时的保护措施，将保函先行冻结，然后在承包商和业主的纠纷解决后再处理。由于业主从发出没收保函的通知到银行付款时间都非常短，而且拿到法院的止付令又是非常困难的事情，加之保函是一个独立的合约文件，因此对于保函的保护上，只要保函开出，就很难止付。

（3）付款条件。有的项目业主付款条件较差，承包商需要直接或间接融资，或垫付流动资金。国际工程的风险较大，出现纠纷需要通过国际仲裁或诉讼解决，耗时费力。

（4）合同工期。工期是国际工程承包中关键性的条款，在工期承诺前也必须认真评估。如合同中规定了项目的关门日期，承包商没有任何理由申请延期的；或合同对承包商的误期罚款没有上限的；或如果由于工期拖延承包商需赔偿业主间接损失的；或业主有权利无限期延长缺陷责任期的；等等。这些关于工期的条款都必须提请注意。

（5）业主权益。业主的权益一般也会构成承包商的责任，因此也必须重点关注。如果合同中有业主可以单方面终止合同且不对承包商赔偿的；或者业主可不经承包商同意而转让合同的；或业主不对提供给承包商的各项数据、资料负责，而由承包商负责的；或要求承包商对现场不可预见的物质条件承担全部责任的；等等。这些条款也都属于风险比较大的条款。

（6）不可抗力。中国法律明确规定了不可抗力的定义，如《民法通则》规定了"不可抗力是指不能预见、不能避免并不能克服的客观情况"，《合同法》中规定了"因不可抗力不能履行合同的，根据不可抗力的影响，部分或全部免除责任，但法律另有规定的除外"，因此我们往往不太关注合同中不可抗力的条款。

6. 文化风险

文化风险主要是指不同文化背景和文化环境下的人群存在不同的思维方式和行为方式，这样两种不同观念和思维方式的差异，会产生企业间的文化冲突，从而引发矛盾和双方的不信任，最终导致项目的失败。中国人、美国人、英国人、阿拉伯人等对项目管理的理解和要求都是不一样的，甚至对工作程序，组织架构，以及文件报批等问题的要求也是不一样的。因此各方在共同工作的时候必须实现互相适应，如果大家都觉得自己做的是对的，对方的是错的，或者是无理苛刻的要求，大家逐渐产生抵触情绪，而不是一种互相理解互相配合的工作，最终只能导致项目的失败。

（二）国际工程项目经理的能力要求

1. 超强的学习能力

国际工程涉及的点多面广，一个国家和地区的经验很难移植到另外一个国家和地区，一个项目的经验也很难适用于另外一个项目。因此，面对纷繁的世界和新鲜的事物，作为一个项目经理不能只局限于自身固有的经验，也不能认定自己以往的经验就一定是对的。

2. 全面的知识结构

国际工程项目经理是项目的第一责任人，他对项目负有全面的责任。项目经理全面的知识结构包括项目的现场管理、工程技术、质量安全、工期进度、商务合同、分包管理、海运物流等。

3. 语言沟通能力

良好的语言沟通是做任何工作的基础，作为项目经理也不例外。特别是在英美等发达国家，如果项目经理不能在工作之余融入业主和咨询公司进行无障碍地沟通，默契就永远不会形成。

4. 资源整合能力

国际工程的管理模式很大程度上受项目所在地的资源限制。如果当地及周边国家上下游的资源非常发达，则项目管理就多是对资源的整合、控制和管理；如果国家很落后，资源极不发达，则就必须有寻找和配备资源的能力。新到一个国家，首先遇到的生活起居问题就是在哪吃饭，在哪住宿，以及办理各种证件，购买便宜的材料、租赁合适的设备，怎么找到有实力的分包商等。这就需要我们有较强的资源整合能力，首先能发掘到资源，其次要主动和下游分包商和供应商沟通协商。

5. 较强的大局意识

国际工程风险众多，有时甚至出现几种风险，因此作为项目经理必须能权衡利弊得失，找出对整个项目影响最小、相对最优的解决方案。项目中一个很小的问题如果处理不当，就可能酿成两国之间的政治事件。

6. 勇于承担责任

海外项目有很强的时效性，出现问题后必须立即处理。业主和咨询公司普遍认为项目经理就是项目的总负责人，有权力处理项目的一切事宜，他们很难理解项目经理还要向国内总部请示的举动。

二、工程项目投标阶段的管理要点

(一) 市场调研

市场调研主要包括以下内容：

1. 国家基本情况

即整个国家的基本情况，政治环境，社会文化，风土人情，自然气候，交通设施等。这些资料有的可以借助网站查询，有的可以请我国驻工程所在国的经商处提供，或其他驻工程所在国的中国兄弟公司提供。

2. 建筑市场

需要了解整个建筑市场的容量，政府项目和私人项目比例如何，当地政府机构对中国公司的态度如何，有哪些知名的当地公司、外国公司或中国公司，他们之间的竞争情况如何，建筑市场总体是否规范，当地可接受的建筑市场价位如何等等。这些信息有的可以从当地的官方网站、报纸等正式渠道获得；有的需要通过我们在当地的合作伙伴来了解；有的则需要拜访当地的中国公司，从兄弟公司中了解。

3. 规范标准

需要了解当地惯用的规范标准和施工工艺，以及当地常规做法。例如在市场考察时可以参观几个不同类型的项目，了解他们所采用的规范标准、一般所采用的地基处理方法、现场平面布置、临建设施、工人营地、钢筋绑扎和混凝土浇筑的施工方法，以及项目所采用的施工机械等。当地在施项目所采用的施工工艺、方法一般是当地比较成熟的行之有效的方法，其中肯定有一定的道理，作为一个外来者不要盲目的评判别人。

4. 资源供应情况

资源供应情况是必须重点考察的内容。

(1) 材料。当地可以提供哪些材料，当地不能提供的材料一般来源于哪些国家，当地进口材料的代理是否发达，能否从代理处直接购买到需要进口的材料，中国材料在当地受认可的程度如何。

(2) 分包。当地分包资源如何，是否有实力，哪些分包工程必须在当地找分包。

(3) 劳动力。当地劳动力情况如何，劳动力都来源哪些国家，例如中国劳动力可否进入，需要哪些程序，有什么限制，当地是否有工会组织，工会组织有什么影响，英美等发达国家的工会组织势力非常大，甚至能影响到国家政治。

(4) 施工机械。当地的机械租赁市场是否发达，能否租到需要的机械设备，从中国进口机械设备在当地是否有限制等等。

5. 法律合约体系

工程所在国的法律体系是大陆法系还是英美法系，与建筑行业相关的法律文件都有哪些，当地法律执行情况如何，当地常用的合同版本是什么，当地常用的合同计价原则是固定单价还是固定总价，当地的工程量计量规则如何，最好能找一个现成的工程合同仔细研究，分析其与我们通常理解的合同风险有什么区别，我们有没有解决方案和应对措施。

6. 货币政策

了解当地的货币政策，是否为外汇管制国家，有哪些具体的外汇管制的规定，外汇汇入汇出时是否有汇兑损失，是否有手续费，程序如何，有些落后的非洲国家由于外汇储备少，有严格的外汇管制规定，外汇汇入汇出都有高额的手续费和汇率损失，且程序繁琐，有的甚至要国家总统亲自签字，耗时很长。有的国家虽然没有外汇管制，货币可以自由流通，但是由于国家外汇储备少，外汇兑换其实是处于有行无市的状况。此外，还应关注最近几年来的汇率变动情况，分析当地币和哪种世界流通货币汇率相对挂钩。

7. 税费

由于各国的税务政策不同，因此对于税费的品种和规定都有很大的差异，因此对各项税费的了解是最为复杂的内容之一。例如，俄罗斯的增值税是业主在支付工程款时提前扣除，承包商需要在规定的时间内（之前是 3 个月）拿增值税发票去报税并把相应的税费替换出来，如果超出规定的时间，未报的税额将被视为自动放弃。因此就必须计划好我们的收款和付款，尽可能减少增值税损失，否则处理不好就白白加大了成本；同时还应在投标中考虑一定的增值税抵扣不回来的损失。

8. 当地公司注册程序

投标阶段，承包商可以作为国际工程承包商参与投标，但是项目一旦中标，大多数国家都必须要求在当地注册公司，以当地公司的身份来办理注册、报批及各种许可等。有些国家的注册程序非常繁琐，涉及的部门很多，最多的需要到二十多个部门盖三十多个章，耗时很长。而如果没有完成公司注册工作，中标的承包项目将无法开工，工期将被拖延，因此为了不耽误工程的实施，对公司注册的程序必须提前了解，早做准备。

（二）投标报价

1. 业主调查

项目信息有的是从公开的招标信息获得的，有的是由中间人介绍的。业主的背景、资金和资信等往往介绍的不是很详细，甚至有的并不真实。因此作为承包商就需要依靠自己的力量和关系网去了解和证实相关的信息。

2. 组建项目投标团队

国际工程项目规模和标的一般都比较大，因此为了保证投标质量，最好能组建一个专门的项目投标团队。团队中除了投标估算人员外，应该还包括工程人员、技术人员、采购人员、计划人员，以及质量保证人员等。

3. 认真阅读招标文件

招标文件中的所有内容都非常重要，只有认真的阅读全部文件，了解文件中间的逻辑关系，甚至文件之间的矛盾冲突，才能更加了解业主想传递的全部信息，也才能意识到项目中所隐含的各种风险。

4. 现场考察

大部分项目业主都会安排现场考察，现场考察后，承包商就不能因为不了解现场条件而提出索赔。因此，承包商必须认真对待现场考察，了解场地情况。

5. 设计审查

对于施工承包工程，承包商就需要按图施工，以其应有的精心和努力完成工作，并及时提醒业主作为有经验承包商能发现的设计文件中的错误、遗漏、矛盾或模糊之处。而设计加建造或 EPC 项目，在招标的时候咨询公司会提供一份业主要求，以及一些概念设计或者扩初设计，承包商负责按照业主要求继续深化全部的设计文件，并承担全部设计责任。因此投标期间，承包商必须首先对业主提供的设计文件进行全面检查。对于结构部分，必要的时候应该对其结构模型进行验算，在保证结构安全性的前提下继续深化设计以满足投标中工程量的计算和询价工作的要求。装修部分需要注意的就是声学要求部分，承包商必须按照业主要求以及房间的用途等进行认真的声学计算，再根据声学计算结果选择合适的材料。此外，装修的档次对造价影响较高，投标时务必根据业主要求进行深化，投标中明确材料的档次、规格、型号等。机电部分更加复杂，需要对其整个系统进行复核，并相应检查系统之间的协调性。

6. 计算工程量

对于固定总价合同，必须认真核算工程量，否则在项目实施中就没有任何机会修改错误，而任何错误都可以造成损失。对于固定单价合同，表面上看，我们可以在项目实施过程中重新核算工程量，并按照实际完成的工作量结算。但是，应注意，一般合同条件规定，不管工程量差有多少，合同单价均不可调整。合同单价和工程量的大小是密切相关的，因此，为了保证固定单价的准确度，我们对于固定单价合同也应该认真核算工程量。工程量计算方法和计量规则有很大的关系，在国际工程投标计算工程量前，务必要认真阅读计量规则，不能盲目。

7. 编制施工组织设计

国际工程的施工组织设计更加关注承包商在中标后如何实施项目。主要内容包括项目动员、资源组织、平面布置、临建方案、进度计划、技术措施、质量安全环保措施，以及项目价值工程、替代方案等。施工组织设计的编制必须和标价紧密配合，标价组成中应充分考虑项目工期安排、劳动力配备、材料供应、技术措施等；而施工组织设计中应充分体现施工方案的最优化和经济性等。

8. 询价

影响标价最重要的因素就是材料设备价格，因此在组价前必须认真询价。询价前首先应认真阅读图纸和规范，按照业主的要求制作询价文件。除了非常熟悉的材料之外，其他专业的材料设备应向多家供应商询价，以便对各家的价格进行比较和甄别，选择最响应招标文件，投标范围和工作内容最全面，价格最合理的材料设备。对于国际工程投标，由于我们所掌握的国际资源的局限性，因此询价是最为困难的工作之一，这就需要我们调动各方资源，从合作伙伴、当地的兄弟公司处获得价格信息，或者与国际知名的咨询公司合作，请他们帮助提供价格信息。

询价工作常存在一些误区，也是刚走出去的中国公司常犯的错误：一是擅自采用替代产品的价格，认为替代产品完全能满足业主的要求。采用替代产品的价格一定要谨慎，因为替代产品的规格和参数不一定能满足要求，可能得不到咨询公司的批准。或者业主和咨询公司有自己所默认的供应商清单，如果承包商报送的供应商不在此清单内的话，咨询公司就会找各种理由来拒绝。二是采用国内产品价格的倍数作为所询价产品的价格。采用这种报价方式，一般有两种结果：报价高得离谱不可能中标，或者低于其他投标单位而中标，导致项目最终亏损。

9. 现金流量

国际工程项目首先要进行大量机械设备的采购和发运，工人和管理人员的动员，临建设施的搭建，材料设备的订购等，因此前期的资金需求量比较大。有些专业的分包商和供应商要求总包商以信用证方式付款，而承包商在开具信用证的时候也会占用一定资金。因此，在投标前应该认真测算项目所需要的现金，是否会发生垫资，垫资如何解决，如果需要大量垫资，则要在标价中考虑资金的使用利息。此外，对于工程所在地货币不可自由兑换的，由于涉及外汇的使用，因此在投标时应根据项目总体的资金安排认真测算，将本工程所需要的外汇额度随标书一同递交给业主。"利润是王，现金是后"，国际工程更应该认真对待现金流量。

（三）合同谈判

项目中标后，业主一般会安排合同谈判，但承包商往往会因为在投标的时候响应了全部招标文件和合同条件，主动放弃了和业主进行合同谈判的机会。或者，由于担心向业主提出合同异议撤回中标而不敢轻易提出合同谈判的要求。事实上，只要业主肯发出中标通知，就说明我们的投标价格、施工组织，或者公司背景等对业主有吸引力，业主不会轻易撤回中标通知。如果承包单位抓住合同谈判，不畏惧业主的强势，提出一些合理化建议，说服业主接受一些能实现双赢的合同条件，就有机会扭转一些不利的合同局面。试着和业主进行合同谈判，并注意谈判策略和方式方法，有百利而无一害。

三、国际工程项目实施阶段管理要点

（一）项目团队建设

项目进入动员期，首先是建立项目团队。建立满足业主要求的组织机构，实现与业主及咨询公司之间的无缝对接，项目经理是整个团队的核心，应保持乐观的心态，对项目有充足的信心，这是整个团队凝聚力和战斗力的来源。国际工程需要专业化和职业化更高的人才，而且国际工程背井离乡，有的工作环境也比较恶劣，必须更加关心我们的员工，才能吸引人才，留住人才。

1. 保证人身安全、职业健康。人身安全、职业健康是国际工程承包中员工最为关心的，必须为广大员工提供一个安全的环境，使员工能够全身心的投入工作。

2. 工资待遇有吸引力。国际工程承包毕竟付出了更多的辛苦和努力，工资待遇也一定要有吸引力。

3. 良好的福利设施。项目部应多配置一些娱乐健身设施，多组织一些活动，组织一些郊游，营造一种积极健康的气氛，这对于保证人员稳定，提高工作效率会大有裨益。

（二）语言沟通

国际工程涉及大量的对外协调，包括对政府、业主、咨询公司、管理公司、设计公司、分包商、供应商等等，良好的内外部工作环境和工作氛围对于工作开展有十分重要的意义。但是由于我们对当地文化、风俗习惯的理解不深，或者由于语言沟通能力不够，使得这种沟通和协调多了一份障碍。例如，中东某项目进展一直不理想，业主不满意。公司总部不得已更换了项目经理，新任项目经理一直在海外工作，英语非常流利，主动的与业主和咨询公司沟通，找出工作中的不足，提出解决办法并立即落实。经过一段时间的努力，项目明显有起色，业主开始刮目相看。后来业主在访问公司的时候表示："和这位项目经理的沟通非常顺畅，虽然他也跟我们激烈的争吵，但是所有沟通的情况都能得到落实，使我们对项目更有信心。"可见国际工程中的语言沟通能力至关重要。

（三）管理要求

不同的业主和咨询公司有不同的管理要求，有的非常重视文件报批，制定了各种严密的工作流程和标准文件表格，并且专门安排对承包商的培训，要求承包商必须严格执行工作程序填写相关表格，否则对于承包商的要求一律不予处理。有的比较重视现场例会，将现场例会分成进度的、技术的和商务的三类，所有的事情都在例会中讨论和决定，并在下次例会中检查执行情况。有的则更加关注技术规范的执行，现场施工完全按照技术规范进行，毫不含糊。不管业主有什么样的特殊要求，是否合理，承包商都必须要努力适应，实现和业主的顺畅对接。美国知名咨询公司柏克德（BECHTEL）历来以文件管理严格著称，有的承包商笑称其为"承包商杀手"，项目开工的前几个月甚至半年，承包商一般都会被各种各样的程序和文件折腾得疲于奔命、筋疲力尽。但这就是国际承包的特点，是规范管理的要求。

（四）资源组织

1. 优先选择当地资源

对于地基处理、土方工程等尽可能采用当地或周边国家的分包商，一方面当地分包商对自然环境较熟悉，对可能出现的困难有应对的经验；另一方面可以利用当地分包商的设备尽早地开工，省去了设备采购、海运、清关等所耗费的时间，节省工期。对于钢筋、水泥、砂石等材料也尽可能在当地或周边国家采购，这样可以保证购买及时，产品参数符合要求，并且也易于报批。如果在当地购买商品混凝土，则要注意混凝土的供应量是否能够满足项目需要，如果供应量不足的，还需要再寻找其他供应商。如果当地没有商品混凝土需要自建搅拌站，则要注意当地政府对自建搅拌站有什么限制，审批程序如何等问题。

2. 正确对待指定分包商

指定分包商在国际工程承包中比较常见，一般情况下，如果承包商接受了指定分包商，则需要承担全部指定分包商的责任。由于指定分包商和业主一般都有一定的渊源，因此对待指定分包商应慎重。

（1）业主合同。在对业主的合同中，首先，应该约定承包商有反对指定的权利，即如果承包商认为指定分包商没有能力或没有财力履行本工程，或指定分包商不同意遵守主合同和分包合同，不承担其合同责任和义务的，承包商有权利反对指定。其次，应该约定如果由于指定分包商的原因延期，承包商有权获得相应的延期，或者业主对承包商的误期违约金与对建设单位指定分包商的误期违约金相等。最后，应该约定承包商收到业主对指定分包商的付款后再向指定分包商付款。这三条是在业主合同中保护承包商利益的最关键的三条。

（2）指定分包合同。与业主合同相对应，在指定分包合同中也应增加两条，一是分包商承担业主合同和分包合同中规定的全部责任和义务，免除承包商相关的所有义务和责任；二是承包商在收到业主支付相应部分的工程款后再向指定分包商付款。

3. 港口运输

国际工程中有大量的材料需要海运至工程所在地，因此对所入境港口必须认真调查和慎重选择。首先了解当地有几个港口，港口运量如何，港口至工地距离多远，内陆运输是否通畅，港口是否有季节性关闭。例如，非洲某项目工期紧，规模大，当地资源有限，需要大量的材料进口。而当地唯一的一个港口运量很小，如果按照当地港口运量以及正常的清关时间来计算，所有材料全部运到港口完成清关最快需要五年时间，而整个项目的工期只有三年！可见不能完全依靠海运的方式解决材料运输，必须考虑部分材料海运到其他港口，然后再陆路运输至工地。经过调查，临近国家一个港口的吞吐量足够，能够满足项目工期要求，可以使用。但是进一步了解发现由于港口属于另外一个国家，因此涉及跨境内陆运输，需要支付跨境所征收的各种税费。项目部经过慎重研究，决定在当地聘请一个好的清关代理公司，使到港货物能及时清关，减少滞港费用，尽可能提高港口的使用效率。

4. 其他资源

当地的各项资源还包括银行、保险公司、会计师事务所、律师事务所等等。我们需要在银行办理保函、信用证，资金的汇入汇出，甚至短期借款等，一个好的开户行有利于承包商的资金运作；我们还要在保险公司办理工程各种保险，很多国家规定，在没有办工程保险前不能开工，因此以合理的费用快速办理一份满足合同要求的保险对承包商非常重要；会计师事务所比较了解当地的各项财务制度，可以帮助我们做外账，对接当地的政府机关，处理税务问题；国际承包中难免会和业主、分包商或供应商产生纠纷，因此有一个熟悉当地法律的律师事务所作为合作伙伴也是非常必要的。

（五）劳务选派管理

带动中国劳务出口是中国承包商的优势，但是近年来中国海外劳工人数不断增加，由于劳务管理不规范导致的群体性罢工事件屡见不鲜。劳务事件是影响到两国关系的重大政治事件，必须得到高度重视。首先，用工单位对派出的劳务人员必须严格把关，保证聘用到合适的人员，同时也使工人在出国前对项目情况、工作生活环境，以及收入待遇等有个全面的了解。其次，有些地方政府鼓励海外务工，因此用人单位应获得工人来源地政府的支持，这样工人出国前没有后顾之忧，各种手续办理比较顺畅。第三，尽快办理入境所需要的各种手续，包括用人指标、反签、签证等，保证选定的工人能够按时出国。最后，必须坚持细致入微的劳务管理。

（六）进度计划

进度计划是项目实施的驱动力，几乎所有的国际工程业主对进度计划都非常重视，这也是项目开工后必须先编制的几个文件之一。有些项目合同中明确规定，在进度计划没有得到批准前，不支付任何款项，包括预付款和工程款。业主通过进度计划监督项目的实施，并根据进度计划要求承包商报送下一阶段工作所需的样品、方案等。有些业主还要求在进度计划中加载项目所需的各种资源，并将进度计划与所加载的资源，以及工程款支付结合起来。进度计划也是承包商发生延期索赔的依据，不管是业主的责任还是承包商的责任，通过进度计划中的时间点可以对项目延期情况一目了然。一个好的计划工程师的作用不逊于项目的现场经理，任何一个成功的国际工程项目都有一个好的计划工程师。

（七）施工详图

国际工程和国内工程有个显著的不同就是，国内承包商完全可以按图施工，除了专业分包编制工厂加工图外，所有施工过程中的设计问题都由设计院解决；而国际工程中，业主提供的图纸普遍比国内的施工图深度要浅，承包商需要在基础设计之上进行深化，并负责各个专业之间的协调。因此承包商的技术团队中必须要配备有经验的设计绘图人员，并尽早的开始所需要的详图的设计工作。

（八）质量安全环保

质量、安全、环保也是国际工程业主非常重视的。

质量控制体现在多个方面，主要包括：严格按图施工、样品和样板间的报批、材料采购的各个环节、材料进场验收、现场施工方案，以及质量验收和整改等。

现场安全是保证质量、工期和成本的前提。很多工地由于没有合适的安全人员，或者由于工期紧张，或者为了节省成本而忽视安全工作。而一旦出现安全事故后，由于人员远在海外，涉及到当地医疗救助、家属探望、伤员回国、死伤抚恤等一系列的问题，处理起来更加复杂。而且有些国家对安全监管更加严格，出现安全事故后，项目可能会面临高额罚款，或者禁止承接工程，甚至被法庭指控等。因此，无论从保护员工和劳工人身安全的角度，还是从保护公司利益的角度，都应该高度重视安全工作。

现在越来越多的国家重视环境保护，环境保护包括的范围比较广，除了普通的节能，以及对噪音、扬尘控制外，还有对古建筑外观的保护，地下水的保护，植被保护，以及动物的保护等等，承包商在施工前必须提前了解和准备。往往越是发达国家对此要求越严格。例如，英国的某项目，由于一只老鹰在工地一角做窝而影响了工程施工，承包商不得不另外为其搭建一个类似的鸟窝，以便"请走"这只老鹰。

（九）合同管理

国内工程合同签订后往往会把合同收藏起来，而开始研究合同的时候一定是项目出现了这样或那样的问题。国际工程中合同一定是项目人员手边最常翻的文件，在日常的往来信函中，无论说到什么事情，是否存在过错，开场白肯定是"依照合同第×条"。合同是双方合作的准绳，没有任何关系的运作可以突破合同的约束。

1. 合同交底

要对项目部全体人员进行充分的合同交底。合同交底包括项目相关方各自的职责，承包商的权利和责任，工作中应注意的各个环节，各种时间要求，可能遇到的困难和风险，变更和索赔的处理等等，并将上述内容全部反映到具体的合同条款中去，使全体人员都做到心中有合同，严格按照合同办事。

2. 变更

项目实施过程中会出现各式各样的变更，有业主要求变化的，设计变化的，有现场条件变化的等等，变更会增加、减少或删除部分工作。业主有权利指令变更，承包商也有权利获得补偿。但是，业主往往会在合同中对变更的定义进行修改，把本来应该属于合同变更的规定为承包商责任而不予补偿。比较常见的就是要求承包商无条件接受现场条件，任何现场条件的变化都不作为合同变更。此外，对于变更的计量和估价也会进行不同程度的修改，例如，只对量差超过一定比例的变更进行补偿，或者无论变更占多大比例都没有权利修改合同单价，或者发生变更的承包商无权利要求开办费部分的补偿等。变更相当于项目的二次经营，承包商一定要谨慎合同中对变更的修改，如果出现大规模的变更，而承包商又没有权利要求修改单价和进行补偿项目开办费的话，则承包商肯定是损失惨重。

3. 索赔

一般情况下，对于雇主责任或雇主风险的事件，承包商可以索赔工期和费用；对于不可抗力事件的，承包商可以索赔工期；对于不属于上述两种情况而客观发生的事件则需要具体问题具体分析。例如，出现不可预见的物质条件的，包括现场发现化石等文物或古物的，承包商可以索赔工期和费用；而如果出现不利的气候条件，或者出现当局造成的延误的，承包商只可以索赔工期。此外，对于"同期延误"的事件，即业主和承包商的责任同时出现时，这时就比较复杂，专家之间也有很多争议，但是在国际工程中有一个"保护原则"，就是"合同双方都不应该从他的违反合同的行为中受益"，这也是法官和仲裁员在处理此类争议的时候所掌握的原则。但是很多项目业主对索赔的规定都会大规模的修改，尽可能减少雇主风险的范围，扩大承包商承担风险的内容，这样对承包商就非常不利。

此外，按照 FIDIC 合同条件，索赔事件发生后的 28 天内需要发出索赔通知，但是经常会有业主将 28 天修改为 14 天，甚至 7 天。28 天是个相对合理的时间，时间越短对承包商的难度越大，这就对承包商的管理提出了挑战。

（十）成本控制

1. 国际工程成本的差异

国际工程成本组成与国内工程基本相同，主要有以下几点差异：

（1）人员动员费。由于项目在海外施工，因此需要考虑项目管理人员和工人的动员费。动员费主要包括人员的护照、签证、保险、国内机票、国际机票、当地的体检、健康证、居住证和工作证等费用。这些费用是国内工程所不发生的，需要根据项目实际需要的人数计算上述费用。

（2）海运保险清关费。受项目所在国资源限制，一般会发生大量的境外采购，因此会产生海运、海运保险、当地港口费用、清关费用、当地内陆运输费用等。海运的时候可能采用集装箱，也可能采用散货，需要根据我们的策划并结合海运公司的航线和航期确定。海运价格受国际原油价格波动影响很大，因此海运价格需要注意其时效性。有些国家海运价格很高，所有境外采购材料的 CIF 价格可以达到 FOB 价格的 1.5 到 2 倍左右。

（3）财务费用。国际工程会发生更多的财务费用，主要包括保函的转开费用，信用证手续费，汇款手续费，以及汇兑损失（或收益）等。国际工程的业主会要求承包商的保函在工程所在地银行转开，因此增加了保函的转开费用，转开行费率因国家和银行不同而异，但普遍高于国内银行的费率。国际工程大量采用信用证形式付款，因此增加了信用证手续费，如果资金周转不开，需要考虑信用证押汇的，还需要考虑这部分资金使用费。汇款手续费一般比较低，但有些国家的手续费非常高，最高的可能达到 10% 左右，因此这部分成本也需要提前考虑。汇兑损失（或收益）是国际工程采用多种币种交易的结果，这与我们的计价货币和各种货币之间的汇率波动有很大关系，有时是损失，有时是收益。有的国家由于汇兑带来的损失或收益很大，可能达到 10%～20%，因此需要高度关注。

2. 严格的成本管理制度

国际工程的成本多变，任何一个风险事件都会造成项目成本的大幅度增加，因此国际工程的成本管理必须执行严格的成本管理制度，对成本进行精细化管理。

（1）签订成本责任状。国际工程在中标后必须签订成本责任状，明确责任人和成本的奖惩方法。并且对项目主要人员进行成本交底，明确成本风险点，提出控制成本措施和建议，这是成本实现的基础。

（2）严格的成本分解。在项目成本责任状的基础上，项目部应进一步进行成本分解，将成本与具体工作和工期结合起来，实现成本落实到物到人，这是成本的具体落实。

（3）定期的成本分析。项目部应定期进行项目进展分析和成本分析，包括项目进度、收款情况、付款情况、成本执行情况，以及项目现金流分析等。通过综合的分析找出影响成本的因素，这是对成本执行的监督。

（4）成本的及时纠偏。根据项目成本分析，及时进行项目工作的调整，实现成本纠偏。主要包括增加劳动力人数，加快材料的采购，增加机械设备的配置，加强对分包商的管理，以及加大对业主的工作力度等，并相应细化具体的措施，这保证了成本的随时可控。

第二节 国际工程合同体系比较

一、国际工程合同体系概述

1. 国际工程合同

国际工程合同是在国际工程咨询、融资、采购、承包等阶段，来自不同的国家当事人设立、变更、终止民事权利义务关系的协议。

国际工程合同的主要目的是在划分当事人之间的权利义务关系的同时，作为投标时各投标人的统一基础，在各方之间分配和控制风险，明确各方的目标并作为项目的规划和管理工具。与一般的工程合同不同之处在于，国际工程合同涉及的各方来自不同国家，在管理习惯、对当地法律法规和惯例的认知等方面存在差异。

2. 国际工程常用的标准合同

自 20 世纪 40 年代以来，随着国际工程承包事业的不断发展，逐步形成了国际工程施工承包常用的一些标准合同。许多国家在土木工程的招标承包业务中，参考国际性的标准合同，并结合自己的具体情况，制定出本国的标准合同。但是，除了各国的硬性要求外，项目出资人对合同种类有最大影响力。在工程实践中，我国企业常常在签订、履行分包合同、劳务合同、EPC 合同等方面遇到困难。

国际上常用的工程合同主要有：国际咨询工程师联合会（FIDIC）编制的各类工程合同，最出名的是其土木工程施工合同，即红皮书。英国土木工程师学会的"ICE 合同"，英国与建筑有关的协会组成的民间组织，包括如英国皇家建筑师学会（RIBA）、英国皇家注册测量师学会（RICS）、英国咨询工程师协会、建筑业主联合会（BEC），以及地方当局负责人和分包商的代表等的"JCT 合同"。美国建筑师学会的"AIA 合同"。美国承包商总会的"AGC 合同"。美国工程师合同文件联合会的"EJCDC 合同"等。其中，国际咨询工程师联合会（FIDIC）编制的"国际土木工程建筑施工合同"、英国土木工程师学会的"ICE 土木工程施工合同"、"NEC 新工程合同"和美国建筑师学会的"AIA 合同"等在工程施工合同里最具代表性。国际上几种较有影响的标准合同见表 5-1。

大部分国际通用的施工合同一般都分为两个部分：通用条款和专用条款。通用条款是指针对某一类工程都通用。专用条款则是针对一个具体的工程项目，根据项目所在国家和地区的法律法规、标准规范的不同，根据工程项目特点和业主对合同实施的不同要求，而对通用条款进行的具体化、修改和补充。往往是项目所在国发展水平越低，专用条款越多，甚至一事一议。凡合同通用条款与专用条款不符的，均以专用条款为准，两部分共同构成一个完整的合同条款。当然，并非所有的国际通用的施工合同条款都采用通用条款和专用条款两部分组成的形式，例如，ICE 合同条款没有独立的第二部分专用条款，而是用其合同第 71 条来表述专用条款的内容。

国际上几种较有影响的标准合同比较

表 5-1

适用地域	标准合同名称	制定主体	适用范围	特点
国际通用	FIDIC	国际咨询工程师联合会	世界银行和其他国际金融组织认可；适用于 50 多个国家	语言严谨、逻辑严密；对合同双方的权利和义务规定非常具体、明确
美国	AIA	美国建筑师学会	主要用于私营住宅和公共建筑，在美国应用甚广，并适用于大部分美洲国家	AIA 按不同的合同当事人分为 5 大系列；系统全面，分别针对不同的工程性质、规模、承发包模式
英国	ICE	英国土木工程师学会	道路、桥梁、水利等大型土木工程；适用于英国、英联邦及前英国殖民地	ICE 合同系列历史悠久，是 FIDIC 的蓝本
	NEC	英国土木工程师学会		提供目前所有正常使用的合同类型；内容简练清晰；每个程序都专门设计，有助于工程的有效管理

二、FIDIC 合同体系

1. FIDIC 合同发展历程

FIDIC 是国际咨询工程师联合会（Fédération lnternationale Des lngénieurs Conseils）的法文缩写，英文名称是 International Federation of Consulting Engineers。它是各国咨询工程师协会的国际联合会。创建于 1913 年，最初是由欧洲几个国家的独立咨询工程师协会创建的，其目标是共同促进成员协会的专业影响，并向各成员协会传播他们感兴趣的信息。第二次世界大战后，成员数目迅速发展，现在已成为拥有遍布全球 67 个国家地区的成员协会，代表世界上约四十万独立从事咨询工作的工程师，是在世界上最具权威性的国际工程咨询工程师组织。

2. FIDIC 合同体系中的标准合同

FIDIC 专业委员会编制了一系列标准合同条件，构成了 FIDIC 合同体系。它们不仅被 FIDIC 会员国在世界范围内广泛使用，也被世界银行、亚洲开发银行、非洲开发银行等世界金融组织在招标文件中使用。在 FIDIC 合同条件体系中，最著名的有：《土木工程施工合同条件》（通称 FIDIC "红皮书"）、《电气和机械工程合同条件》（通称 FIDIC "黄皮书"）、《业主/咨询工程师标准服务协议书》（通称 FIDIC "白皮书"）、《设计—建造和交钥匙工程合同条件》（通称 FIDIC "桔皮书"）等。简要介绍如下。

（1）《土木工程施工合同条件》（简称"红皮书"）

该合同条件是基本的合同条件，适用于土木工程施工的单价合同形式。该合同条件的第一部分是通用条件，内容是工程项目普遍适用的规定。第二部分专用条件用以说明与具体工程项目有关的特殊规定。世界银行、国际货币基金组织、亚洲开发银行和非洲开发银行要求所有利用其贷款的工程项目，都必须采用该合同条件。

（2）《业主/咨询工程师标准服务协议书》（简称"白皮书"）

该条款用于业主与咨询工程师之间就工程项目的咨询服务签订的协议书。适用于投资前研究、可行性研究、设计及施工管理、项目管理等服务。

"白皮书"第一部分为通用条件，包括 9 节、44 条、49 个款，论述了有关定义与解释，咨询工程师的义务，业主的义务，职员，责任和保险，协议书的开始、完成、变更与终止，支付，一般规定，争端的解决等各方面的内容。

"白皮书"第二部分为专用条件，它是为适应某个特定的协议书和服务类型而准备的。

（3）《电气与机械工程合同条件》（简称"黄皮书"）

该合同条件是为机械与设备的供应和安装而专门编写的，它是用于业主和承包商机械与设备的供应和安装的电气与机械工程的标准合同条件格式，该合同条件在国际上也得到广泛采用。

"黄皮书"第一部分为通用条件，包括 32 节、51 条、197 款，论述了有关定义与解释，工程师和工程师代表，转让与分包，合同文件，承包商的义务，业主的义务，劳务，工艺和材料，工程，运送或安装的暂停，竣工，竣工验收，移交，移交后的缺陷，变更，设备的所有权，索赔，外币和汇率，暂定金额，风险与责任，对工程的照管和风险的转移，财产损害和人员伤害，责任的限度，保险，不可抗力，违约，费用和法规的变更，关税，通知，争议与仲裁，法律及程序等 32 个方面的问题。

"黄皮书"第二部分是专用条件，分为 A、B 两项内容，A 项涉及应在专用条件中阐明的替代解决办法的情况和有关诸如履约保证金，设计图纸的批准方法、支付、仲裁规则等问题，B 项补充了某一特定工程需要的，而且在 A 项中没有涉及的任何进一步的专用条件。

（4）《设计—建造和交钥匙工程合同条件》（简称"桔皮书"）

该合同条件是为了适应国际工程项目管理方法的新发展而最新出版的，适用于设计—建造与交钥匙工程，在我们国内一般称为总承包工程项目。该条件适用于总价合同。

"桔皮书"第一部分为通用条件，包括 20 条、160 款，论述了涉及合同，业主，业主代表，承包商，设计，职员与劳工，工程设备、材料和工艺，开工、延误和暂停，竣工检验，业主的接受，竣工后的检验，缺陷责任，合同价格与支付，变更，承包商的违约，业主的违约，风险和责任，保险，不可抗力，索赔，争端与仲裁等 20 个方面的问题。

第二部分为专用条件编制指南，附件中包括履约保函，履约担保书以及预付款保函的范例格式。

FIDIC "桔皮书"的最后附有投标文件、投标文件附件和协议书的范例格式。

（5）《土木工程分包合同条件》

该合同条件适用于国际工程项目中的工程分包，与《土木工程施工合同条件》配套使用。

《土木工程分包合同条件》第一部分为通用条件，包括 22 条、70 款，论述了涉及定义与解释，一般义务，分包合同文件，主合同，临时工程，承包商和（或）其他设备，现场工作和通道，开工和竣工，指示和决定，变更，变更的估价，通知和索赔，保障，未完成的工作和缺陷，保险，支付，主合同的终止，分包商的违约，争端的解决，通知和指示，费用和法规的变更，货币和汇率等 22 个方面的内容。

《土木工程分包合同条件》第二部分为专用条件。之后附有分包商的报价书，报价书附录以及分包合同协议书范例格式。由于分包合同条件是承包商和分包商之间签订的，因而主要论述承包商和分包商的职责，义务和权利。

3. FIDIC 合同体系特点

FIDIC 合同的最大特点是：程序公开、机会均等，这是它的合理性，对任何人都不持偏见。这种开放公平及高透明度的工作原则亦符合世界贸易组织政论采购协议的原则，所以 FIDIC 合同条件的广泛使用使它成为我国承包商最为熟悉的合同体系。它适应了国际建筑工程承包方式的新发展和项目管理结构体系的变革，体现了公平合理的伙伴原则。

使用 FIDIC 合同条件，要注意它有如下几个要点：

（1）FIDIC 的合同概念根源于英国普通法体系。其措词是根据英国法律起草原则。除了以前所做的少数修订之外，FIDIC 合同条件是根据英国国内合同编写的。结构体系的统一也促使了 FIDIC 合同条件的叙述方式和用词比较一致和准确，而用词的区别则可以准确反映出不同合同条件之间的区别。例如，"黄皮书"和"银皮书"的设计说明承包商负责设计，"红皮书"则是按图施工。

（2）新版 FIDIC "施工合同条件"从内容上来说，它逐渐脱离了英国"土木工程师学会"（ICE）的框架。与新版的"工程设备与设计—建造合同条件"，"EPC 交钥匙工程合同条件"形成了大致统一的标题和相应内容，这样形成了 FIDIC 合同条件自有的新格式。重新定义了 58 个关键词，并将定义的关键词分为六大类编排，增加了通用条款，有利于用户根据自身情况进行选择。适应世界银行要求，对履约保函等部分做出了更加灵活的规定。同时，FIDIC 合同也有其全面性。99 版的"银皮书"第一次全面总结了 EPC 承包模式，规范了 EPC 模式下各方的行为、权利和义务，促进了该模式的健康发展。

（3）从业主和承包商的权利义务上，规定得更加严格细致。例如，它设置了"雇主的资金安排"、"承包商融资情况下的范例条款"，并对支付时间和雇主违约设置了更加明确和严厉的规定。要求承包商按照合同建立一套质量保证体系，在执行程序的细节和文件、进度报告上的要求更加详细，并对没收履约保函的情况做出更明确规定。

（4）在项目设计和施工监督方面，FIDIC 合同条件的概念是建立在任命一位合同双方都信任的咨询工程师基础之上的。

（5）报酬概念是建立在带有一份作为最后计量和支付的基础的临时工程量清单之上的。

（6）义务和责任的概念就是风险分担。

（7）在索赔和仲裁上，规定更加具体。例如承包商向雇主可索赔的明示条款就有 20 多条，对工程师的答复日期进行了限制。加入了争端裁决委员会的工作步骤等。

4. FIDIC 合同条件的基本内容

（1）土木工程施工合同条件的一般术语、概念、基本规定

1）世界银行：即世界银行集团。它包括五个成员组织：国际复兴开发银行、国际开发协会、国际金融公司、解决投资争端国际中心、多边投资担保机构。

2）业主：是指投标书附录中列明的一方；从法律的角度来说，业主的主要特征体现为他是工程项目的提出者、组织论证立项者、投资决策者、资金筹集者、项目实施的组织者，是将来负责组织项目生产、经营和负责偿还债务的责任人。

3）项目监理（监理工程师、工程师）：建设监理包括政府监理与社会监理，政府监理是指政府建设主管部门对建设活动实施强制性的监督和对社会监理行为实行的监督、管理活动；社会监理是指按一定资质条件、由政府主管部门批准、取得资格证书和营业执照的工程建设监理单位，他受业主委托，依据国家法律、法规、规范，以及与业主签订的"监理合同"、业主与承包人签订的"工程施工承包合同"和公认的行业准则，对工程建设过程进行监督管理的一种有偿服务。

4）争端审议专家或争端审议委员会：争端审议委员会应由三名同类工程建设和合同解释方面具有经验的委员组成，业主和承包人各选一个委员，并经另一方批准，业主在招标文件中提名一名委员，投标人在提交投标文件时确认，并提名另一名争端审议委员，业主在签发中标通知书时予以确认；第三名争端审议委员应当由上述两名委员选择并经双方批准。争端审议专家应由一名同类工程建设和合同文件解释方面具有经验的人员，必须得到业主与承包人一致同意方能选定。

5）承包人：是指其投标已被发包方所接受，并履行了合同签约、并提交了履约保证金的投标人。也就是直接与业主签订施工承包合同的那个法人。

承包人可以是一个法人或几个法人共同组成，由几个法人组成的，称为联营体。

独立承包合同是相对联合承包、总包、分包合同而言的，在已经发包过了的合同之外，再由另外的承包人完全独立的、依靠自己的力量完成另一项工程的承包任务，与原先的承包人之间不实行分包，那么这两个或两个以上的承包人都是独立承包人，相互间没有合同关系联系，因此各独立承包人之间的协调工作必须由业主自己完成。

分包是相对承包而言的，是指那些直接与承包人签订合同，分担一部分承包人与业主签订的合同当中任务的施工公司；分包分为"指定分包"与"一般分包"两种，由承包人选定的分包称为一般分包，一般分包必须经业主同意；由业主指定的分包称为指定分包。

联合承包：联合承包工程实体称为联营体，每个联营体应该有自己的名称、订有联营体章程。联合承包可以是同一个国家或地区的公司的国内联合，也可以是几个不同的国家或地区的公司的国际联营，或是外国公司与工程项目所在国的当地公司进行联营。

6）被承包人授权的承包人代表：被承包人授权的承包人代表是指由承包人的法人代表任命的，在本合同项下全权代表承包人的法人的工作人员，在国内一般称之为承包方的项目经理。

7）合同计价：单价支付（清单计价）、总价支付（包干一次性支付）、计日工单价、计日工总计价、暂定金、合同总价、外汇、费用、动员预付款、材料预付款、现金流量估算表、计量、支付。

8）合同工期：合同工期指承包人在投标书附录中所规定的，并能合格地通过合同中

规定的竣工检验的时间。如果工程师签发了竣工时间的延长，则应考虑延长期在内的相应时间。任何工程承包合同都必须规定合同工期，承包人必须严格遵守合同工期，否则，将受到罚款，终止合同或由业主进行工程的处罚。

开工通知令是监理工程师控制工程进度的一种手段，是鉴证业主已经按期完成开工前的义务，证明合同工期从哪天开始的，证明承包人履行义务的起算和判定承包人工期延误的依据。

开工日期系总监理工程师发出的开工通知令中所规定的日期，或者是合同中已写明的开工日期。合同中规定的合同工期，可能会在遇到下列原因而被延误。

竣工时间是指从开工日期算起，加上上述合同总工期的时间之后，得出的日期。

缺陷责任期从发给移交证书之日起算，缺陷责任期的期限以在投标书附录中规定的时间为依据，颁发移交证书后，业主应发还一半保留金给承包人。

(2) FIDIC合同条件的风险划分、保险、担保、索赔、争端解决和仲裁

1) 对那些属于承包人在施工中即使加强管理也仍然无法避免也无法克服的风险，一律划归业主承担。增大了合同的公平性，由于承包人不必考虑这部分的风险成本，有利于降低工程造价，增加了业主的经济效益。凡不属于划分给业主的风险，则都属于承包人的风险。

2) 对于那些可以通过合理投保的，可以向保险公司投保，并且规定了四种必须的强制投保的保险项目，将风险后果转移成为由社会承担的风险。

3) 风险分配应当遵循的基本原则：从工程的整体效益出发，最大限度地发挥合同主体双方的积极性原则；公平合理，责权平衡原则。

4) FIDIC条款明示的业主风险有：由不可抗力引起的风险；业主占用场地的风险；非承包人承担的设计出现设计错误的风险；不可预见事件的风险；合同出错的风险；监理工程师的决定引起的风险。

5) FIDIC条款明示的承包人风险有：对招标文件理解的风险；投标前对现场调查的完备性、正确性的风险；投标时投标报价的完备性、正确性的风险；投标施工方案的安全性、完备性、正确性、效率性的风险；合同规定应由承包人采购的材料、设备的采购风险；工程进度和工程质量的风险；承担承包人自己确定的分包人、供应商、雇员的工作过失的风险。

6) 合同条件规定的向保险公司投保制度：FIDIC合同条件规定的强制性投保的险种有：工程一切险；第三方责任险；承包人施工装备险；承包人职工人身责任险等共四种。

7) FIDIC合同条件的担保制度：我国的担保法中，针对各种不同的合同，规定了合同担保形式为定金、质押、抵押、保证、留置权五种。但是，在土木工程施工承包合同中，定金、质押、抵押三种是不适用的。FIDIC合同条件所规定的履约阶段的担保形式有：履约保证金、预付款保证金（含动员预付款保证金与材料预付款保证金）、保留金和留置权四种。

8) 索赔、争端解决和仲裁：承包商在对方当事人违约时的索赔；通过友好协商、争端裁决委员会解决及诉讼仲裁等方式。

5. FIDIC合同条件应用方式

FIDIC合同条件是在总结了各个国家、各个地区的业主、咨询工程师和承包商各方

经验基础上编制出来的，也是在长期的国际工程实践中形成并逐渐发展成熟起来的，是目前国际上广泛采用的高水平的、规范的合同条件。这些条件具有国际性、通用性和权威性。其合同条款公正合理，职责分明，程序严谨，易于操作。考虑到工程项目的一次性、唯一性等特点，FIDIC 合同条件分成了"通用条件"和"专用条件"两部分。通用条件适于某一类工程。如红皮书适于整个土木工程（包括工业厂房、公路、桥梁、水利、港口、铁路、房屋建筑等）。专用条件则针对一个具体的工程项目，是在考虑项目所在国法律法规不同、项目特点和业主要求不同的基础上，对通用条件进行的具体化的修改和补充。

FIDIC 合同条件的应用方式通常有以下几种：

（1）国际金融组织贷款和一些国际项目直接采用。凡世行贷款项目，在执行世行有关合同原则的基础上，执行我国财政部在世行批准和指导下编制的有关合同条件。

（2）合同管理中对比分析使用。许多国家在学习、借鉴 FIDIC 合同条件的基础上，编制了一系列适合本国国情的标准合同条件。这些合同条件的项目和内容与 FIDIC 合同条件大同小异。主要差异体现在处理问题的程序规定上以及风险分担规定上。

（3）谈判中应用。FIDIC 合同条件的国际性、通用性和权威性使合同双方在谈判中可以以"国际惯例"为理由要求对方对其合同条款的不合理、不完善之处作出修改或补充，以维护双方的合法权益。

（4）部分选择使用。即使不全文采用 FIDIC 合同条件，在编制招标文件、分包合同条件时，仍可以部分选择其中的某些条款、某些规定、某些程序甚至某些思路，使所编制的文件更完善、更严谨。

三、AIA 合同体系

1. AIA 简介

AIA 是美国建筑师学会（American Institute of Architects）的简称。该学会成立于1857 年 2 月，作为建筑师的专业社团已经有 140 多年的历史，成员总数达 74000 名，遍布美国及全世界。AIA 出版的系列合同文件在美国建筑业界及国际工程承包界，特别在美洲地区具有较高的权威性，主要应用于私营的房屋建筑工程。AIA 一直在出版标准的项目设计和施工方面的合约文件，用于机关业务和项目管理。目前应用的是 2007 年版。

AIA 的合同文件共有五个系列，其中：A 系列是用于业主与承包商的标准合同文件，不仅包括合同条件，还包括承包商资格申报表，保证标准格式等；B 系列是用于业主与建筑师之间的标准文件，其中包括专门用于建筑设计，室内装修工程等特定情况的标准文件；C 系列是用于建筑师与专业咨询机构之间的标准文件；D 系列是建筑师行业内部使用的文件；E 系列是建筑师企业及项目管理中使用的文件。

AIA 系列合同文件的核心是"通用条件 A201"。AIA 为包括 CM 方式在内的各种工程项目管理模式专门制定了各种协议书格式，采用不同的工程项目管理模式及不同的计价方式时，只需选用不同的"协议书格式"与"通用条件"。AIA 合同文件按计价方式划分主要有总价合同、成本加酬金合同及最高限额定价合同。

2. AIA 合同体系特点

AIA 合同虽然不如 FIDIC 合同在国际工程中使用普遍，但其中的某些规定在实际运用中可以更有效地解决相关问题。相关比较见表 5-2。

FIDIC 和 AIA 比较

表 5-2

项目	AIA 合同	FIDIC 合同
合同类型	总价合同	单价合同
对业主支付能力的规定	业主在工程开工之前必须向承包商提供已经开始履行义务的证明文件，并明确提出项目资金的调配事项。公平合理的处理承包商和业主之间的权利义务分配事项	没有规定业主的支付能力，只是规定承包商开具相当于工程款 10％的履约保函。故倾向于业主，不利于承包商
对业主提供项目资料的规定	业主对所提供的项目资料必须要经过实地勘察取证后方可完成一份详细的项目报告，且对所提供的资料负有法律责任，减少承包商的风险	业主向承包商提供地质勘察资料，但承包商要对业主的解释负责。这样由于业主可能提供不准确的资料而引发工程索赔事件
申请进度款方式	申请的进度款＝单项工程完成的比例×整个合约总价中划给该项工程的份额－保留金；这种进度款申请方式直观、不易产生重大分歧且大大减少了相关工作量	申请的进度款＝工程师已经批准的工程量×已在合同中确定的单价；工程师和承包商必须在施工过程中记录每项工程量清单，无形中增加了工作量，但由于记录双方的利益关系，工程量的计算和划分成为争议的焦点
建筑师（或称工程师）的权力及义务	由于建筑师是由业主授权的，权利和义务由建筑师项目代理人行使，受业主和建筑师的监督，实质上建筑师和建筑师项目代理人是偏向业主的，难以做到公平公正	工程师是基于"独立方"或"第三方"存在，直接行使合同中规定的权利和义务，相对具有公平和公正性
工程索赔	建筑师对索赔作出决定的时间为 17 天，留给索赔双方考虑是否同意的时间为 30 天，仲裁后调解期限为 60 天	工程师对索赔作出决定的时间为 84 天，留给索赔双方是否同意或提出仲裁的时间为 70 天，仲裁后调解期限为 56 天

四、ICE 及 NEC 合同体系

1. ICE 合同体系

ICE 合同是由设立于英国的国际性组织英国土木工程师学会（ICE，Institution of Civil Engineers）编制而成的，1945 年发行了第一版，并经过 1950 年、1951 年、1955 年、1969 年、1973 年、1991 年和 1999 年七次修改和补充，逐渐完善成在英国有很大影响力的工程合同文本。与 FIDIC 合同条件一样，ICE 合同条件也是以实际完成的工程量和投标书中的单价控制总造价的单价合同格式。ICE 也为设计—建造模式制定了专门的合同条件。

ICE 合同条件属于固定单价合同格式。ICE 合同条件是以实际完成的工程量和投标文件中的单价来控制工程项目的总造价。同 ICE 合同条件配套使用的还有一份《ICE 分包合同标准格式》，它规定了总承包商与分包商签订分包合同时采用的标准格式。

ICE 合同有如下特点：

（1）与 FIDIC 合同条件的不同之处。与 FIDIC 合同条件相比最大的不同是，ICE 合同侧重于维护业主的利益，授予监理工程师极大的权限，对承包商的要求相当苛刻。所以，国外的承包商在承包工程时常与业主签订 FIDIC 合同，但向外分包时又与分包商签订 ICE 合同以此保护自身的利益。同时，ICE 合同的语言相对传统工程合同文件要简单很多，这是为了避免繁冗复杂的专业合同内容，使普通人员对合同的使用更加便捷，利于工程管理。

（2）ICE 合同的相对优势。由于 ICE 合同最大的特点是倾向于业主方，所以使用 ICE 合同后我国建筑业的业主方充分体现了其对工程管理和监督的积极性，制定严格的施工技术规范某种程度上有效地监督和规范着承包方的行为，确保工程质量。因为 ICE 合同中规定施工过程中的大量合同风险都是由承包方承担，使得承包方索赔和争议机会大大减少，保护了业主方的利益。

（3）应用 ICE 合同的弊端。与 FIDIC 合同条件在我国普遍应用的情况不同，ICE 合同对于国内很多工程来说是合同的新领域，很多专业人员对它并不是很熟悉，所以在工程项目管理过程中他们必须反复研究合同条款，熟悉其中每个重点环节，才能在使用时得心应手。

2. NEC 合同体系

NEC 合同是英国土木工程师学会根据新时期建筑业发展的需要对 ICE 合同条件的改进，并于 1993 年编制出版的一种用于工程施工的一般合同形式，经过 1993 年、1995 年（NEC 合同）和 2005 年（NEC3 合同）三次修改发行，目前 NEC 合同体系已有 23 种合同格式，提供了目前所有正常使用的合同类型，以便专业人员能够熟悉众多合同的不同格式，操作起来更方便快捷。NEC 合同适用于几乎所有的传统工程项目领域，特别是可用于能依据具体情况把设计责任在发包人和承包人之间进行分担的项目。

NEC 合同有如下特点：

（1）由于 NEC 合同的适用范围十分广泛，故 NEC 合同根据不同作用和合同各方的合同关系将合同分为 4 种，包括工程施工合同、工程施工分包合同、专业服务合同、裁判者合同，由此形成了 NEC 合同系列。这一点恰好能弥补国内施工合同应用范围狭窄、合同关系简单、合同形式单一等不足。

（2）由于 NEC 合同中考虑到各方的利益和合同关系，所以在运用 NEC 合同条件订立合同时均是基于合同双方相互合作的理念制定的。从而改善了合同双方对立的局面，缓解了双方的矛盾，减少了项目管理过程中内部风险。运用 NEC 合同的合作理念可以更好的缓解目前国内施工合同双方的冲突。

（3）所有 NEC 合同中均提供 6 种计价方式方便业主和承包商根据工程实际情况选择最适合的付款机制，这与我国国内施工合同主要使用工程量清单计价方式的单一性形成了鲜明的对比，更加体现了 NEC 合同在计价方式方面的优势。

（4）继续沿用 ICE 合同中"亲业主"的观点，对承包商的行为和权限都作了明确的规定。NEC 合同文本的主要管理和实施者—项目经理和监理工程师也是业主的主要授权人，刚好与我国现行的项目管理制度相符。

表 5-3 是以 FIDIC 施工合同作为基础，对 NEC 及中国 99 版标准施工合同示范文本主要条款进行的比较。

FIDIC、NEC 合同比较　　　　　　　　　　　　　　表 5-3

适用内容		FIDIC 合同	NEC 合同
适用对象	设计	由雇主提供，或承包商担任部分设计	承包商承担部分、全部设计责任或无设计责任
	计价	以单价合同为计价基础	六种计价方式
	工程类型	土木、房建、电力、机械等各类工程的施工	所有的传统领域诸如土木、电气、机械和房屋建筑工程的施工
实践中的运用		世行、亚行、非行贷款的工程，和一些国家的国际工程项目招标文件中	英国、香港、非洲和其他欧洲国家等
管理项目主体		工程师	项目经理
在我国的使用		世行、亚行贷款的工程等	尚未使用

第六章　建筑工程项目管理案例分析

第一节　工程项目投标管理

案例一　建筑施工总承包项目投标案例

一、项目概况

1. 项目建设概况：某建筑工程项目，建筑面积 17 万 m²，由地下室、裙楼、2 栋塔楼组成。地下 2 层，地上 40 层，裙楼 6 层，裙楼高度 32.4m，建筑总高度 210m，框架核心筒结构。工期 730 天。

2. 招标形式及范围：本项目采用邀请招标，共邀请 7 家投标人投标。招标范围为除招标人专业分包工程以外的土建工程、安装工程以及招标人专业分包工程的结构预留、预埋工作。工程桩、基坑支撑围护、土方开挖工作已施工完成。

3. 计价方式及合同形式：采用《建设工程工程量清单计价规范》清单计价，固定单价合同，工程量按实结算。

4. 评标办法：经评审的最低价中标。

二、工程特点

（1）钢筋及混凝土报价：该工程位于投标人注册地，投标人在当地的在建工程有数十项，对工程大宗材料的需求量很大，为此，投标人已与当地的钢筋和混凝土供货厂商签订了战略合作协议书，通过大批量的材料采购订单获得质优、价廉的材料供应价格。

（2）专业分包工程报价：投标人积极寻找口碑好，质量优良的专业分包单位，并与之建立长期战略合作关系来获得优惠的价格。对于本工程招标范围中专业性比较强的防水工程等，考虑由合作良好的专业工程公司施工。

（3）招标清单中的钢筋连接方式：工程量清单中的钢筋连接项目，清单编制人员按电渣压力焊接头编制。经调查该种钢筋连接方式是一种比较落后的施工方法，与机械连接相比，其焊接的质量难以控制，施工效率低，目前在工程所在地已经很少采用。

（4）零星土方开挖：本工程土方开挖属于专业分包工程，已施工完毕。按照通常做法基坑土方开挖应包括电梯井、集水井等深于基底标高的零星土方，这些工作需要由机械完成，而之后的基底清槽属于总承包施工范围，完全是人工清槽。本工程工程量清单编制人员，将零星土方开挖项目清单按照机械土方开挖进行的清单项目描述。而这个时期土方施工机械已经退场，土方马道等也已全部完成，机械开挖土方已经不符合实际。投标人根据工程实际情况及施工经验判断，该部分土方在工程实施过程中必将变更，这部分工作内容会取消。

（5）结构楼板：本工程工程量清单中楼板是普通的钢筋混凝土楼板，而本工程属于超高层建筑。投标过程中就工期紧张这一点与业主多次沟通，业主反馈的结果是工期不能改变，但在施工中会与设计沟通。经调查目前超高层建筑在工期紧张的情况下，为保证工期一般地上部分楼板普遍选用压型钢板。压型钢板具有单位重量轻、强度高、抗震性能好、施工快速、外形美观等优点，是良好的建筑材料和构件，主要用于围护结构和楼板。因此判定该子目发生设计变更的可能性极大。钢筋混凝土楼板对应的措施项目中的楼板模板子目应为覆膜多层板，如结构楼板变更为压型钢板，必将引起楼板模板工程量的减少。

（6）大型机械使用费：本工程属于超高层建筑，且在地下室及裙楼施工阶段需要的塔吊吊次多，为满足该阶段施工的需要，施工组织设计最初考虑按每三层吊装一次钢管柱配置机械，保守地选用了 2 台 TCR6055 塔吊，该型号塔吊国内比较少见，且每月的台班费用较高。经测算大型机械进出场费用与垂直运输费用远高于按照当地定额测算出的费用水平。

三、过程与方法

1. 投标前的准备

投标人针对本工程组建了投标小组，仔细阅读招标文件、施工图纸、工程量清单，将合同条款、工程量清单、技术规范紧密结合，充分了解承包商责任、报价范围、各项技术要求、需要使用的特殊材料和设备，并充分考虑工期、误工赔偿、保险、保函、付款条件等因素。认为本投标工程应重点关注以下方面：

（1）针对经评审的最低价中标的评标办法，有哪些价格优势；

（2）招标工程量清单编制是否完整，选用的施工工艺是否先进、合理；

（3）招标要求的工期短，少于定额工期 230 天，需要考虑为保证工期而增加的费用；

（4）招标人另行招标的专业工程与本次招标的总承包工程的施工界面划分是否清晰；

（5）针对超高层施工，垂直运输设备如何选型。

2. 采取的措施

（1）调整部分子目投标价

对于公司具有的材料采购和专业工程价格优势，要体现在相应的子目报价上。清单中的电渣压力焊、零星机械土方开挖和结构楼板，判定在实际施工中会发生工程变更而导致重新组价，报价时适当调整了子目的综合单价。

1）根据与大宗材料的供货厂商签订的战略合作协议，报价中的材料价格按照低于市场的价格进行组价，增加了投标人的竞争优势。本工程钢筋总量约 1.8 万 t，按每吨低于市场价 50 元考虑，可降低造价约 90 万元。本工程混凝土总量约 10.5 万 m^3，按每立方米低于市场价 15 元考虑，可降低造价约 157.5 万元。

2）对于进行专业分包的防水工程，同等材料同等品牌，采用长期战略合作伙伴的报价将低于市场平均价格，本工程地下室底板防水面积 2.5 万 m^2，按每平方米低于市场平均价格 10 元考虑，可降低造价约 25 万元。

3）钢筋连接：根据不同的直径正常组价的综合单价为 13.82~22.43 元/个，调整后的报价为 10.87~19.32 元/个，总数量约为 22 万个，平均每个降低 3 元，总价降低 66 万元。

4）机械土方开挖：正常组价的综合单价为 15.6 元/m^3（场地存土），土方量为 2600m^3，小计总价 4.06 万元；如果实际施工时采用人工挖土，价格约为 70 元/m^3，总价 18.2 万元。如果按照人工挖土报价，会增加总价 14.14 万元。经过投标小组认真分析后，决定按机械挖土方报价，一是符合清单描述，二是可以不增加总价，三是即使采用人工挖土，将来也可以通过洽商变更调整过来。

5）楼板模板：通过工程量计算，塔楼楼板模板的数量约为 4.7 万 m^2，但考虑到将来有可能发生设计变更，因此将楼板模板的工程量减少了 10% 左右，总价减少 16 万元。

（2）调整塔吊选型

本工程最初方案是选用 2 台 TCR6055 塔吊，设在核心筒内，每台月租赁费用 22 万元，租期为 16 个月。报价人员按施组配置方案组价后，发现垂直运输费用偏高，且两台塔吊均设置在核心筒内，拆塔时需要用其中一台拆除另外一台，之后再在屋顶设置另外一台 16t 塔吊拆除剩余的一台 TCR6055 塔吊，然后另需在塔楼屋顶安装一台 8t 的塔吊将 16t 塔吊拆除，最后将 8t 塔吊拆卸后由室外电梯运出。拆除方案非常复杂并且拆除、屋面回顶及梁加固等费用也很高，经初步测算拆除费用将近 16 万元。

报价人员对工程所在地的大型机械租赁市场进行调研，了解所选型号的大型机械的拥有数量及目前使用情况。提醒方案编制人员在塔吊选型时应在满足需要的前提下尽量选择经济合理且企业自有或市场占有率高的大型机械。

经过方案优化，塔吊按每二层吊装一次钢管柱配置。在地下室及裙楼施工阶段，当塔吊不能完全满足吊次时，临时租用汽车吊来进行补充。最终确定选用 1 台 TC7052 塔吊，附着在结构柱子上，每台月租赁费用为 13 万元；1 台 C7050B 塔吊，设于核心筒内，每台月租赁费用为 11 万元，租赁时间不变，拆塔时先使用 TC7052 塔拆除设于核心筒内的 C7050B 塔，在满足施工需要的前提下既简化了塔吊拆除方案，又节省了塔吊使用及拆除费用。采用最初的垂直运输方案，费用为 763 万元，而经优化后的垂直运输方案，费用只有 409 万元，节省 354 万元。

大型机械设备选型直接影响到措施项目的报价，按照合理选用的机械设备组价将会很大程度上降低措施成本。作为有经验的报价人员还要在超高层工程中，注意以下几个方面：

1）考虑塔吊的租赁费用时要注意塔吊本身加固、爬升的费用；

2）考虑方案中所选型号塔吊拆除的难易程度，如果施工场地狭小，拆塔时则还要按照汽车吊行走路线考虑地下室支顶；

3）投标报价要与技术方案紧密结合，不仅要依据施工方案组价，反过来报价还要为塔吊方案的优化提供数据。

四、管理成效

（1）施工企业要建立信誉良好、质量可靠的材料供应商、专业分承包商名录，通过与材料供应商、专业分包商建立长期合作的战略联盟，实现降低建安工程成本的目标。

（2）根据施工经验，寻找工程量清单描述内容中有可能在后期施工中发生变更调整而需要重新组价的项目，作为投标突破口。采用必要的报价技巧，既保证了施工单位的利益又达到了降低投标总价的目的。

（3）做到措施费用与施工组织设计的紧密结合。同时要求技术方案编制人员头脑中也要有造价意识，与报价人员加强沟通，选择既经济合理又实用的方案。

通过各种措施方法，利用投标策略和技巧，最后做出能真正反映企业实力的有竞争力的最佳报价，在提高中标率的同时为工程施工赢得额外利润。本工程通过分部分项工程量清单综合单价的调整、措施费中模板数量的调整以及垂直运输机械的选择调整几个方面，合计费用降低了700余万元。最后以投标总价低于第二名150万元的优势中标。

案例二　某商贸中心施工总承包项目投标

一、项目概况

（1）投标项目概况：某商贸中心施工总承包项目，建筑面积23万m²，框架结构，建筑高度226m。由地下室、裙楼、2栋塔楼组成，地下3层，地上双塔分别为26层与57层。裙楼内有一高度为29m的大型展厅。

（2）招标形式及范围：本项目采用公开招标方式，共有5家投标人投标。招标范围为基础人工土方、破除工程桩桩头、防水、主体土建和水电安装施工及对甲方分包工程进行总承包管理。

（3）计价方式及合同形式：采用《建设工程工程量清单计价规范》清单计价，固定单价合同（仅对材料价差进行调整，风险范围为±5%）。

（4）评标办法：经济标评标办法为综合评分法，按各投标报价与经计算的评标基准价比较的百分比评分，招标人设定控制价，招标控制价参与基准价的合成。该招标控制价于投标截止时间三天前以书面形式向所有投标人公布。

（5）其他情况介绍：本工程无工程预付款，工程进度款按施工节点支付。首次付款为正负零结构施工完成；其他进度款为每五层支付一次，每次支付已完工程量的70%；主体结构验收合格后付至已完工程量的80%。招标人要求施工单位提供履约担保，金额为人民币1000万元。钢筋由招标人采购供应。

二、工程特点

开标前三天招标人公布了招标控制价，投标人编制的初稿报价比招标控制价高了1200多万元，高出控制价6%。针对这一情况，投标人详细分析，发现如下特点：

1. 钢筋桁架楼承板的组价

钢筋桁架楼承板是属于无支撑压型组合楼承板的一种，施工工艺是在加工场定型加工钢筋桁架，施工时需要先将压型板使用栓钉固定在钢梁上，再放置钢筋桁架进行绑扎，验收后浇筑混凝土。目前全国仅有几家钢构厂生产钢筋桁架。此项内容在GB 50500—2008清单计价规范中没有明确的列项，可作为一个补充项目单独列项。工程量清单中对钢筋桁架楼承板的特征描述为底模钢板0.5mm厚镀锌板，而图纸及招标文件则明确楼板采用钢筋桁架楼承板。投标过程中投标人就工程量清单中钢筋桁架楼承板的工程内容与图纸及招标文件不符提出过疑问，招标人仅简单的答复由投标人自行考虑。投标人分析与招标人控制价的差异应当主要在钢筋桁架板子目上。图纸及招标文件中高层塔楼的所有楼板采用TD2-90～TD3-120的钢筋桁架楼承板，造价较高，而控制价应该是按照0.5mm厚镀锌钢板底模编制的，价格非常低。钢筋桁架楼承板工程量约8万m²，综合单价的差价在100元/m²左右，本项的总价就相差800万元。

2. 模板工程量的差异

由于工程量清单中没有提供模板工程量，投标人根据对模板工程量的实际计算，分析招标控制价中的模板工程量与投标人计算的模板工程量存在差异。按照GB 50500—2008清单规范规定，招标人在提供工程量清单时，措施项目中的混凝土、钢筋混凝土模板及支架应列入"措施项目清单与计价表二"即"可计量的措施项目"中，招标人应提供相应的模板工程量。这样做可以使各投标人在统一的工程量基础上计算模板的造价，避免因工程量的不一致而引起造价偏差，也必将减少工程实际施工中模板计价的纠纷。但是现实工程招标中，招标人经常会不提供模板工程量，各投标人需根据图纸自行计算模板数量。鉴于时间紧、工作量大，投标人甚至招标人往往会利用不同的混凝土构件的模板含量经验数来估算，而不同造价人员对模板的估算数量差异可能会很大。这就造成了招标人与投标人计价标准不统一。

三、过程与方法

1. 投标前准备

本工程的合同付款条件不好，按照当地惯例又要提供 1000 万元现金履约担保，对于投标人来讲资金压力大，但施工所需的钢筋由招标人采购供应能够缓解部分资金压力。考虑该工程地处省会城市，建成后将是当地有重大影响、地标性的项目，且招标人为国有企业，基于事实的价格变化有谈判的可能性。投标人为开拓外埠建筑市场，组织了大量技术与报价人员展开了对本工程的投标工作。

2. 采取的措施

（1）调整钢筋桁架楼承板的组价

发现钢筋桁架板问题后，通过向招标人答疑证实了前边的推断。考虑到实际施工时一定会删除 0.5mm 厚镀锌钢板和相应的钢筋这两个项目，再补充增加钢筋桁架板项目。报价时没有按照成品钢筋桁架板组价，而是按照招标清单描述，仅对 0.5mm 厚镀锌钢板底模报价，使投标总价降低了 808 万元。

这样做使投标人与招标人的招标控制价统一计价标准，同时投标人在投标报价编制说明中进行了相应的说明。这样，既降低了投标总价，又保证了投标人的利益。同时为中标后与招标人进行协商处理留下了空间。

（2）调整模板工程量

针对工程量清单未提供模板工程量，考虑招标控制价低等因素，投标人仔细分析，利用平时收集的模板含量基础数据，结合施工组织的周转次数，通过合理的减少模板数量来达到降低总价的目的。同时采用减少模板工程量来确保模板合理的综合单价，一旦将来在施工时发生模板总量差异很大时，可以按照 GB 50500—2008 清单计价规范的说明，向招标人提出合理的补偿，从而为今后结算创造有利机会。

（3）调整总承包服务费

招标文件在总承包单位服务范围中要求，总承包单位需为分包单位提供脚手架。本工程在裙楼东侧有一个大型展厅，展厅面积 2600m²，高度 29m，上空为电动开启的双中空断桥铝合金天窗。由于展厅天窗属于指定分包项目，如果为其提供脚手架则钢管需求数量大、施工时间长，脚手架搭设专业要求高。目前通常做法是总承包单位只提供现场已搭设且尚未拆除的脚手架供分包单位穿插使用，专业分包单位对脚手架有特殊要求时，根据专业施工方案自行搭设，或由总承包单位有偿为其搭设。经过测算该笔脚手架费用约 80 万元，考虑投标控制价低的因素，决定该笔脚手架费用暂不计入投标总价，列入投标风险。工程中标后再与招标人进行沟通、商榷。

四、管理成效

（1）在投标阶段要对整个工程详细分析，详读招标文件，合同条款，招标图纸、技术规范及工程量清单，寻找其中描述不一致的地方。并分析如何为我所用，提高中标率的同时创造今后工程谈判、盈利的机会。

（2）在认真研读对比的基础上，列出各有利和不利因素，逐项加以分析，哪些项目是肯定发生的，哪些项目是可以变更改变的，哪些项目是有希望谈判获得调价的。对其加以风险分析，并对影响金额进行估算。根据分析判断的不同情况，采取不同策略运用到投标报价工程中。

工程经过各方努力，开标结果为综合评分第一名，经公示后顺利中标。在合同签订前就钢筋桁架板等有关问题与招标人进行了多轮的商务洽谈，最终用数据与事实让招标人心悦诚服，双方在签订的施工合同中，将招标中发现的有关问题进行了纠正。

第二节　工程项目采购管理

案例一　某 EPC 工程项目采购管理案例

一、项目概况

武汉某钢厂二期工程，生产能力为 170 万 t，产品以碳素结构钢和低合金钢为主。项目按 EPC 模式由国内某设计院负责工程总承包建设和管理。工期为 24 个月。

建安工程的主要实物量为：建筑面积 6 万 m²，土石方 78 万 m³，混凝土浇筑 20 万 m³，钢结构安装 18000t，机械设备及管道安装 4 万 t。厂房结构为单层排架结构，屋面为双坡连续屋面，设备基础为深基坑大体积钢筋混凝土结构。

二、工程管理特点

工程涉及专业多、科技含量高、质量要求高、工期紧张、施工作业面紧凑、安全环保管理严、成本控制难度较高。

三、管理过程与方法

（一）管理过程

EPC 模式全过程的系统和整体管理，有利于实现工程项目的设计、采购、施工整体优化管理。项目采购管理是 EPC 全过程的系统和整体管理的一个重要组成部分，主要依据是项目设计，因此，EPC 项目的首要环节是做好设计阶段的管理。

1. 充分了解业主的意图，准确描述项目定位

在开展投标设计前，设计人员除认真学习招标文件和技术标准、规范外，还加强了与业主单位各相关部门管理人员的及时沟通，了解其项目建设思想，特别是二期新建项目与原有一期老厂房的连接与利用原有设备或改造设备等。尽量把业主的想法充分体现在投标方案中。同时，也敲定好项目所涉及到的相关事项，为后续工作做好准备。

2. 充分收集信息，利用价值工程原理，提供最优化的设计方案

设计方案是工程总承包商设计实力的最好体现。设计人员不仅充分消化业主的意图，还理解和把握关键技术标准，收集市场信息，进行必要的现场踏勘，并且充分利用以往设计经验，经过多方案比较，把业主单位没想到的尽量完善，把业主认为不可能的变成可能。在设计管理中，一般采用限额设计。

3. 合理报价

业主为便于管理，EPC 项目一般均采用总价一次包干的形式进行招标。在激烈的市场竞争中，投标总价往往是决定成败的关键因素。在受到勘察设计深度限制、没有充裕时

间进行详细设计的条件下，编制合理、准确、详细、适用的工作量清单是投标阶段设计控制工作的核心，也是成功报价的第一步。

在市场经济条件下，业主对工程既要求安全运行和合理寿命，又追求最佳投资效益。设计方案如考虑过高的保险系数必然增加工作量及工程费用，投标时就会失去价格竞争优势；但如果对风险考虑不足，可能会给工程带来难以弥补的损失。这就要求在方案比较和材料、设备选用时，在满足业主的基本要求条件下注意技术与经济的有机结合。在价格水平的控制上，通过技术比较、经济分析和效果评价等手段，力求在符合业主方技术水平要求的前提下提出合理报价。

4. 合理的设计深度

设计深度既要满足投标报价工作需要，也要满足下一阶段的深化设计的需要。在方案设计、初步设计、施工图设计中分别满足估算、概算和预算需求。

（二）项目采购管理的主要措施

1. 制定严格的采购工作程序

（1）编制采购计划及采购进度计划

采购计划涉及到是否采购、怎样采购、采购对象、采购数量及采购时间。为此，专门成立设备采购技术考核组，明确职责进度，质量和费用的控制目标。

（2）编制询价文件

包括准备支持询价所需要的文档。①标准格式：包括标准合同、采购项的描述或所需标书文档全部或部分的标准化版本。②采购文件：用于潜在的卖方邀请提交建议书。采购文件既要严格，以保证答复的一致性和可比性，又要灵活，以允许考虑卖方对满足要求的更好方法的建议。③评审标准：用于对建议书进行排序和评分。

（3）询价

询价通常采用网络系统方式或投标人会议方式，是从潜在的卖方获得项目需求的信息，本过程绝大部分实际工作由潜在的卖方支持，一般对项目没有成本发生。

（4）合同类型选择

为了规避买方风险，本工程设备采购合同采用固定价格合同，这样双方合同一经签订，合同总价就固定不变，除非经双方协商同意后方可改变，这对于供货商来讲合同一经签订，项目所需的产品无论成本超支多少，甚至由于某些原因亏本，原则上也不能调整总价。

除以上程序外，还有以下步骤：

1）报价的评审；

2）确定合格供货厂商；

3）召开供货厂商协调会及签订合同；

4）调整采购进度计划；

5）设备或材料检验；

6）现场交接及收尾服务。

2. 处理好采购工作与设计工作的接口关系

（1）设计部门负责编制项目的设备表，并据此编制出设备采购文件，经控制部门提交给采购部门。设计部门负责编制设计各专业材料表（包括技术要求），由项目材料控制工程师汇总，并据此编制项目的材料采购文件，提交给采购部门。由采购部门加上商务文件，汇集成完整的询价文件，向供货厂商发出询价。

（2）设计部门负责对供货厂商报价的技术部分提出评审意见，排出推荐顺序，供采购部门确定供货厂商。

（3）设计部门派员参加由采购部门组织的厂商协调会，负责技术及图纸资料方面的谈判。

（4）采购部门汇总技术评审和商务评审意见，进行综合评审，并确定出拟签订订货合同的供货厂商。当技术评审结果与商务评审结果出现较大距离时，采购经理应与设计经理进行充分协商，争取达成一致结果，否则可提交给项目经理裁定或提出风险备忘录。

（5）由采购部门负责催交供货厂商提交的先期图纸（ACF）及最终确认图纸（CF），提交设计部门审查确认后，及时返回供货厂商，若有异议，采购部门要求供货厂商提交修正后的图纸资料，以便重新确认。

（6）在编制装置主进度计划时，对所有设备、材料的采购控制点，按项目合同的要求进度，由采购部门分类提出进度计划方案，经设计部门认可，提交项目经理批准。

（7）在专用设备制造过程中，设计部门有责任派员处理有关设计问题或技术问题。

（8）根据订货合同规定，由供需双方共同参加检验、监造的环节，采购部门派员参加，必要时请设计人员参加产品试验、试运转等出厂前的检验工作。

（9）由于设计变更而引起的采购变更，均应按变更程序办理。

3. 加强项目采购中的成本管理

采购成本的控制将是项目获得良好效益的关键因素，在保证质量的基础上控制和降低采购成本是项目采购管理工作的首要任务。

（1）按照项目总体进度计划要求，做好物资采购计划

采购计划的编制是把项目建设的物资构成、工艺流程、投资状况等全方位情况落实到各项具体物资采购计划行动中的一个过程，是项目一切采购活动的实施依据。一个完善的采购计划应包括：设计技术要求、物资类别、工艺应用状况、采购方式、分供应商、时间控制、交货方式、质量控制方案、预计价格等内容。采购计划报经项目部、采购部等相关部门及业主审批后执行。

（2）建立完善的供应商管理体系

供应商和采购商之间是既相互对立又密切合作的关系，对立是在双方保证企业效益上的价格对立，合作是在产品技术、质量、服务、信誉等多方面的合作。建立完善的供应商管理体系，在制度的约束下解决好对立矛盾，在"互利、双赢"的原则下，最大限度地降低采购合同价订货价格，将会为降低采购成本提供有效保证。

供应商管理体系主要分为评价准入体系、档案管理体系（包括：供应商名录、历史价格库、项目评定表）和选择原则三个部分。

（3）控制采购批量、节约采购成本

在很多工程项目结束以后，往往会因设计变更、采购批量等问题造成大量的工程建设材料剩余，导致大量的浪费，使采购成本增加。因此，合理控制材料采购批量对节约采购成本也是至关重要的。本工程采用了材料控制系统和相应的材料批量控制办法使材料采购量的控制已达到了较高的水平。通过科学的管理和严格的把关，项目材料采购批量控制将

为节约采购成本做出更大的成绩。

（4）不同采购方式中的成本控制

根据项目材料、设备类型的不同，选取恰当的采购方式，对降低采购成本有着显著的效果。主要采取以下几种方式：成本核算法、招标法、询价法、战略框架协议采购法等。在本工程项目的采购中，对大部分材料和设备采用了招标法，小部分材料和设备采用了成本核算法。一般而言，招标法其定价公正、公开、透明，从源头上控制价格，有效防止暗箱操作、不正当竞争等现象的发生，对控制采购成本能起到良好的效果。

4. 严格项目采购中的质量控制

在 EPC 模式，质量管理已成为采购管理的一项越来越重要的工作内容。

（1）准确选择供应商

充分了解设备、材料设计技术要求是选择供应商的基础，准确选择供应商是保证物资高质量供货的先决条件。在项目设计文件和采购文件的指导下，充分掌握各供应商的质保体系、技术能力、检测机具、产品业绩、售后服务等综合情况，结合商务价格、交货周期等因素，准确选定供应商，将对物资的交付质量提供可靠的保证。在本工程项目专用设备的采购前期，没有盲目地向具备同类型生产能力的供应商发出询价，而是首先要求各供应商针对设备的具体情况制定制造方案，并将重点突出在现场制造这种特定条件下的质保措施。通过对各家供应商施工方案的评判、比对，最终选定参与投标供应商范围，并将评定结果作为定标的重要依据，由此最大限度地保证了该批设备的高质量供货。

（2）强化设备生产过程的质量监造控制和出厂检验放行制度

生产过程的监造对设备交货质量将起到决定性的作用。在每个项目开工前期都必须根据设备、材料的不同类型、重要程度、工艺要求等情况做出详细的分类，由专人负责并做出详细的监造检验计划。对重点设备必须由专人负责驻厂监造。从贯彻落实项目设备质量保证体系入手，严格把握原材料进厂复检、制造人力、机具条件保证、各环节制造工艺和质检措施落实、制造过程的规范要求、出厂检验标准以及运输方案的审查等各个环节，每个环节的工作必须规定停止点——关键工序完成的时间点，监造人员与供应商检测人员共检合格后才能进行下道工序，并做到亲历亲检落实到位，同时做好记录存档。对次重点物资和非重点设备，必须做好见证点——关键工序和出厂检验的时间点，监造人员应到厂检验或必须对供应商自检文件进行检验。

（3）设备的入库检验

现场入库检验是采购质量管理体系中的一个重要组成部分，是现场检验工程师在项目采购经理和质量经理的统一协调下，组织相关部门人员对到货设备进行开箱检验的过程。按高标准建设工程项目的管理要求，现场检验必须对任何有质量疑点的设备、材料进行严格检验（包括委托第三方检验），并组织有关力量对相关问题做出定性分析和处理措施。

（4）安装与试车现场的质量管理

虽然设备经过重重把关检验，但施工现场还可能会出现质量问题，特别是在项目试车和开车过程中，所有设备将接受最终的检验和考验，采购设备的种种问题也最终暴露出来。对此，采购经理必须迅速地协调供应商、设计、施工、业主等各方分析判断问题的性质，落实处理方案并组织实施。切忌推诿责任，尤其是对一些因操作、安装等原因导致的问题，要端正采购的服务意识，以处理问题为第一要务。

5. 重视项目采购中的进度管理

(1) 合理地制定采购控制点

任何设备材料都有其一定的供货周期，除设备材料本身的原材料准备周期、制造周期、运输周期等因素外，设计进度、施工安排、市场资源等多项外界因素也直接影响着设备材料的供货期。因此，要在设计、施工、采购三方面协调统一的基础上，合理地制定采购控制点，使项目进度管理各环节的工作在紧张、有序的状态下有条不紊地进行。

(2) 强化供应商合同意识

设备材料的合同签订交货期一般都可以满足施工进度需求，但往往会由于供应商时间意识和对合同的严肃性认识淡薄，而导致产品不能如期交货，对此应严格执行合同条款，把惩罚落到实处，加强供应商合同的执行力。

(3) 强化采购人员的责任意识

设备材料的延期交货一般都不是偶然的，很多设备在供应商生产组织阶段的原材料采购、制造机具准备、生产任务饱和度以及市场因素等方面都会有种种延期先兆的出现，因此就需要采购、催交等管理人员树立敏锐的时间意识，应能做到发现问题立即行动，尽早采取有效措施。

(4) 对重点设备安排专人催交

每个项目都会有很多影响到总体建设进度、处于关键线路上的"重点设备"，对这些重点设备，在合同签订后应安排人员重点跟踪，必要时进行驻厂催交（可以与监造工作相结合）。检查、督促供应商根据生产计划的各控制点要求开展工作，对存在延期完成的控制点，积极采取措施，及时督促解决。

(5) 对紧急采购物资应把满足施工需求放在首位

对紧急采购物资，采购人员应予以高度重视，应以满足现场需求为第一要务，以最快的速度供货到现场。

四、管理成效

在工程建设过程中，工程质量、工程进度、项目管理水平、绿色施工等多次获得政府主管部门的高度评价。比合同工期提前 30 天竣工，无安全事故、无机械事故、无消防事故、无治安事故。投产后 7 天达到设计产能，创造了行业的最新记录。荣获省级优质工程奖。

案例二　某地铁工程项目采购管理案例

一、项目概况

某城市地铁一号线二期工程，线路全长 22.721km，投资概算约 89 亿元，预定工期 4 年 10 个月，现场于 2009 年底开工。

该工程所包括的单体工程有：17 个车站，以及它们之间的区间段，1 个指挥中心，1 个车辆段基地。

专业工程子系统构成，该工程的专业系统结构包括：

(1) **专业工程系统有**：城市规划、交通规划、线路、测量、工程地质与水文地质（含勘探）、车辆及车辆检修、行车组织与运营管理、轨道、车站建筑、车站结构、隧道、结构防水、房屋建筑、站场、桥涵及水文、路基、通信、信号、中高压供电、牵引供电（含杂散电流防护）、动力照明、接触网、电力监控、车站设备监控、防灾报警、通风与空调、环境控制、给排水，消防（含气体灭火）、自动售检票、自动扶梯及电梯、环境保护、劳动安全卫生等。

（2）设备系统有：线路、轨道、环境控制（通风与空调）、给排水、供电、消防（含气体灭火）、接触网、通信、信号、车站设备监控（BAS）、防灾报警（FAS）、自动售检票（AFC）、电力监控（SCADA）等。

二、工程特点

1. 建设过程特殊性。该工程贯穿中心城市的南北，经过商业中心、文化教育中心、金融中心、娱乐区、工业区、居民区等，交通繁忙，地下管线密集，水文地质条件极其复杂，道路狭窄。

2. 管理涉及众多高新技术领域。该建设工程项目包含车站建设、隧道挖掘、轨道铺设、车辆制造、信息通信等几乎涉及到现代土木工程、信息电子工程、机电设备工程的所有高新技术领域。

三、过程与方法

（一）工程项目采购策略

该工程在建设过程中需要签订大量种类繁多的合同，有设计勘察、设计、科研、土建施工、设备安装、装饰装修、材料设备采购、保险、招标代理、项目管理与咨询等合同种类。

针对上述工程系统结构和建设过程，分解出工程项目范围内各阶段的全部工作，得到该工程的 WBS 图以及相关的业主主要实施策略。

（1）标段尽量划分大一些，以减少界面，特别要注意车站和区间段的合理归属。标段大，单个合同的合同额大，减少施工标段界面，同时能够引起大企业的重视。

针对不同的工程系统采用不同的承发包方式。由于该城市要建十几条线路，通过1号线建设还要为后面线路的建设积累经验。

（2）本工程作为该市第一条地铁，以安全、高质量为工程首要目标，以合理的工期和造价完成工程。对工程（设计、施工、监理）承包单位，不仅要找一个好的有经验的企业，更重要的是要有丰富经验的项目经理和工程技术人员。

（3）对设备和大宗材料以业主供应（甲供）为主的方式。

（4）对工程风险分配的总体原则：充分调动承包商风险控制的积极性，加大承包商的工程风险，同时给承包商更多的盈利机会，避免在价格上竞争。

（5）对项目管理（如监理、造价咨询、招标代理）工作，在保证业主对项目实施严密控制的前提下，以"小业主，大社会"为原则。项目管理工作分阶段委托给设计监理、施工监理、造价咨询等单位。

（二）工程合同总体策划

1. 工程设计的合同结构

由于本工程的设计工程量很大，目前国内综合性的可以独立承担全部地铁工程设计的单位数量较少，特别在城市轨道交通工程设计集成方面的专业人员和实践经验还相对缺乏，为了减少风险，采取设计"总体/总承包"模式。

业主委托一家设计院承担设计总体/总承包任务，它负责工程总体设计（线路规划）和整个工程的设计总包工作。设计总包单位经业主方同意，再将部分标段（如部分车站）

的设计工作委托给其他设计单位，这些标段设计合同由业主、设计总包单位和标段设计单位三方共同签署。业主通过设计监理/设计咨询对设计总包单位实施管理与协调。他们又一起对标段设计单位实施管理与协调，则设计合同关系如图 6-1 所示。

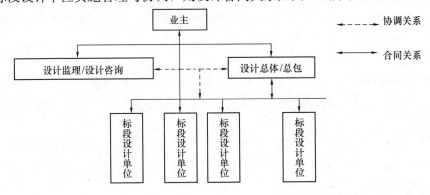

图 6-1　某城市地铁一号线设计合同关系

2. 招标文件和评标指标

（1）由于城市轨道交通工程是专业性非常强的工程领域，它的招标文件和合同文件必须独立设计，参考国际 FIDIC 合同条件、英国的 ECC 合同和我国的示范文本，对设计、施工、采购、监理招标文件和合同条件进行专门设计，引入一些新的工程理念和合同理念。

（2）专门成立地铁工程技术和管理咨询专家组和评标专家组，不在一般的建筑工程招标专家组中抽签。

（3）采用国际通行的招标程序，在开标后强化清标工作，提出清标报告，再由评标组评标。而不是在开标后立即请几个专家打分决定中标单位。

（4）科学地设置评标指标，使评标指标符合业主的工程实施策略。在评标指标中，降低报价分的比重，提高企业过去同类工程的经历、项目经理答辩等方面的分数（见表 6-1）。

某工程评标指标及权重　　　　　　　　　　　　　　　　　　表 6-1

序号	指　　　标	权重	说明
1	投标报价		
2	施工组织设计方案与技术重点、难点分析和应对措施		
3	质量、安全及文明施工等保证措施		
4	技术方案优化与合理化建议		
5	投标人在本项目上的人员、设备及技术力量的投入		
6	公司信誉及相关工程业绩		
7	投标人技术答辩		
8	其他竞争措施及优惠条件		

3. 施工合同策划

（1）该工程共设十六个车站十五个区间，其中五个半区间采用土压平衡盾构法施工，盾构推进总长度约 10.9km，盾构区间划分为三个标段（分别为"盾构施工 1"、"盾构施工 2"、"盾构施工 3"标段），其余区间按矿山法、明挖法和高架区分，并分别与相邻的车站组成各个标段。

（2）施工合同采用灵活的合同类型。

1）"盾构施工1"标段采用"设计—施工平行"承包模式。根据该标段的实施情况分析，由于盾构工程的特殊性和复杂性，"设计—施工平行"承包模式极易造成由于设计图纸与现场施工情况不符，或承包商对工程量清单、图纸等理解上的差异而引起频繁变更，会影响工程的顺利进行，尤其不利于对投资和进度的有效控制。

2）部分工程分项采用"设计—施工"总承包方式。如在"盾构施工2"和"盾构施工3"标段采用"设计—施工总承包"模式，施工承包商承担设计任务，将设计经业主方同意后分包给具有相应资质的单位。

3）从总体上说本工程施工合同采用单价合同形式，但单价合同中有总价分项。如某车站挡土墙维护结构工程就采用总价形式。

4. 物资采购合同策划

（1）采购模式。由于本工程的工程量巨大，物资供应难度大，为保证工程建设所需物资的质量和及时供应，业主首先根据物资采购的主体和资金来源等因素，将采购分为三类：

1）业主方采购的物资（甲供），主要包括：钢材、水泥、防火材料、装饰与安装的主材、风水电设备、车辆段设备、专业系统设备（通信系统、供电系统、ATC系统、FAS系统、BAS系统、AFC系统等等）。

2）业主控制，承包商采购的物资（甲控乙供）包括：混凝土及外加剂、锚具、支座等。

3）承包商自行采购物资（乙供）包括：除上述两种外的材料以及施工中需要的机械设备等。

在该工程中，各个标段的土建承包商用的混凝土由业主统一采购供应，业主还要负责向混凝土供应商和土建承包商供应水泥，而混凝土中的外加剂由业主控制，混凝土供应商采购，这样就土建工程施工形成复杂的采购合同关系（图6-2）。

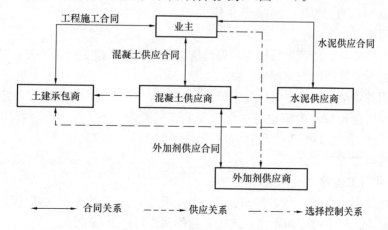

图6-2 材料采购和供应关系图

（2）采购合同设计。按照业主的总体实施策略，同时保证业主对工程施工和供应的有效控制，必须独立设计混凝土供应合同、外加剂供应合同和水泥供应合同。

这三种采购合同之间有复杂的相关性。在合同策划过程中，土建施工、混凝土供应、水泥供应和外加剂供应合同之间须有良好的接口，以保证整个施工和供应过程的顺利连接。

四、管理成效

在工程结束后，业主分别邀请施工承包商的项目经理、供应商进行合同后评价。综合工程的实施状况和他们对这种供应模式的评价，这种工程的主要材料由业主集中供应的模式与由各个标段的施工承包商分别采购模式相比，主要有如下优点：

（1）由于业主是政府下辖单位，由业主对混凝土和水泥的供应实行统一计划、采购、检验、储运、配送，对工程材料物流过程实施统一监控，有效地保证了业主对于工程质量的控制，防止假冒伪劣材料的流入，从而保证了工程质量。

（2）业主统一采购，形成大批量的材料采购，比每个标段承包商分别采购降低了材料价格，可以优选供应厂家和运输方案，从而降低采购成本。

（3）能保证按时、按质、按量、经济合理地组织材料供应，全方位地满足工程建设施工和管理的需要，能保证工程进度计划的实现。

（4）推广使用商品混凝土，避免现场搅拌混凝土，对环境保护起到了一定的作用。

（5）由业主统一采购材料，有助于工程投资的科学管理，提高资金的使用效果，保证工程资金的专款专用。

第三节　工程项目资金管理

案例一　某教学楼工程项目资金管理案例

一、项目概况

上海某大学教学楼工程，建筑面积 34938m²，结构形式为框剪结构为合同总造价为11860 万元。工程合同开工 2009 年 10 月 15 日，实际开工 2010 年 01 月 10 日，合同竣工2012 年 4 月 20 日，计划竣工 2012 年 3 月 30 日。

二、工程特点

公司确定的项目资金管理目标为：保留资金的余额，不超支；保证按合同进行相关款项的支付；按时、足额回收工程款。

公司采用的资金管理模式为：公司设立内部银行，资金统一管理，以收定支。项目部收款交存公司内部银行，内部银行按每次所收工程款的 4.5％扣除管理费用，按收款的3.3％扣缴税金，剩余款项记入项目内部银行账户，作为项目部可支配资金。

三、过程与方法

1. 及时回收工程款

项目部统计部门及时、完整的向监理、甲方上报当月工作量，完成工程进度款的申报，并催促业主在规定时间内审定，为工程款的回收提供可靠依据。

项目部商务部门及时解决涉及工程合同条款的争议问题，做好洽商、索赔等的确认工作，及时回收这部分工程款。

2. 付款全过程控制

（1）制定资金计划。工程中标后，由公司组织项目部，并由项目部成员针对本工程编制工程项目管理策划，其中涉及各种资金支出的详细列支计划，项目施工过程中，每一项支出原则上不超出资金计划。

（2）严格控制分包款支出。首先，所有分包合同款项的支出总额不超过项目资金计划，支付比例都要低于总承包合同进度款支付比例；其次，根据当时专业分包和劳务分包的市场竞争情况，严格分包款项的审批程序，尽量压低分包付款比例，适当延长分包支付周期，以保证项目资金流的畅通。

（3）每月制定资金计划。由项目部各部门依照实际情况、合同约定、工程部位等提交资金计划：材料部门按进料计划、材料合同制定材料付款计划；统计部门按照工程实际部位，结合合同约定付款条款，提出分包付款计划；劳务部门按实际完成工作量及合同约定的比例，制定劳务费支付计划；行政部门按月制定管理人员工资、办公费、招待费等支出计划。经财务部门汇总，交项目经理审批后，报送公司财务部及公司领导审批，项目部按批准的计划具体贯彻实施。

充分考虑资金支出的特殊情况，如遇节假日或者分包款结算高峰时期等，应区别对待，提前安排一定量的、应急性的资金支出，制定专门的资金计划。

3. 加强大额款项支出管理

（1）加强物资采购计划与施工进度计划的协调性管理，准时、限量采购，避免存货积压，占用资金。

（2）加强分包管理，防止分包款项支付失控。项目建立健全分包工程结算台账，核实分包单位完成的工作量及质量安全等情况，为支付工程款提供准确依据。

4. 及时总结，节点控制

项目资金分析是经济活动分析的重要内容。项目部每月对资金计划的执行情况、资金回收及支出情况进行总结、分析，及时发现项目部资金管理中存在的问题。整理计划外资金支出的原因，对于费用方面的支出及时与策划进行比对，超出资金计划应及时向项目部领导汇报并采取节约措施。

5. 公司总部对项目部的资金管理

（1）绩效考核制度。公司每季度对项目部进行经济及管理考核，将资金回收、资金管理水平、内行存款情况作为考核的一项重要指标，从另一个角度加强项目部的资金管理。

（2）内部银行存款计息。公司为鼓励项目部加强资金管理，对项目部在内行的存款及贷款，比照同期银行存贷款利率计息。

四、管理成效

项目部制定资金管理流程，并严格贯彻实施，工程自开工，能够按时足额回收工程款，资金支出有条不紊，及时发现资金管理问题，及时更正，提高了资金的使用效率，内部银行存款始终保有一定的余额，没有发生任何诉讼事件。

案例二 某展览馆工程项目资金管理案例

一、项目概况

某展览馆工程是某市的标志性工程，由于承包商在该市承担的若干工程树立了施工企业良好的品牌形象，2008年年底和2010年6月又相继以BT方式承揽了该市的展览馆和体育场两个工程。

展览馆项目的业主是市人民政府，建筑总面积约 6.6 万 m²，结构类型为框架钢结构，工程合同总造价 5.1 亿元。该工程于 2008 年 10 月 16 日开工，2010 年 11 月份竣工。

二、工程特点

展览馆项目采取 BT 模式建设，即：由承包商总承包投资修建，发包人（市政府）分阶段连本带息对工程进行回购。项目投资利息以中国人民银行发布的同期贷款基准利率上浮 2.5％计算，利息自资金投入之日起计算，按季支付。

按照甲乙双方 BT 协议规定，对乙方投入的工程款，从工程竣工之日起分四次还本付息。截止 2010 年 12 月甲方已按合同约定支付了二次工程款，合计收回工程款 28100 万元及相应利息 1800 万元。剩余工程款收款日期分别为 2011 年 11 月和 2012 年 11 月收回。

三、过程与方法

该项目资金管理采取了以下措施与方法：

1. 科学设定分包合同中的资金条款

紧紧围绕总包合同收款日期，签订分包合同的工程款付款日期，确保先有收入来源，后有资金支出，形成一个可循环的资金链。由于承接的是 BT 项目，资金是由公司自行筹集，那么签订分包合同时，在"工程款支付方式"这一条款中，对不同的分包项目签订不同的付款方式。如劳务合同的付款方式是按照每月实际完成工程进度部位并验收合格支付不低于 80％的劳务费，确保劳务费不拖欠；专业分包合同的付款方式是先支付 20％～30％工程预付款，根据总包合同的收款日期确定后几笔付款日期，从而减少公司垫资的资金压力。

2. 实施严格的资金计划管理

每季度编制一次资金计划，每月再按照实际完成情况编制月度资金计划，在编制资金计划时由预算部、工程部、财务处等几个部门共同制定，具体编制资金计划流程是：首先，由工程部按照生产计划提供季度或月度各分包单位预计完成情况，然后由预算部门按照工程部提出的计划，估算出各分包项目完成产值情况，最后由财务部门根据预算部门提供的资料，根据分包合同相关付款条件，编制季度或月度资金计划，上报公司财务处。当资金下拨后，不是盲目的按照资金计划全额支付，而是要看各分包单位是否保质、保量按照生产计划完成各自的工作量，按照实际完成情况予以付款。

3. 充分利用有限资金，实现资金统一管理

充分利用现有资金，组织、计划、协调资金的合理使用。展览中心项目工程投入资金来源较为复杂，既有公司内部借款、还有银行专项借款，再加上按 BT 合同约定到期应收回的工程款，对这些资金来源实行集中管理，即：由公司财务部门统一管理资金，根据项目编制的资金计划，按照时间顺序或可能存在财务风险程度安排支付日期，使资金流出得到有效控制，既降低了财务风险程度，又达到了降低成本的目的，确保了资金使用的良性循环。例如：对于劳务分包，严格执行合同约定，想尽一切办法筹措资金，按期足额支付农民工工资，绝不拖欠，营造出一个和谐稳定的施工环境。而对于专业分包项目，我们要考察分包单位，在货比三家后，选择资金实力强、信誉好的厂家，这样在签订合同时采用债务法延长付款期限，使银行贷款额度和公司垫款的资金减少到最低，利用资金收与支的时间差，发挥资金的最大效用，这在 BT 工程项目中得到了充分体现。而对于向银行贷款的资金，由于资金管理到位，资金计划编制合理，资金管理得到有效控制，8000 万元的

银行贷款提前一个月还款，节约贷款利息 36 万多元。

通过项目资金集中管理与有效控制，保证施工生产顺利进行，既缓解资金压力，又降低了财务风险，达到了降低成本的目的，确保工程有较高的利润点。

4. 加强监控力，健全内部约束机制

严格执行总承包资金管理制度及施工项目资金管理办法，定期编制年度、季度、月度资金收支计划及年度预算费用计划。在此基础上健全内部资金管理审批程序，项目资金管理由项目部领导班子共同参与，制定资金分配方案和资金收支计划，最终由财务部门审核并实施。

四、管理成效

通过对项目资金进行有效的管理，已完工的展览中心 BT 工程项目中取得了良好的成效，将近 6 个亿的工程，通过合理有效的资金管理措施，最终只占用企业内部资金 1.8 亿元的资金，该工程就顺利竣工，且在整个施工过程中没有出现过任何经济纠纷事件。工程款回收率达到 100%。工程利润率为 5.1% 左右，投资利润率占工程总造价的 4% 左右。

通过该项目资金的有效管理，得出如下经验：

（1）实行资金集中管理。资金是企业和项目的血液，要加快血液的流动性，减少资金的分散占用和在局部的沉淀。

（2）财务管理要以资金管理为核心，资金管理要以资金流管理为中心，资金流管理要以工程款回收管理为中心。

（3）要将项目资金管理形成制度化，始终贯穿于整个施工过程中，要做到收入有来源，支出有计划，严格实行收支两条线管理。

（4）预算管理是资金管理的基础，有效的资金预算管理能提高企业和项目经理部的资金使用效率。

（5）在 BT 模式或其他相关的模式中，紧紧围绕资金管理创利润，这是提高企业和项目管理水平的方向。

（6）充分发挥财务管理监督职能，杜绝一支笔现象发生，坚持集体决策原则，确保资金流向与控制不脱节，从而降低财务风险。

案例三 某医院门诊楼工程项目资金管理案例

一、工程概况

武汉某医院门诊楼工程建筑面积 40266m²，结构形式为框架剪力墙结构，地下 4 层，地上 5 层，合同总造价为 16575 万元（其中：土建 10730 万元，水电 3493 万元，暂估项 2352 万元）。合同开工 2009 年 3 月 23 日，实际开工 2009 年 5 月 23 日，合同竣工 2011 年 3 月 26 日，计划竣工 2011 年 9 月 30 日。质量标准为结构楚天杯，争创鲁班奖。

二、工程特点

该医院门诊楼属于国拨资金工程项目。业主预付工程备料款 30%，每月按批复工作量的 85% 拨付工程款。所有支付款项达到 50% 时，开始按支付进度分期扣回备料款。

公司对资金实行集中统一管理，工程收款进入公司账户，并按项目收回资金扣除 18.3%（管理费 15%，应负担营业税金及附加 3.3%）上交公司，剩余资金由项目部根据实际需求安排使用。

三、过程与方法

1. 制定切实可行的施工策划

依据工程工期短、施工技术要求高、工地周围环境复杂，以及市场大宗材料价格预计走势等等情况，在充分研究分析的基础上，进行详细的前期策划，编制成本计划和总体资金预算方案。

2. 全员参与编制每月资金收支计划

在整体成本计划和资金预算下，逐月细化预算安排。每月下旬由生产部门提出下月预计施工部位，据此由商务、材料、人力、财务等部门分别按合同要求细化制定资金收支详细计划，落实工程款预算收入项目，认真分析资金支出项目，量入为出，力争既满足施工生产的需要，又减少资金的压力，达到收支平衡。

3. 加强资金使用过程监控

严格执行公司汇签审批流程支付资金，针对需要变动的资金计划，根据实际经营情况作出相应调整。

(1) 资金支付监控

在采购过程中，有针对性地收集大宗材料、设备采购等资源信息，在保证质量的前提下，尽可能集中采购，货比三家择优采购；其次是合理组织运输，就近购料，选用最经济的运输方式，以降低运输成本，合理确定进货批量与批次，尽可能降低材料储备，减少资金占用，达到合理降低成本控制资金的目的。我们利用项目前期备料款充足的条件，对于价格涨幅较大的大宗材料，如钢筋，在资金相对宽裕时，对市场上钢材价格走势进行了研究，在价格低时趸存大批钢材，降低了工程成本，另外，部分材料采购采取现付制，降低了材料的采购成本，对于价格浮动不大的商品，适度负债赊购材料，发挥财务杠杆的作用。

按公司的规定严格分包合同的签订，分包单位进场收取安全保证金，并登记台账管理，支付分包工程进度款时，经生产部门确认工作部位，质量部门确认施工质量是否符合工程要求，商务部门计算出相应工作量后，财务部按合同付款条款向公司申请予以资金支付，项目各部门层层把关。

对于检验试验费用等，项目发生的其他零星支出，经相关部门核对费用项目后，财务人员要逐项核对其金额，把好资金支付的最后一关。

工程施工过程中遇到其他不可控的因素，如扰民费支出，在进行资金管理时，深入了解实际情况，提前与各方做好沟通工作，避免由于矛盾激化造成更大损失，并对此及时与甲方进行工作沟通，争取取得对应收入。

(2) 及时核对内外账务

每月与内部银行对账，及时检查银行存款的余额，按季度与厂家核对累计到货额，及累计支付资金，对内部单位欠款及时核对、清理，对已完工的分包工程，催促商务部门尽快进行结算，做到债务清晰。

四、管理成效

(1) 财务部门要建立工程款审批支付明细台账，并对每笔业务发生时间、内容、金额心中有数；对于已发生的没有对应收入的支出，财务部门要及时与商务部门取得联系，落实好工程款专人负责催收，以便项目能够及时收回工程款。

（2）对日常经营费用支出，应依照前期策划进行控制，项目财务人员定期向项目领导汇报经营费用支出总额，让领导对经营费用的总体使用情况清楚，减少不必要的经营支出，争取使用有限的资金发挥最大效能。

（3）在资金支付时，项目应按合同约定的条款限额支付欠款，资金紧张时，尽量赊购材料，降低资金压力。支付时如有需超出合同额部分支付资金的情况，如分包工程，待分包工程结算审批完毕，按合同约定支付，避免超额支付。

第四节　工程项目索赔管理

案例一　某商业中心工程索赔管理案例
一、项目概况

A 房地产开发有限公司对其开发建设的"星海商业中心工程"进行施工招标，经评标程序，确定 B 建筑有限责任公司中标。该商业中心工程为底下 3 层地上 4 层，建筑面积 $112167m^2$（后变更为地上 6 层，增加建筑面积 2 万 m^2）的混凝土框架剪力墙结构，合同价格为固定总价 1.62 亿元（中标价为主体工程，不含装饰装修和设备安装工程），开工日期为 2006 年 9 月 20 日，竣工日期为 2008 年 3 月 19 日，施工总日历天数为 546 天。双方于 2006 年 9 月 10 日按照 GF-1999－0201《建设工程施工合同》范本签订了合同（以下简称《施工合同》），并于同日到建委办理了合同备案手续。

二、工程特点

2006 年 9 月 20 日，B 建筑公司依约组织人员进场施工。在施工中出现了以下情形：

（1）由于施工现场原有住户拒绝拆迁，监理工程师下令停止土方开挖施工，直到 2007 年 6 月 10 日才具备土方开挖条件。

（2）2007 年 7 月 20 日土方开挖完毕，A 开发公司又向 B 建筑公司发出了变更设计规模和标准的通知书，将楼层增加 2 层，增加建筑面积近 2 万 m^2，由于是边设计、边报批、边施工，2008 年 9 月 5 日 A 开发公司才获得变更后的《建设工程规划许可证》，同年 12 月 5 日 A 开发公司才将变更后的完整施工图纸交付给 B 建筑公司。

（3）2009 年 3 月 17 日在完成地下 2 层地板施工后，A 开发公司又发出了变更指令，要求将地下 2 层以上每层高度由原来的 4.35m 变更为 4.80m，同时发来了设计草图，并称设计变更很快会获得批准。B 建筑公司为了不耽误工程进度，就根据变更指令和设计草图将地下 2 层顶板按照 4.8m 进行了模板支护和钢筋绑扎，监理工程师也予以隐蔽工程验收，但由于没有合法的设计变更图纸，为了慎重起见，B 建筑公司拒绝浇筑混凝土，工程被迫于 2009 年 4 月 20 日停工。

由于 A 开发公司迟迟不能提供建筑层高变更的合法设计图纸和变更规划批准文件，B 建筑公司见复工遥遥无期，且停工造成的损失还在不断扩大，就提出了多项停窝工索赔。A 开发公司对 B 建筑公司的索赔不予确认，为此，B 建筑公司于 2009 年 7 月 22 日按照合同约定的仲裁争议条款向某仲裁委员会申请仲裁。在仲裁请求事项中，B 建筑公司提出了以下索赔事项：要求 A 开发公司支付不能按时提供施工场地、不能按时提供变更图纸等给 B 建筑公司造成的停窝工损失 5141 余万元，同时请求工期相应顺延。即发包人造成承包人停窝工损失的索赔。

三、过程与方法

1. 仲裁案件庭审情况

B建筑公司在仲裁申请书及代理意见中称，其在三个阶段发生的停窝工损失，都是由于A开发公司过错造成的：

第一阶段是A开发公司拖延提供施工场地导致开工延期。B建筑公司从2006年9月20日就组织人员、机械设备和物资材料进场施工，因场地拆迁受阻，直到2007年6月10日才具备全面土方开挖条件，导致停窝工近9个月，为此计算停窝工损失费合计1079余万元。

第二阶段是A开发公司延期提供完整施工图纸导致停窝工。B建筑公司从2007年7月20日土方开挖完毕起，因A开发公司发生增加楼层和建筑面积等重大设计变更，直到2008年9月5日才获得变更后的《建设工程规划许可证》，2008年12月5日A开发公司才将变更后的完整施工图纸交给B建筑公司，导致B建筑公司不能按照合同约定的进度计划正常组织施工，停窝工达16个半月，为此计算停窝工损失费合计2609余万元。

第三阶段是A开发公司不能提供变更楼层高度的合法图纸导致停工。B建筑公司从2009年4月20日全面停工起至申请仲裁之日的2009年7月23日止，停工达3个月，计算停窝工损失费合计1453余万元。而且仲裁期间若不能恢复施工，停工损失将继续扩大。

A开发公司答辩称：本案工程虽然局部拆迁滞后，但大部分场地已经平整完毕，基槽开挖没有受到太大影响；本案工程虽然发生了增加面积的设计变更，但报批期间也陆续提供了设计草图给B建筑公司指导施工，工程也没有实际停工；A开发公司下发变更建筑层高的指令后，B建筑公司也已经完成了模板支护和钢筋绑扎，并经过隐蔽工程验收，可以进行浇筑混凝土的施工。所以B建筑公司没有完全停工，而且在此期间B建筑公司从来没有提交过停工报告、索赔报告及相关资料，因此不存在停工和费用索赔问题。

2. 仲裁案件审理结果

本案索赔争议的焦点问题在于：停窝工的原因和责任在谁；如何确定和计算B建筑公司停窝工损失及费用。

仲裁庭经过审理后认为，本案工程停窝工的原因和责任是比较清楚的，B建筑公司提供的证据充分证明A开发公司确实存在施工现场移交迟延、重大设计变更后的施工图纸交付延迟、缺乏合法依据强令变更建筑层高等行为，该行为必然导致工程停滞及窝工，所以A开发公司应当对本案工程的停窝工损失承担责任。

但是，仲裁庭在认定B建筑公司提出的停窝工损失计算方面，却出现了困难：

第一，由于每一次出现停窝工情形时，B建筑公司并没有按照合同约定的程序提交停、复工报告，其在仲裁申请书中提出的停、复工的日期都是事后推导出来的，而且相关施工资料还显示其间仍有施工活动。所以仲裁庭无法准确计算每次停窝工的实际天数；

第二，由于B建筑公司每次停窝工时都没有提交和留存相关索赔证据，其作为计算停窝工损失的现场人员、架模具及大中型施工机具设备数量的索赔清单都是事后编制的，缺乏真实性和有效性，而且A开发公司对该损失不予认可。所以，直接采用B建筑公司事后编制的索赔清单来计算停窝工损失的依据，尚缺乏合理性与有效性。

最终，鉴于 A 开发公司在工程基槽开挖现场移交迟延、施工图纸交付延迟、缺乏合法依据强令变更建筑层高等行为确实影响了 B 建筑公司的施工进度和必然会造成停窝工损失等情形，仲裁庭是按照自由裁量的原则酌情支持了 B 建筑公司的部分停窝工损失及调价请求。

3. 案件问题分析

虽然仲裁庭基于 A 开发公司明显的违约事实，裁决支持了 B 建筑公司的部分停窝工损失，但相比照 B 建筑公司的请求数额以及实际损失而言还有相当大的差距。仲裁裁决结果没有达到 B 建筑公司的预期目的，究其原因，主要是 B 建筑公司在索赔情形出现时出现了下列错误，导致索赔证据不足：

（1）没有及时固定索赔证据

本案在施工过程中，发生了三次因 A 开发公司的原因严重影响施工进度的事件，即：因拆迁受阻，导致在合同约定开工期限后近 9 个月才将全部施工场地移交给 B 建筑公司；因增加楼层和建筑面积等重大设计变更，导致 B 建筑公司直到 16 个半月后才拿到完整施工图纸；因 A 开发公司变更楼层高度却不能提供合法图纸，最终导致停工。

按照施工合同约定，"因发包人原因造成停工的，由发包人承担所发生的追加合同价款，赔偿承包人由此造成的损失，相应顺延工期"；"因发包人原因不能按照协议书约定的开工日期开工，工程师应以书面形式通知承包人，推迟开工日期。发包人赔偿承包人因延期开工造成的损失，并相应顺延工期"；"因变更导致合同价款的增减及造成的承包人损失，由发包人承担，延误的工期相应顺延"。由此可以看出，施工合同中对于发包人义务及其违约责任的约定是十分清楚的。所以，在 A 开发公司的违约事实清楚的情况下，B 建筑公司具备了提出索赔的条件。

根据施工合同约定，当一方向另一方提出索赔时，要有正当索赔理由，且有索赔事件发生时的有效证据。但是，在上述三个严重影响施工进度的事件发生期间，B 建筑公司并非始终处于全面停工状态，而是出于边施工边等待图纸和施工条件的时断时续的窝工状态。而当每次出现不能正常施工的情形时，B 建筑公司都没有采取措施将停工、复工的日期固定下来，也没有收集和申报现场实际停窝工的人员、机具数量等原始证据，使得其事后编制的停窝工损失清单缺乏真实性。

（2）没有按照约定的程序提出索赔

按照本案施工合同约定，因发包人的责任造成工期延误和（或）承包人不能及时得到合同价款及承包人的其他经济损失时，承包人可按下列程序向发包人提出索赔：

1）在索赔事件发生后 28 天内，向工程师发出书面索赔意向通知；

2）在发出索赔意向通知后 28 天内，向工程师提出延长工期和（或）补偿经济损失的索赔报告及有关资料；

3）按照工程师的要求，进一步补充索赔理由和证据；

4）工程师在收到承包人送交的索赔报告和有关资料后 28 天内未予答复或未对承包人作进一步要求，视为该项索赔已经认可；

5）当该索赔事件持续进行时，承包人应当阶段性向工程师发出索赔意向，在索赔事件终了后 28 天内，向工程师送交索赔的有关资料和最终索赔报告。

但是，由于 B 建筑公司在上述三个索赔事件发生后，并没有按照约定的程序提出索赔主张，使得其在事后单方面编制的索赔资料得不到 A 开发公司的承认。正是由于 B 建筑公司在索赔事件发生后没有固定索赔证据，没有按照约定程序提出索赔，使得曾经对 B 建筑公司有利的索赔条件丧失殆尽，最终导致索赔没有达到预期目的，B 建筑公司对此只能自吞苦果。

四、管理成效

通过本例，承包人索赔有如下经验和建议：

1. 牢固树立和强化索赔意识

承包人合理、合法、及时提出索赔，不仅能够获得在合同履行过程中以及竣工结算谈判时的主动权，还可以弥补在投标报价、人工材料涨价以及施工管理过程中造成的损失，同时也能促使发包人更加自觉履行合同。所以，树立和强化索赔意识，敢于和善于索赔，是承包人管理科学化、规范化的具体体现，最终会得到发包人和社会各界的尊重和赏识。

2. 及时进行索赔

在建设工程施工合同中，往往都有索赔条款，其中约定了具体的索赔事项、索赔程序和索赔时限等内容，一旦发生索赔事件，承包人就应当及时按照合同约定提出索赔，并办理相关资料的签证，避免因超出约定时限而丧失索赔权利。

案例二　某住宅楼工程索赔管理的案例

一、项目概况

2008 年 4 月，A 建筑公司承包了 8 栋住宅楼工程的施工任务。A 建筑公司项目经理将 8 栋住宅楼工程的主体结构的劳务作业任务分包给了刘某，双方以每栋楼为一个计量单位签订了 8 份劳务分包合同，合同总额 547 万元。刘某签订合同后，又将其中编号为 1#、2#、3# 楼（合同总额 235 万元）劳务合同的作业内容以 3 份《施工任务书》形式转包给了王某，但该 3 份《施工任务书》的劳务费总额只有 96 万元。王某获得三份《施工任务书》后，又将其分别转包给三个施工班长。该三个施工班长获得的三份《施工任务书》的劳务费总额只剩下 76 万元。

施工过程中，刘某以王某组织施工不力为由，中途解除了与王某签订的《施工任务书》，将已完劳务作业量的劳务费用合计 52 万余元结算给了王某，王某在签署结算单和收款收条后离开了工地。随后，刘某又将该三份尚未完成的《施工任务书》直接交给了王某原来带领的三个施工班长继续施工。在 1#、2#、3# 楼主体结构工程完工后，刘某与三个施工班长分别办理了合计 36 万元的劳务结算书，三个施工班长也签署了收款收条。至此，刘某累计向王某和三个施工班长实际支付劳务费合计 88 万余元。

在其余住宅楼工程还在进行主体结构施工时，A 公司项目经理接到上级通知：要求项目经理部做好各项准备工作，迎接当地建委组织的安全文明施工大检查。A 公司项目经理因担心违法使用劳务队伍的事情暴露，就让刘某找一个有资质的劳务公司来完善原先签订的劳务合同。

刘某找到 B 劳务公司，双方签订了内部承包合同，其中约定：B 劳务公司从每份劳务合同中提取 8% 的管理费后，其余费用都由刘某支配，劳务作业人员全部由刘某自行组织。随后，刘某以 B 劳务公司的名义与 A 建筑公司又补签了 8 份劳务作业分包合同，新补签的合同在承包内容及合同金额上都与原先合同一致，并在建设行政主管部门进行了备案。刘某也被 B 劳务公司任命为派驻该施工项目的施工负责人，全权负责该 8 份劳务合同的履行。

二、工程特点

索赔事件过程具有如下特点：

2009 年 11 月，本案 8 栋住宅楼工程竣工验收后，A 建筑公司与 B 劳务公司就总额为 547 万元的 8 份劳务分包合同进行了全额结算，双方对结算金额无异议。同时，A 建筑公司和 B 劳务公司还签署了《合同履行终止协议》，其中载明："双方所签 8 份合同权利义务已履行完毕。合同终止"。A 建筑公司、B 劳务公司及刘某都在结算书和协议书上签字、盖章。

工程竣工不久，王某获得了刘某属于挂靠在 B 劳务公司名下承揽工程的证据，就带领三个施工班长找到刘某，表示原先按《施工任务书》支付的劳务费太低，要求按照 1♯、2♯、3♯楼三份劳务合同价格即 235 万元的标准补偿劳务费。在遭到刘某的拒绝后，王某就带领 100 余名农民工到政府相关部门集会，并扬言要游行。在有关部门多次协调不成的情况下，王某拿着有 167 名农民工（包括其本人及上述三个施工班长）签名并公证的公证书，于 2008 年 3 月以 167 名农民工的名义，将 A 建筑公司、B 劳务公司及刘某等一并起诉到某基层人民法院，要求前述三个被告人按照 1♯、2♯、3♯楼三份劳务合同价格即 235 万元的标准支付被拖欠的"农民工薪金"劳务费合计 147 万余元及逾期付款利息。即以"农民工讨薪"名义向施工企业索赔劳务费的案例

三、过程与方法

1. 案件审理及判决情况

王某等 167 人的起诉理由是：第一，刘某是挂靠在 B 劳务公司名下与 A 建筑公司签订的劳务合同，根据我国建筑法的规定，该挂靠及借用资质行为签订的合同无效；第二，刘某以《施工任务书》形式将劳务分包合同再次转包给王某及其三个班长行为无效，该《施工任务书》不能作为结算劳务价款的依据；第三，1♯、2♯、3♯楼三份劳务合同都是王某及其雇佣人员实际完成的，因此该三份合同总额 235 万元的劳务合同才是与王某等 167 人进行结算劳务费用的依据；第四，刘某收取劳务结算价款后，仅支付了 88 万元劳务费，拖欠"农民工薪金"劳务费合计 147 万余元（235 万元－88 万元＝147 万元）；第五，A 建筑公司和 B 劳务公司在劳务分包过程中均有过错，应当对刘某拖欠劳务费的行为承担连带责任。

刘某辩称：刘某与王某及其三个施工班长之间签订的《施工任务书》是有效的，已经履行和结算完毕，也按照约定全额支付了劳务费，不存在拖欠劳务费问题。劳务作业人员是王某自己雇用的，工资问题应当由王某自行解决。

B 劳务公司辩称：B 劳务公司收到 A 建筑公司支付的全部款项并按照内部承包协议扣除管理费后，其余款项都付给了刘某，不存在拖欠和克扣农民工工资问题。工程所需劳务人员都是刘某自己找的，与 B 劳务公司没有劳动合同关系。

A 建筑公司辩称：A 建筑公司与 B 劳务公司签订的劳务合同是经过备案的有效合同，而且 A 建筑公司按照劳务分包合同全额支付了劳务费，不存在拖欠款问题，不应当对刘某与王某等 167 人之间的劳务费争议承担任何责任。

本案历时两年多，经历了一审判决、二审发回重审、一审再判决、二审终审判决等程序，于 2012 年 3 月作出二审终审判决。二审法院认为：刘某挂靠在 B 劳务公司名下承揽

劳务工程的行为属于借用资质承揽工程的行为，依法认定无效；王某等167人是该1#、2#、3#楼三份劳务合同的实际施工人，因此B劳务公司应当按照该三份合同总价款235万元对王某等167人进行结算，减去已支付的88万元，尚欠147万余元；A建筑公司和B劳务公司允许刘某借用资质挂靠承揽工程，违反建筑法强制性规定，且未能保证刘某将劳务费余款支付给王某等167人，应当对刘某拖欠劳务费行为承担连带责任。二审法院终审判决要点为：

（1）刘某以B劳务公司名义与A建筑公司签订的劳务合同无效；

（2）刘某应向王某等167人支付剩余劳务费147万元；

（3）A建筑公司和B劳务公司对刘某拖欠款行为承担连带责任。

终审判决生效后，王某等人申请强制执行。因刘某和B劳务公司没有可供执行的财产，法院就直接从A建筑公司账上划走了147万元。本案给A建筑公司造成了巨大损失。A建筑公司正在进行艰难申诉。

2. 问题分析

在此对C建筑公司以及B劳务公司在已付清全部劳务费之后仍然还要承担付款连带责任的深层原因进行剖析。

（1）A建筑公司在劳务分包方面存在错误，是导致其承担法律责任的根源。根据我国《建筑法》的规定，从事建筑活动的主体只能是依法取得相应资质等级证书的企业或者单位，我国法律是禁止以个人名义从事建筑活动的。A建筑公司的项目经理明知相关法律规定却仍然与刘某签订劳务分包合同的行为，以及刘某又将劳务合同以《施工任务书》的形式层层转包，劳务费用被层层克扣的事实，才导致本案纠纷的发生。《建筑法》第二十九条规定："禁止总承包单位将工程分包给不具备相应资质条件的单位"。因此，A建筑公司违反法律强制性规定与刘某签订劳务分包合同的行为，是导致其承担法律责任的根本原因。

（2）A建筑公司疏于对劳务作业人员进行管理，是导致其承担法律责任的直接原因。刘某先前是以个人名义与A建筑公司签订的劳务分包合同，并非代表B劳务公司。因此，A建筑公司与刘某签订非法劳务分包合同及其实施劳务作业的行为，可以视为A建筑公司与刘某及其带领的众多农民工之间形成了事实上的劳动关系。但是，由于A建筑公司对劳务队伍疏于管理，没有发现劳务分包合同被层层转包、劳务费用被层层克扣的情形，也没有与农民工签订劳动合同，因此在诉讼中，A建筑公司无法说明以低于劳务分包合同价格139万元（235−96＝139）的差价签订三份《施工任务书》的合理性，也无法证明每一名农民工的工资标准是多少，更无法证明是否拖欠每一名农民工的工资。在这种情形下，根据王某及其三个施工班长只领到88万元的事实，法院参照A建筑公司与B劳务公司签订的劳务分包合同（也是与刘某签订的合同）的价格来处理王某等167人提出的工资或劳务费用争议具有其合理性。因此，法院判决A建筑公司对付款承担连带责任也就成为必然。

（3）B劳务公司允许刘某挂靠，是导致其承担法律责任的根本原因。根据我国《建筑业企业资质管理规定》，只有取得劳务分包资质的企业才能承接施工总承包企业或者专业承包企业分包的劳务作业，禁止以个人名义承揽劳务作业任务。但是，当前许多劳务公司为了减少自身管理成本，并不会常年雇用大量工人，往往都是在接到任务后临时招聘工人，或者接受具有一定规模的包工头的挂靠完成劳务作业。因此，劳务公司出借资质、允许挂靠的情形就不可避免。《建筑法》第二十六条规定："……禁止建筑施工企业以任何形式允许其他单位或者个人使用本企业的资质证书、营业执照，以本企业的名义承揽工程"；《最高人民法院关于审理建设工程施工合同纠纷案件适用法律问题的解释》第一条规定："建筑工程施工合同具有下列情形之一的，应当根据合同法第五十二条第（五）项的规定认定无效：……（二）没有资质的实际施工人借用有资质的建筑施工企业名义的"。因此，劳务公司出借资质、允许挂靠的行为一旦被发现，就会被认定是违法分包，必然导致合同无效。而且该行为也将被视为与全体农民工之间形成了事实上的劳动关系。当 B 劳务公司疏于劳资管理，不能证明已经向每一名工人发放工资，不能证明每一名工人都得到了合理报酬的情况下，法院判决 B 劳务公司对于付款承担连带责任也就成为必然。

四、管理成效

通过本例，承包人索赔有如下的经验和建议：

（1）合法订立劳务分包合同。施工企业在签订劳务分包合同之前，应当严格审查劳务公司的资质，根据劳务资质类别和等级签订相应的劳务分包合同，防止因无效合同而导致的索赔事件发生。

（2）对违法劳务分包合同进行合法处置。《劳动合同法》第七条规定："用人单位自用工之日起即与劳动者建立劳动关系"。因此，若施工企业已经与包工头个人签订劳务分包合同且实施，并且仍然需要这批劳动力进行施工的，就一定要尽快对这批劳动者的劳动关系进行合法化处置：第一，尽快终止并结算违法劳务分包合同，监督并保障每一名劳动者能够全额结清工资报酬；第二，要把这些劳动者等同于本单位职工进行管理，及时与劳动者签订"以完成一定工作任务为期限的劳动合同"，并在合同中约定相应的工资标准和待遇；第三，按照规定为每一名劳动者办理相关保险；第四，切实将工资发放到每一名劳动者手中。

（3）建立"恶意索赔"包工头档案。"保护农民工合法利益"是构建社会主义和谐社会和解决民生的法治理念。但现实生活中，少数人恶意索赔的事件屡有发生。因此，施工企业应当加强对劳务队伍信息管理，广泛收集发生过恶意索赔的"包工头"名单，拒绝与此类人员签订合同。

第五节　工程项目技术方案优化与深化设计

案例一　深基坑支护工程方案优化案例

一、项目概况

某深基坑支护工程位于某闹市区，工程±0.00 标高相当于绝对标高 48.46m，主楼及裙房下基础垫层底标高均为 −20.40m，绝对高程为 28.16m，场地标高 48.56～49.23m，平均约 +0.4m，设计基坑开挖深度平均约 20.8m，设计基坑使用年限为 1 年。

二、工程特点

1. 基坑特点

（1）规模大，南北长约 166m，东西宽约 56～68m，基坑周长约为 515m，面积约 10000m²；

（2）开挖深度深，达 20.8m；

（3）基坑周边场地紧凑，其中西侧、北侧及东侧紧贴红线，南侧与已有建筑相距约 4m，周边无施工场地；

（4）基坑周边环境复杂敏感，临近燃气管线、道路及已有建筑；

（5）拟建项目为大型公建，地下结构复杂，主体结构外侧设有多条汽车坡道，坡道基底标高与主体结构基底标高高差较大，从 0～20.8m 不等。

2. 基坑支护深度范围内土层参数

本工程基坑深度范围内土层主要有房渣土层、粉土填土层、粉质黏土层、细砂层、卵石层等。如表 6-2 所示。

基坑支护深度影响范围内土层参数表　　　　　　　　　　表 6-2

土　层	层　厚 (m)	重　度 (kN/m³)	φ (°)	c (kPa)	主动土压力 系数 K_a	被动土压力 系数 K_p
房渣土①1层	1.3	18.5	10	0	0.704	1.420
粉土填土①层	3.0	18.5	8	5	0.756	1.323
粉质黏土②层	3.3	19.2	8	12	0.756	1.323
细砂③层	2.5	20	32	0	0.307	3.255
卵石④层	6.3	20	45	0	0.172	5.828
卵石⑤层	9.5	20	45	0	0.172	5.828

（1）水文地质条件

根据地勘报告及现场实际量测，场区内有一层地下水，为潜水，静止水位标高为 25.19～25.52m，水位埋深为 23.30～23.80m，位于基底以下约 3m 深度，含水层岩性主要为卵石⑤层、细砂⑥层、粉质黏土⑥1层和卵石⑦层，透水性较好。同时，场区内存在局部上层滞水，埋深约 6～14m。

（2）基坑周边环境条件

基坑东侧：距东侧结构约 3.9m 外为现有围墙，围墙外为一条约 4m 宽马路，车流量不大。距北段结构 17m 外为 5 层砖混结构住宅，筏板基础，埋深约 5m；南段结构 25m 外为 20 层剪力墙砖混结构住宅，筏板基础，基础埋深 8m，基坑边坡采用土钉墙支护。基坑东侧距离结构外皮 1.6m 位置埋设有一条燃气管线，燃气管底绝对标高约为 46.85m，影响护坡桩施工。

基坑南侧：基坑南侧 15m 外为正在施工的锅炉房，埋深 11.5m，采用桩锚支护，桩长 16m，锚杆一道，长度 23m；

基坑西侧：西侧二期结构边线距离红线约为 1.10m，距离围挡约 3.79m，围挡外为已有马路，车流量较大。

基坑北侧：基坑的北侧结构边线距离围墙约 3.7m，北墙外为约 6m 宽北营房北街道路，车流量较大，再往北约 10m 为一座 7 层砖混结构住宅，条形基础，埋深 2.10m。

三、过程与方法

1. 原设计情况

招标前业主已委托有资质的设计单位完成基坑支护方案初步设计，将基坑支护工程分成两期施工，一期主要为主体结构部分，二期主要为西侧 4♯坡道部分，一二期分开施工。

一期主要采用"上部 2.3m 砖砌挡土墙＋护坡桩＋三道预应力锚杆支护"方案，护坡桩长度 9～23m 不等，护坡桩直径为 ϕ800mm，间距 1.6m，共计 442 根，护坡桩桩顶位于地面以下 2.3m，桩长 23m，嵌固深度为 5m，桩底低于潜水水位 2m，设计要求护坡桩采用机械成孔作业。二期采用"上部 2.3m 砖砌挡土墙＋护坡桩＋一～二道预应力锚杆支护"方案，护坡桩长度 13.5～19m 不等，护坡桩直径为 ϕ800mm，间距 1.6m，共计 80 根。设计要求二期 4♯坡道施工时，其东侧与主楼外墙之间的土方，按照坡道深度同时挖除。

2. 施工中遇到的问题

(1) 实际地质情况与地勘报告不完全相符

本工程开工后，施工单位进场采用旋挖钻机湿作业工艺选取了两根护坡桩进行机械试钻，试桩设计桩长均为 23m，施工至约 19m 深继续钻进均出现进尺困难。根据地勘报告描述，卵石④层、卵石⑤层一般粒径 2～4cm，而实际据现场试桩过程中钻具携带上来的卵石反映，粒径大于 4cm 以上的卵石含量远超过 20％，很大一部分超过了 10cm，部分卵石甚至超过 20cm，最大达 23cm，导致无法达到原初步设计护坡桩桩长。

考虑到直径 800mm 的旋挖钻机钻头进料口尺寸为 30cm×40cm，钻进 25cm 及以上粒径的卵石进料困难；同时，场区内管线复杂，护坡桩距离设计结构及已有燃气管线较近，机械成孔容易出现意外事故，且桩身垂直度难以保证，影响结构施工；另外，场区周边对文明施工及环保要求较高，而机械成孔噪音较大，且泥浆污染严重。综合而言，本场区不适宜采用机械成孔。

经建设方、监理、专家及施工方共同商讨，现场选取了两根护坡桩（设计桩长 23m）进行人工挖孔试桩，以全面了解本场区地层情况及地下水情况，掌握人工成孔的可能性。人工挖孔均挖至 21m 深度时遇地下水（挖桩作业面为－2.3m），无法继续开挖，深度未达到原设计要求，与设计桩长相差 2m。

考虑到在含水层中继续人工挖孔施工难度大，且危险性高，采用人工挖孔桩工艺施工护坡桩，取代原机械成孔，桩底嵌固按照 3m 考虑（原设计为 5m），依据现场实际情况通过调整预应力锚杆来弥补嵌固的减少，以解决边坡的安全性问题。

(2) 分两期施工不合理

原设计将整个基坑分为一期主体结构与二期 4♯坡道分开施工，存在两个问题：

1) 二期施工时需截除一期已施工的护坡桩，截除长度从 3.7～18m 不等，共计涉及约 70 根桩，造成了巨大浪费，且增加了人挖桩施工的风险。

2) 二期 4♯坡道较窄，最窄处约为 7m 宽，而开挖深度约 11m 深，若单独施工也将面临挖土困难的问题。

因此，原初步设计关于施工的可行性及经济合理性方面考虑欠佳，可进一步优化技术方案。

3. 关键措施

因地制宜优化调整支护结构，较原初步设计更加有针对性，主要体现在以下几个方面：

（1）原设计桩底位于地下潜水位以下的护坡桩，嵌固减少至潜水水面（实际嵌固3m），增加一道预应力锚杆来弥补嵌固不足，保证支护安全。

（2）原设计未考虑结构外坡道较主体结构开挖深度小的影响，外坡道位置均按挖至主体结构深度即20.7m考虑，造成大方量超挖，同时增加了支护费用。

（3）对一、二期交接部位的护坡桩按照二期4♯坡道坡度降低了桩顶标高，避免了后期截桩，减少了一期人工挖孔工作量及锚杆工作量，避免了不必要的危险，大大节省了支护费用。同时也避免了二期较窄引起的后期挖土困难问题，加快了施工进度。

（4）考虑采用人挖桩护坡桩间距由原来的1.6m调整为1.7m，实际桩数减少至369根，较原桩数减少了53根，大大节省了支护费用，降低了成桩风险。

四、管理成效

根据施工现场实际情况，有针对性的进行技术方案优化并通过专家论证，保证了本工程的顺利推进。工程施工过程中施工单位严把质量关，保证了工程顺利通过竣工验收。根据长期位移观测，证实优化后基坑支护体系稳定可靠，同时，本工程支护体系亦通过了冬季及雨季检验，工程质量良好。优化设计具有良好的经济、生态环境和社会效益（图6-3）。

图6-3   工程现场

（1）良好的经济效益：根据结构自身特点，因地制宜的选择多种支护结构，如利用外坡道本身坡度，坡道外侧护坡桩桩底标高及坡道内侧护坡桩桩顶标高相应的随坡道标高变化，减少不必要的后期截桩及坡道内侧锚杆设置，同时去掉坡道内侧支护高度小于8m的护坡桩，采用放坡挂网喷射混凝土支护形式，以本工程为例，仅此一项可节省工程造价约200万元。

（2）良好的生态环境和社会效益：本工程位于市繁华地段，采用人工挖孔工艺进行护坡桩施工，相比于机械作业，避免了噪声污染及泥浆污染，减少扰民及环境污染，而且可以同时安排多组人员进行作业，施工效率高。同时，相比于坡道内侧护坡桩桩顶标高不随坡道标高变化，因地制宜的降低桩顶标高，可避免后期截桩，减少建筑垃圾，保护生态环境。

案例二   室内装修工程深化设计策划与施工的组织案例

一、项目概况

某工程建筑用地2.53公顷，总建筑面积为84000m²，其中地上59600m²，地下24400m²；地下2层，地上7层，建筑檐高28.800m，建筑高度33.900m，该工程于2009

年 02 月 18 日开工，2011 年 8 月 20 日竣工。

二、工程特点

本工程质量要求高，各类办公室、会议室房间多达 800 多间，装饰分包商 10 多家，机电分包商 20 多家，装饰分包商按照不同楼层（水平方向）进行承包，而机电分包商按照系统、功能进行承包，各分包队伍的施工管理水平参差不齐，装饰专业与机电专业的协调难度大，同类型房间统一施工工艺和节点做法、保证整体效果一致难度大。

因此，在深化设计阶段就定出各区域的成本目标，作为选用装饰材料、控制造价的主要依据。按照"功能提高，造价降低，功能不变，造价降低，辅助功能在允许幅度内降低，造价大幅度降低，适当提高造价，功能大大提高"的原则，按照各空间区域和重要性高低依次划分为 A、B、C 三级，并测算出相应的平方米单价。

三、过程与方法

本工程室内装修工程设计到施工按照顺序细划分为以下阶段：方案设计阶段；深化设计阶段；施工准备阶段；样板间施工阶段；深化设计调整阶段；材料加工订货阶段；全面施工实施阶段。

1. 深化设计阶段的工作

深化设计工作包括：地面排板图、每一个墙面的立面排板图、吊顶综合图、吊顶内管线综合图、二次结构墙砌筑深化图。

下面以 5♯男卫生间吊顶综合图的深化设计为例加以说明：

吊顶综合图原设计如图 6-4 所示。

吊顶综合图的深化设计应根据墙、地面砖关系进行调整，各灯具、风口、喷淋等各末端点位做到横成排，竖成行，与地面砖分格线有明确的对位关系（图 6-5）。

2. 施工准备阶段

（1）精确测量放线

按照深化设计图纸进行理论放线，因为施工过程中的墙体的位置再精确也与图纸有一定的偏差，所以要将偏差的位置通过精确测量放线找出，然后再通过调整排板图，将图纸与施工现场的尺寸一一对应起来，为加工订货和装配式施工做准备，尤其是在一个空间中同时面对多家分包时更为重要。

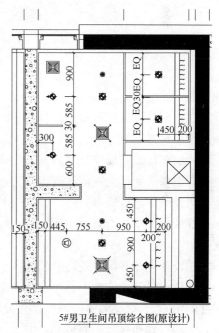

5#男卫生间吊顶综合图(原设计)

图 6-4 吊顶综合图原设计

1）放线流程为：

各层主控线定位图（根据轴线）——→ 分控线定位图——→各独立空间控制线定位图——→各房间墙面的结构完成面线定位图和装饰完成面线定位图。

2）具体步骤为：

①统一各层主控线、分控线、独立空间控制图纸线及放样要求。

②根据各自楼层平面功能布局并依据主控线图纸深化墙体平面投影尺寸定位图，即装

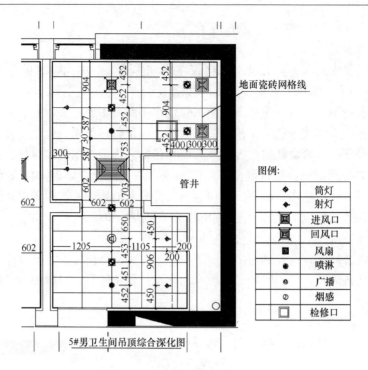

图 6-5 吊顶综合图的深化设计

饰完成面线定位图。

③在深化设计过程中将各自空间的所有单独属性不同墙体进行墙体节点汇编并统一排序后由总包进行统筹汇编。

④编制统筹指导发行《××工程墙体通用构造节点大样图集》。

⑤根据《××工程墙体通用构造节点大样图集》统一编号在深化综合放样图上对不同结构属性墙体进行编号。

⑥依据最新综合放样定位图开始在现场实际放样，并找出理论放线与实际放线的误差。

⑦调整误差并调整最终的装饰完成面线系统图，并统筹验线。

⑧依据最新的放线图开始全面调整墙体、天花、地面排板及加工图（调整图纸与现场尺寸的偏差）。需要调整：石材排板及加工图；木挂板排板及加工图；内幕墙排板及加工图；当墙、地面排板图完成后，就要根据墙、地面材料的模数确定各种门窗系统的加工图，包括木门、钢门、常开防火门、窗帘盒、窗台板等的加工图。

3）注意事项：

①将已经放出的装饰完成面线间的尺寸与图纸上相应的理论尺寸进行比较，如果有偏差，将图纸的排板图按照实际进行修正。当同一建筑作法、同一开间尺寸的空间有许多间时，要取一个开间最小的尺寸为修正的标准值，保证最终的排板图只有一套，而不是一个尺寸一套。

②施工中无论每层有多少家分包，精确测量放线的各项工作必须由固定一支放线队伍完成。

③整个精确测量放线阶段应该同深化设计排板图一样做为整个装饰工程中最重要的一

环加以重视，因为放线的精确与否，关系到加工图是否正确，材料到场是否能够进行现场无切割加工装配，进而影响成本的控制。

（2）设备末端定位

施工过程中墙、地面设备末端点位的现场定位一直是工程中的难点，如果施工中设备末端定位不准确，会影响整个空间的设计效果，而设备末端二次追位不仅会造成材料、人工的浪费，而且会造成工期的延误。所以施工前必须将装修公司和设备安装公司的管理人员统一思想，合理安排好工序，规定各自的责任，工程才能又快又好的顺利进行。

具体操作步骤为：

1）各层的各个空间内的墙、地面设备末端均由一家装饰公司（或统一的放线队伍）按照已经确认的吊顶综合图、墙面排板综合图上的设备末端点位位置放出。吊顶末端点位的定位尺寸均是由各空间墙面装饰完成面线到点位中心的距离。

2）同一型号设备、电气末端要用同一符号表示。

3）吊顶上各末端点位要垂直投影到地面上，用红油漆标出。当吊顶高度较高时，要将末端点位垂直投影在满堂红脚手架上，脚手架上要满铺一层多层板，并固定牢固，保证不发生位移。

4）各末端点位要放出十字中心点。

5）装饰公司将设备、电气点位位置及墙面装饰完成面线放完后，要向设备、电气专业管理人员进行交底，并且要有交底记录。设备、电气专业管理人员要根据图纸进行复查，确认无误后才能进行施工。

（3）样板间施工阶段

在正式大规模施工前，应根据深化设计图纸进行样板或样板间的施工。目的在于：

1）对各个平、立面的排板图，吊顶综合图的合理性进行考察。

2）对该空间的设计效果进行考察。

3）对设计节点是否合理进行全方位的考察，不合理的要进行改进。

4）对各专业的工序安排是否合理进行考察，调整不合理的工序安排。

5）通过样板间材料的使用情况，科学的统计各种材料的用量，编制材料用量表。

6）通过样板间人工的使用情况，科学的统计各工种的实际用量，编制用工计划表，是签订劳务合同的重要依据。

7）是合理编制施工计划的依据。

（4）深化设计调整阶段

样板间施工完成后，要全面进行总结，将方案设计、深化设计不合理的地方进行调整，形成最终施工图。

（5）加工订货阶段

样板间施工材料实际使用量和损耗量是加工订货的重要依据，所以加工订货前要组织技术、预算、材料、合约各部门对样板间材料用量的合理性进行全面分析，据此计算出最终合理的材料用量，进行加工订货。

（6）全面施工实施阶段

按照最终确认的深化设计图纸、施工部署、施工进度计划、施工工艺进行组织施工。

四、管理成效

本工程在施工中的各个环节均认真贯彻创优策划和深化设计的理念,主要有:

1. 主要公共空间整体排板、无过门石

本工程全部按照统一的模数加工。通过绘制整体排板图、统一放线,做到了内墙每块石材水平缝隙与外墙石材、墙面石材与地面石材对缝排列,墙面、柱子阳角与地面石材横竖缝对逢排列,各个空间之间(如大堂与电梯厅)地面缝隙通缝排列,没有过门石。

2. 在二次结构施工前进行深化设计,通过完成面线反推二次结构的定位尺寸

装修的深化设计在二次结构施工前就开始进行,所以每个空间均进行了较为充分的深化,具体为:地下一层厨房区域 $1000m^2$、餐厅 $2000m^2$、B1-7 层 435 间卫生间、清洁间、茶水间墙地砖均为整砖或整半块砖,且墙砖与地砖对缝排列,墙面、柱子阳角与地砖横竖缝均对缝排列;各设备末端:开关、插座、烘手器、上水管出水口、下水口、地漏、大便器、小便器等均居瓷砖中设置。其中厨房区域 30 多个房间和走道地砖缝隙均通缝排列,没有过门石;各房间门口两边墙砖均对称布置。总长 200m 排水沟宽度与地砖规格一致(300mm),长度均为 300 的倍数,周边地砖全部为整砖;吊顶的模数和墙地砖相同,做到了墙、顶、地三维对缝。

第六节   工程项目分包管理

案例一   某酒店工程项目分包管理案例

一、项目概况

某酒店工程于 2008 年 10 月 8 日开工,计划 2010 年 8 月 16 日竣工。建筑面积 $29490m^2$,地下 1 层,地上 17 层,总高度 62m。

工程由主楼和裙楼组成。业主将专业性较强的分部分项工程,主要为预应力管桩、钢结构网架、石材玻璃幕墙、空调系统、消防系统、电梯、断隔热铝塑窗、智能化设施、高级装饰工程等直接分包给相应的分包企业。

业主采用招投标的方式选定施工总承包企业,合同签订时对专业分包单位进行约束,由总承包企业负责项目的管理工作,分包单位向总承包企业缴纳配合费和项目管理费的模式。在劳务市场上总承包企业直接向劳务分包商进行分包,构成了本项目承包方式。

业主在项目管理上设有项目管理部并委托监理单位对工程实施监理。

二、工程特点

该工程事件过程具有如下特点:

该工程于 2008 年 10 月 8 日开工,业主首先将基础土方和静压管桩工程直接发包给土方施工公司和桩基础施工公司。土方和桩基础施工期间由分包企业管理施工现场,监理单位监督施工质量,督促做好安全文明施工和现场管理。桩基础于 2009 年 1 月 5 日施工完成,并做好越冬保温工作,然后项目停工。由于手续不全没有按建设程序办理施工许可证,设计图纸也只有桩基础施工图纸,没有进行招投标选择工程总承包企业,但经过招投标选择了监理企业,并进场实施监理工作。随后业主积极办理相关手续,落实施工招投标工作,在当年年底委托招投标代理机构组织了项目施工招标工作,选定施工总承包企业。

冬停期间总承包企业与业主洽商合同,确定总承包企业于 2009 年 3 月 15 日进场。总

承包合同范围是 A 工程主体、水电和普通装饰工程的施工任务。专业性较强的分部工程要进行专项发包（幕墙、空调、消防、电梯、智能、钢结构、铝塑窗和高级装饰等工程）。同时办理专业分包（土方和桩基础工程）资料的移交工作，申请开工。总承包企业项目经理部进场后，组织搭建临时设施，编制施工组织设计，安排人员熟悉图纸，进行图纸会审。2009 年 3 月 25 日总承包企业开始施工。

业主项目管理部在总承包项目部进场施工后，进一步落实专项工程的承发包工作。由于二次设计进展缓慢，导致专项发包工作进展缓慢。并且主体施工幕墙埋件没有埋设，影响后期幕墙的施工，增加了后植埋件工作和脚手架的使用问题。空调、消防、智能管线预埋和预留空洞工作事先委托总包企业代做，使工程得以顺利进行。主体结构施工到 16 层时，业主项目管理部征得总包企业同意后直接选定幕墙专业分包单位，并与其签订分包合同。随后幕墙施工队伍进场，幕墙专业施工队熟悉了解施工现场后提出要求，要利用总包企业的双排外脚手架安装幕墙结点钢板和骨架及石材。总承包企业提出有偿使用问题并与幕墙专业施工队产生矛盾。总承包企业认为，幕墙专业施工队是同业主签定的分包合同，分包企业和总包企业之间没有合同，与总包企业没有发生关系，相互之间是平行承包关系，涉及的一些费用问题没有人承担。导致相互之间无法配合，影响了整个工程的施工进度。

三、过程与方法

该工程采取了以下关键措施：

因总包单位要求幕墙专业施工队承担脚手架使用费用，幕墙专业施工队进场后未能正常施工；由于幕墙专业施工队进场较晚，主体施工已将完成；由于设计工作滞后，没有做幕墙预埋件。导致工期紧，任务量增加，处于冬季施工幕墙龙骨，工效低成本高，利润微薄难以接受。总包企业强调本单位只承包工程的主体，不是总包，实质是部分承包，没有义务为其他分包企业提供各项服务。因此要求各专业分包要上缴现场管理费和配合费，如果使用总包企业的机械设备和脚手架等要缴纳租借费。

问题解决的方式是：以项目监理部为主，业主项目管理部与总包企业和各分包企业进行多次协商，最终达成一致意见，即幕墙分包商向总包企业缴纳部分项目管理费和机具使用费，按照工程的实际幕墙施工需要，总包企业提供脚手架及部分设备给幕墙分包商使用。考虑到总包企业利润受到影响方面，将装饰工程发包给总承包。

四、管理成效

该工程分包管理过程中，关键在于业主承担着主要管理作用，且在总包合同及分包合同中对实际工程中可能出现的矛盾和问题没有预见。项目实施过程中，监理单位起到很大的沟通、协调作用。监理工程师通过与幕墙分包单位、总包单位的沟通，与业主的协商促进了总包与分包商的合作。项目监理部协助业主项目管理部做好项目管理工作，实现分包商配合总包企业的工作，推进工程能够顺利进行。

五、问题分析和建议

该工程项目存在的问题分析和管理建议：

该项目采用业主直接分包给专业分包商，通过向总承包商缴纳一定的配合费和管理费的形式建立起施工合作关系，这样的承发包方式是现阶段建筑市场较多采用的一种项目组织形式。业主的利益最大，总承包商没有获得总承包的权利和义务。分包商通过向总承包商缴纳一定的配合费和部分管理费，使得总承包商能够认可形成了以施工总承包为龙头，专业施工企业为骨干，共同完成项目的建设任务。但是，同时带来的矛盾和问题也较多，经常造成工期拖延，费用上升，部分不能达成协议的，将严重影响项目的实施计划和预期效益。

项目在分包过程中对总承包商的利益考虑不够，而分包企业较多（钢结构网架、石材玻璃幕墙、空调系统、消防系统、电梯、隔热断桥铝塑窗、智能化设施、高级装饰工程），没有承担起施工现场的各项管理职责，造成总包与分包之间不可调和的结果。致使幕墙分包企业进场后 3 个多月的时间处在停产和半停产状态，影响整个工程项目施工进度，在秋冬季节仅完成了幕墙的补埋件和一少部分龙骨的安装工作。也给其他专业分包公司的协调工作带来了负面影响，造成总工期滞后 4 个多月。

1. 分包管理常见问题和建议

（1）分包商施工质量不佳。分包商材料方面质量问题，以次充好；施工质量不符合技术规程、规范、设计文件要求。对策：在合同中详细指明材料品牌、材质、性能参数等，现场严把材料关，总包方必须深入了解相关材料知识和市场信息，提高业务能力，堵住分包商的空子；提高自身业务水平，动态检查，研究质量缺陷，分析原因，制定改进计划，实施和督促分包商改进。

（2）分包商现场管理人员和技术工人素质不高。对策：合同报价阶段注意考察分包商施工技术能力、人员素质；施工前，采用样板工程引路的办法，实际考察，防止低劣素质队伍进入；总包方督促分包商采取措施加大培训投入，必要时直接介入专项管理。

（3）分包商工期拖延。对策：总包方加强现场进度检查监控，制定激励、奖罚措施。

（4）分包商只顾自身施工管理，忽略项目整体系统性。对策：在合同中要求分包商承担协调配合义务，现场管理采用奖罚等激励措施，强化分包商主动配合总包管理的行为。

（5）建设单位直接进行专业分包的工程，总包单位与专业分包单位处于平行关系，相当于平行发包，这样关系的项目建设单位应设置项目管理机构，委托监理配合协调管理，有利于工程项目顺利开展。

2. 分包管理主要措施

（1）项目组织机构的管理。项目分包工程经理进场后，首先要建立分包项目管理机构，成立分包项目经理部，组建项目管理班子，建立健全质量保证体系和安全生产文明施工保证体系。向项目监理机构申报企业资质和项目管理人员岗位资质证书以及特种作业人员上岗证书进行审查。接受总承包企业的现场安全生产和文明施工的管理。

（2）技术质量的管理。分包商对本专业施工图进行仔细审核，对发现的设计缺陷、质量问题及矛盾部位应及时报监理单位，由监理单位会同业主、设计单位重新修改，避免因设计引起的质量问题。组织技术人员熟悉专业施工图纸编制施工组织设计或施工方案。

（3）材料设备质量管理。分包商采购的材料、设备等的品牌、产地、规格、技术参数必须与设计及合同中规定的要求一致，不符合要求的材料、设备必须退场。

（4）进场材料的报检程序。分包商进场的材料、设备，必须在第一时间（24 小时内）填报《材料/构配件报验单》及《工程设备报验单》，报监理单位进行核实无误后，方可入库或使用。

（5）施工过程的质量管理。各分包商应配备足够的现场质量管理人员，并将人员名单书面上报监理单位。分包商对产品质量进行"三检制"（自检、互检、交接检）检查，并做好检查记录，凡达不到质量标准的，监理工程师不予以签证付款并促其整改，对一些成品与半成品的加工制作，监理机构抽派人员赶赴加工现场进行检查验证。

（6）成品、半成品保护。分包商在施工过程中及工程完工后，对产品的保护进行系统管理，已完成并形成系统功能的产品，经验收后，分包商即组织人力、物力和相应的技术手段进行产品保护，直至形成最终产品，并指派专人看护直至交付业主使用为止。

（7）对分包单位的工期管理。总承包对该承包工程工期目标的最终依据是合同工期，即在约定的时间内必须向业主交付最终产品，为此总承包技术、工程部门必须对总进度计划进行周密策划和严格管理，各分包商的计划工期必须实现投标书承诺的合同工期要求。

（8）对分包单位的安全及文明施工的管理。如果工程建筑面积较大，专业分包单位较多，为确保施工正常有序的进行，各分包商应做到以下几点：

从思想上和组织上把安全生产管理纳入到项目统一的安全管理体系之中，进场的管理人员与员工都要接受总包方的安全教育，并由总包方质安部门制定统一完整的安全、保卫管理制度，分包商必须遵守，以确保施工现场安全、文明施工。

分包商配备足够数量的安全、保卫人员，对本单位的材料库房、成品、半成品进行看护。

分包商必须遵守合同中有关文明施工的规定，做到工完场清。

（9）对分包单位的技术资料管理。各分包单位必须配齐本专业的施工规范、验收规范和标准图集，以便在施工过程中有据可查；负责具体施工的管理人员每日填写施工日记，记录当天施工的详细情况及存在问题；分包商根据本行业的现行标准或验收规范独立做好资料，在工程竣工时将竣工资料一式六份原件移交总包方或建设单位。所有资料必须与施工日记及现场施工情况交圈对口，及时准确不得作假，并满足竣工验收的要求。

对于需要办理隐蔽验收或其他专业部门验收的工序，分包商应在工序完成并自检合格后，书面报监理工程师，标准表格使用"工程质量报验单"，需要质监站或其他职能部门参加的，在报验单上予以说明，由监理及业主审批及组织相关部门检查验收。

（10）参加工地协调例会。由于工期紧，质量要求高，并且分包单位较多，为了协调好工作，每周应至少组织召开一次现场协调会。各分包商负责人及具体施工负责人必须按时参加每周的协调会，以便于解决施工中存在的问题。

（11）配合问题。现场施工总布置由总承包统一管理，在合同中明确各分包商在不同施工阶段中的使用场地，各分包商不得擅自随意乱用材料堆场或堵塞道路。所有垂直运输机械均由总承包单位布置与管理，同时组织协调好各分包商的施工时间；错开使用垂直运输设施的时间，以确保垂直运输设施的有效、合理使用，发挥其最大使用效率。施工现场建立用水、用电审批制度，分包商须提前两天填报用水用电审批表，列明使用部位、使用时间及使用量送交总承包商生产部门审批。

案例二 某大型纪念馆工程项目分包管理案例

一、项目概况

某大型纪念馆工程，占地面积为 80100m²，其中场馆建筑面积 25000m²、广场占地面积 18000m²、园林绿化面积 35000m²、在广场和园林间分布有雕塑 30 个、纪念墙 15 组；纪念碑 80 个，工程于 2008 年 12 月 5 日开工，2010 年 3 月 5 日竣工。

二、工程特点

1. 工程特点

该工程占地面积较大，单项工程数量多，结构新颖独特，施工管理节点比较复杂。该工程项目的建筑内容有较大的综合性，既有房屋建筑和园林绿化，又有艺术雕塑、广场和水池；既有新馆建设又有老馆改造；既要按图施工又要深化设计和二度创作。

2. 项目管理特点

该项目的分包数量较多，如何有效地进行分包管理、圆满实现工程项目管理目标，对于项目管理者来说是一次严峻的挑战。

三、过程与方法

（一）管理过程

该工程从开工之前，项目经理部就预先策划，遵循"预先策划、精心组织、过程控制、团队协作、共创精品"的管理思想，明确该工程以"鲁班奖"为质量目标，细化各项管理，将每个分散的施工管理环节整体联动起来，在处理单个施工管理环节时，充分考虑对其他管理环节的影响，探索一条适合企业发展的项目管理模式，针对分包管理，总结一套科学的管理办法，为企业管理品质的提升和市场竞争提供有力支持。同时，在项目实施过程中，突出整体配合的特点，深化团队协作，锻造一支管理过得硬的项目管理团队。

1. 项目管理目标

工程施工质量目标是创中国建筑工程鲁班奖；科技进步目标是创国家级新技术应用示范工程；成本控制目标是制造成本降低率2%；节约资金，增加企业效益；安全及文明施工目标是杜绝重大安全、机械事故，无人员重伤和死亡事故；工期控制目标是力争于2008年12月31日前竣工。

2. 管理实施方法

通过分析项目分包管理重点，制定相关管理目标，不断完善各项管理制度，坚持有组织、有计划、有投入、有实施、有检查、有总结的过程控制，做到提前策划，过程控制，严格把关。通过整体联动、政策推进、经济激励等措施，挖掘管理潜力，培育管理创新意识，推动项目管理目标的全面实现。

（二）管理措施

在保证项目工期、质量、安全、成本、技术创新、文明施工等目标顺利实施的基础上，项目部加强专业分包和劳务分包管理，向分包管理要效率、要效益。为此，项目部采取了以下管理措施：

1. 建立分包管理组织机构

本项目设立公司、分公司、项目部三级联动的分包管理组织模式，成立相应的分包管理领导小组，对项目的专业分包和劳务分包管理的全过程进行决策和监控。

2. 对专业分包和劳务分包实行招标制

分公司与项目部联合成立专业和劳务招标领导小组，分公司分管副经理任组长，领导小组下设评委会，评委由项目经理、劳资、施工、质安等人员组成，负责制定招标文件，明确招标的范围、内容、标准、资质等，邀请三家以上的分包单位参与投标，根据投标单位的标书及资信确定中标方，然后根据招标文件、投标文件及中标单位的承诺签订分包合同。专业分包和劳务分包从发标到签约自始至终坚持在公平、公正、公开的情况下运行，杜绝暗箱操作。

通过对劳务分包的市场化运作，逐步将市场机制引入到对公司内部的操作层的管理，激活企业自有劳务操作层的活力，变以前"要我干"为"我要干"。通过承包方式的激励机制，极大地调动了职工的积极性，同时也推动了项目部管理层管理水平和管理效能。如果材料、设备、技术以及与其他工种的配合等许多管理协调工作不到位，影响了班级生产安排，班级工人就会主动找项目部协商。项目部为了保证人工费的控制，就得将许多管理工作做得细致、超前、周全，客观上促进和提高管理人员的管理水平。

3. 对专业和劳务分包工程款实行严格的程序管理

项目部每月对专业分包队伍和劳务分包队伍的当月完成工程量进行核算，汇总后报专业和劳务分包领导小组。专业和劳务领导小组根据工程完成量与项目部预算部门报的已完工作量报表进行核对后，报分公司财务部门。分公司财务部门根据专业分包和劳务分包合同核定拨付专业分包款和劳务分包款的额度，报项目经理审批。工程中发生变更的工程增加量，如没有手续齐全的签证单，对这类专业或劳务增加费用不予确认。

4. 对专业分包和劳务分包材料实行集中采购

分公司与项目部联合建立材料采购中心，进行集中采购。项目部在分包合同范本中明确规定，专业和劳务分包单位只负责零星材料的采购，其余的施工预算中的一、二、三类材料由项目部办理委托书交采购中心，由采购中心集中采购。采购时实行"总量订货、分批采购"避免积压和浪费。采购中心由经营管理方面的副经理、财务部门负责人、项目经理、项目部核算员等组成。项目部的委托书中对所委托采购材料的质量、价格、服务、验收办法、交货时间均予以约定。

5. 加强对专业分包和劳务分包施工方案的审核

项目部成立了以总工程师为首的技术专家组，对专业分包和劳务分包提出的专项施工组织设计和专项施工方案进行评定和审核，帮助分包单位制定更加优化的施工方案，其目的是为了使施工方案更具有科学性、实用性、经济性，从而能够更好地加快施工进度，降低施工成本。

6. 加强对分包单位的核算和月度检查

项目部对专业分包和劳务分包每月进行效益检查，对当月成本进行盈亏分析，对存在的薄弱环节和不足之处进行及时纠正，并制定下月成本效益管理的对策和措施。

7. 加强对分包单位的竣工结算管理

工程接近竣工阶段，项目部便着手提前安排分包竣工结算的编制工作。对专业分包和劳务分包的竣工决算抓住几个重点环节。

（1）工程量的审核

审核工程量应注意以下几点：土石方的计算应注意放坡系数的确定，同时参加现场测量的人员要签字认可；钢筋工程应注意钢筋的搭接、弯钩长度，梁和柱箍筋间距、板底筋、板分布筋的根数；混凝土工程应注意扣除柱、梁、板的重叠部分；砌体工程应注意门窗洞口、梁、柱部分等是否扣除；装饰工程应结合图纸和现场，审查应扣除的部分是否扣除。

（2）防止各种计算误差

防止各种计算误差应注意以下几点：对直接套用定额单价的审核，注意采用的项目名称和内容与设计图纸标准要求是否相一致；对换算的定额单价的审核，除按上述要求外，还要弄清允许换算的内容是定额中的人工、材料或机械中的全部还是部分，换算的方法是否准确，采用的系数是否正确等。

四、管理成效

1. 工期目标值的实现

根据业主的工期要求及进度节点，项目部进行动态跟踪检查，分析未来影响网络进度的因素，并采取有力措施给予排除或预防，确保了工程的如期竣工。

2. 质量、安全、绿色施工目标的实现

根据质量、安全、绿色施工的目标要求，落实管理人员职责和目标考核制，编制技术先进、组织严谨、管理科学和经济合理的施工组织设计。层层落实创优责任，以点带面，全面推动。加大科技进步投入的力度，用新技术支撑和保障企业在成本上的优势，以推广施工新技术，创造具有自主知识产权的核心技术，注重安全与环保措施在施工现场的有效实施，切实改善职工工作环境，确保质量、安全文明、绿色环保目标的实现。

3. 成本目标的实现

在项目实施的整个过程中，强化预算管理，严控费用支出，用制度制约，从小处着眼，开源节流，节支增效，努力降低管理成本，实现了经济效益目标。在采购过程中，与合格供应商、工程分承包方建立稳定的联系，以实现合格供方资源的充分共享，确保成本目标的实现。

4. 该项目被评为 2011 年省优质工程，并获得 2011 年中国建筑工程鲁班奖。

五、问题分析和建议

工程项目分包管理是项目管理体系中的重要业务管理领域，项目的分包方式的选择与项目性质、特点、技术难度等诸多因素有关。分包管理是事关项目目标能否实现的重要环节。本案例中，项目分包管理还可以从以下几个方面加以改进：

（1）在企业内部建立一整套严格的、运行有序的分包管理制度或模式，项目部在执行分包管理制度的时候，可以结合本项目的具体特点和要求进行有针对性的调整。这样，既能够达到分包管理集约化的效果，又能够使项目部有较大的灵活性。

（2）对分包商要定期进行绩效评估。对于评估合格的分包商，建立合格分包商库，组建长期合作的分包商战略联盟。对于评估不合格的分包商或者在以往的合作中有劣迹的分包商，建立不同等级的"黑名单"档案。

（3）加强对分包商进入施工现场后的管理。对工期、质量、安全、文明施工等要进行过程监控，防止出现失控现象。

（4）监督分包商的劳务用工方式和劳务用工制度的运行情况，按"实名制"要求，定期检查、复核用工人员名单。

第七节 工程项目施工现场管理

案例 综合体项目施工现场管理案例

一、项目概况

某市综合体项目总建筑面积达 189 万 m^2，共计 45 个单体，塔楼 27～34 层，居住部分总建筑面积 120 万 m²，商业办公部分总建筑面积 63 万 m²；总用地面积 40.5 公顷，居住部分用地面积 26.08 公顷，商业办公部分用地面积 14.42 公顷（图 6-6）。总工期：1214 日历天。

二、工程特点

（1）本工程于 2010 年 4 月正式开工，竣工日期为 2012 年 9 月，工期压力大。由于工期紧张，进场劳务及专业队伍多，劳动力变动频繁，造成对进场劳动力教育难度大。工人加班频繁，雨天、夜间施工多，安全控制难度大。

（2）本工程涵盖了商业综合体、超五星级酒店、5A 级写字楼、销售住宅楼、回迁住宅楼、学校、幼儿园以及城市综合体内市政管网、绿化景观、道路等工程，工程复杂、施工难度大。

（3）工程体量大。项目分包多、交叉施工多，劳动力和周转材料、施工机械投入数量加大，协调难度大，工效低。

（4）高度集权。项目公司权限小集团高度集权，对项目公司的管理相当严格，给予项目公司的权限非常小，甲方管理流程复杂。

（5）抢工期出现大量工序非常规交叉施工、防护难度大，紧张工期必须要增加施工人员，采取人海战和加班加点来完成施工任务，相应的也需要更多的周转材料，从而增加了过程中安全隐患。

（6）本工程质量要求高、施工难度大、科技含量高。高峰期施工作业人数达 15000 人，施工组织、施工部署、现场管理难度大。

（7）工程垫资要求高。本工程属于垫资施工，依据工程管控计划及工程款回收计划。

三、过程与方法

（一）管理目标

（1）安全目标：杜绝死亡、重伤和重大事机械和火灾事故，一般事故频率不超过 1.5‰。

（2）质量目标：中建杯，超五星酒店鲁班奖。

（3）工期目标：2010 年 4 月正式开工，竣工日期为 2012 年 9 月。

（4）文明施工：省"安全文明样板工地"，中建总公司 CI 创优工程。

（5）环保目标：节能降耗，减少污染，排放达标。杜绝群体轻伤、食物中毒事故。杜绝有毒有害物质泄漏等影响较大的环境污染事故。

（6）成本目标：详见预算成本。成本降低率 1.5％，工程款回收 95％。

（7）技术目标：创"局级科技示范工程"科学技术奖。

（二）项目取得阶段性成果

1. 项目获得的荣誉

（1）获得 2010 年省级安全文明工地；

（2）获得 2010 年省结构优质工程。

2. 工程实体进度

（1）总建筑面积 183 万 m²，在建 170 万 m²；45 栋单体，在建 42 栋，主体已封顶 30 栋；酒店、大商业 8 月 23 号试营业，9 月正式营业。

（2）B1 南住宅项目主体施工 4 个月（面积 15.6 万 m²，4 栋 34/2 层）提前 40 天完成

图 6-6　项目现状图

地下室部分结构施工，大大提前了建设单位的销售进度，最终提前 45 天完成主体结构封顶（整个工期 18 个月）。

（3）E1 区大商业主体施工 5 个月（面积 32.6 万 m²，4 栋 29/3 层，裙房 3～5 层，）主体封顶提前了 25 天，工期 18 个月。E1 大酒店主体施工 5 个月（面积 5.6 万 m²，20/3 层，裙房 4 层）项目主体封顶提前了 32 天，工期 16 个月。

（4）B1 南住宅、E1 区大商业、酒店共计 65 万 m² 工程开工时，土方开挖阶段，创造了在繁华都市一夜出土 3.8 万 m³ 的土方施工记录；每一个施工区段在土方开挖的同时穿插进行 CFG 桩基的施工，平均每一段 CFG 桩基施工不超过 8 天，确保基础底板施工的提前穿插；各区段主体施工均达到了 3～4 天一层的施工进度，扎实、稳健、快速、卓见成效的管理工作。

（三）总承包施工现场综合管理的举措

1．建立强有力的组织管理体系

（1）项目部采用了矩阵式管理机构，设总承包管理部负责整个工程的总体部署和总承包管理，在总承包管理部设 7 部 1 室：工程管理部、技术质量部、安全环境部、机电管理部、商务合约物资部、综合办公室和财务部，各个部门由相应的生产经理、商务经理、总工和项目书记分别管理并履行总承包管理职责。

（2）在总承包管理层下设 10 个独立区段，区段经理对整个区段的进度、质量、安全管理负责。区段的管理人员同时对区段经理及总包管理部各部门经理负责。

（3）针对本工程的平面布置复杂程度，项目部专门成立了以项目副经理挂帅的平面协调小组。对不同时期的现场平面布置及场区内交通运输进行策划，形成管理制度，并严格落实。

2. 注重总平面项目策划

开工之前，项目部对项目管理进行了周密的策划，包括劳务队伍选择，工期策划、项目现金流策划、施工组织设计、方案的确定，机械设备的准备，大宗材料的招标，图纸、技术资料的准备，以及现场平面布置等。

（1）对于劳务队伍选择，项目部从八局合格分包商名录中选择出多家劳务队伍进行合同谈判，同时为避免因劳动力不足而发生工期拖延的情况，对于劳务采取限量承包措施，每个分包施工工程量控制在 8～15 万 m^2。

（2）本工程合同工期为 3 年 6 个月，但由于拆迁原因实际开工时间滞后合同约定 1 年，然而业主要求工程最终竣工时间不予进行调整，如何在短短两年多的时间内完成 183 万 m^2 的工程施工，这给项目施工组织带来了巨大的困难与挑战。

3. 实施总平面现场管理

（1）项目部专门成立了以项目副经理挂帅的平面协调小组。

（2）合理布置现场道路，结合地块布局及市政道路，设置场区内 4 条干线（东西、南北向各两条）与各地块环线相结合的两级道路管理模式，缓解交通压力。

（3）每个施工地块都在场内设置环形道路，同时要与市政道路有足够多的出入口，才能保证道路的畅通无阻。本工程设置的出入口达 35 个（图 6-7）。

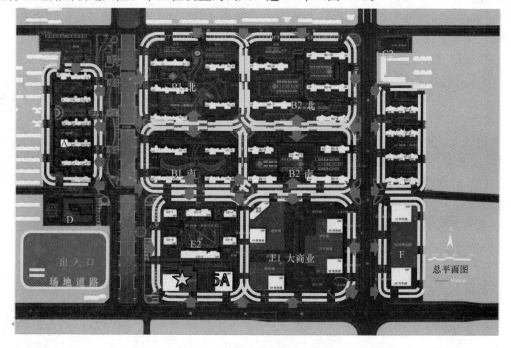

图 6-7　施工现场道路及出入口

（4）工人生活区、现场办公区设置原则。通过与市政部门沟通，结合现场地块开发进度，将主要办公、生活区设置在规划红线外，可以使用至工程竣工，不足部分设置在最后开发的地块，待该地块开工时进行拆除，剩余的红线外部分临时建筑经测算，满足后期工程使用，从而节省施工区平面占用，节省项目成本。

（5）场区临时供水。沿地块红线设置大项目临水环网，整体与市政供水管线实现 8 个接驳点连接，保证现场整体水压及供水覆盖面积，在地块范围内设置支线供水，增加节阀，实现了统供分控的整体供水系统。

（6）临时供电。利用村内原有变压器与新增环网柜相结合的供电方式，整体临时供水供电选取一家专业单位进行施工，并由其维护直至工程整体竣工的合同形式进行管理。

（7）现场排水。尽量利用村内原有部分排水系统，对于该系统不能覆盖的部位进行新建排水管线的措施，将雨污水排至市政管线，实现了现场无积水的目标。

（8）加工场在后期开工的地块设置了钢筋集中加工场，安装两台龙门吊，及十五台钢筋加工数控设备，采取各地块钢筋集中加工，既解决了地块现场狭小不能满足加工场布置的问题，同时加快了进度、保证了质量、降低了成本。

（9）本工程根据现场平面布置及开工顺序，共需要塔吊 48 台，分批进场、分批安装。目前已进场 37 台。设置塔吊进出场及场内流转使用计划，提高了机械性能、效率和施工速度。

（10）交通运输是制约大面积施工的群体工程顺利进展的一个瓶颈。本工程由于各地块之间相对比较近，现场布置完加工、堆放场地后，公共道路宽度较小，因此每个施工地块都在场内设置环形道路，形成两级现场道路设置与管理，个别狭窄路段设置成单行通道，道路两侧喷绘白色道路边线标志，干线道路上禁止停放任何车辆、施工料具，有效的保证了场区内道路的畅通。同时整个场区共设置 35 个出入口与市政道路连接，为物资、资源的 24 小时进出场提供了可靠的保证。

（11）E1 地块商业综合体，建筑总面积约为 32 万 m^2，占地面积约 $51000m^2$，东西长 221.8m，南北长 234.4m。中间裙房场地比较宽阔，周边场地狭窄，几乎没有材料堆放及加工场地，经过论证项目部采取了从工程实体内 13～16 轴间预留 3 跨作为场内回填土及材料运输临时通道，并对建设在预留跨内设置材料加工区，进行部分材料场内加工。

（12）大型机械设备的租赁。依托本单位的机械租赁公司，联系优良资源，进行合理选型，选取实力雄厚机械设备资源充足的单位作为合作伙伴。

（13）劳动力部署方面，项目部详排管控计划将工程量与进度控制相结合，合理测定功效编制整个工期内的劳动力需求计划，以该计划来约定劳动力资源。

（14）采取灵活多变的采购方式与管理：总包供应的物资包括可调价格材料、业主限价采购的物资和不可调价格采购的物资，由于体量大、品种多、资金短缺，项目部制定了详实的采购与支付方案，以保证工程施工材料供应：

1）可调价格物资钢材、钢筋及镀锌钢管的采购；

2）可调价格物资商品混凝土的采购；

3）限价物资的采购。

（15）严格计划、主动管理、科学进行进度管理。根据业主对工期的要求，用业主的话就是"打铃交卷"，也就是业主定下的管控工期一天都不能拖。项目部面临前所未有的工期压力，因此项目部积极调整策略，进行进度管控。

1）项目部编制详实有效的节点计划、管控计划和销项计划，并编制成书，总包部、区段和各分包负责人签字作为"军令状"，人手一本，每天一考核。节点计划是里程碑事件，管控计划是节点计划的执行书，小项计划是考核单，三个计划三管齐下，保证了工期。

2）装饰方案的确定、分包队伍的选择和甲供材料、设备的供应往往是影响工期的三大要素。根据这种情况，项目部与业主一起制定了需业主自行完成的装饰方案、分包队伍选择、甲供材料设备三个方面的节点计划，并编入管控计划与销项计划，由我方监督业主完成，双方真正实现了互相促进，从而保证了工期。

3）适时成立"抢工队"。我们项目每一个合同都有这样一句话，"根据工程进展情况，总包有调整分包施工范围的权利"。当某一个施工队伍工期无法保证时，"抢工队"及时跟上，不仅起到"督战队"的作用，而且又是工期保证的"攻坚队"。

4）做好工序的穿插，形成流水作业。在基坑挖土、护坡、打桩和地下室主体结构施工阶段，我们采取的是先挖主体部位土方，后挖车库部位土方。分区段打桩、清土、验槽、地下室结构施工，实现了挖土、打桩、清土、垫层、防水、地下室结构流水作业，穿插及时，同时在主体结构、二次结构、安装、装饰施工阶段，我们也采用了分层及时穿插、流水作业，不留任何空余作业面的施工方法，有效地利用了现场空间，节约了大量时间，为保证工期奠定了基础。

（16）完善体系，确保质量。项目部制定相应的质量监控体系与管理措施：

1）质量管理体系分为总包管理体系与区段管理体系，并分区段成立 P－D－C－A 质量小组，针对现场质量问题，进行现场控制与管理。

2）对质量各要素进行管控，从管理人员到操作工人，从进场材料到机械设备，从方案的制定、审批到施工环境、施工工序的控制，严控每一个工作环节，强化责任意识，保证工程施工质量。

3）组织每周一次的质量检查评比，不仅把各分包的名次和存在的问题张榜公布，而且向各分包方的上级主管抄送一份综合检查的名次和检查存在问题的书面材料，以引起各协作单位的重视和支持。

4）建立质量挂牌印章制度。每一处成品标明施工人员姓名，所属单位，实现个人、企业名誉与产品的挂钩，以加强质量管理力度。

（17）总、分包联动，全员参与安全管理：

1）与各分包单位签订《建设工程总分包安全管理协议》，明确甲乙双方权力与责任，为安全生产保驾护航。做好工作面的安全防护移交，明确安全责任区，动员各分包共同管安全。并在工地出入口处，将每日危险源、管理措施、责任人张榜公示。

2）做好安全管理策划。由总包项目经理组织项目部相关人员讨论编制项目安全管理策划。分阶段明确安全管理的重点、难点，并制定相应的措施。

3）成立了由总包、各分包安全员组成的安全管理小组及安全检查队，总包安全员为队长，做到了有检查、有整改、有监督，有销项、有记录，发现隐患绝不放过。针对群塔作业、深基坑开挖、高支模等高安全隐患的分项工程，召开专家论证会确定方案，施工方案的落实必须由项目经理和总工亲自实施，确保安全生产。

4）落实三级安全教育，安全教育做到了有计划、有师资、有教案、有记录、有考核。每周至少进行一次安全教育活动，每月覆盖全体人员。我们针对不同的工种，定期组织学习，并从网上下载相关教育片和事故案例，通过血淋淋的教训，警示工人。

（18）现场标准化实施与劳务分包的人性化管理。在劳务人员的管理上，推行人性化管理，由于同期开工面积大，高峰期劳务人员超过一万人，结合现场情况采取了措施如下：

1）建设 4 处 2 万多平方米的工人生活区实行地块化集中管理。

2）开设农民工夜校，编制培训计划，分批定期对劳务工人进行技术、质量、安全、法律法规等方面培训提高工人的综合素质。

3）工人临建均采用阻燃岩棉板轻型彩钢结构，顶部均加设了消防喷林设施，采用住宿房间低压供电，食堂、需要充电的设施（手机等）集中房间，分路供电的措施，实现了消防安全。

4）为了创造更好的工人生活条件，增加后勤保障，项目部投资 700 余万元，采购 6 台燃油锅炉，布设采暖措施，对所有工人宿舍进行了冬季集中供暖。

（19）信息沟通与资料管理：

1）通过建立整个项目与各区地块 QQ 群的方式，强化了项目人员之间的联系，保证了项目内部信息的畅通，各类通知与要求能及时地传达。

2）由于工程体量大，图纸、文件、变更较多，为统一管理，与建设单位的收发文工作进行"一对一"管理，即总包项目部设专人对接建设单位，由总包项目部对文件进行梳理后，再下发至各区段，保证文件流转的流程，避免了信息的交叉重叠。

（20）办公生活区集中管理。由总包综合办公室负责现场办公与生活区的集中管理。管理人员办公及住宿统一集中并包括监理办公室和甲方工程部，便于统一管理和沟通。工人生活宿舍区、办公区加装暖气片，采用燃油锅炉采暖，禁止使用电暖气等大功率用电器，既保证消防安全，又节约电费。

四、管理成效

通过努力文明施工现场取得良好成效：获得省"安全文明样板工地"称号，该工程获得中建总公司 CI 优质工程。

第八节 国际工程项目管理

案例一 某国际工程工期索赔案例

一、项目概况

2008 年，某工程承包公司经过激烈的竞标，获得了由世界银行贷款的非洲某国某排水设施工程项目承包合同。项目合同额 3170 万美元，工期 735 天，工程采用 FIDIC 合同条款。2009 年 8 月 24 日开工，2011 年 8 月 24 日竣工。业主单位简称为 TKC，工程师为 SAR。在该项目的实施过程中，出现了较多的影响工程进度的干扰事件，项目部成功地进行了工期索赔 150 天。

二、由于业主方的过错原因导致工期的延误

（一）业主未能按时提供现场

FIDIC 施工合同条件第 2.1 款进入现场的权利明确规定：如果雇主未能及时给予承包商进入和占有现场的权利，使承包商遭受延误和招致增加费用，承包商应向工程师发出通知，要求索赔。本工程所涉及的因素如下：

1. 沼泽地区的当地居民干扰

沼泽地区是主渠的下游地区，是工程开始地段。虽然在此之前业主已通过工程师给予了项目队进入这一现场的权力，可是并没有做好事前的搬迁工作。在施工区域内，不少当地的居民在此种植了香蕉、木薯等农作物，在项目部进行现场调查准备开挖时，遭到了当地居民的围攻和阻拦，同时还封锁了项目部修建的临时道路，在僵持了一周后，业主才出面协调解决。项目最后成功索赔工期 8 天。

2．HP 地区的当地居民干扰

类似于事件 1 中的情况，在开始 HP 地区的工程时，同样遭到了当地居民的阻拦，他们要求承包商出示当地政府的"许可文件"方允许项目施工队伍进入场地，当地政府的缓慢的效率使得承包商很长时间没能拿到这份文件。项目最后成功索赔工期 7 天。

从西方大量判例来看，业主在向承包商移交现场占有权的义务主要有三个方面：占有时间、充分进入和安静占有。以上所列出的居民的大量干扰情况显然侵犯了承包商安静占有的这一权力。承包商施工时不受外界干扰是非常重要的，是行使合同的根本前提。本项目业主显然没有做到这一点，所以承包商有权并成功地取得了相应的工期索赔。

（二）延误的图纸或指令

FIDIC 施工合同条件第 1.9 款延误的图纸或指令明确规定：如果承包商发出了符合规定的通知，而工程师仍没有签发需要的图纸和指令，他应向工程师再发出通知，同时可以按相应的程序向工程师提出索赔工期和费用，并加上合理的利润。在本项目中，由于设计出现问题而耽误工期的现象比比皆是。项目组对此类问题提出了 4 条索赔事件：

（1）由于 ZT 地区的施工图纸缺少一些细节的问题，长期没有得到工程师的进一步指示，项目最后成功索赔工期 3 天。

（2）OM 地区的施工细节长时间没有得到工程师的答复，项目最后成功索赔工期 6 天。

（3）LC 地区缺少必要的施工数据，项目最后成功索赔工期 7 天。

（4）KM 地区出现了大量的图纸不全，且申报工程师后长期悬而未决，项目最后成功索赔工期 7 天。

其实，项目中出现的图纸问题远不止于上面提到的这四项，只是工程师在出现问题后往往要求由承包商提出建议，项目组出于不耽误工期的角度也都及时对图纸问题拿出了自己的建议，大量的工期都是在这些往复中浪费的。工程师应在一个合理的时间内向承包商送交图纸，所谓"合理的时间"不应仅从承包商的施工方便和经济利益角度来考虑，工程师也应当有足够合理的时间来收集其所需要的信息。所以，在与工程师的关于设计问题的各种磋商中，只要工程师能就设计提出一些新的疑问，就获得了大量的"合理的信息"。就图纸、设计问题的工期索赔还有一个重要的前提：承包商不能消极等待，承包商必须主动通知工程师他们需要在何时之前获得此信息并且要给出承包商所需的细节，指出如果在这个时间前不能获得此信息将延误工程，并且自己的工作符合要求。

（三）工程变更与调整

FIDIC 施工合同条件第 13.1 款有权变更明确规定：在签发接收证书之前，工程师有权签发工程变更指令，或要求承包商提交变更建议书。每项变更涉及的范围可以覆盖下列六项内容：一是合同中单项工作的工程量的改变；二是合同中单项工作的性质或其他特性的改变；三是工程某部分的标高、位置或尺寸的改变；四是某项工作的删减，但此类删减的工作也不得由他人来做；五是对永久工程增加任何必要的工作，永久设备、材料、包括各类检验、钻孔和勘探工作；六是工程实施的顺序和时间安排的变动。本案例中项目的原设计根本就无法满足排水的需要，所以在施工过程中对设计作了大量的变更和调整，具体索赔的时间如下：

(1) OM 地区新增加工作量，索赔工期 37 天。

(2) HP 地区新增加工作量，索赔工期 25 天。

(3) 在进行 MK 地区的施工时，工程师对所在地区的地质条件心中没底，要求进行钻孔试验之后再作决定，此决定影响了项目部的原有施工计划，项目最后成功索赔工期 11 天。

在工程量变更的问题上，证据较为容易获得。实事上，工程师对承包商的延期申请批复中，批准的最大部分也是这一项，给予了 105 天的延期。

三、由于外部异常情况导致的工期延误

（一）异常不利的气候

一般而言，异常不利的气候条件可以从以下两方面来判断：一是看施工期间气候条件是否与过去几年不同，是否属于异常的气候条件；二是这种异常的气候条件是否确实影响了实际工程。可见对于不同的项目来说，"不利"的标准是不同的。比如在本项目中，面临的"不利"问题是降雨，常常是上游一场小雨下游就洪水泛滥，使得承包商的施工根本无法进行下去，已经完成的工作也被冲得踪迹皆无，这时的主要问题不是降雨量而是降雨日数。FIDIC 施工合同条件第 4.1 款承包商的一般义务规定：业主应将自己掌握的现场水文地质以及环境情况的一切数据在基准日期之前提供给承包商，供其参考；第 17.3 款业主的风险明确规定：业主的风险包括"一个有经验的承包商也无法合理预见并采取措施来防范的自然力的作用。"第 17.4 款业主风险的后果明确规定：若承包商因此遭受损失，可以按索赔条款提出费用和工期索赔。

对于本工程非正常和不可预见是降雨索赔成功的关键，承包商必需证明：① 他不可能在提交投标书前预见该事件，即在承包商编制投标书的过程中无法预见；② 承包商没有预见到该事件的发生，不是他主观上缺乏经验造成的；③ 他没有预见到该事件是合理的。在投标阶段，业主提供了近五年来的降雨资料，并提醒投标者注意当地较为多雨的情况。在项目部比较分析了施工当年的降雨资料后，发现当年降雨日数的确比业主提供的资料中往年的降雨日数多。本工程承包商采用关键路径法最后成功索赔工期 27 天。

（二）不可预见的外界条件

FIDIC 施工合同条件第 4.12 款不可预见的外界条件规定："外部障碍的条件"指的是承包商现场遇到的外部天然条件、人为条件、污染物等，包括水文条件和地表以下的条件，但不包括气候条件；承包商发现没有预料到的不利外部条件时，应尽快通知工程师。如果遇到了外部条件无法预见，承包商同时发出了通知，发生的情况也导致了承包商支出了额外费用和延误的工期，则承包商有权索赔此类费用和工期。在本项目中，常常在开挖之后，发现图纸上并未标明的公用设施，如地下电缆、给、排水管等，承包商及时通知了工程师，但需要协调有关电力、电信自来水等部门协助解决。然而当地效率低下且腐败严重，不给钱不办事，给了钱拖着办，如果走正常渠道，有时挪一根电话线就要等上两个月，所以为了加快效率承包商不得不通过私下交易来解决问题，因此也就无法向工程师申报索赔了。最终经承包商与工程师多次交涉索赔 17 天。项目部所记录的可供申请工期索

赔的事件有以下两条：

(1) OM 地区主供水管与施工区域箱涵交叉，为了移动这根供水管，耽误了 7 天的时间；

(2) 主渠道施工时发现两根排水管，当地污水处理部门无能力移动，若寻求第三方承包商进行移动施工，业主又觉得移动费用太高，最后只好水渠移位，耽误了 9 天的时间。

案例二 某大型 EPC 项目合同管理案例

一、项目概况

2007 年，中国某国际工程公司（下文中用"承包商"）与非洲某工业集团（下文中用"业主"）订立一系列工业生产线的 EPC/交钥匙合同包（包括 4 份 EPC/交钥匙合同），其中交钥匙合同均以 FIDIC《设计采购施工（EPC）/交钥匙工程合同条件》（银皮书）为基础。但出于避税方面的考虑，每份合同均由岸上合同、离岸合同以及关联协议三部分构成。此外，附件中还有一份需要由项目融资机构代理、业主、承包商三方共同签署的直接协议。合同适用法律为英格兰和威尔士法律，仲裁地点为伦敦国际仲裁院。

双方约定：预付款为合同总价 10%，预付款保函及履约保函总额为合同总价的 10%；货物部分的 90% 合同价款采用 L/C 支付；现场部分的 90% 合同价款采用 T/T 支付；合同价款以美元计价，但锁定美元与人民币汇率。

2008 年初，承包商与业主签订补充协议，增加预付款比例，同时保函比例相应增加。2008 年 4 月，承包商向业主提供保函，业主支付相应预付款并申请开立 L/C。

截止于 2008 年 6 月，承包商已经开展的各项前期工作包括：方案设计；与主要供应商和分包商分别签订各类分供合同，并向其支付分供合同项目下的预付款，按约定开立 L/C；前期现场准备工作，包括现场管理人员进驻、临时设施建设、场地平整等。

2008 年 7 月初，承包商收到业主通知，指责承包商进度迟延，影响业主根本利益，导致项目调整，要求以承包商违约为由解除 EPC 合同包中的全部合同。承包商则回函声明：项目刚进入前期准备阶段，承包商完全有能力通过加大投入按约定进度完成工程，根本不存在承包商违约的情形。

承包商随即开展调查，了解到业主此举的真实原因是受全球金融危机影响，项目融资银行自身出现困难，拟取消融资安排。鉴于已经实质性开展工作，承包商并不希望终止全部项目。此举涉及金额高达 10 亿美元，关系到双方的根本经济利益，为此，双方围绕着与解除合同有关的一系列焦点问题，开展了异常激烈而艰苦的谈判。

二、争议焦点及解决办法

1. 化解业主的惯用"杀手锏"——没收保函

本项目承包商提供给业主的预付款保函及履约保函均为见索即付保函。为迫使承包商就范，业主依次通过口头通知、电子邮件、出示保函索赔文件及资料、律师"最后通牒"等方式，威胁没收保函。

在国际工程项目中，虽然阻止见索即付保函被没收的手段非常有限，但是，本案中，承包商在中方律师的帮助下，做了大量细致深入的准备工作。其中，承包商除了提前告知担保银行业主"恶意"没收保函的意向，从而与担保银行形成有序互动以外，还特别针对保函启动诉讼保全措施的可行性进行了充分论证，并为申请仲裁做好了充分准备。

同时，在整个项目融资安排中，由于保函实际已成为业主提供给项目融资银行的融资担保，因此，在正常情况下，即使业主没收保函，所获得的款项也可能置于融资银行控制之下。为此，根据"直接协议"的安排，承包商及时与项目融资银行代理机构取得联系，借以防止业主没收保函，但明确给业主释放出这样的信号：即使没收保函，受益者也只能是融资银行，而不是业主本身。

承包商这些有针对性的准备工作，彻底打消了业主以"没收保函"为手段迫使承包商就范的念头，这使得承包商在接下来的谈判中，处于相对有利的地位。

2. 双赢方案——说服业主将终止全部合同调整为解除部分合同

迫于项目融资的困难，业主一开始企图取消 EPC 合同中的全部项目。承包商在反驳业主关于承包商违约的主张，以及对抗业主没收保函的同时，基于对外部环境及自身条件的分析和判断，及时向业主提出如下建设性方案：

一是暂停原 EPC 合同包中部分项目，该部分是否重建由业主决定；

二是若业主重启暂停部分的项目建设，双方调整合作方式，承包商除提供 EPC 总承包服务外，还可提供部分融资协作；

三是就保留的项目，承包商在原合同价格基础上，适当降低价格；

四是部分生产线核心装备原产地由欧洲改为中国。

承包商原合同报价是建立在高成本的基础上，因此考虑了相当程度的风险费及利润。当前，由于全球经济危机的影响，一方面，国际工程承包市场出现萎缩，承包商盈利预期相应下降；但另一方面，原材料、设备、运费等项目履约成本，也有一定程度的下降。综合分析上述利弊，承包商及时提出上述调整方案，既有利于通过协助融资和增加国产设备出口等措施有效减少损失，也有助于业主摆脱融资困境。

对承包商的这种建设性的提议，业主立即作出积极回应，同意仅取消部分小项目，双方一开始的紧张局势开始出现缓和。

3. 如何确定承包商的损失——部分项目合同解除的核心问题

承包商因业主解除部分项目合同而面临的损失主要有两方面：一是已经完成的前期设计、现场动员、办公开支等前期费用；二是因取消已经完成的第三国设备订货所发生的费用和损失赔偿，集中体现在业主已经向承包商支付的设备预付款（简称"预付款 X"）和开具给承包商的设备款信用证（信用证 x），以及承包商向供应商支付的设备预付款（简称"预付款 Y"）和开具给供应商的设备款信用证（信用证 y）。

业主对承担上述损失在定性上并无异议，但关键在于如何定量，而这也恰恰是合同解除后结算清理的核心问题。

关于上述第一方面的损失，双方的主要分歧在于具体金额。为此，承包商出具相关发票、票据、单证、合同等。由于存在一定程度的信息不对称，业主对这些单据的真实性和关联性疑虑重重，双方针对某一单据的争辩常常可以持续很长时间。为提高工作效率，双方成立了专门工作小组，整理并核对相关数据和金额。承包商抓住业主急于达成谅解备忘录，以尽快摆脱融资困境的心态，最终争取到了一笔可以接受的补偿金额。

在因部分项目取消而导致第三国设备退货损失的解决方案上，双方分歧很大。鉴于部分项目已经取消，承包商同意因此向业主退回预付款 X 和信用证 x，但前提是第三国设备供应商向承包商退回预付款 Y 和信用证 y 以及放弃对承包商的相关索赔。

为此，承包商的方案是：在业主监督下，承包商与供应商进行谈判，在供应商向承包商退还预付款 Y 和信用证 y，且业主据实承担承包商对供应商的赔偿责任后，承包商再向业主退还预付款 X 和信用证 x；而业主的方案则是：承包商先将预付款 X 和信用证 x 退回，然后承包商授权业主与供应商谈判，业主负责索回预付款 Y 和信用证 y，并据实承担承包商对供应商的赔偿责任。

对于承包商提出的方案，由于信息上的不对称，业主担心承包商不尽力减损，甚至与供应商串通，进而夸大实际损失；而对于业主提出的方案，承包商则担心预付款 X 和信用证 x 退回给业主后，如果业主不能与供应商就预付款 Y 及信用证 y 返还以及损失赔偿问题达成一致或没有支付赔偿款项，那么根据第三国设备供货合同，承包商仍需要向供货商承担全部责任。

最后，经双方律师协商，提出由业主预先向承包商提供支付保函——保函金额为承包商可能向供应商承担的最高赔偿额以及供应商不退还预付款 Y 和信用证 y 给承包商造成的损失（实际为第三国设备供应合同总金额）；在承包商收到该支付保函的同时，承包商退还预付款 X 及信用证 x，并允许业主直接面对供应商，以最大限度降低双方损失。该方案虽然在支付保函内容设计上相对复杂繁琐，但比较好的解决了对供应商责任具体金额未确定，以及信息不对称给双方造成的不信任问题，因此最终为双方当事人所接受。

4．汇率纠纷——双方的另一争议焦点

如前所述，在 EPC 合同包中，双方约定锁定美元兑人民币汇率。此后由于美元兑人民币持续大幅贬值，业主在向承包商支付预付款时，即已支付了 100 万美元左右的汇差补偿。

EPC 合同包中部分项目取消后，该部分项目对应预付款（美元）应退回业主。但是，承包商在收到预付款（美元）后，均已结汇为人民币。因此，该部分应退回业主的美元，需要承包商以人民币换汇。而与支付预付款之时相比，回升，而承包商不同意承受该笔汇率损失。这一问题使得双方的谈判又陷入胶着。

承包商由于有效制约了业主没收保函的威胁，再加上较好地抓住业主更加着急的心态，最终说服业主在汇率问题上承包商提出的方案，即以支付预付款当日汇率所结人民币数额，按返还预付款当日的汇率兑换成美元后，再支付给业主，从而有效避免了大笔汇差损失。

三、案例启示

（一）承包商因对融资环节的信息不对称而可能面临的困境

在上述案例中，项目出现重大变故的根源，在于融资银行向业主提供的资金链出现断裂。在大多数情况下，当项目受金融危机影响时，项目自身的重大调整往往不会有序而顺利地进行。当业主因融资危机而陷入资金困境时，为了避免向承包商承担违约责任，往往会利用承包商对项目融资环节的信息不对称，向承包商释放出各种各样的"烟雾弹"，例如：一是增加对承包商的违约指责，尤其是在进度上更加缺乏耐心；二是咨询工程师变得难以合作，缺乏友好合作精神；三是承包商所需业主提供的必要配合，诸如签证、清关、劳工配额、地勘报告、设计审查、施工进度计划审查等越发困难。

总之，业主会尽可能通过指责承包商违约而暂停或解除合同，进而减轻甚至免除因项目提前终止而应向承包商承担的损害赔偿责任。在这种情况下，承包商针对项目进度延误的一些常规性应急措施，将难以从根本上扭转危局。因此，承包商如果不能及时"拨开迷雾"，抓住纠纷的要害并据理力争，那么将很可能陷入业主布下的"迷魂阵"，最终不得不放弃本应享有的合同权益，并遭受重大经济损失。

（二）项目融资危机影响下中国承包商的应急策略建议

1. 尽量获取项目融资情报，争取"博弈"的主动权

在当前全球金融危机的形势下，中国承包商首先必须高度关注项目融资链的变化，充分重视融资环节对项目的关键性影响。

在整个项目融资架构中，承包商虽然相对处于产业链的下游，但由于项目融资的自身特点，承包商仍有可能由于其提供的银行保函、对在建工程和设备可能享有的优先权（需视适用法律而定）等，成为影响项目融资担保安排的重要一环。在这种条件下，承包商必须积极了解项目融资的信息，及时与项目融资银行取得联系，以保函或优先权等担保品为杠杆，主动参与到与融资银行、业主之间展开的三方"博弈"中，变被动为主动。在本案中，该承包商正是利用了融资银行和业主在保函利益上的矛盾，有效制约了业主没收保函的威胁，为后继谈判创造了有利条件。

2. 做好停工的必要准备

一旦发现项目融资危机的信号，承包商应立即就停工做好事先准备，包括：力促工程师及时下达停工通知；就已经完成的永久工程进行计量与估计；就已经完成的工程设计（如有）进行计量与估价；就已经运抵现场的材料、设备进行计量和估价；对现场人员进行分类与统计；对已发生或应予摊销的现场管理费用和总部管理费用进行估价并准备凭据；研究承包商人员和设备在工程所在国其他项目间进行调配的可能性；提前做好材料、设备采购合同以及分包合同尚未履行部分的清理预案，包括中止合同的可能性，可能承担的赔偿额度等。

3. 法律准备

虽然合同中通常包括合同中止（暂时停工）的相关约定，但是，承包商中止进行充分的法律论证，主要包括：中止合同的法律依据；中止合同的责任承担；中止合同纠纷解决程序；中止合同与解除合同的关系等。

在此基础之上，承包商还应深入论证与解除合同有关的合同及法律依据，特别是要收集证明业主违约的相关证据，避免产生因承包商违约而使业主得以停工或解除合同的事实。

4. 与业主积极合作，寻求"双赢"方案

如果业主陷入重大融资困境，身处产业链下游的承包商是不可能全身而退的。在这种情形下，承包商要及时调整思路和战略：一方面，在条件允许的情况下，应当积极帮助业主摆脱融资困境；另一方面，也可以通过实施价值工程等方式，帮助业主降低成本和缩短建设周期，实现"双赢"。这些策略不仅有利于避免重大损失，更有利于维持与业主的良好合作关系，从而为危机过后的深入合作奠定坚实基础。

主 要 参 考 文 献

[1] 住房和城乡建设部工程质量安全监管司．建筑业 10 项新技术．北京：中国建筑工业出版社，2010．
[2] 危道军主编．工程项目管理(第 2 版)．武汉：武汉理工大学出版社，2008．
[3] 孙继德主编．建设工程施工管理．北京：中国建筑工业出版社，2011．
[4] 危道军主编．建筑施工组织(第二版)．北京：中国建筑工业出版社，2008．
[5] 中国建筑业协会编写．建筑工程专业一级注册建造师继续教育培训选修课教材．北京：中国建筑工业出版社，2011．
[6] 徐波主编．建筑业 10 项新技术(2005)应用指南．北京：中国建筑工业出版社，2005．
[7] 王晓峥主编．建筑工程管理与实务．北京：中国建筑工业出版社，2011．
[8] 危道军主编．招投标与合同管理实务(第二版)．北京：高等教育出版社，2009．
[9] 全国二级建造师执业资格考试用书编写委员会．建设工程施工管理(第三版)．北京：中国建筑工业出版社，2011．
[10] 全国二级建造师执业资格考试用书编写委员会．建筑工程管理与实务(第三版)．北京：中国建筑工业出版社，2011．
[11] 关罡主编．建设行业项目经理继续教育教材．郑州：黄河水利出版社，2007．